高等院校信息技术系列教材

MATLAB程序设计与综合应用

董灵波 赵青青 编著

清华大学出版社
北京

内容简介

本书以 MATLAB R2020a 为平台，首先系统、全面地介绍了 MATLAB 软件的基本使用方法，包括工作界面、数据类型、矩阵操作、绘图操作和科学计算等内容；然后以实际应用问题为导向，介绍了 MATLAB 中常用的程序控制语句，并以案例形式着重介绍了向导式和程序式创建 GUI 的基本流程；接下来在简要介绍数字图像处理基本理论及应用背景的前提下，介绍了图像数学运算、图像变换、图像增强和图像分割等内容；最后，深入浅出、循序渐进地讲解了树木可视化模拟、旅行商问题、车牌识别系统和遥感图像处理 4 个领域的综合应用案例，以帮助提升读者发现问题、分析问题和解决问题的能力。

本书对现有多数 MATLAB 教程的框架体系进行了调整和优化，使全书内容更加紧凑；同时在数字图像处理背景下，本书重点内容（即突出数学运算和程序设计）更加突出；此外，本书还针对重要命令、函数和语句等配备了大量的程序实例和图片，方便初学者迅速掌握 MATLAB 编程的核心要领。

本书结构清晰，内容详实，可作为本科院校理工科相关专业的教材，也可作为科研人员和工程人员进行高级程序开发的工具书和参考书。

图书在版编目（CIP）数据

MATLAB 程序设计与综合应用/董灵波，赵青青编著. —北京：清华大学出版社，2021.10
高等院校信息技术系列教材
ISBN 978-7-302-58859-7

Ⅰ. ①M… Ⅱ. ①董… ②赵… Ⅲ. ①Matlab 软件－程序设计－高等学校－教材 Ⅳ. ①TP312

中国版本图书馆 CIP 数据核字(2021)第 158281 号

责任编辑：袁勤勇
封面设计：常雪影
责任校对：郝美丽
责任印制：沈　露

出版发行：清华大学出版社
网　　址：http://www.tup.com.cn，http://www.wqbook.com
地　　址：北京清华大学学研大厦 A 座　　**邮　　编**：100084
社 总 机：010-62770175　　**邮　　购**：010-83470235
投稿与读者服务：010-62776969，c-service@tup.tsinghua.edu.cn
质量反馈：010-62772015，zhiliang@tup.tsinghua.edu.cn
课件下载：http://www.tup.com.cn，010-83470236
印 装 者：三河市龙大印装有限公司
经　　销：全国新华书店
开　　本：185mm×260mm　　**印　　张**：27.75　　**字　　数**：642 千字
版　　次：2021 年 12 月第 1 版　　**印　　次**：2021 年 12 月第 1 次印刷
定　　价：79.00 元

产品编号：091117-01

前言 Foreword

编程被称为“21 世纪的新英语”，足见其受青睐程度。然而，真正喜爱编程的人才却不多，这主要是因为编程往往需要严谨的创新思维能力、技术运用能力、协作探究能力和问题解决能力。此外，编程通常也需要较深的数学功底和计算机背景，因此在早期的计算机语言(如 C、FORTRAN)中，无论用户想实现何种功能，理论上均需要从基础的底层代码开始编写，这无疑阻碍了广大用户学习和使用编程来解决实际问题的热情和决心。

MATLAB 是由美国 MathWorks 公司于 1984 年推出的一款用于科学计算、可视化表达以及交互式程序设计的高级计算语言。经过近 40 年的不断扩展、完善和提升，MATLAB 以其友好的工作平台和编程环境、简单易用的程序语言、强大的科学计算能力、出色的图形图像处理能力以及完善的模块集成工具箱等功能著称，是当今诸多科学和工程领域从业人员学习和研究的重要对象。

目前市场上已经出版了很多关于 MATLAB 的书籍，其中不乏很多很好的教材，是学生的良师益友。但也有些教材偏简单，过多介绍 MATLAB 的基础用法，虽然有利于初学者学习，但无法引导这部分读者开展更广泛的应用；还有部分教材通常以科学/数值计算为目的，要求读者具有较深的数学基础和计算机基础，因此不适合低年级理工科大学生的阅读和学习。另外，由于 MATLAB 最早是作为一种数学工具被工程师用于信号处理和电气工程领域，因此，导致这类教材对其他专业来说缺乏通用性。因此，本书针对上述问题，一方面对现有 MATLAB 教程的框架进行了调整和优化，使全书内容更加紧凑；另一方面，在数字图像处理背景下，全书重点内容(即突出数学运算和程序设计)更加突出；此外，本书还针对重要命令、函数和语句等配备了大量的程序实例和图片，方便初学者迅速掌握 MATLAB 编程的核心要领。最后，针对行业特色，并以案例形式深入浅出、循序渐进地讲解了 MATLAB 在树木可视化模拟、旅行商问题、车牌识别系统和遥感图像处理系统 4 个方面的综合应用。

本书的内容编排充分考虑了读者的学习习惯，共包括 8 章，具体内容安排如下。

第1章：绪论。主要介绍了MALAB的发展历史和特点、工作界面、帮助系统、常用标点符号以及简单的数学运算等内容。

第2章：MATLAB数据类型。主要介绍了MATLAB中常量与变量、基本数据类型以及复合数据类型，如单元数组和结构数组等内容。

第3章：MATLAB矩阵操作。介绍了MATLAB中矩阵创建、矩阵运算、矩阵索引、矩阵信息提取、矩阵扩展与变换、矩阵排序以及稀疏矩阵等内容。

第4章：MATLAB绘图操作。介绍了MATLAB绘图的基本流程、常用的二/三维图形绘制函数以及三维图形修饰等内容。

第5章：MATLAB科学计算。介绍了MATLAB数据读写、多项式处理、方程组求解、微积分运算、插值与拟合等内容。

第6章：MATLAB GUI程序设计。以实际问题为导向，介绍了MATLAB中常用的程序控制结构；以案例为导向，介绍了向导式和程序式创建GUI的方法。

第7章：MATLAB数字图像处理。简要介绍了图像处理的基础知识，并着重介绍了图像运算、图像变换、图像增强以及图像分割等内容。

第8章：综合应用。针对行业特色，分别从林学、运筹学、图像处理和定量遥感4个领域精选典型案例，在简要介绍各案例背景的前提下，系统地讲解了各案例的解决思路和解决方案。

“尽信书，则不如无书”。由于时间仓促，加之作者水平有限，书中错误和疏漏之处在所难免，敬请专家和读者批评指正。

作　者

2021年9月

目录 Contents

第1章 chapter 1

绪　论

本章学习目标

- 了解 MATLAB 软件的基本功能和特点；
- 熟悉 MATLAB 工作界面及各工作窗口功能；
- 掌握 MATLAB 帮助系统使用方法；
- 熟练掌握 MATLAB 常用标点符号和数学运算函数。

本章首先介绍了 MATLAB 软件的发展历程、基本特点，其次论述了数字图像存储特点及其与 MATLAB 数据管理结构间的关系，最后介绍了 MATLAB 软件的基本操作方法，包括工作界面、帮助系统、常用标点符号、脚本文件以及如何进行简单数学运算等内容。学习本章后，读者可以进行基本的数学运算，能够解决科研和实际生活中遇到的数学问题，能够编写简单的脚本文件。

1.1 MATLAB 简介

MATLAB 全称为 Matrix Laboratory，译为“矩阵实验室”，是一款以数学计算为主的高级编程软件。MATLAB 数据处理的核心是矩阵和数组，因此用户能够采用强大的数组运算功能对各种数据集进行处理。虽然 MATLAB 是面向矩阵的编程语言，但它还具有与其他计算机编程语言(如 C 语言、FORTRAN 语言)相类似的特性。在进行数据处理的同时，MATLAB 还提供了各种图形用户接口(Graphical User Interface，GUI)和工具箱，便于用户进行各种应用程序开发。

1.1.1 MATLAB 发展历程

MATLAB 软件最早是由美国新墨西哥大学(The University of New Mexico)计算机科学系主任 Cleve Moler 教授采用 FORTRAN 语言编写的。1984 年，MathWorks 公司正式将其推向市场，迄今已经发布了 50 多个版本。20 世纪 90 年代，MATLAB 已经成为国际控制界的标准计算软件。

随着社会经济的发展，MATLAB 软件的功能逐步得到完善，其版本号的发展历程如

图 1-1 所示。

图 1-1 MATLAB 软件版本发展历程

MATLAB 的发展大致可归为以下 3 个阶段。

(1) 第一阶段(1984—1992 年)：此阶段平均每 2 年发布一个版本，软件均采用“MATLAB＋序号”方式命名；

(2) 第二阶段(1994—2005 年)：此阶段软件的发布频率明显加快，从早期的平均每 2 年 1 次变为平均每年 2 次，软件同样采用“MATLAB＋序号”的方式命名，但同时也会采用“R＋序号”的方式给出具体的建造编号；

(3) 第三阶段(2006 年至今)：MathWorks 公司每年均会发布 2 次更新版本，一般在上半年 3 月和下半年 9 月，两次更新的命名方式分别为“R＋年份＋a”和“R＋年份＋b”。

MATLAB 作为一种高级科学计算软件，是进行算法开发、数据可视化、数据分析以及数值计算的交互式应用开发环境。相较于传统的 C、C ++ 或者 FORTRAN 语言，MATLAB 中内嵌了丰富的数学、统计和工程计算函数，使用这些函数求解问题时，用户能够使用自己习惯的数学描述方法和结果表达方式。同时，MATLAB 还提供了丰富的扩展工具，能够用于解决特定领域的工程问题。图 1-2 为在 Web of Science 网站中检索关键词为 MATLAB、文章类型为 Article 得到的结果。由此可见，MATLAB 的应用不仅限于计算机科学、工程学和数学领域，也覆盖了教育学、地质学、物理学、生物化学与分子生物学等多个领域。

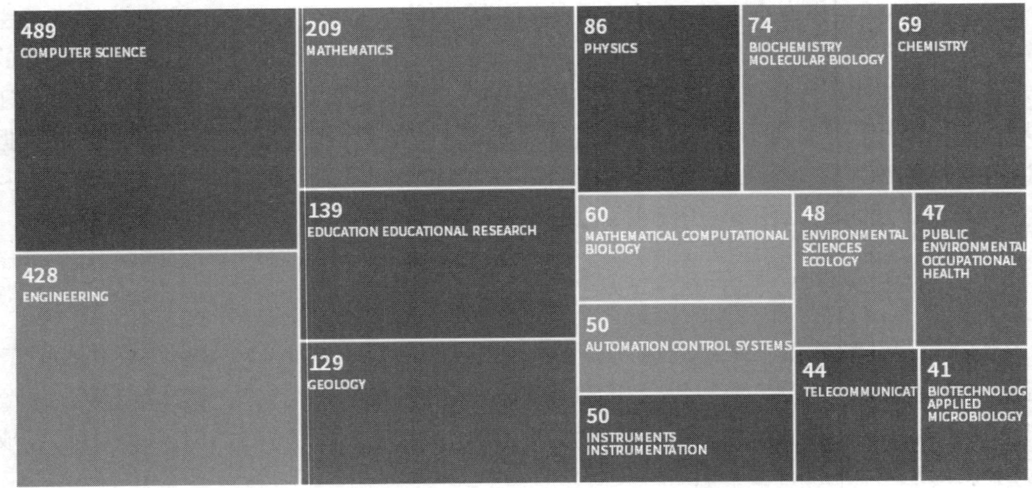

图 1-2 MATLAB 应用领域

1.1.2 MATLAB软件特点

MATLAB将高性能的数值计算和可视化功能集成,并提供了大量的内置函数,从而被广泛应用于科学计算、控制系统和信息处理等领域的分析、仿真和设计工作,而且开放式的结构允许用户对MATLAB的功能进行扩充,从而在不断深化对所研究问题认识的同时,提高产品自身的竞争能力。MATLAB优点主要体现在以下几方面。

1. 简单易用

MATLAB由一系列可视化工具组成,包括MATLAB桌面和命令窗口、历史命令窗口、编辑器和调试器、路径搜索和用于用户浏览帮助、工作空间、文件的浏览器等。用户在这些窗口中可以方便地使用MATLAB的函数和文件。MATLAB采用高级的矩阵/阵列语言,不仅支持传统的控制语句、函数、数据结构、输入和输出以及面向对象编程等功能,也支持在命令窗口中将输入语句与执行命令同步,或先编写一个较大的复杂的应用程序(M文件)后再一起运行。此外,MATLAB语言的语法特征与C/C++语言极为相似,这更加符合科技人员对数学表达式的书写格式。同时,MATLAB语言的可移植性、可拓展性也较好,能够应用到科学研究和工程计算等各个领域。

2. 功能强大

MATLAB是一个包含大量计算算法的集合,拥有600多个工程中要用到的数学运算函数,可以方便地实现用户所需的各种计算功能。因此在计算要求相同的情况下,使用MATLAB的编程工作量会大大减少。MATLAB包括的函数集从最简单、最基本的数学函数,到诸如矩阵、特征向量、快速傅里叶变换等复杂函数。函数所能解决的问题包括矩阵运算和线性方程组的求解、微分方程及偏微分方程组的求解、符号运算、傅里叶变换和数据的统计分析、工程中的优化问题、稀疏矩阵运算、复数的各种运算、三角函数和其他初等数学运算、多维数组操作以及建模动态仿真等。

3. 图形处理

MATLAB可以将向量和矩阵用图形表现出来,并且可以对图形进行标注和打印。MATLAB的作图功能包括二维和三维的可视化、图像处理、动画和表达式作图。新版本的MATLAB对整个图形处理功能做了很大的改进和完善,使它不仅在一般数据可视化软件都具有的功能(例如二维曲线和三维曲面的绘制和处理等)方面更加完善,而且对于一些其他软件所没有的功能(例如图形的光照处理、色度处理以及四维数据的表现等),也表现出了出色的处理能力。同时,对一些特殊的可视化要求,例如图形对话等,MATLAB也有相应的功能函数,保证了用户不同层次的要求。另外,新版本的MATLAB还着重在图形用户界面(GUI)的制作上做了很大的改善,对这方面有特殊要求的用户也可以得到满足。

4. 模块工具

MATLAB为许多专门的领域开发了功能强大的模块集和工具箱，如图1-3所示。一般来说，它们都是由特定领域的专家开发的，用户可以直接使用工具箱学习、应用和评估不同的方法，不需要自己编写代码。MATLAB工具箱涉及的领域包括数据采集、数据库接口、概率统计、样条拟合、优化算法、偏微分方程求解、神经网络、小波分析、信号处理、图像处理、系统辨识、控制系统设计、LMI控制、鲁棒控制、模型预测、模糊逻辑、金融分析、地图工具、非线性控制设计、实时快速原型及半物理仿真、嵌入式系统开发、定点仿真、DSP与通信、电力系统仿真等。此外，MATLAB也针对各种工具箱提供了丰富、完善的帮助系统，方便用户学习和掌握。

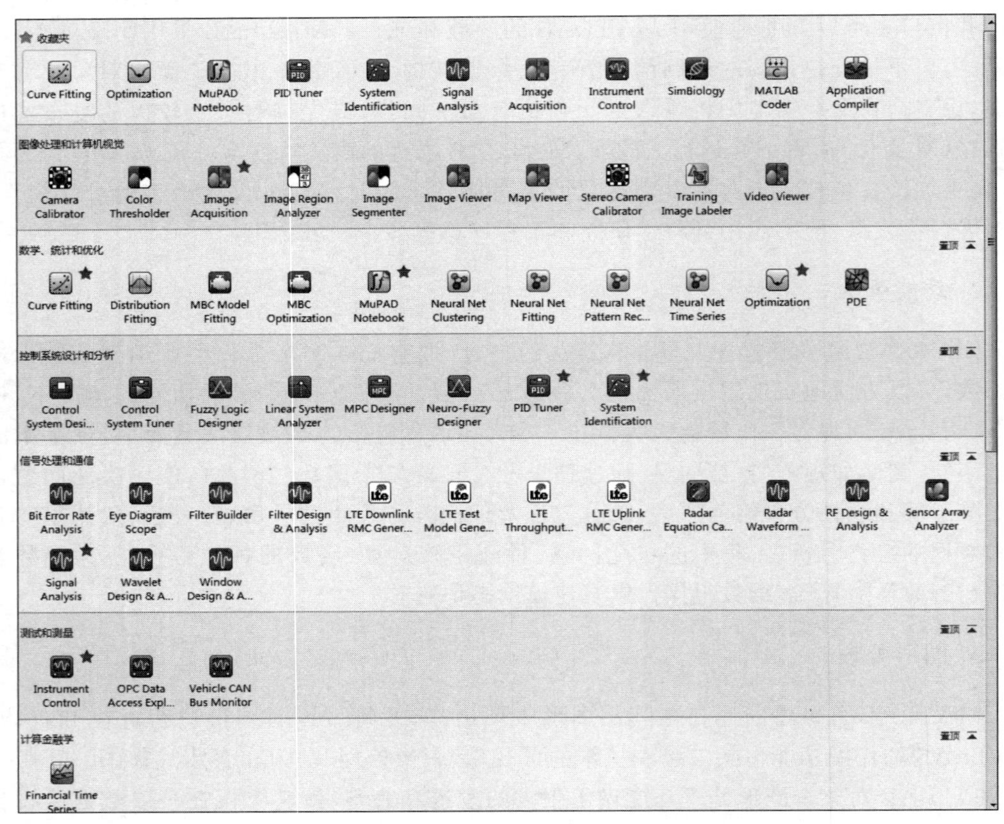

图1-3　MATLAB中部分模块集和工具箱

5. 程序接口

MATLAB可以利用MATLAB编译器和C/C++数学库和图形库，将MATLAB程序自动转换为独立于MATLAB运行的C/C++代码，并允许用户编写可以和MATLAB进行交互的C/C++语言程序。另外，MATLAB网页服务程序还允许在Web应用中使用自己的MATLAB数学和图形程序。在开发环境中，MATLAB使用户更方便地控制多个文件和图形窗口;在编程方面支持了函数嵌套、有条件中断等;在图形化方面,有更强大的图形标注和处理功能,包括对图形注释等;在输入输出方面,可以直接与 Excel 和 HDF5 进行连接。

1.1.3 MATLAB 与数字图像

对于地理空间数据而言,地理信息系统(Geographic Information System,GIS)有两大基本数据存储模型,即矢量数据模型(Vector model)和栅格数据模型(Raster model)。许多日常生活中常见的数据都是以栅格形式存在的,如 BMP、JPG、TIFF 等格式。此外,栅格数据也是遥感数据的常用存储和表达形式。如图 1-4 所示,数字图像通常是由多个波段组成的(例如照片包括 R、G 和 B 共 3 个波段),而每个波段又是由 m 行×n 列的栅格(或像素)组成的。每个栅格存储了离散化的光谱信息,即每个栅格对应一个具体的数值。因此,从理论上可以认为数字图像是由一组数字阵列来表示的,这与 MATLAB 采用矩阵或数组形式进行数据存储和计算的基本特征不谋而合。因此,MATLAB 软件在数字图像处理领域具有得天独厚的优势。

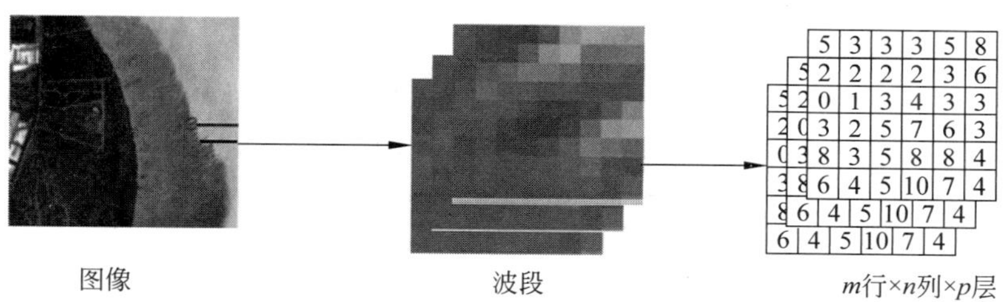

图 1-4 数字图像与矩阵间的映射关系

1.2 工作界面

MATLAB 默认工作界面如图 1-5 所示,主要由当前路径窗口、命令行窗口、工作区窗口、历史命令窗口 4 个窗口以及主页、绘图、应用程序、快捷方式 4 个集成的工具按钮和菜单组成,该界面充分显示了 MATLAB 友好且交互性强的特点。

用户可以通过"主页"→"布局"命令选择显示或隐藏窗口来改变工作界面,如图 1-6 所示,也可以通过鼠标拖曳改变窗口的大小、位置、风格等。此外,用户还可以通过"主页"→"预设"命令打开 MATLAB 用户界面的"预设项"窗口(图 1-7),在该界面中用户可修改 MATLAB 软件中的多项属性,如命令窗口中的字体、字号、颜色等。

1.2.1 菜单栏/工具栏

早期版本中,MATLAB 主界面中的菜单栏和工具栏均采用传统的 Windows 窗口风格,但从 MATLAB R2012a 之后主界面则采用全新的布局风格,即将菜单栏和工具栏整合为一体,如图 1-5 所示。在 MATLAB R2012a 之后的版本中,MATLAB 菜单栏/工具

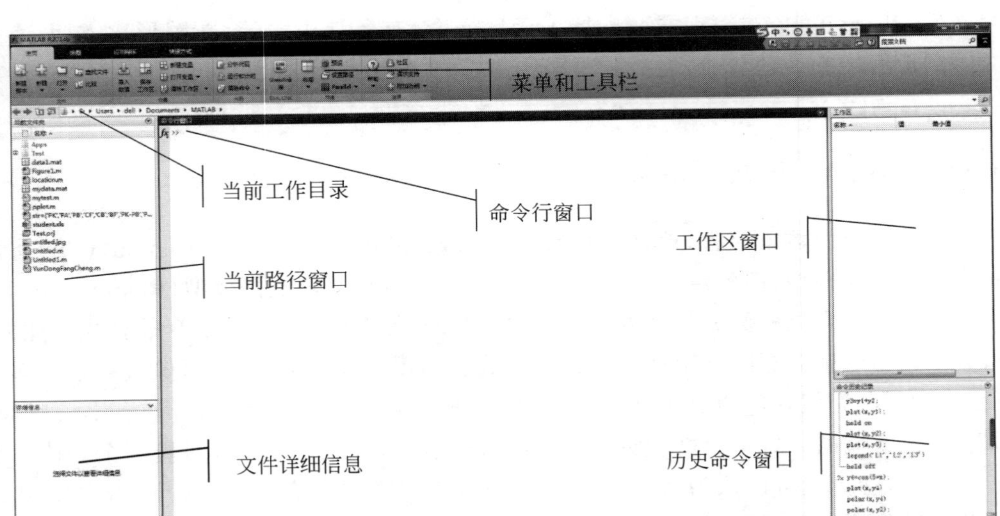

图 1-5 MATLAB默认工作界面

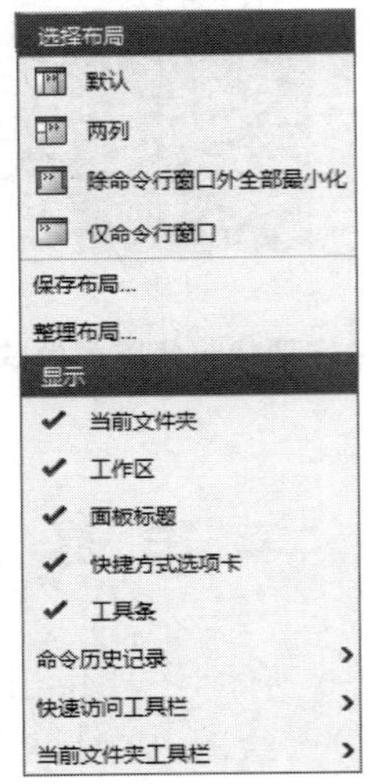

图 1-6 MATLAB“布局”选项

栏被整合到 4 个选项卡中,下面将分别介绍。

1. “主页”选项卡

“主页”选项卡中主要包括文件、变量、代码、Simulink、环境、资源 6 大部分(图 1-8)。部分常用功能介绍如下。

1) “文件”区域

“文件”区域包括新建脚本、新建、打开、查找文件和比较 5 个选项,各选项说明如下。

(1) 新建脚本:新建一个脚本文件,用以编辑 MATLAB 程序。

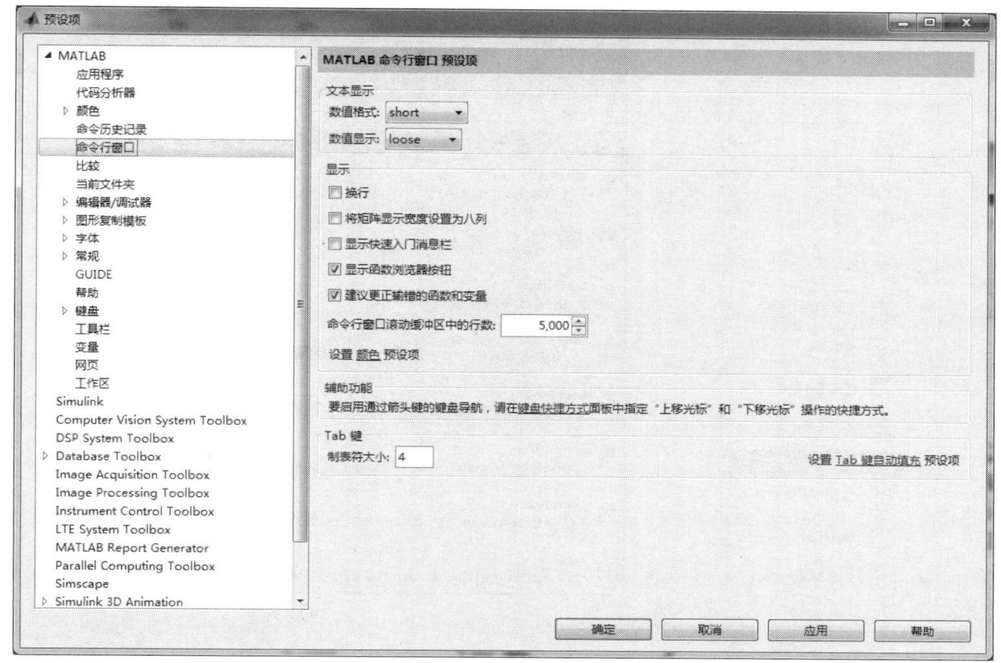

图 1-7 MATLAB“预设项”窗口

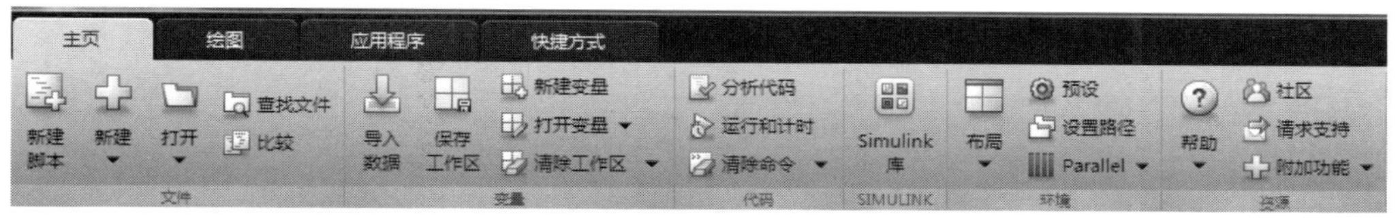

图 1-8 MATLAB“主页”选项卡

(2) 新建：“新建”选项展开如图 1-9(a)所示，下面分别有脚本、函数、示例、类、System Object(MATLAB专用对象，专为实现和仿真输入随时间变化的动态系统而设计)、图形、用户图形界面(GUI)、命令快捷方式(Command Shortcut，可自定义，实现快速命令操作)、Simulink Model(基于MATLAB的框图设计环境)、Stateflow Chart(基于有限状态机和流程图来构建组合和时序逻辑决策模型并进行仿真的环境)、Simulink Project(Simulink 工程文件)。

(3) 打开：用于打开一个已经存在的 MATLAB 程序，同时也提供最近打开过的程序文件索引，如图 1-9(b)所示。

(4) 查找文件：如图 1-9(c)所示，用户可以根据关键词等信息查找文件。

(5) 比较：用于比较两个程序文本或图形的差异，图 1-10(a)为两个文件的比较设置对话框，图 1-10(b)为比较结果对话框。

2) “变量”区域

“主页”栏中还包含对变量或数据进行操作的区域，其中功能包括导入数据、保存工

(a)

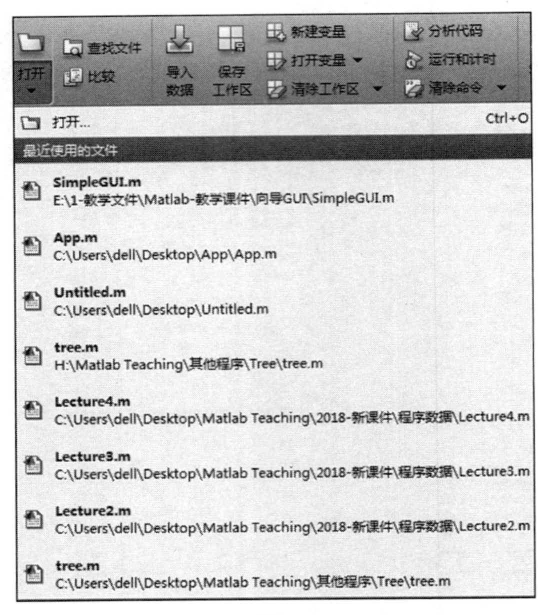

(b)

(c)

图 1-9 MATLAB 中“新建”“打开”“查找文件”功能

作区、新建变量、打开变量、清除工作区的操作。各种操作说明如下。

(1) 导入数据：为向导式对话框，能够识别的数据包括音频(.aiff、.au、.mp3、.mp4等)、CompuServe 图形交换格式(.gif)、光标格式(.cur)、HDF 或 HDF-EOS(.hdf)、图标格式(.ico)、JPEG 兼容格式(.jpg、.jpeg)、MATLAB 数据文件(.mat)、可移植网络图形(.png)、电子表格(.xls、.xlsx 等)、带标记的图像文件格式(.tif、.tiff)、文本(.txt、.csv、.dat等)、视频、Windows 或 OS/2 位图(.bmp)和 Zsoft 画笔格式(.pcx)共 14 类。

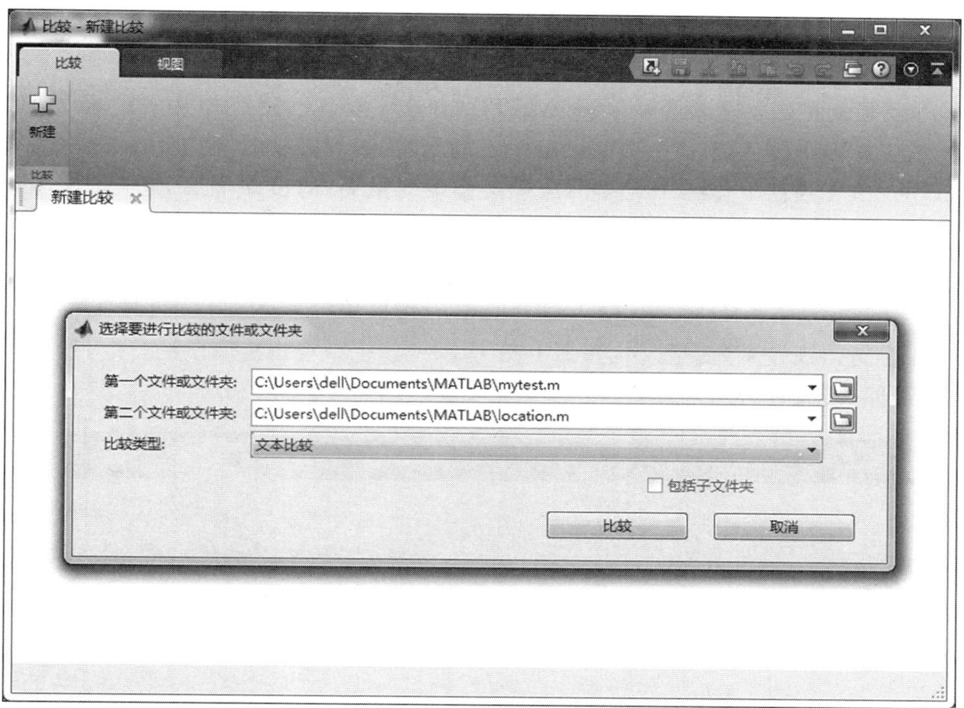

(a)

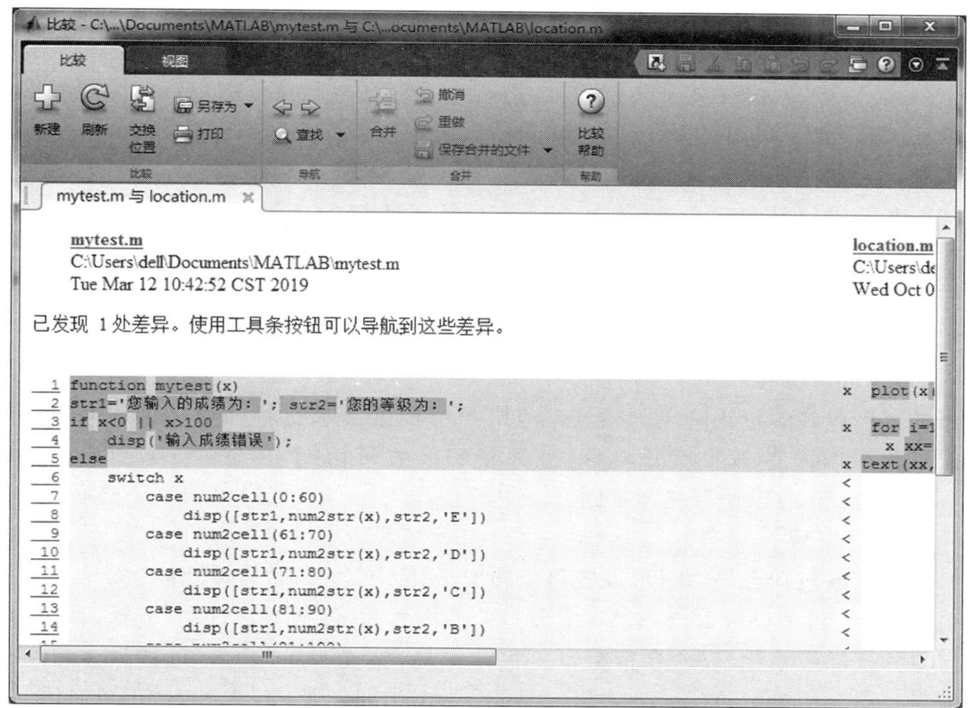

(b)

图 1-10 MATLAB 中“比较”窗口设置和结果

(2) 保存工作空间：将当前工作区中的变量和数据以 *.mat 格式(默认为 matlab.mat)保存到指定位置(默认为当前工作路径)。

(3) 新建变量：选择该菜单时，在 MATLAB 选项卡中也会新出现一个“变量”栏，同时在当前工作区中新生成一个名为 unnamed 的变量(若有多个时，将在 unnamed 后边加数字)，用户可在当前工作区中连续两次单击修改变量名称，变量名必须符合 MATLAB 的要求，即①仅包含字母、数字、字符和下画线；②不是 MATLAB 关键字；③长度不超过 63 个字符。

(4) 打开变量：选择“打开变量”，打开当前工作区中存在的变量，同时在 MATLAB 选项卡中会新出现一个“变量”栏，如图 1-11 所示。该栏中可指定变量的行数、列数，并进行插入、删除、转置和排序等操作。

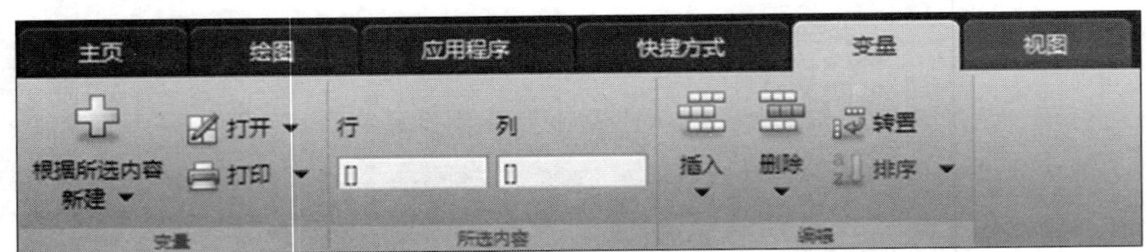

图 1-11 MATLAB 中“变量”工具栏

(5) 清除工作区：主要用于清除当前工作区中存在的变量、断点和函数。

3) “代码”区域

“代码”区域由分析代码、执行代码和计时、清除命令 3 部分构成，各代码具体功能如下。

(1) 分析代码：可以打开代码报告，分析代码中可能存在的错误和问题，帮助编程者优化程序。

(2) 执行代码和计时：改善 MATLAB 程序性能的一种方法是使用探查工具。MATLAB 提供了基于 profile 函数返回的结果的图形用户界面。使用该工具可帮助确定在何处修改代码以改善性能。

(3) 清除命令：用于清除命令窗口或历史命令窗口中的程序。

4) Simulink 区域

该区域仅包含 Simulink 库一个选项，用户可根据需求选择相应功能，如图 1-12 所示。此部分不作为本书的核心内容，感兴趣的读者可访问 https://www.mathworks.com/help/simulink/以获取更多帮助。

5) “环境”区域

“环境”区域包括布局、预设、设置路径和 Parallel 4 个选项，具体功能如下。

(1) 布局：用于设置 MATLAB 主窗口的工作界面，包括默认选项(默认、两列、除命令行窗口外全部最小化、仅命令行窗口)，保存布局，整理布局，显示(可选择显示或隐藏某个窗口)、命令历史记录(停靠、弹出、关闭)，快速访问工具栏(右上方、工具条下方)和当前文件夹工具栏(当前文件夹内部、工具条下方)。

(2) 预设：可通过交互方式设置 MATLAB、Simulink、DSP System Toolbox 等工具

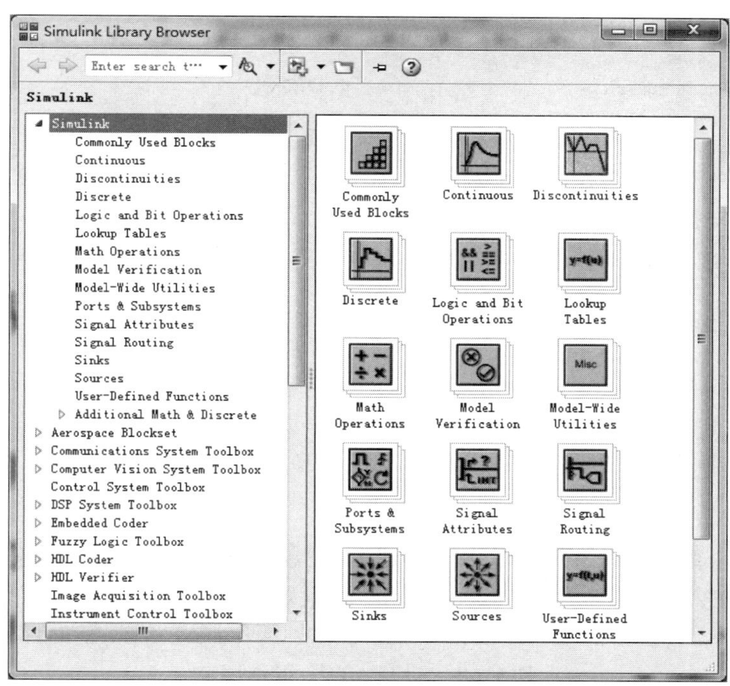

图 1-12 Simulink 库

箱的工作环境,在前文的图 1-7 中已经展示。

(3) 设置路径:用户可通过交互式方式添加 MATLAB 的工作路径,也可单击"上移""下移""移至顶端""移至底端"等按钮调整各工作路径的排列顺序。其中,排在首位的即为 MATLAB 的当前工作路径,如图 1-13 所示。

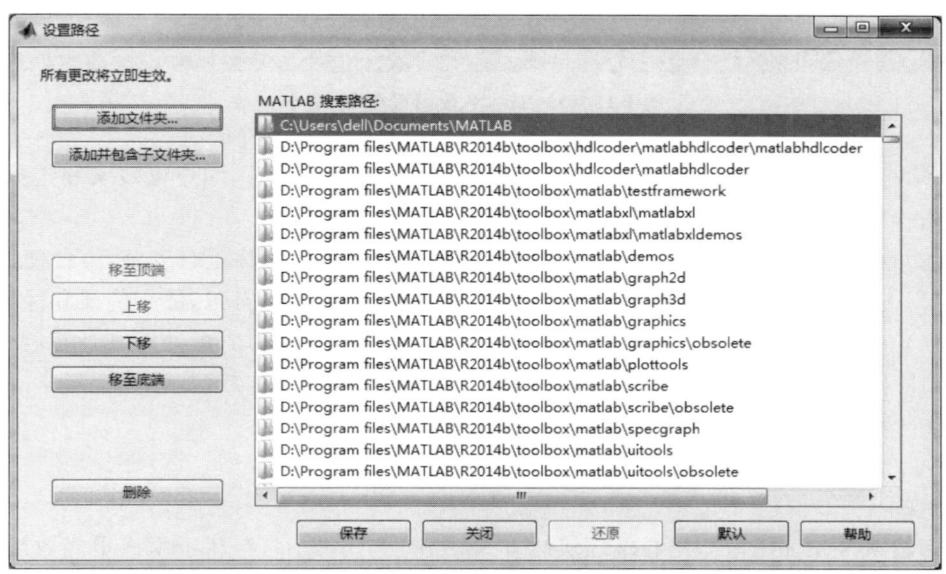

图 1-13 MATLAB"设置路径"窗口

(4) Parallel：用于设置 MATLAB 的并行运算功能。

6)"资源"区域

此区域包括帮助、社区、请求支持和附加功能 4 个选项，各选项具体说明如下。

(1) 帮助：MATLAB 提供了大量的帮助功能，包括帮助文档、示例和支持网站等。

(2) 社区：选择该选项将自动连接到 MATLAB 官方网站的帮助系统。

(3) 请求支持：将自动连接到 MathWorks 公司的官方网站。

(4) 附加功能：包括获取更多应用程序、工具箱打包、获取 MathWorks 产品等。

2. "绘图"选项卡

此选项卡中各项功能主要用于二维、三维图形绘制，如图 1-14 所示。用户可先在工作空间内选择某个变量，之后 MATLAB 会根据该变量的数据特征自动匹配适合的图形形式。支持的图形包括折线图、阶梯图、条形图、散点图、扇形图、直方图、极坐标图、等高线图和三维曲面图等类型。各种图形的制作方式将在第 4 章进行详细介绍。

图 1-14　MATLAB"绘图"选项卡

3. "应用程序"选项卡

此选项卡包括获取更多应用程序、安装应用程序、应用程序打包以及不同种类的工具箱共 4 部分，如图 1-15 所示，各部分具体说明如下。

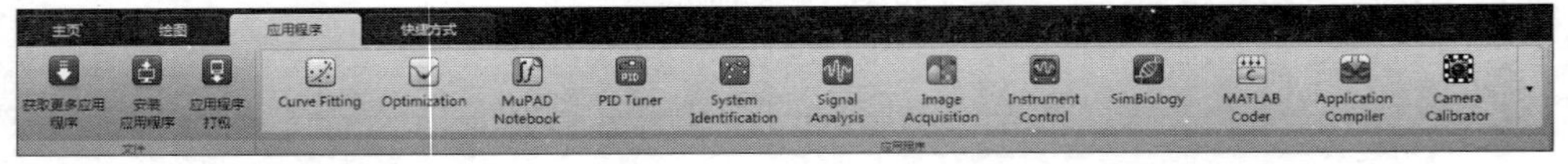

图 1-15　MATLAB"应用程序"选项卡

(1) 获取更多应用程序：将打开 MATLAB Apps 支持中心，用户可搜索和选择合适的应用程序。

(2) 安装应用程序：可将搜索到的或者用户自己开发的程序进行安装，方便使用。

(3) 应用程序打包：可将用户自己开发的程序进行封装和打包，便于传播和保存。

(4) 其他：MATLAB 系统中内嵌的一些工具箱，主要包括图像处理和计算视觉、数学/统计和优化、控制系统设计和分析、信号处理和通信、测试和测量、计算金融学和计算生物学等相关工具箱，方便用户进行快捷的操作。

4. "快捷方式"选项卡

此选项卡允许用户新建和整理快捷方式，如图 1-16 所示，有利于用户更高效地开展工作。单击"新建快捷方式"按钮，弹出如图 1-17(a)所示的"快捷方式编辑器"，需要用户指定具体的回调函数,而在"快捷方式整理程序"窗口中,用户可以按类别对已有快捷方式进行有效整理,如图 1-17(b)所示。

图 1-16 MATLAB"快捷方式"选项卡

(a) (b)

图 1-17 MATLAB"快捷方式编辑器"和"快捷方式整理程序"窗口

1.2.2 工作窗口

MATLAB 软件的核心工作窗口有 4 个,分别为当前路径窗口、命令行窗口、工作区窗口和历史命令窗口,如图 1-5 所示。本节将主要对这些窗口进行介绍。

1. "当前路径"窗口

"当前路径"窗口通常位于工作界面的左侧,如图 1-18 所示,用于显示当前路径下的所有文件和文件夹及其相关信息,并可以通过当前路径工具栏或右击打开快捷菜单对这些文件进行操作。需要强调的是,只有在当前目录工作路径下的文件、函数和数据才可

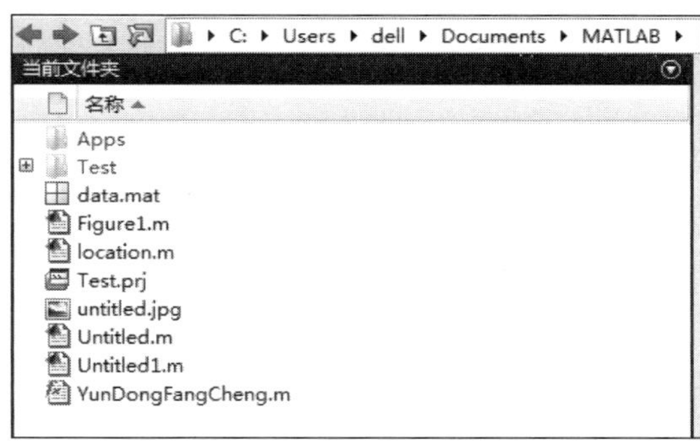

图 1-18 MATLAB 当前工作文件夹和当前工作路径

以被调用。

当前工作窗口与 MATLAB 的路径设置有关。MATLAB 提供了专门的路径搜索器(Search path)来搜索存储在内存中的 M 文件和其他相关文件。MATLAB 软件自带的所有文件的存储路径都被默认包含在搜索路径中(在 MATLAB 安装目录的 toolbox 文件中)。当用户在命令窗口中的提示符“>>”后输入一个字符串(如 str)时,MATLAB 将按照以下步骤搜索工作路径。

(1) 检查 str 是否是 MATLAB 当前工作区中的变量名,若不是,则执行下一步;

(2) 检查 str 是否是一个内置函数,若不是,则执行下一步;

(3) 检查当前目录下是否存在一个名为 str.m 的程序文件,若不是,则执行下一步;

(4) 按顺序检查在所有 MATLAB 搜索路径中是否存在 str.m 的文件,若不是,则执行下一步;

(5) 如果仍未找到 str,则会给出一条错误信息。

上述步骤可抽象为图 1-19。

图 1-19 MATLAB 搜索工作路径流程

在实际工作中,用户常常要把若干目录和 MATLAB 系统进行数据交换或者使存放工作数据的目录能够被 MATLAB 搜索到,这时就需要把这些目录添加进搜索路径中。设置搜索路径的方法主要有鼠标操作和命令操作两种。

1) 鼠标操作

(1) 用户通过“主页”→“设置路径”命令打开“设置路径”对话框,同前文中图 1-13 所示。通过单击“添加文件夹”“添加并包含子文件夹”按钮,将指定路径添加到搜索路径中,也可通过单击“上移”“下移”“移至顶端”“移至底端”按钮来调整指定路径在搜索路径中的位置。对于那些不再需要的路径,也可以单击“删除”按钮将其从搜索路径中移除。

(2) 用户通过单击当前工作文件夹上方的下拉列表选择已有的路径,将其设置为当前工作路径,如图 1-20 所示。

2) 命令操作

用户还可选用 path 或 cd 命令将指定路径添加到搜索路径中。各命令具体用法说明如下。

(1) path 命令。用于查看或更改搜索路径,调用格式如下。

```
path(newpath)
```

将搜索路径更改为 newpath。

```
path(oldpath,newfolder)
```

图 1-20 当前路径选择

将 newfolder 文件夹添加到搜索路径的末尾。如果 newfolder 已存在于搜索路径中，则该命令将 newfolder 移至搜索路径的底层。要添加多个文件夹，则需使用 addpath 函数。

```
path(newfolder,oldpath)
```

将 newfolder 文件夹添加到搜索路径的开头。如果 newfolder 已经在搜索路径中，则该命令将 newfolder 移到搜索路径的开头。

```
p= path(_)
```

以字符向量形式返回 MATLAB 搜索路径。用户可以将此语法与上述语法中的任何输入参数结合使用。

(2) cd 命令。用于更改当前文件夹，调用格式如下。

```
cd
```

显示当前文件夹。

```
cd newFolder
```

将当前文件夹更改为 newFolder。文件夹更改是全局性的。因此，如果用户在函数中使用 cd，文件夹更改将一直保持到 MATLAB 执行完该函数为止。

```
oldFolder=cd(newFolder)
```

将现有的当前文件夹返回给 oldFolder，然后将当前文件夹更改为 newFolder。

【例 1-1】 将目录“C:\MATLAB”添加到搜索路径中。

```
>> cd                                        %符号">>"后为用户输入语句
   C:\Users\dell\Documents\MATLAB            %输出结果因用户设置而异
>> cd c:\MATLAB
>> path(path,'C:\Users\dell\Desktop')
>> path
       MATLABPATH
   C:\Users\dell\Documents\MATLAB
   D:\Program files\MATLAB\R2014b\toolbox\hdlcoder\MATLABhdlcoder\MATLABhdlcoder
```

```
D:\Program files\MATLAB\R2014b\toolbox\hdlcoder\MATLABhdlcoder
D:\Program files\MATLAB\R2014b\toolbox\MATLAB\testframework
D:\Program files\MATLAB\R2014b\toolbox\MATLABxl\MATLABxl
D:\Program files\MATLAB\R2014b\toolbox\MATLABxl\MATLABxldemos
……
D:\Program files\MATLAB\R2014b\toolbox\MATLAB\demos
D:\Program files\MATLAB\R2014b\toolbox\MATLAB\graph2d
D:\Program files\MATLAB\R2014b\toolbox\MATLAB\graph3d
D:\Program files\MATLAB\R2014b\toolbox\MATLAB\graphics
D:\Program files\MATLAB\R2014b\toolbox\MATLAB\graphics\obsolete
D:\Program files\MATLAB\R2014b\toolbox\MATLAB\plottools
```

2. "命令行"窗口

"命令行"窗口(Command window)是 MATLAB 工作界面中最居中、最显眼的窗口，也是 MATLAB 中最重要的交互窗口。在该窗口中，用户可以输入各种指令、函数和表达式等，系统将显示除图形以外的所有运行结果。该窗口不仅可以内嵌在工作界面中，也可以以独立窗口的形式浮动在界面上(命令行窗口上方选择 →"取消停靠"命令)，如图 1-21 所示。

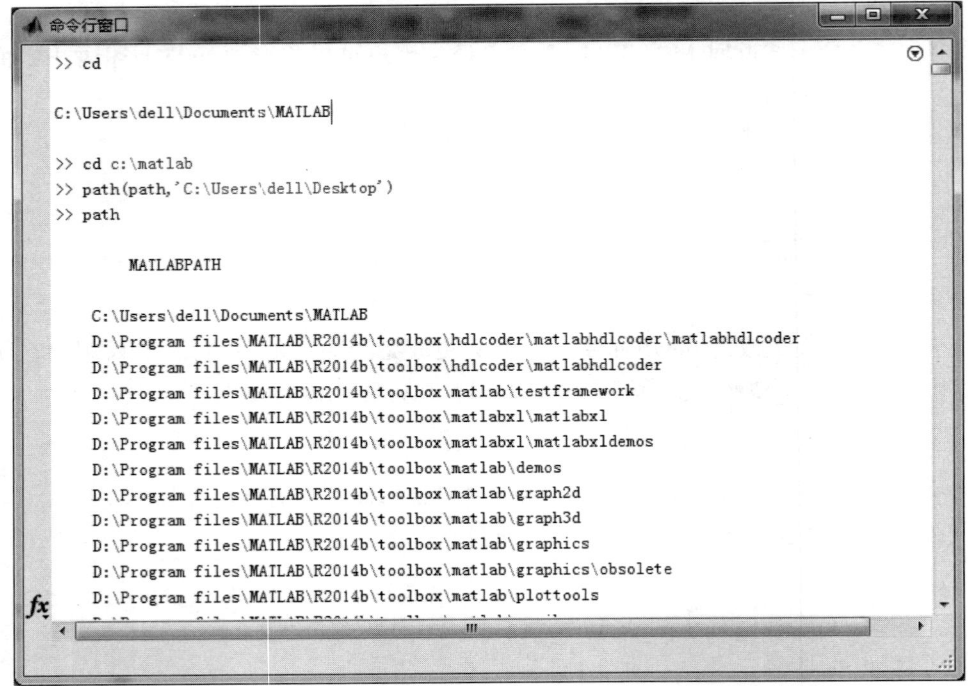

图 1-21 MATLAB"命令行"窗口

在"命令行"窗口中，">>"为运算提示符，表示 MATLAB 处于准备状态，此时用户可以输入命令，然后按 Enter 键，系统即可执行相应的操作，并在命令窗口中显示输出内容，如下面一段代码所示。

```
>> x=1:2:10
x=
     1     3     5     7     9
>> y=sum(x)
y=
    25
>> plot(x,sin(x))
```

上述命令的含义分别是：①生成一组以 2 为步长、从 1 到 10 的数组 x；②对数组 x 进行累加求和，并赋值给变量 y；③绘制 x 和 sin(x)组成的二维折线图，如图 1-22 所示。通过这些语句可以看出 MATLAB 语言所具有的简洁和高效的特性。

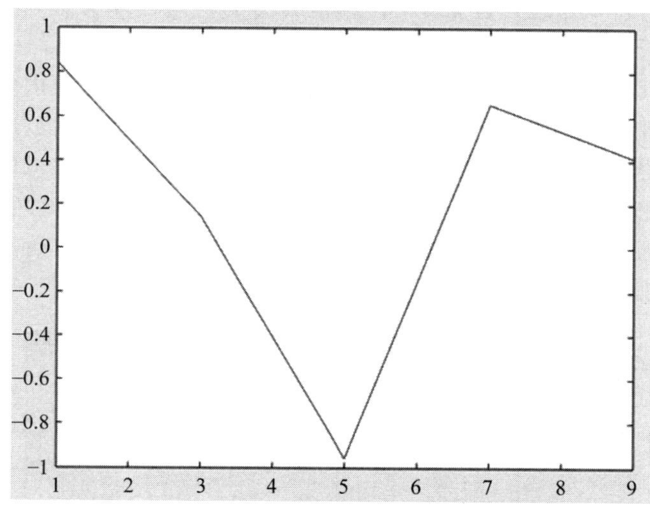

图 1-22 MATLAB“命令行”窗口绘制图形示例

MATLAB 提供了一些如表 1-1 所示的常用函数和如表 1-2 所示的快捷键来管理命令窗口，以辅助用户更高效地进行程序设计和编写工作。

表 1-1 MATLAB“命令行”窗口常用命令

命 令	功能描述	命 令	功能描述
cd	显示或改变工作目录	hold	图形保持命令
clc	清除工作窗	clf	清除图形窗口
clear var	清除指定变量	clear all	从工作空间清除所有变量和函数
load	加载指定文件中变量	save	保存工作区中变量
delete<name>	从磁盘中删除指定文件	disp	显示变量或文字内容
size()	显示变量的尺寸(维度)	length()	显示变量的长度

表 1-2　MATLAB“命令行”窗口常用快捷键

快　捷　键	功　　能	快　捷　键	功　　能
↑或 Ctrl+P	调用上一行	End 或 Ctrl+E	光标置于当前行结尾
↓或 Ctrl+N	调用下一行	Esc 或 Ctrl+U	清除当前输入行
←或 Ctrl+B	光标左移一个字符	Del 或 Ctrl+D	删除光标出字符
→或 Ctrl+F	光标右移一个字符	Backspace 或 Ctrl+H	删除光标前字符
Home 或 Ctrl+A	光标置于当前行开头	Alt+Backspace	恢复上一次删除

3.“工作区”窗口

“工作区”窗口可以通过标签显示或隐藏，是用于存储各种变量和结果的内存空间，此外还可以显示所有变量的名称、最大值、最小值、类型和维度等信息，如图 1-23(a)所示。用户通过工具栏(“主页”→“新建变量”命令)和鼠标(工作空间内空白处右击→“新建”选项)均可以进行新建或删除变量、导入导出数据、绘制图形等操作。若用户想查看或修改某一具体变量，可以双击该变量名，打开变量编辑器，如图 1-23(b)所示。

当选中某个变量时，MATLAB 会根据数据的维度信息提供一些可选的图形表达方式，如选中图 1-23(b)中的变量 y 并右击时，允许调用的绘图函数包括 plot、bar、area、pie 和 histogram 等，如图 1-23(c)所示。

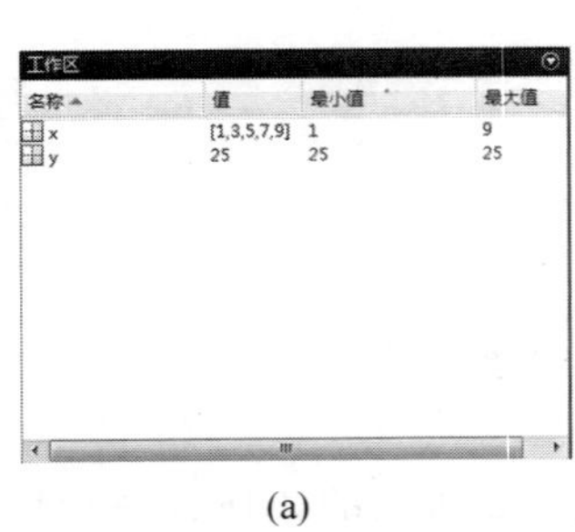

(a)

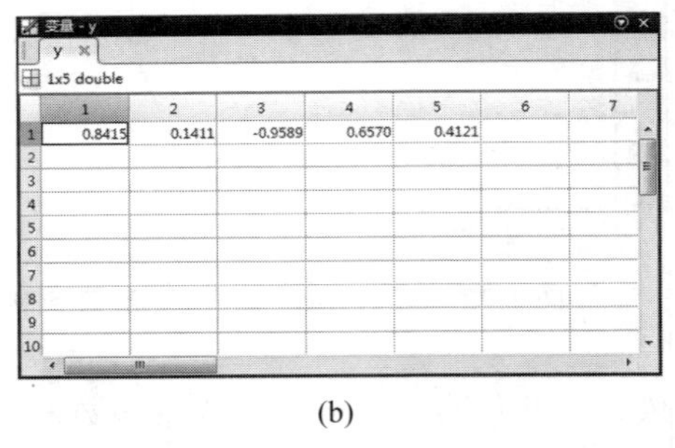

(b)

(c)

图 1-23　MATLAB“工作区”窗口、“变量”编辑器窗口和选中某变量时的右键菜单

工作空间中的数据仅存在于计算机内存中，因此在关闭 MATLAB 时这些变量的数据将会丢失。如果想以后再利用这些数据，可以在退出前用数据文件(.mat)将其保存到磁盘中。当然，MATLAB 也支持外部数据的导入功能。工作空间内数据的保存和导入通常有下面两种方式。

1）鼠标操作

在工作空间内空白区域右击，选择“保存”命令，打开“数据存储”对话框，此时 MATLAB 会将所有变量和数据保存到指定位置。MATLAB 默认保存文件名为 matlab.mat，但用户也可以修改该文件名，见图 1-24。此外，用户也可仅选择部分感兴趣变量进行保存。单击工作区间窗口上部按钮或者选择“主页”→“保存工作区”选项，也可以打开包含数据存储的菜单，可实现同样的功能。

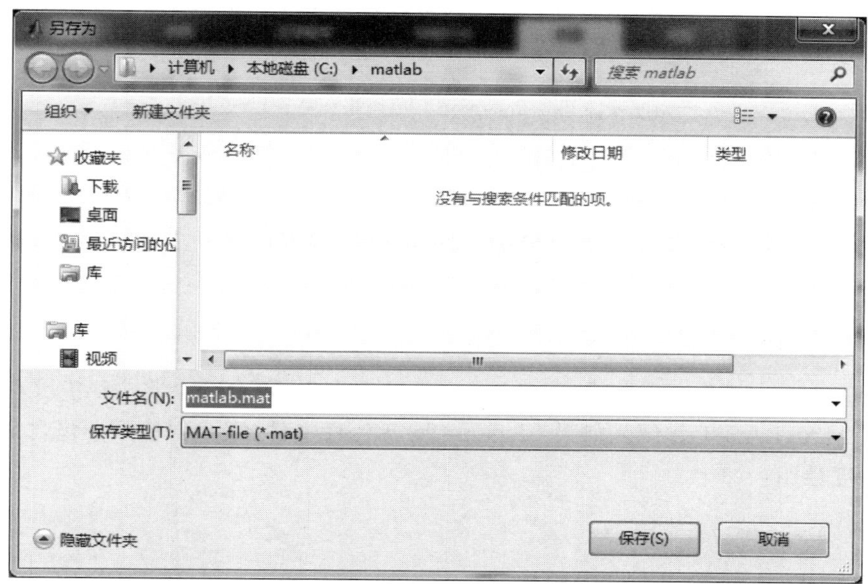

图 1-24　MATLAB 内变量存储对话框

数据导入可直接选择“主页”→“导入数据”命令，打开“导入数据”对话框，用户只需指定数据文件的存储位置即可。用户也可以在当前路径窗口中选择合适的数据双击，即可将存储的数据导入 MATLAB 工作区间内。

2）命令方式

(1) 用户可在命令窗口中输入 save 命令实现工作区间内数据的保存功能，调用格式如下。

```
save(filename)
```

将当前工作区中的所有变量保存在 MATLAB 格式的二进制文件(MAT 文件) filename 中。如果 filename 已存在，则命令会覆盖该文件。

```
save(filename,variables)
```

仅保存 variables 指定结构数组的变量或字段。

```
save(filename,variables,fmt)
```

以 fmt 指定的文件格式保存。variables 参数为可选参数。如果不指定 variables，则将保存工作区中的所有变量。

```
save(filename,variables,version)
```

保存为 version 指定的 MAT 文件版本。variables 参数为可选参数。

```
save(filename,variables,version,'-nocompression')
```

将变量保存到 MAT 文件，而不压缩。'-nocompression'标志仅支持 MAT 文件版本 7（默认值）和版本 7.3。因此，用户必须将 version 指定为'-v7' 或'-v7.3'。variables 参数为可选参数。

```
save(filename,variables,'-append')
```

将新变量添加到一个现有文件中。如果 MAT 文件中已经存在变量，则 save 会使用工作区中的值覆盖它。

(2) 用户可采用 load 命令将存储的 *.mat 格式数据读入到工作区间内，调用格式如下。

```
load(filename)
```

从 filename 加载数据。如果 filename 是 MAT 文件，该命令会将 MAT 文件中的变量加载到 MATLAB 工作区。如果 filename 是 ASCII 文件，则会创建一个包含该文件数据的双精度数组。

```
load(filename,variables)
```

加载 MAT 文件 filename 中的指定变量。load(filename,'-ascii') 将 filename 视为 ASCII 文件，无论文件扩展名如何。load(filename,'-mat')将 filename 视为 MAT 文件，无论文件扩展名如何。

```
load(filename,'-mat',variables)
```

加载 filename 中的指定变量。

```
S=load(_)
```

使用前面语法组中的任意输入参数将数据加载到 S 中。如果 filename 是 MAT 文件，则 S 是结构数组。如果 filename 是 ASCII 文件，则 S 是包含该文件数据的双精度数组。

【例 1-2】 使用 save 和 load 函数实现工作区间内数据的保存和导入。

```
>> x=1:10
x=
   1        2        3       4        5       6    7    8     9     10
>> y=sin(x)
y=
   0.8415   0.9093   0.1411  -0.7568  …  0.6570   0.9894   0.4121   -0.5440
>> z=cos(x)
z=
   0.5403  -0.4161  -0.9900  -0.6536  …  0.7539  -0.1455  -0.9111  -0.8391
>> save                    %默认将所有变量保存到 matlab.mat
正在保存到: c:\MATLAB\matlab.mat
>> save test x y           %将变量 x 和 y 保存到 test.mat 中
>> clear                   %清除工作空间内所有变量
```

```
>> load                  %将 matlab.mat 中的数据加载到工作空间内
```

(3)“工作区”窗口仅显示各变量的基本信息,如最大、最小、类型、维度等信息。若用户想对数据有更多的了解,可采用 whos、size 或 length 三个命令来查看。

① whos 函数:列出工作区中的变量名称、大小和类型。

```
whos
```

按字母顺序列出当前活动工作区中的所有变量的名称、大小和类型。

```
whos -file filename
```

列出指定的 MAT 文件中的变量。

```
whos global
```

列出全局工作区中的变量。

```
whos ___ var1 ... varN
```

只列出指定的变量。此语法可与先前语法中的任何参数结合使用。

```
S=whos(_)
```

将变量的信息存储在结构数组 S 中。

② size 函数:用于返回数组的大小。

```
sz=size(A)
```

返回一个行向量,其元素是 A 的相应维度的长度。例如,如果 A 是一个 3×4 矩阵,则 size(A)会返回向量[3 4]。如果 A 是表或时间表,则 size(A)返回由表中的行数和变量数组成的二元素行向量。当 dim 为正整数标量时,szdim=size(A,dim)返回维度 dim 的长度。从 R2019b 版本开始,用户还可以将 dim 指定为正整数向量,以一次查询多个维度的长度。例如,size(A,[2 3])以 1×2 行向量 szdim 形式返回 A 的第二个维度和第三个维度的长度。

```
szdim=size(A,dim1,dim2,…,dimN)
```

以行向量 szdim 形式返回维度 dim1,dim2,…,dimN 的长度(从 R2019b 版本开始可用)。

```
[sz1,...,szN]=size(_)
```

分别返回 A 的查询维度的长度。

③ length 函数:返回最大数组维度的长度。

```
L=length(X)
```

返回 X 中最大数组维度的长度。对于向量,长度仅仅是元素数量。对于具有更多维度的数据,长度为 max(size(X))。空数组的长度为零。

【例 1-3】 通过 whos、size 和 length 命令查看数据的信息。

```
>> whos x y z
   Name       Size            Bytes  Class     Attributes
   x          1x5               40  double
   y          1x5               40  double
   z          1x5               40  double
>> length(x)
ans=
     5              %ans 为系统默认的输出结果变量名
>> size(x)
ans=
    1     5         %表示数组 x 的维度是 1 行 5 列
```

4. “命令历史”窗口

在命令窗口中运行的所有语句都会被默认保存在“命令历史记录”(Command history)窗口中,并且标明各命令的运行日期和时间,如图 1-25 所示。在该窗口中,用户可对已执行命令执行各种操作。

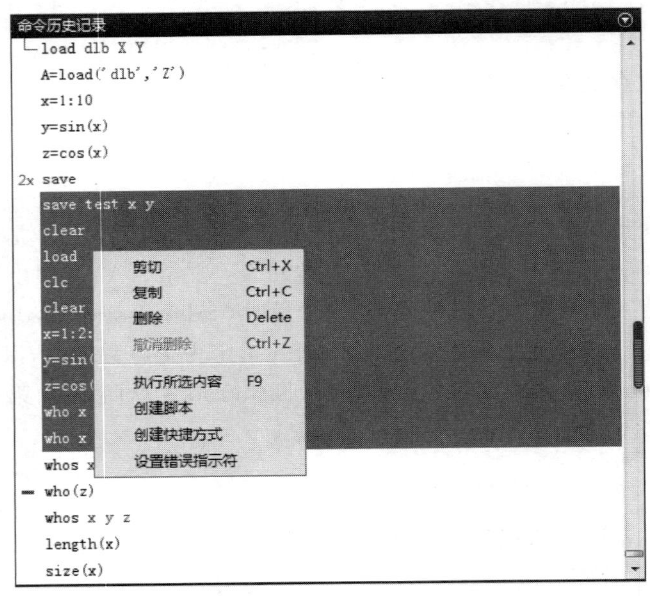

图 1-25　MATLAB“命令历史记录”窗口

(1) 选中某条或某些语句单击鼠标右键,在弹出的快捷菜单中选择需要的命令,用户可进行剪贴、复制和删除等操作,也可直接执行相应的选择。

(2) 如果希望为选中的语句创建 M 文件(MATLAB 的程序文件),则可以选择“创建脚本”命令,打开脚本编辑器窗口。

(3) 可以选择“创建快捷方式”命令,为已执行命令创建快捷方式图标。

1.3 帮助系统

MATLAB 为用户提供了详细、完善的帮助系统，如图 1-26 所示。不论初学者还是熟悉 MATLAB 的用户，都应养成经常阅读帮助系统的习惯，这对于熟练掌握 MATLAB 的各项功能是十分必要的。

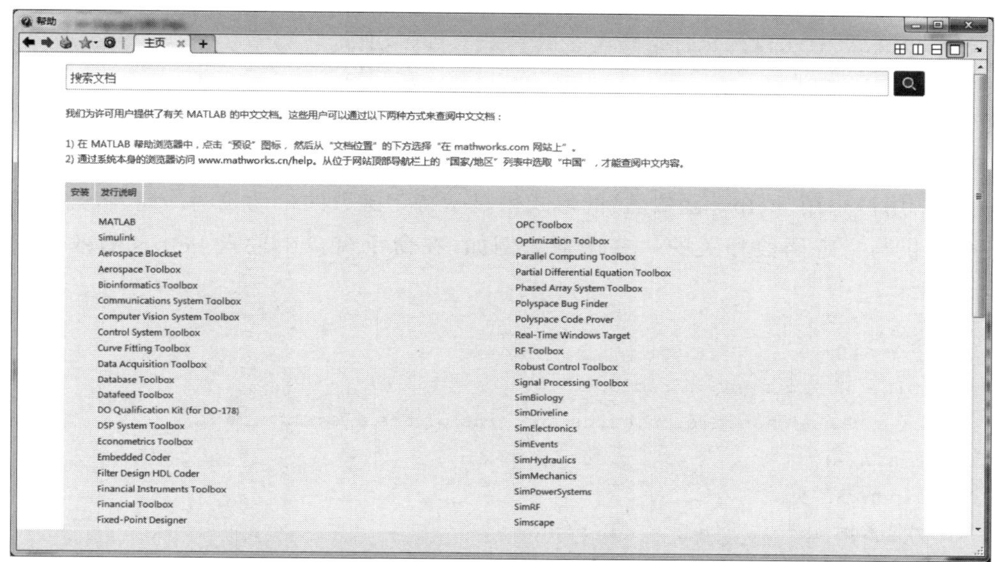

图 1-26 MATLAB"帮助"窗口

1.3.1 帮助命令

在 MATLAB 中，所有执行命令、函数的 M 文件都有一个注释区。在该区中以纯文本形式简要的叙述该函数的调用格式和输入/输出变量的含义。MATLAB 可以根据帮助命令的形式去注释区寻找匹配的信息来显示帮助内容。帮助命令主要包括 help、lookfor 以及模糊查询 3 种。

1. help 命令

在 MATLAB 命令窗口中直接输入 help 命令，将会显示当前帮助系统中所包含的所有项目，即搜索路径中所有目录的名称，效果如下所示。

```
>> help
帮助主题:


Documents\MATLAB                    - (没有目录文件)
MATLABhdlcoder\MATLABhdlcoder       - (没有目录文件)
```

```
MATLAB\testframework                  -(没有目录文件)
MATLABxl\MATLABxl                     -MATLAB Builder EX
MATLAB\demos                          -Examples.
MATLAB\graph2d                        -Two dimensional graphs.
MATLAB\graph3d                        -Three dimensional graphs.
……
interfaces\webservices                -Web services interface.
xpc\xpc                               -(没有目录文件)
xpcblocks\thirdpartydrivers           -(没有目录文件)
build\xpcblocks                       -(没有目录文件)
build\xpcobsolete                     -(没有目录文件)
xpc\xpcdemos                          -(没有目录文件)
```

同样,用户采用"help+函数名"的形式来显示特定函数的帮助说明。此外,查询结果中还会提供与指定函数相关的一些函数。例如,在命令窗口中输入 help sin,效果如下所示。

```
>> help sin
sin-Sine of argument in radians
    This MATLAB function returns the sine of the elements of X.
    Y=sin(X)
    sin 的参考页
    另请参阅 asin, asind, sind, sinh
    名为 sin 的其他函数
        fixedpoint/sin, symbolic/sin
```

2. lookfor 命令

help 命令只能搜索出与指定关键字完全匹配的结果,而 lookfor 命令可对 M 文件全文进行关键词搜索,条件比较宽松。具体调用形式如下。

(1) lookfor keyword。通过关键词 keyword 查找相关内容,仅搜索帮助文本的第一行,搜索结果在命令窗口显示。

(2) lookfor keyword -all。通过关键词 keyword 查找相关内容,对帮助进行全文查找,搜索结果在命令窗口显示。

3. 模糊查询

MATLAB 中提供了一种类似模糊查询的函数查询方法。用户只需输入命令的前几个字母,然后按 Tab 键,系统就会列出所有以这几个字母开头的命令。例如,在命令窗口中输入 pl 后按 Tab 键,结果如图 1-27 所示。

```
>>pl
```

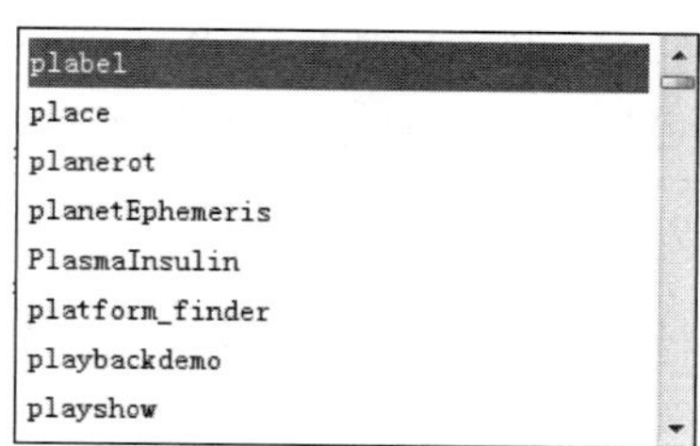

图 1-27 模糊查询结果

1.3.2 帮助窗口

MATLAB 提供了一个交互式的帮助窗口，其对 MATLAB 功能的叙述最系统、丰富，界面也十分友善、方便，这是目前广大用户寻求帮助的最主要资源。进入 MATLAB 帮助窗口可通过以下两种方法实现。

1. 鼠标操作

在 MATLAB 工作界面中，选择“主页”→“帮助”→“文档”命令，即可打开如图 1-26 所示的帮助帮口；如果在帮助窗口搜索栏中直接搜索相关函数，如 sin 函数，结果如图 1-28 所示。此页面左侧包含三个选项卡，分别是“按产品优化”“按类别优化”和“按类型优化”，有助于用户锁定同类别的函数和命令，而右侧则是搜索到的所有包含 sin 关键词的函数。

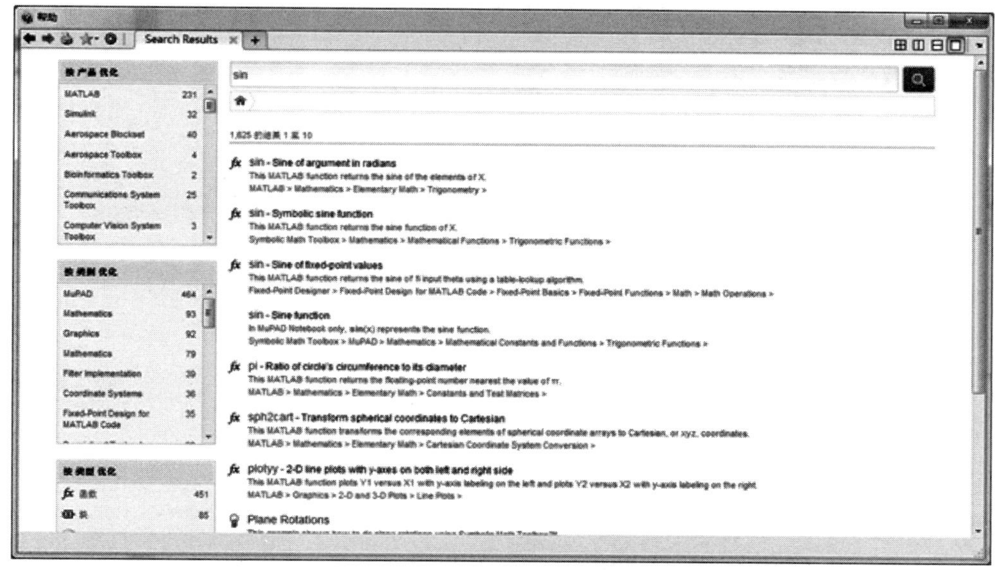

图 1-28 帮助文档中 sin 函数查找结果

2. 命令操作

在“命令行”窗口中输入 helpwin、helpdesk 或 doc 命令，也可打开如图 1-26 所示的帮助窗口。其中，doc 命令能够在 MATLAB 帮助浏览器中打开查找函数的参考页，弥补 help 和 lookfor 命令查找结果可读性较差的弊端，其调用格式如下。

```
doc
```

打开帮助浏览器。如果帮助浏览器已打开但未显示，则 doc 将使其显示在前台并打开一个新的选项卡。

```
doc name
```

为 name 指定的功能(例如函数、类或块)显示相关文档。如果 name 对应 MathWorks 参考页，则会在帮助浏览器中显示该页面。doc 命令不显示第三方或自定义的 HTML 文档。如果 name 不存在任何对应的参考页，则将在名为 name.m 或 name.mlx 的文件中搜索帮助文本。如果有可用的帮助文本，将在帮助浏览器中显示该文本。如果 name 不存在任何对应的参考页并且没有关联的帮助文本，则将搜索名为 name 的文档，并在帮助浏览器中显示搜索结果。

例如，在命令行窗口中输入 doc sin 命令，可打开如图 1-29 所示界面，显然其可读性明显优于 help 和 lookfor 命令的结果。帮助窗口整体分为两部分，左侧是目标函数所属的主题，方便用户锁定和学习同类别的函数；右侧是查找的具体结果，通常包括 8 部分内容，即帮助主题、函数形式、使用方法描述、示例、输入参数、输出参数、扩展和其他相关函数。

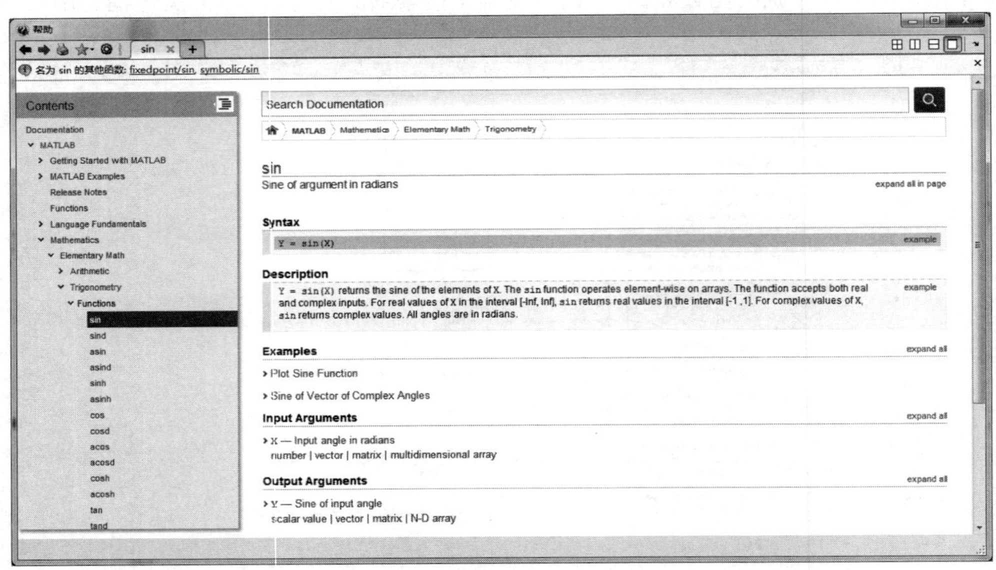

图 1-29 doc sin 语句结果

1.3.3 演示系统

MATLAB 的各个工具包都有设计好的演示系统。在 MATLAB 工作页面中选择

"主页"→"帮助"→"示例"命令,或者在命令窗口中输入 demos,都可以打开演示系统,如图 1-30 所示。演示窗口左侧为库目录,右侧为对应库目录中各项目的名称。

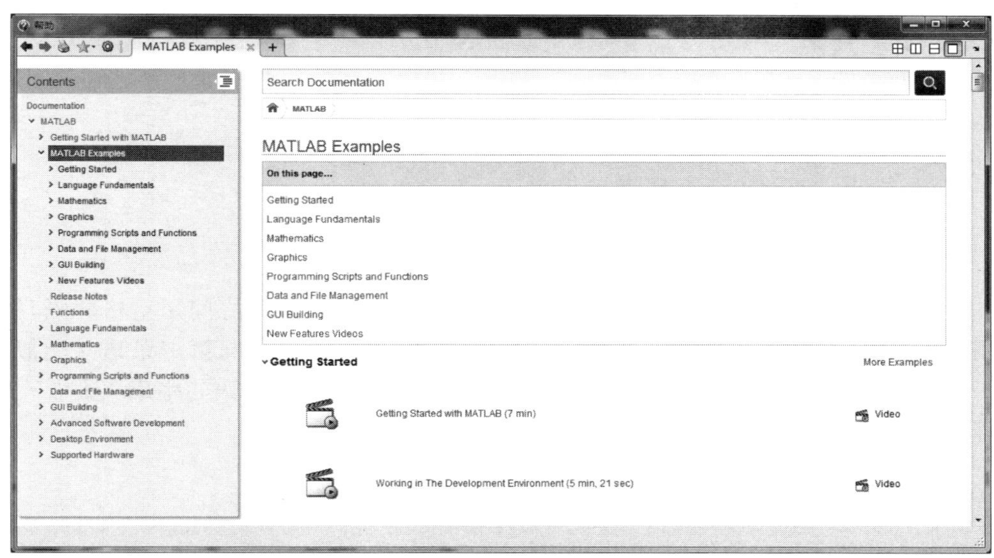

图 1-30 演示系统

1.4 标点符号

在 MATLAB 中,标点符号使用比较灵活,不同符号代表不同运算,或被赋予不同含义。MATLAB 中一些常用的标点符号及其含义如表 1-3 所示。

表 1-3 MATLAB 中常用标点符号及其含义

标点符号	含义	标点符号	含义
;	区分行,或取消运行显示等	.	小数点,或域访问等
,	区分列,或函数参数分隔符等	…	连接语句
:	在数组中应用较多	'	字符串标识符
()	指定运算优先等级、函数调用,或数组索引	=	赋值符号
[]	矩阵定义标志	!	调用操作系统运算
{}	用于构成单元数组	%	注释语句标志

下面对一些常用符号进行详细介绍,其余符号会在后续章节中陆续涉及。

1. 分号(;)

分号用于区分数组的行,或者用于语句的结尾处,表示取消运行结果显示。分号的使用方式详见如下代码。

```
>> A=[1 2 3; 4 5 6; 7 8 9]
A=
     1     2     3
     4     5     6
     7     8     9
>> B=[1 2 3 4; 5 6 7 8]
B=
     1     2     3     4
     5     6     7     8
>> C=[1 2; 3 4; 5 6];
```

上述程序共有三句，第一条语句生成了一个 3×3 的矩阵，列之间用空格分隔，行之间用分号分隔，结尾处没有分号，所以显示运行结果；第二条语句与第一条语句类似，生成一个 2×4 的矩阵，结尾处没有分号，同样显示运行结果；第三条语句生成一个 3×2 的矩阵，但结尾处有分号，所以不显示运行结果。

2. 逗号(,)

逗号主要用于区分数组的列，也可以用于函数参数的分隔。逗号的使用方式说明详见如下代码。

```
>> A=[1 2 3; 4 5 6]
A=
     1     2     3
     4     5     6
>> B=[1,2,3;4,5,6]
B=
     1     2     3
     4     5     6
>> C=ones(2,4)
C=
     1     1     1     1
     1     1     1     1
```

上述语句中，第一条语句生成 2×3 的矩阵，列之间采用空格分隔，行之间采用分号分隔；第二条语句与第一条语句结果相同，但列之间采用逗号分隔，说明在数组定义过程中空格和逗号的作用完全相同；第三条语句调用 ones 函数生成了一个 2×4 的矩阵，其维度由两个参数决定，不同参数之间由逗号分隔。

3. 省略号(…)

在实际程序开发过程中，经常会遇到某一条语句太长的情况，如果直接将其写为一行，则会严重影响后期的程序阅读和调试。此时，用户可采用省略号将这条语句拆分为两行或者多行来显示，但程序在运行时仍将其作为一条语句进行编译。省略号使用示例如下。

```
>> u=4,v=3
   u=
```

```
      4
v=
      3
>> m1=u+v
    m1=
      7
>> m2=u+...
       v+...
       v^2
       m2=
         16
```

上述语句中,第一条为赋值语句;第二条为普通的数值计算语句;第三条则采用省略号将其分解到三行中。需要说明的是,省略号必须紧跟在某个运算符(如加号、减号、乘号等)的后边,不能放在某条语句的最前或者最后边,否则程序会报错。

4. 百分号(%)

该符号主要用于在程序文本中添加注释,提高程序的可读性。百分号之后的文本都将视为注释,系统不对其进行编译。通常情况下用户可采用百分号(%)进行逐行注释,但这种方式不利于用户增加和修改注释内容。在 MATLAB 7.0 以后,用户可以使用"%{"和"}%"符号进行块注释,其中"%{"和"}%"分别表示注释块的起始和结束。当使用"%%"符号时表示代码单元注释,即用户在 M 文件中指定一段代码,以 1 个代码单元符号(%%)开始,到另一个符号结束;如果不存在代码单元,则执行到文件结束。鼠标光标所在代码单元将会高亮显示。百分号使用效果如图 1-31 所示。

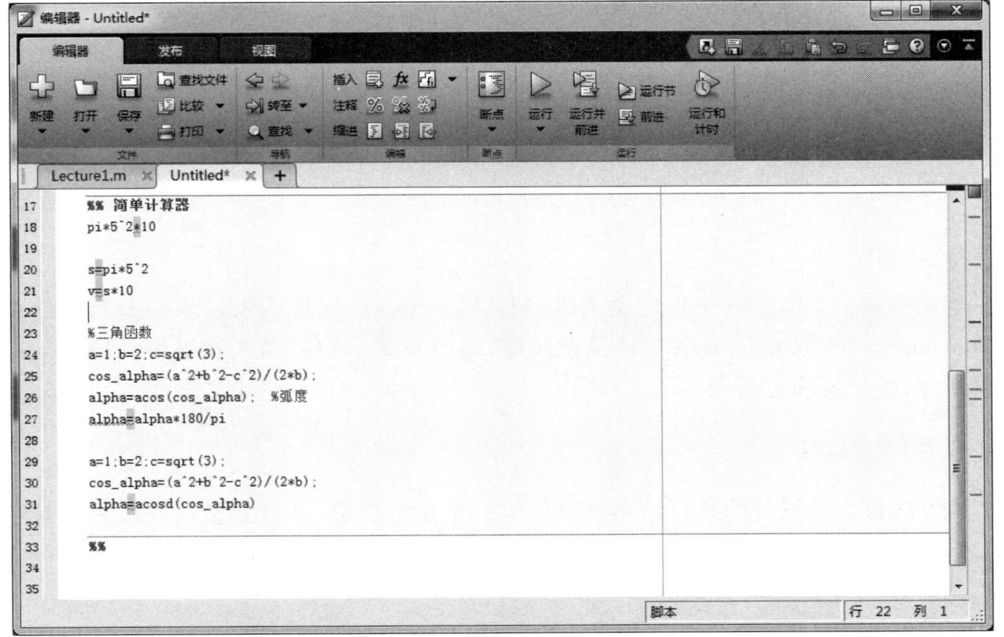

图 1-31 百分号使用效果

1.5 简单数学运算

1.5.1 简单计算器

当命令窗口处于激活状态时，会出现“>>”提示符，此时用户可在提示符后输入命令或数学表达式进行计算。MATLAB 运算操作符合用户习惯，既能进行传统数学运算，也能够高效地对数组或矩阵进行操作。MATLAB 中常用数学符号与传统数学表达的对应关系如表 1-4 所示。

表 1-4 MATLAB 常用运算符号及其功能

运 算	数学表达式	MATLAB 运算符	MATLAB 表达式
加	$a+b$	+	a+b
减	$a-b$	−	a−b
乘	$a\times b$	* (.*)	a*b
除	$a\div b$	/或\ (./或.\)	a/b 或 a\b
幂	a^b	^ (.^)	a^b
矩阵转置	$\mathbf{A}^{\mathrm{T}}$	' (.')	a'或 a.'
指定优先级	$(a+b)\times c$		(a+b)*c

下面介绍两种基本的数学计算方法。

1. 直接输入法

在命令窗口中直接输入数学表达式，按 Enter 键即可得到运算结果。

```
>>pi*5^2*10
ans=
785.3982
```

当没有将结果赋予一个指定变量时，MATLAB 会自动将结果赋予一个暂时的变量名 ans(answer 的缩写)。此种方法虽然快捷，但前一条语句的结果都被最新语句的结果所覆盖，因此建议读者慎用。

2. 存储变量法

该方法将每条语句的执行结果都赋值给一个指定变量，且该变量及其结果将被存储在工作区间内，因此其数值可以被后续程序直接调用。

```
>>s=pi*5^2
s=
    78.5398
```

```
>>v=s*10
v=
    785.3982
```

与通常法则相同，MATLAB 表达式同样遵守四则运算法则，即运算从左到右运行；乘法和除法优先于加减法，而指数运算则优于乘除法，但括号运算的级别最高。在有多重括号的情况下，从最里边的括号向最外边的逐渐扩展。需要说明的是，在 MATLAB 中只有圆括号代表运算级别，而方括号只用于生成向量和矩阵，花括号只用于生成单元数组。

1.5.2 常用数学函数

MATLAB 提供了一系列的函数来支持基本的数学运算，这些函数中的大多数调用格式和人们平时的书写习惯一致。根据各函数类型，MATLAB 提供的初等函数包括指数函数和对数函数(14 个，表 1-5)、取整和求余函数(7 个，表 1-6)、复数函数(9 个，表 1-7)、三角函数(19 个，表 1-8)、数理函数(9 个，表 1-9)、坐标变换函数(4 个，表 1-10)和其他特殊函数。限于篇幅，仅给出部分常用命令的函数及其功能描述，具体用法详见 MATLAB 帮助文档。

表 1-5 指数函数和对数函数

函 数	描 述	函 数	描 述
^	幂运算	nthroot	求实数的 n 次方根
exp	求以 e 为底的幂	pow2	求以 2 为底的幂
expm1	指数减 1，即 $\exp(x)-1$	reallog	求非负实数的自然对数
log	求以 e 为底的对数	realpow	求非负实数的乘方
log10	求以 10 为底的对数	realsqrt	求非负实数的平方根
log1p	求$(x+1)$的自然对数	sqrt	求平方根
log2	求以 2 为底的对数	nextpow2	2 的更高次幂的指数，满足 $2^p \geqslant n$

表 1-6 取整和求余函数

函 数	描 述	函 数	描 述
fix	取整	mod	求模或者有符号取余
floor	取不大于 x 的最大整数	rem	求除法的余数
ceil	取不小于 x 的最小整数	sign	符号函数
round	四舍五入		

表 1-7　复数函数

函　数	描　　述	函　数	描　　述
abs	求实数绝对值或复数的模	unwrap	复数的相角展开
angle	求复数的相角	isreal	判断是否为实数
conj	求复数的共轭值	cplxpair	将矢量按共轭复数对重新排列
imag	求复数的虚部	complex	由实部和虚部创建复数
real	求复数的实部		

表 1-8　三角函数

函　数	描　　述	函　数	描　　述
acos/acosd	反余弦函数(弧度/角度)	sin/sind	正弦函数(弧度/角度)
acot/acotd	反余切函数(弧度/角度)	tan/tand	正切函数(弧度/角度)
acsc/acscd	反余割函数(弧度/角度)	atan2	四个象限内反正切
asec/asecd	反正割函数(弧度/角度)	acosh /cosh	(反)双曲余弦函数
asin/asind	反正弦函数(弧度/角度)	acoth/coth	(反)双曲余切函数
atan/atand	反正切函数(弧度/角度)	acsch/csch	(反)双曲余割函数
cos/cosd	余弦函数(弧度/角度)	asech/sech	(反)双曲正割函数
cot/cotd	余切函数(弧度/角度)	asinh/sinh	(反)双曲正弦函数
csc/cscd	余割弦函数(弧度/角度)	atanh/tanh	(反)双曲正切函数
sec/secd	正割弦函数(弧度/角度)		

表 1-9　数理函数

函　数	描　　述	函　数	描　　述
factor	返回全部素数因子	nchoosek	多项式系数或所有组合
factorial	阶乘	perms	所有排列
gcd	最大公因数	primes	生成素数列表
isprime	判断是否为素数	rat，rats	进行分数估计
lcm	最小公倍数		

表 1-10　坐标变换函数

函　数	描　　述	函　数	描　　述
cart2sph	笛卡儿坐标转球坐标	pol2cart	极坐标转笛卡儿坐标
cart2pol	笛卡儿坐标转极坐标	sph2cart	球坐标转笛卡儿坐标

MATLAB平台支持笛卡儿坐标、球面坐标和极坐标3种不同的坐标系统。笛卡儿坐标，即直角坐标系，由三条相互垂直的直线组成。球面坐标系(Spherical coordinate system)是一种利用球面坐标表示一个点在三维空间中位置的三维正交坐标系。如图1-32所示，球面坐标系可定义为：原点O与点P之间的径向距离r，原点O到点P的连线与正z轴之间的天顶角θ，以及原点O到点P的连线在xOy平面的投影线与正x轴之间的方位角φ。极坐标系(Polar coordinates system)的定义为：在平面内取一个定点O，称为极点，引一条射线Ox，称作极轴，再选定一个长度单位和角度的正方向(通常取逆时针方向)；对于平面内任何一点M，用ρ表示线段OM的长度(有时也用r表示)，θ表示从Ox到OM的角度，ρ称作点M的极径，θ称作点M的极角，有序数对(ρ,θ)就称为点M的极坐标。各坐标系间的转换函数如图1-32所示。MATLAB提供一系列笛卡儿坐标、球面坐标和极坐标系间的相互转换函数，如表1-10所示。在许多领域中(如虚拟现实)，灵活运用这些坐标系统有助于提高程序的运行效率。

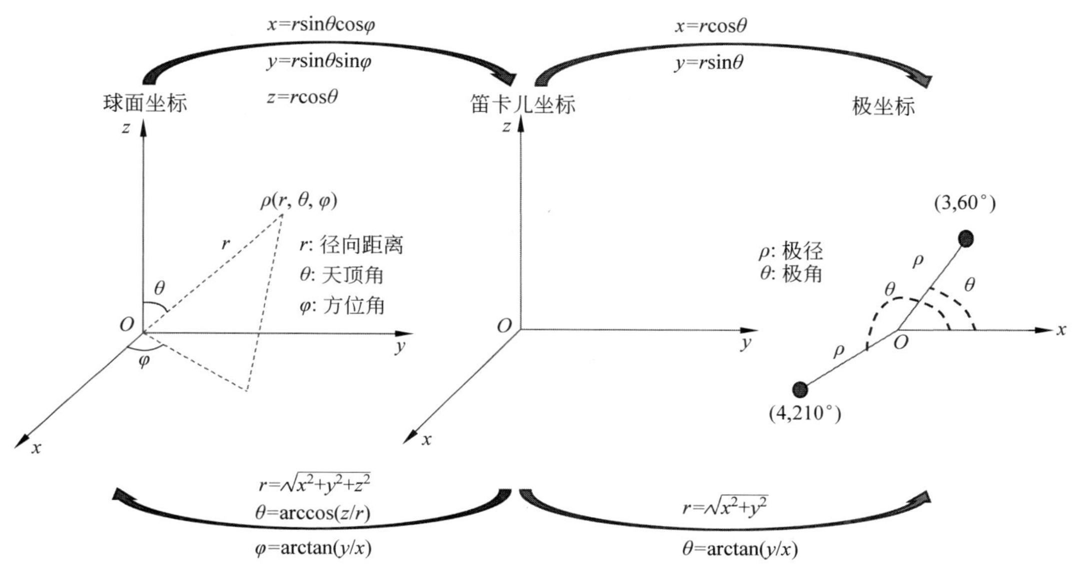

图1-32 球面坐标、笛卡儿坐标和极坐标之间的转换关系

【例1-4】 某三角形三边长度分别为1、2和$\sqrt{3}$，求长度为1和2两条边的夹角。

例1-4所示问题可抽象成图1-33所示模型，其求解程序代码如下：

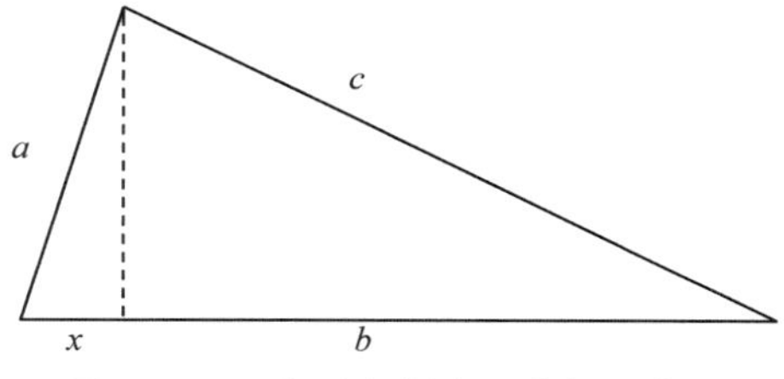

图1-33 三角形勾股定理求解示意图

```
%按弧度方式求解
>>a=1;b=2;c=sqrt(3);
>>cos_alpha=(a^2+b^2-c^2)/(2*b);
>>alpha=acos(cos_alpha);          %弧度
>>alpha=alpha*pi/180
alpha=
    60.000

%按角度方式求解
>>a=1;b=2;c=sqrt(3);
>>cos_alpha=(a^2+b^2-c^2)/(2*b);
>>alpha=acosd(cos_alpha)          %角度
alpha=
    60.0000
```

1.6 脚本文件

MATLAB提供了强大的脚本文件处理能力，以方便用户处理复杂的问题。脚本文件不接受输入参数，不返回任何值，而是代码的结合，该方法允许用户将一系列命令输入到一个简单的脚本文件中。

【例 1-5】 编写求解圆柱体表面积和体积的脚本文件。

在MATLAB工作界面"主页"选项卡中选择"新建脚本"命令或在命令窗口中输入edit，打开一个编辑器窗口，输入以下程序，如图1-34所示。

```
r=1;                             %圆柱体底面半径
h=1;                             %圆柱体高度
s=2*pi*r^2+2*pi*r*h;             %圆柱体表面积
v=pi*r^2*h;                      %圆柱体体积
disp('圆柱体表面积为:'), disp(s);
disp('圆柱体体积为:'), disp(v);
```

编辑完成后，在编辑器窗口中选择"保存"命令将其保存为column。最终所建立的脚本文件如图1-34所示。在命令窗口中输入文件名column，即可执行得到结果。

```
>> column
圆柱体表面积为:
    12.5664

圆柱体体积为:
    3.1416
```

在使用脚本文件时需要特别注意，受工作路径搜索顺序的影响，若在当前工作区总存在与该脚本同名的变量，当用户直接输入该文件名时，系统会将其作为变量名执行。

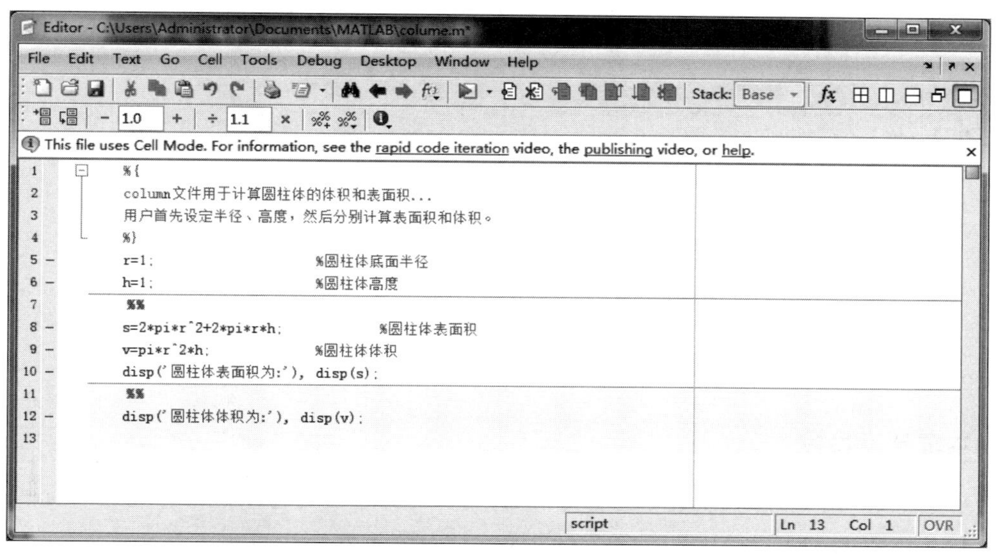

图 1-34　MATLAB 脚本文件

在此条件下，若想继续运行该脚本文件，则可首先利用 clear 命令将工作空间中的同名变量清除，然后再执行脚本文件。

习　题　1

1. MATLAB 的全称是________，其数据处理的核心是________和________。

2. MATLAB 中用于清除命令窗口内容的函数为________，用于清除工作空间内容的函数为________，用于保存工作空间数据的函数为________，用于设置当前工作路径的函数为________。

3. 标点符号________可以使命令行不显示输出结果，________用来表示该行为注释行，________用于连接多行语句。

4. 设 A=[2 4 3; 5 3 1; 7 8 9]，则 sum(A)，length(A)和 size(a)的结果分别为(　　)。

A. [9　9　24]　9　[3　3]　　　B. [14　15　13]　3　[3　3]

C. [14　15　13]　9　[3　3]　　D. [9　9　24]　3　[3　3]

5. 写出下列公式的 MATLAB 表达式。

(1) $4\dfrac{a^2}{3\ln b}$　　(2) $\dfrac{(a+\cos b)^2}{\log10(a-b)}$　　(3) $\dfrac{\sqrt{a-3b}}{3b}$

(4) $\dfrac{\pi}{3}\cos(a\times\pi)$　　(5) $\dfrac{(e^a+b)^2}{a^2-b}$　　(6) $\dfrac{a\,!}{\sqrt[3]{a^2+b^2}}$

6. 简述用户输入一条语句后，MATLAB 工作路径的搜索流程。

7. 以 sin 函数为例，简述 MATLAB 常用的帮助命令函数。

8. 列举工作空间数据读写函数。

第2章 chapter 2

MATLAB数据类型

本章学习目标

- 了解 MATLAB 中常量与变量的区别，明确变量命名的基本规则；
- 熟练掌握 MATLAB 基本数据类型的特征和使用方法；
- 熟练掌握单元数组和结构数组的建立和管理方法。

数据是 MATLAB 进行各种计算、存储和管理的基础。本章将在介绍常量与变量的基础上，着重介绍 MATLAB 所支持的数值型、逻辑型、字符型等简单数据类型，以及由这三者所组合成的两种复合型数据类型，即单元数组和结果数组。需要指出的是，本章内容是读者今后编写各种科学计算 M 程序所需的基本构件。

2.1 常量与变量

变量是程序的基本元素之一。与其他语言不同，MATLAB 不需要预先对变量类型或维数进行声明。当 MATLAB 遇到一个新的变量名时，系统会根据变量值的特征自动产生一个变量名并分配一定的内存空间；如果变量名已经存在，系统将自动用新内容替换原来的内容，如有需要也会重新分配内存。MATLAB 数据均可由常量和变量共同组成，其中常量是基础，也可称作特殊变量或系统自定义变量。

2.1.1 常量

MATLAB 中常量主要指一些系统预定义的特殊变量，如果用户没有对这些变量进行赋值，则采用其默认值，因此不建议用户将这些特殊变量名作为自定义变量名。MATLAB 的预定义特殊变量如表 2-1 所示。

表 2-1 MATLAB 的预定义特殊变量

常 量	常量功能	常 量	常量功能
ans	运行结果的默认变量名	beep	使计算机发出嘟嘟声
pi	圆周率	i 或 j	复数中的虚数单位

续表

常　量	常量功能	常　量	常量功能
NaN 或 nan	不定数，如 0/0、∞/∞、0 * ∞	inf	无穷大，如 1/0
flops	浮点数运算	eps	计算机中的最小数
nargin	函数输入参数个数	nargout	函数输出参数个数
realmin	最小的正浮点数	realmax	最大的正浮点数
varagin	可变的函数输入参数个数	varagout	可变的函数输出参数个数

下面通过一个例子来了解 MATLAB 中系统预定义变量的使用。

【例 2-1】 对系统预定义变量 pi 进行重新赋值，再清除其赋值，观察输出结果。

```
>> pi                      %查看系统预定义变量 pi
ans=
    3.1416
>> pi=[1 2 3]              %重新定义变量 pi
pi=
     1     2     3
>> clear pi                %清除对变量 pi 的定义
>> pi
ans=
    3.1416
```

该例中首先查看系统预定变量 pi(MATLAB 中指圆周率 π)的值，为 3.1416；其次，对变量 pi 进行重新定义，为 1×3 的数组，系统预定义的值被新值覆盖；接下来，用 clear 命令清除对变量 pi 的定义，再次查看时其值已经恢复到默认值。

2.1.2 变量

MATLAB 变量命名规则与其他计算机语言类似，即变量名必须是一个唯一的单词，不能包含空格；此外，其命名还必须符合以下规则。

(1) 变量名必须是不含空格的单个词；

(2) 变量名区分大小写；如 Price 和 price 为两个不同变量；SIN 不代表正弦函数；

(3) 变量名最多包含 63 个字符，之后的字符将被忽略；

(4) 变量名必须以字母打头，之后可以是任意字母、数字或下画线；

(5) 变量名不允许出现标点符号。

除上述规定外，MATLAB 中还有 20 个系统关键字，用户不能利用，在命令行窗口中输入 iskeyword，显示结果如下。

```
>> iskeyword
ans=
    'break'
    'case'
```

```
'catch'
'classdef'
'continue'
'else'
'elseif'
'end'
'for'
'function'
'global'
'if'
'otherwise'
'parfor'
'persistent'
'return'
'spmd'
'switch'
'try'
while'
```

这些关键词在命令窗口和编辑器窗口中显示为蓝色，如果用户把这些关键字作为变量名，MATLAB将会给出警告。由于MATLAB中的变量是区分大小写的，所以若将关键词中的某个字母改为大写，就可以用这些与关键词类似的单词作为变量名，如：

```
>> break=1
break=1
    错误：等号左侧的表达式不是用于赋值的有效目标
>> Break=1; End=2;
>> Return=Break+End
   Return =
          3
```

需要强调的是，MATLAB虽然允许用户对系统预定义变量进行重新赋值，但在编写程序时应尽量避免选择这些特殊变量或者已有函数名、关键词等作为自定义变量名，以免程序产生非预期效果。

2.1.3 数据输出格式

一般情况下，MATLAB内数据是用双精度来表示和存储的，但用户也可以使用format命令来设置和改变数据输出格式，格式如下。

```
format style
```

将命令行窗口中的输出显示格式更改为style指定的格式，具体如表2-2所示。

```
format
```

自动将输出格式重置为默认值，即浮点表示法的短固定十进制小数点格式和适用于所有输出行的宽松行距。

表 2-2 format 命令常用格式和功能

格 式	功 能	示 例
short(default)	短固定十进制小数点格式，小数点后包含 4 位数	3.1416
long	长固定十进制小数点格式，double 值的小数点后包含 15 位数，single 值的小数点后包含 7 位数	3.141592653589793
shortE	短科学记数法，小数点后包含 4 位数	3.1416e+00
longE	长科学记数法，double 值的小数点后包含 15 位数，single 值的小数点后包含 7 位数	3.141592653589793e+00
shortG	短固定十进制小数点格式或科学记数法，总共 5 位	3.1416
longG	长固定十进制小数点格式或科学记数法，对于 double 值，总共 15 位；对于 single 值，总共 7 位	3.14159265358979
shortEng	短工程记数法，小数点后包含 4 位数，指数为 3 的倍数	3.1416e+000
longEng	长工程记数法，包含 15 位有效位数，指数为 3 的倍数	3.14159265358979e+000
+	正/负格式，对正、负和零元素分别显示+、-和空白字符	+
bank	货币格式，小数点后包含 2 位数	3.14
hex	二进制双精度数字的十六进制表示形式	400921fb54442d18
rat	小整数的比率	355/113

【例 2-2】 为常量 pi 设置不同的输出格式。

```
>> pi
ans=
    3.1416
>> format long
>> pi
ans=
   3.141592653589793
>> format hex
>> pi
ans=
   400921fb54442d18
>> format shortEng
>> pi
ans=
     3.1416e+000
```

该例中各条语句含义依次为：①查看默认情况下 pi 的输出结果，为 5 位有效数字；②将数据输出格式设置为 long，则 pi 的输出结果为 16 位有效数字；③将数据输出格式设置为十六进制，输出结果共包含16位由数字或字符组成的符号；④将数据输出格式设置为短工程记数法，则输出结果采用科学计数法进行表示。

除表2-2中列出的数据格式控制样式外，format还包含两种不同的行距控制格式，即简洁型(compact)和宽松型(loose)，其效果如图2-1所示。可以看出：loose格式分别在输入语句、变量名和输出结果的下方添加空白行，以使输出更易阅读，而compact格式则隐藏过多的空白行以便在一个屏幕上显示更多输出。

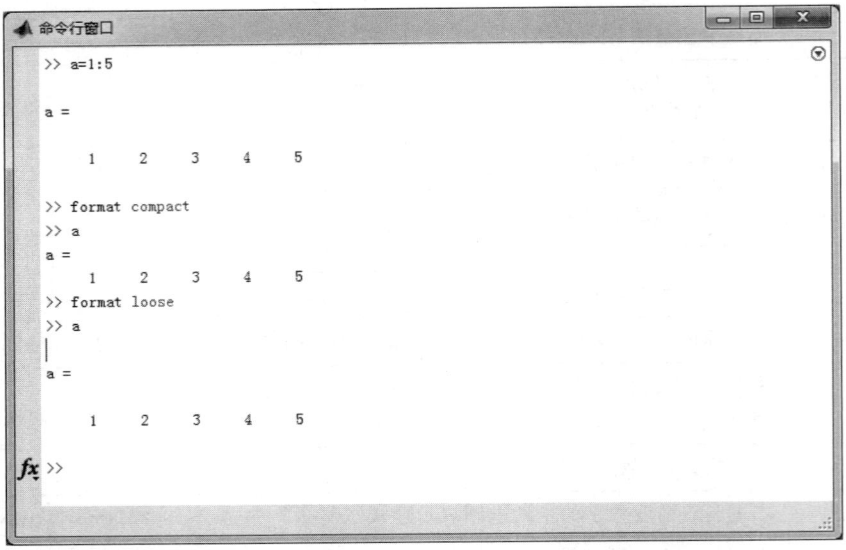

命令行窗口

```
>> a=1:5

a =

     1     2     3     4     5

>> format compact
>> a
a =
     1     2     3     4     5
>> format loose
>> a

a =

     1     2     3     4     5

fx >>
```

图2-1 format行距控制格式

2.2 基本数据类型

多样的数据类型、高效的数据管理是MATLAB区别于其他编程语言的基础。MATLAB能够支持数值型、逻辑型、字符型和复合型数据，如图2-2所示。其中，数值型又分为整型、浮点型和复数，而复合型分为单元数组和逻辑数组。本节将详细介绍MATLAB支持的各种数据类型，这是进行MATLAB数值运算和程序设计的基础。

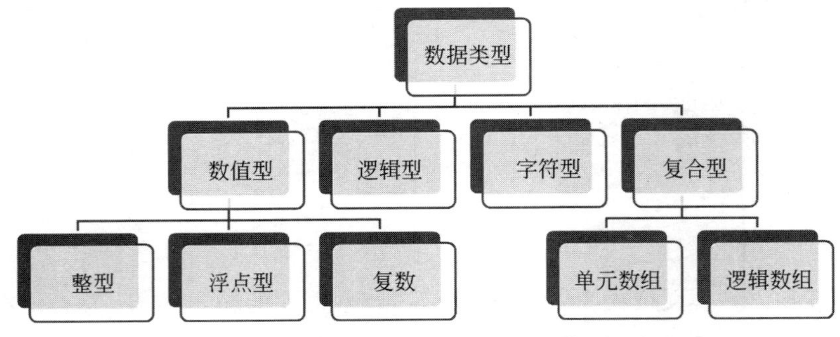

图2-2 MATLAB支持的数据类型

2.2.1 整数

对于整数，MATLAB 支持 8 位、16 位、32 位和 64 位有符号和无符号整数数据类型，其中有符号整数包括正数、负数和 0，而无符号整数仅包括正数和 0，具体如表 2-3 所示。由于 MATLAB 默认的数据类型为双精度型，因此在定义整型变量时，需用表 2-3 中所列函数进行预先声明。

表 2-3 MATLAB 中整数数据类型

数据类型	描　述	范　围
uint8	8 位无符号整数	$0 \sim 255(0 \sim 2^8-1)$
int8	8 位有符号整数	$-128 \sim 127(-2^7 \sim 2^7-1)$
uint16	16 位无符号整数	$0 \sim 65535(0 \sim 2^{16}-1)$
int16	16 位有符号整数	$-32768 \sim 32767(-2^{15} \sim 2^{15}-1)$
uint32	32 位无符号整数	$0 \sim 2^{32}-1$
int32	32 位有符号整数	$-2^{31} \sim 2^{31}-1$
uint64	64 位无符号整数	$0 \sim 2^{64}-1$
int64	64 位有符号整数	$-2^{63} \sim 2^{63}-1$

【例 2-3】 整数变量的定义。

```
>> x1=5;x2=uint8(5);x3=int8(5);
>> whos x1 x2 x3
  Name      Size            Bytes  Class     Attributes

  x1        1x1                 8  double
  x2        1x1                 1  uint8
  x3        1x1                 1  int8
```

类型相同的整数之间可以进行运算，返回相同类型的结果，而不同整数类型之间则不能进行运算。在进行加、减和乘法运算时比较简单，而除法运算则相对复杂。在实际运算过程中，MATLAB 首先将两个数视为双精度类型进行计算，然后再将结果转化为相应的整型数据。

【例 2-4】 整数的四则运算。

```
%定义为有符号整型变量 a 和 b 以及无符号整型变量 c
>> a=int8(60);b=int8(-5); c=uint8(5);
>> x1=a+b               %计算 a 和 b 的和
x1=
    55
>> x2=a-b               %计算 a 和 b 的差
x2=
```

```
    65
>> x3=a*b              %计算 a 和 b 的积
x3=
    -128
>> x4=a/b              %计算 a 除以 b 的商,此情况刚好能够整除
x4=
    -12
>> x5=a/(b.^2)         %计算 a 除以 b 的平方的商,此情况不能够被完全整除
x5=
    2
>> x6=a+c              %计算 a 和 c 的和
                       %错误使用+: 整数只能与相同类的整数或标量双精度值组合使用
```

此例中,读者需要特别注意变量 x4、x5 和 x6 的结果。其中,x4 表示的是 a 能够完全被 b 整除,而 x5 表示 a 不能够被 b 完全整除,但因 MATLAB 首先将其作为双精度类型进行计算,然后再将结果转化为相应的整型数据,因此输出结果是 2,实际上该值应为 2.4;x6 表示的不同数据类型间的计算(a 为有符号整数、b 为无符号整数),因此程序报错。

读者需要特别注意,因每种数据类型的响应都有取值范围,因此数学运算有可能产生结果溢出。MATLAB 采用饱和处理来解决此类问题,即当运算结果超出了此数据类型的上限或下限时,系统自动将结果设置为该上限或下限。下面以有符号整型数据类型来说明。

【例 2-5】 整型数据运算中的溢出问题。

```
>> x1=int8(20); x2=int8(30); x3=int8(-5);
>> y1=x1+4*x2
y1=
  127
>> y2=x2*x3-x1
y2=
-128
```

当计算 y1 时,按优先顺序应先计算 4*x2,结果为 120,继续计算 x1+120=140,溢出上限,因此最终结果为 127;当计算 y2 时,x2*x3 结果为−150,溢出下限,继续计算−128−x1,同样溢出下限,因此最终结果为−128。

需要强调的是,根据数据特征灵活选用合适的数据类型有助于缩小程序和数据所需的内存空间,进而提高程序的运行效率。但用户必须注意整型数据中存在的运算溢出问题和数据类型必须相同的特殊要求,否则将会产生不可预期的错误。

2.2.2 浮点型

双精度类型(double)是 MATLAB 默认的数据类型,但为了节省存储空间,MATLAB 也支持单精度类型(single)的数组。创建单精度类型的变量时需要预先声明变量类型,这与整型变量类似。单精度类型的运算结果也为单精度类型。

单精度和双精度类型的取值范围和精度可以通过例2-6所示的方式进行查看。

【例2-6】 单精度和双精度类型的使用。

```
>> realmin('single')                    %单精度类型最小值
ans=
  1.1755e-38
>> realmax('single')                    %单精度类型最大值
ans=
  3.4028e+38
>> eps('single')                        %单精度类型的精度
ans=
  1.1921e-07
>> realmin('double')                    %双精度类型最小值
ans=
  2.2251e-308
>> realmax('double')                    %双精度类型最大值
ans=
  1.7977e+308
>> eps('double')                        %双精度类型的精度
ans=
  2.2204e-16
>> a=pi;b=single(pi);                   %单精度变量声明
>> whos a b
  Name      Size            Bytes  Class     Attributes

  a         1x1                 8  double
  b         1x1                 4  single
```

2.2.3 复数

复数由实部和虚部组成，其中虚部的基本单位为$\sqrt{-1}$，常用字母i和j表示。MATLAB中可以通过两种方法创建复数，第一种方法为字节输入法，第二种方法为complex方法。其中，complex方法调用格式如下。

```
z=complex(a,b)
```

返回以a为实部、b为虚部的复数数组c；输入参数a和b可以为标量，或维数相同的向量、矩阵或多维数组。a和b可以为不同的数据类型，当a和b中有一个为单精度时，返回结果为单精度；当a和b中有一个为整数类型时，则另外一个也必须为同类型的整数，或者为双精度型，返回结果c为相同类型的整型。

```
z=complex(a)
```

返回a的等效复数，其实部为a、虚部为0。

【例2-7】 复数的创建。

```
%直接输入法
```

```
>> z=6+7i
z=
   6.0000+7.0000i
>> x=9; y=5;
>> z=x+y*i
z=
   9.0000+5.0000i
%complex 函数
>> a=[1; 2; 3; 4]; b=[2; 2; 7; 7]
>> c=complex(a,b)
c=
1+2i
     2+2i
3+7i
     4+7i
```

2.2.4 特殊数值

在 MATLAB 中正无穷大、负无穷大与不确定值分别用 Inf、－Inf 和 NaN 表示，其仍属于双精度型变量。

【例 2-8】 特殊数值的使用。

```
>> a=log(0)
a=
  -Inf
>> b=1/0
b=
   Inf
>> whos
  Name       Size       Bytes Class       Attributes
  a          1x1        8                 double
  b          1x1        8                 double
```

2.2.5 字符型

字符和字符串是 MATLAB 语言的重要组成部分，MATLAB 中的字符串本质上为 ASCII 所对应的数值，如图 2-3 所示。本节主要介绍字符串的生成和基本操作。

1. 字符串生成

在 MATLAB 中生成字符串的方法为：

```
str='the content of the string'
```

即字符串的创建必须用单引号括起来。如果在字符串中存在单引号，则需输入两个连续

代码	字符	代码	字符	代码	字符	代码	字符	代码	字符
32		52	4	72	H	92	\	112	p
33	!	53	5	73	I	93	]	113	q
34	"	54	6	74	J	94	^	114	r
35	#	55	7	75	K	95	_	115	s
36	$	56	8	76	L	96	`	116	t
37	%	57	9	77	M	97	a	117	u
38	&	58	:	78	N	98	b	118	v
39	'	59	;	79	O	99	c	119	w
40	(	60	<	80	P	100	d	120	x
41	)	61	=	81	Q	101	e	121	y
42	*	62	>	82	R	102	f	122	z
43	+	63	?	83	S	103	g	123	{
44	,	64	@	84	T	104	h	124	|
45	-	65	A	85	U	105	i	125	}
46	.	66	B	86	V	106	j	126	~
47	/	67	C	87	W	107	k		
48	0	68	D	88	X	108	l		
49	1	69	E	89	Y	109	m		
50	2	70	F	90	Z	110	n		
51	3	71	G	91	[	111	o		

图 2-3　ASCII 码与数值的对应关系

的单引号,否则系统会提示出错。

【例 2-9】 字符串的生成。

```
>> str1='Northeast Forestry University'
str1=
    Northeast Forestry University
%字符串中存在引号-错误方式
>> str2='The 'MATLAB' software is very easy to use'
str2=
    'The 'MATLAB' software is very easy to use'
               |
%错误: 不应为 MATLAB 表达式。

%字符串中存在引号-正确方式
>> str2='The ''MATLAB'' software is very easy to use'
str2=
    The 'MATLAB' software is very easy to use
```

2. 字符串操作

字符串的实质是一个元素全部为整数的数值数组。因此,对字符串的操作整体上可以完全按照数组操作进行。

1) 字符串显示

字符串显示有两种方式:直接显示和利用 disp 函数显示,其中用 disp 函数显示字符串内容时不输出变量名,而直接显示方式则会同步显示变量名。

【例 2-10】 字符串的显示。

```
>> str1='Northeast Forestry University'
str1=
Northeast Forestry University
>> disp(str1)
Northeast Forestry University
```

2) 数值转字符

因字符串本质上仍是一组数值，所以可以把数字、矩阵等转换成字符串，主要函数包括 char、num2str、int2str、mat2str 和 cellstr 等。各命令具体介绍如下。

(1) char 函数。该函数可将正整数数组转化为字符串，调用格式如下。

```
C=char(A)
```

将数组 A 转换为字符数组。

```
C=char(A1,...,An)
```

将数组[A1,…,An]转换为单个字符数组。转换为字符后，输入数组变为 C 中的行。char 函数会根据需要使用空格填充行。如果有输入数组是空字符数组，则 C 中相应的行是一行空格。输入数组[A1,…,An]不能是字符串数组、元胞数组或分类数组，但可以是不同的大小和形状。

(2) num2str 函数。该函数可将数值型数组转换为字符串，调用格式如下。

```
s=num2str(A)
```

将数值数组转换为表示数字的字符数组。输出格式取决于原始值的量级。num2str 对使用数值为绘图添加标签和标题非常有用。

```
s=num2str(A, precision)
```

返回表示数字的字符数组，最大有效位数由 precision 指定，包括 single，double，int8，int16，int32，int64，uint8，uint16，uint32，uint64。

```
s=num2str(A, formatSpec)
```

将 formatSpec 指定的格式应用到 A 的所有元素；formatSpec 可以是用单引号引起来的字符向量，从 R2016b 版本开始，也可以是字符串标量。

在选用第③种用法时，用户需通过 formatSpec 来指定数据转换的格式化操作符。其中，格式化操作符以百分号 % 开头，以转换字符结尾，转换字符是必需的。用户可以在%和转换字符之间指定标识符(identifier)、标志(flags)、字段宽度(field width)、精度(precision)、子类型(subtype)、转换字符(conversion character)等，如图 2-4 所示。操作符之间的空格无效，这里显示空格只是为了便于阅读。

下面将分别介绍格式化操作符中各项内容的具体用法。

① 标识符。标识符用于处理函数输入参数的顺序。使用语法为 n$，其中 n 代表函

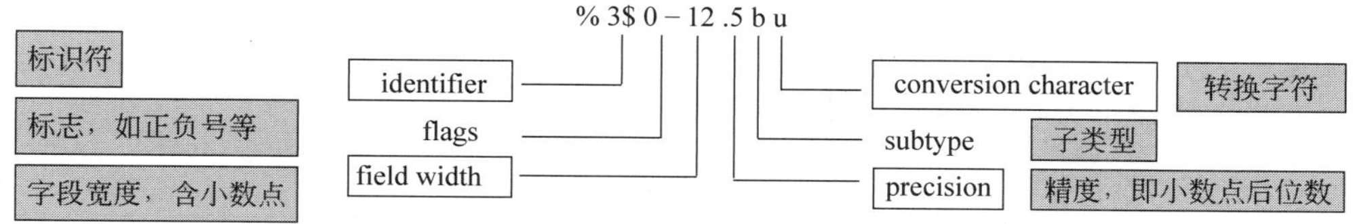

图 2-4 num2str 函数的格式化操作符

数调用中其他输入参数的位置。如果输入参数为数组，则不能使用标识符指定该输入参数中的特定数组元素。示例：('%3$s %2$s %1$s %2$s' 'A''B''C') 将输入参数 'A''B''C' 输出为：C B A B。

② 标志。主要用于在转换后的字符前添加正负号、空格以及补充数字 0 等。num2str 可选标志符号和功能如表 2-4 所示。

表 2-4 num2str 可选标志符号和功能

符号	功　　能	示　　例
−	左对齐	%−5.2f 或%−10s
+	始终为任何数值输出符号字符(+或−) 右对齐文本	%+5.2f %+10s
' '	在值之前插入空格	%5.2f
0	在值之前补零以填充字段宽度	%05.2f
#	修改选定的数值转换：对于%o、%x或%X，将输出 0、0x 或 0X 前缀；对于%f、%e 或%E，即使精度为零也将输出小数点；对于%g 或%G，不删除尾随零或小数点	%#5.0f

③ 字段宽度。用于控制输出的最低字符数。字段宽度操作符可以是数字，也可以是指向输入参数的星号（*）。当用户将 * 指定为字段宽度操作符时，其他输入参数必须指定打印宽度和要打印的值。宽度和值可以是参数对组，也可以是数值数组中的对组。使用*作为字段宽度操作符时，用户可以打印具有不同宽度的不同值。如输入参数('%12d',intmax)等效于('% * d',12,intmax)；输入参数('% * d',[2 10 5 100])，返回 10 100，其中两个空格分配给 10，五个空格分配给 100。用户也可以将字段宽度和值指定为多个参数，如('% * d',2,10,5,100)中所示。除非标志另行指定，否则该函数使用空格填充值之前的字段宽度。

④ 精度。对于%f、%e 或%E，精度指小数点右侧的位数，如%.4f 将 pi 输出为 3.1416；对于%g 或%G，精度则指有效位数，如%.4g 将 pi 输出为 3.142。其余转换字符功能如表 2-5 所示。

精度操作符可以是数字，也可以是指向参数的星号（*）。当用户将 * 指定为字段精度操作符时，其他输入参数必须指定打印精度和要打印的值，如输入参数('%.4f',pi)等效于('%. * f',4,pi)。精度和值可以是参数对组，也可以是数值数组中的对组，如输入参数('%6.4f',pi)等效于('%. * f',6,4,pi)。使用*作为精度操作符时，用户可以打印具有不同精度的不同值。将 *.* 指定为字段宽度和精度操作符时，必须以三元组形式指定字段宽度、精度和值，输入参数('%*.*f',6,4,pi,9,6,exp(1))返回 3.1416 2.718282，其中 9 和 6 分别作为 exp(1)输出的字段宽度和精度。

表 2-5　num2str 函数可选转换字符

值类型	转　换	详 细 信 息
有符号整数	%d 或 %i	以 10 为基数
无符号整数	%u	以 10 为基数
	%o	以 8 为基数(八进制)
	%x	以 16 为基数(十六进制)，小写字母 a～f
	%X	与 %x 相同，大写字母 A～F
浮点数	%f	定点记数法(使用精度操作符指定小数点后的位数)
	%e	指数记数法，例如 3.141593e+00(使用精度操作符指定小数点后的位数)
	%E	与 %e 相同，但为大写，例如 3.141593E+00(使用精度操作符指定小数点后的位数)
	%g	更紧凑的 %e 或 %f，不带尾随零(使用精度操作符指定有效数字位数)
	%G	更紧凑的 %E 或 %f，不带尾随零(使用精度操作符指定有效数字位数)
字符或字符串	%c	单个字符
	%s	字符向量或字符串数组。输出文本的类型与 formatSpec 的类型相同

⑤ 子类型。用户可以使用子类型操作符将浮点值显示为八进制、十进制或十六进制值。子类型操作符紧邻转换字符之前。若子类型和转换字符为%bx、%bo 和%bu，则输出值类型分别为双精度十六进制、八进制或十进制，例如%bx 将 pi 输出为十六进制 400921fb54442d18；若子类型和转换字符为%tx、%to 和%tu，则输出值类型分别为单精度十六进制、八进制或十进制，例如%tx 将 pi 输出为十六进制 40490fdb。

⑥ 格式化操作符前或后的文本。formatSpec 还可以在百分号 %前添加其他文本，或者在转换字符后添加其他文本，具体如表 2-6 所示。

表 2-6　num2str 函数格式化操作符前或后的文本

特 殊 字 符	表 示 形 式	特 殊 字 符	表 示 形 式
单引号	''	换页符	\f
百分比字符	%%	换行符	\n
反斜杠	\\	回车符	\r
警报	\a	水平制表符	\t
退格符	\b	垂直制表符	\v

(3) int2str 函数。用于将整型转换为字符型,调用格式如下。

```
chr=int2str(N)
```

将N视为整数矩阵,并将其转换为表示整数的字符数组。如果 *N* 包含浮点值,int2str会在转换之前对这些值进行舍入。

(4) mat2str 函数。将矩阵转换为字符串,调用格式如下。

```
chr=mat2str(X)
```

将数值矩阵X转换为表示矩阵的字符向量,精度最多15位。

```
chr=mat2str(X,n)
```

使用n位精度转换X。

```
chr=mat2str(___,'class')
```

在chr中包含X的类名或数据类型。

(5) cellstr 函数。将单元数组转换为字符型单元数组,调用格式如下。

```
C=cellstr(A)
```

将A转换为字符向量元胞数组。输入数组A可以是字符数组或分类数组,从R2016b开始,也可以是字符串数组。

【例 2-11】 数值转字符。

```
>> A=[35 55 65; 98 97 96; 111 112 113]
A=
     35   55   65
     98   97   96
    111  112  113
>> s=char(A)
s=
   # 7A
   ba`
   opq
>> x=rand(2,3) * 1000
x=
  814.7237  126.9868  632.3592
  905.7919  913.3759   97.5404
>> s=num2str(x,'%10.5e\n')
s=
  8.14724e+02
  1.26987e+02
  6.32359e+02
  9.05792e+02
  9.13376e+02
```

```
  9.75404e+01
>> whos x s
Name        Size        Bytes Class       Attributes
  s         2x35        140               char
  x         2x3         48                double
>> b=rand(2,3) * 100;
>> str=int2str(b)
str=
  28   96   16
  55   96   97
>> whos b str
  Name      Size        Bytes Class       Attributes
  b         2x3         48                double
  str       2x10        40                char
>> mat=mat2str(b)
mat=[27.8498218867048  95.7506835434298  15.7613081677548;54.6881519204984
     96.4888535199277  97.0592781760616]
>> whos mat
  Name      Size        Bytes Class       Attributes
  mat       1x103       206               char
>> s=['abc ';'defg';'hij ']       %注意'abc'和'hij'中 c 和 j 后面各有一个空格
s=
    abc
    defg
    hij
>> c=cellstr(s)
c=
    'abc'
    'defg'
    'hij'
>> whos s c
Name        Size        Bytes Class       Attributes
  c         3x1         356               cell
  s         3x4         24                char
```

3）字符转数值

用函数 char、num2str、int2str 转换成的字符串，都可以用 double 函数再转换成数值，格式如下。

```
num=double('str')
```

将字符串 str 转换为双精度型数值。

```
num=double(var)
```

将字符型变量 var 转换为双精度型变量。

【例 2-12】 字符串转数值。

```
>> A=[35 55 65; 98 97 96; 111 112 113]
A=
    335   55   65
     98   97   96
    111  112  113
>> s1=char(A)
s1=
    # 7A
    ba`
    opq
>> s2=num2str(A)
s2=
    335   55   65
     98   97   96
    111  112  113
>> s3=int2str(A)
s3=
    335   55   65
     98   97   96
    111  112  113
>> n1=double(s1), n2=double(s2),n3=double(s3)
n1=
    335   55   65
     98   97   96
    111  112  113
n2=
    32    51    53    32    32    32    53    53    32    32    32    54    53
    32    57    56    32    32    32    57    55    32    32    32    57    54
    49    49    49    32    32    49    49    50    32    32    49    49    51
n3=
    32    51    53    32    32    32    53    53    32    32    32    54    53
    32    57    56    32    32    32    57    55    32    32    32    57    54
    49    49    49    32    32    49    49    50    32    32    49    49    51
>> whos A s1 s2 s3 n1 n2 n3
  Name      Size            Bytes  Class     Attributes
  A         3x3                72   double
  n1        3x3                72   double
  n2        3x13              312   double
  n3        3x13              312   double
  s1        3x3                18   char
  s2        3x13               78   char
  s3        3x13               78   char
```

需要说明的是，char 函数将数值矩阵转换为字符时，自动忽略矩阵中的空格，而 num2str 和 int2str 函数在转换过程中会将数值矩阵中的空格处理为一个字符，因此 s2 和 s3 的矩阵维度是 3×13，而不是原来的 3×3。

除上述十进制数值和字符的转换，用户也可通过 dec2hex、dec2bin、bin2dec、base2dec、double、hex2num、bin2num 等命令进行不同进制间的转换，或把各种进制的字符串转换为十进制数。

4）字符串连接

因 ASCII 码本质上可看作一组数字，因此字符串也可以被处理加工成一个具有多行的字符型变量，但这些行都必须具有相同的列数。字符串的连接可以分为横向连接（水平连接）和纵向连接（垂直连接），各种连接方式均有不同的注意事项，下面将分别介绍。

（1）水平连接。当两个字符型数组具有相同的行数时，用户可使用 strcat 函数进行水平连接，调用格式如下。

```
s=strcat(s1,...,sN)
```

水平串联 s1,…,sN。每个输入参数都可以是字符数组、字符向量元胞数组或字符串数组。如果任一输入是字符串数组，则结果是字符串数组。如果任一输入是元胞数组，并且输入没有字符串数组，则结果是字符向量元胞数组。如果所有输入都是字符数组，则结果是字符数组。

对于字符数组输入，strcat 会删除尾随的 ASCII 空白字符，即空格、制表符、垂直制表符、换行符、回车和换页符。若用户需要保留这些空白字符，则可以使用方括号（[]）进行字符串的水平连接。对于元胞数组和字符串数组输入，strcat 不删除尾随空白。

（2）垂直连接。当两个字符型数组具有相同的列数时，可用 strvcat 函数进行垂直连接，调用格式如下。

```
S=strvcat(t1, t2, t3, ...)
```

形成字符数组 S，其中包含字符数组 t1,t2,t3,…作为数组的行。根据需要将空格附加到每个输入参数，以便 S 的行具有相同的字符数，空参数将被忽略。

【例 2-13】 字符串连接。

```
>> a='first ',b='second',c='third ',d='fouth '
a=first
b=second
c=third
d=fouth
>> s1=strcat(a,b,c,d)              %空格被忽略
s1=firstsecondthirdfouth
>> s2=[a,b,c,d]                    %尾部空格保留
s2=first secondthird fouth
>> s3=strvcat(a,b,c,d)
s3=first                           %自动填充空格
   second
```

```
    third
fouth
```

5）字符串比较

字符串中字符以 ASCII 码形式存储，大写字母(A～Z)的 ASCII 码值(84～110)小于小写字母(a～z)的 ASCII 码值(97～122)。若用户需要判断两个字符串是否相等，则可以使用 strcmp 函数比较两个字符串，使用 strncmp 函数比较两个字符串的前 n 个字符是否相等，调用格式有如下两种。

```
tf=strcmp(s1, s2)
```

比较 s1 和 s2，如果二者相同，则返回 1(true)，否则返回 0(false)。如果文本的大小和内容相同，则将它们视为相等。返回结果 tf 的数据类型为 logical。输入参数可以是字符串数组、字符向量和字符向量元胞数组的任何组合。

```
tf=strncmp('s1', 's2',n)
```

比较 s1 和 s2 的前 n 个字符。如果二者相同，函数将返回 1(true)，否则返回 0(false)。如果两个文本段的内容一直到结尾都相同或前 n 个字符相同(以先出现者为准)，则将这两个文本段视为相同。返回结果 tf 的数据类型为 logical。前两个输入参数可以是字符串数组、字符向量和字符向量元胞数组的任何组合。

需要说明的是，函数 strcmp 和 strncmp 在进行字符串比较时，严格区分字母大小写。若用户对此要求不高，则可以使用 strcmpi 和 strncmpi 进行字符串或字符单元数组的比较，调用格式同上。

【例 2-14】 字符串比较。

```
>> t1='MATLAB',t2='matlab'
t1=MATLAB
t2=matlab
>> r1=strcmp(t1,t2)
r1=0
>> r2=strncmp(t1,t2,3)
r2=    0
>> r3=strcmpi(t1,t2)
r3=    1
>> r4=strncmpi(t1,t2,3)
r4=    1
```

除了上述函数外，还可以通过简单的运算对两个字符串进行比较，如表 2-7 所示。当两个字符串拥有相同的维数时，可以利用 MATLAB 运算法则对字符数组进行比较，字符数组的比较与数值数组的比较基本相同，不同之处在于对字符数组比较时，进行比较的是字符的 ASCII 码值。比较返回的结果为一个数值向量，元素为对应字符的比较结果。需要注意的是，在利用这些运算比较字符串时，相互比较的两个字符串必须有相同数目的元素。

表 2-7 MATLAB 比较运算符及其含义

符号	符号意义	英文简写
==	等于	eq
~=	不等于	ne
<	小于	lt
>	大于	gt
<=	小于或等于	le
>=	大于或等于	ge

6）字符串查找与替换

查找与替换是字符串操作中的一项重要内容。用于查找的函数有 strfind、strmatch、strtok 等，用于替换的函数为 strrep，下面将分别介绍。

（1）查找函数。MATLAB 中提供了 strfind 函数用于在其他字符串中查找某字符串，strmatch 函数用于查找字符串的可能匹配项，strtok 函数用于返回所选的字符串部分，各函数调用格式如下。

```
k=strfind(str, pattern)
```

在 str 中搜索出现的 pattern。输出 k 指示 str 中每次出现的 pattern 的起始索引。如果未找到 pattern，则 strfind 返回一个空数组[]。strfind 函数执行区分大小写的搜索。如果 str 是字符向量或字符串标量，则 strfind 返回 double 类型的向量。如果 str 是字符向量元胞数组或字符串数组，则 strfind 返回 double 类型的向量元胞数组。

```
x=strmatch(str, strarry)
```

在字符数组或字符向量元胞数组 strarray 的各行中搜索，查找以 str 中包含的文本开头的字符串，并返回匹配行的索引。如果 strmatch 在 strarray 中未找到 str，则 x 是空矩阵([])。匹配时，str 或 strarray 中的任何尾随空格字符都将被忽略。当 strarray 是字符数组时，strmatch 的速度最快。

```
[token,remain]=strtok(str,delimiters)
```

使用 delimiters 中的字符解析 str，并在 remain 中返回剩余文本(如果有)。如果 strtok 找到分隔符，则将它包含在 remain 开头。如果 strtok 在 str 中找不到分隔符，则它将在 token 中返回整个 str，前导分隔符除外，并且 remain 不包含任何字符。用户可以将此语法与前面语法中的任何输入参数结合使用。

（2）替换函数。MATLAB 中用户可使用 strrep 函数来查找并替换字符串，调用格式如下。

```
newStr=strrep(str,old,new)
```

函数的作用是将 str 中出现的所有 old 都替换为 new。如果每个输入参数是非标量字符串数组或字符向量元胞数组，则其他输入参数必须兼容。

【例 2-15】 字符查找与替换。

```
>> origon='Northeast Forestry University';
>> old='Forestry'; new='Normal';
>> str1=strrep(origon,old,new)
str1=
    Northeast Normal University
>> k1=strfind(origon,'s')
k1=
     8    15    26
>> remain={'Northeast Forestry University', 'Beijing Forestry University',…
       'Nanjing Forestry University'}
>> for k=1:3                                                          %for 循环
[token, remain]=strtok(remain);
token
end
token=
      'Northeast'    'Beijing'    'Nanjing'
token=
      'Forestry'    'Forestry'    'Forestry'
token=
      'University'    'University'    'University'
>> x1=strmatch('max',char('max','minimax', 'maximum'))                %模糊匹配
x1=
     1
     3
>> x2=strmatch('max', char('max', 'minimax', 'maximum'), 'exact')     %精确匹配
x2=
     1
```

7）执行字符串

执行字符串就是把函数、语句或者 MATLAB 表达式作为字符串，用 eval 函数将其作为一条语句来运行，具体格式如下。

```
eval(expression)
```

执行函数表达式 expression。

```
[y1,y2,…]=eval('myfun(x1,x2,x3,…)')
```

执行函数，函数的输入参数是 x1，x2，x3，…，返回结果给 y1，y2，…。

```
[y1,y2,…]=feval(fhandle,x1,…,xn)
```

执行函数句柄 fhandle 的函数，x1，x2，x3，…是函数参数。该语句只能执行函数，不能执行表达式。

【例 2-16】 执行字符串 eval 函数的使用。

```
>> k=3;
>> eval(['d',int2str(k),'=ones(k,2.*k)'])
d2=
    1    1    1    1
    1    1    1    1
>> for n=1:5
eval(['d',int2str(n),'=ones(n,1.*n)'])
end
d1=
    1
d2=
1       1
1       1
d3=
    1    1    1
    1    1    1
    1    1    1
d4=
    1    1    1    1
    1    1    1    1
    1    1    1    1
    1    1    1    1
d5=
    1    1    1    1    1
    1    1    1    1    1
    1    1    1    1    1
    1    1    1    1    1
    1    1    1    1    1
```

8）大小写转换

MATLAB 中字母大小写的转换可以使用 lower 和 upper 函数实现，调用格式如下。

```
t=lower('str')
```

将字符串 str 中的所有大写字母转换为小写字母。

```
t=upper('str')
```

将字符串 str 中的所有小写字母转换为大写字母。

【例 2-17】 字母大小写转换。

```
>> str='Northeast Forestry Unviersity'
>> t1=lower(str)
>> t2=upper(str)
str=
```

```
    Northeast Forestry Unviersity
t1=
    northeast forestry unviersity
t2=
    NORTHEAST FORESTRY UNVIERSITY
```

2.2.6 逻辑型数据

逻辑型数据分别用 0 和 1 来表示二值逻辑中的“是”与“否”或“真”与“假”两种状态，也用 true 和 false 表示。

1. 逻辑数据生成

用户可以借助 MATLAB 提供的多种方法生成逻辑型数据，包括直接输入法、logical 函数、is * 型函数、关系运算、逻辑运算以及字符串比较函数等，具体说明如下。

1）直接输入法

用户可直接在命令窗口中输入 true 或 false 表示真或假，也可以直接将 true 或 false 看作函数来生成由逻辑值“1”或“0”组成的数组，具体格式如下。

```
F=false(n)or T=true(n)
```

返回一个由逻辑值 0 或 1 组成的 $n \times n$ 数组。

```
F=false(sz)or T=true(sz)
```

返回一个由逻辑值 0 或 1 组成的数组，其中大小向量 sz 定义 size(F)。例如，false([2 3]) 返回由逻辑值 0 组成的 2×3 数组。

```
F=false(sz1,...,szN) or T=true(sz1,...,szN)
```

返回由逻辑值“0”或“1”组成的 sz1×…×szN 数组，其中 sz1，…，szN 表示每个维度的大小。例如，false(2,3)返回由逻辑值 0 组成的 2×3 数组。

可采用以下语句通过直接输入法生成逻辑数组。

```
>> t=[true false false true]
t=
    1     0     0     1
>> a=true(3)                  %生成由逻辑值 1 组成的 3×3 数组
a=
    1     1     1
    1     1     1
    1     1     1
>> b=false(2,3)               %生成由逻辑值 0 组成的 2×3 数组
b=
    0     0     0
    0     0     0
```

```
>> whos a b
  Name      Size            Bytes  Class      Attributes

  a         3x3                 9  logical
  b         2x3                 6  logical
```

2）logical 函数

用户也可以借助 logical 函数将数值数组转换为逻辑数组，调用格式如下。

```
L=logical(A)
```

将 A 转换为一个逻辑值数组。A 中的任意非零元素都将转换为逻辑值 1(true)，零则转换为逻辑值 0(false)。复数值和 NaN 不能转换为逻辑值，因此会导致转换错误。

logical 函数的使用方法如下。

```
>> a=magic(3)-5
a=
     3    -4     1
    -2     0     2
    -1     4    -3
>> b=logical(a)
b=
     1     1     1
     1     0     1
     1     1     1
>> whos a b
  Name      Size            Bytes  Class      Attributes

  a         3x3                72  double
  b         3x3                 9  logical
```

3）is*型函数

MATLAB 中提供了大量函数用于检测用户输入、输出或程序运行的状态，因此用户可借助这些函数来产生逻辑型数据。MATLAB 中提供的 is*型函数如表 2-8 所示。

表 2-8　MATLAB 中的常用 is*型函数

函　数	功　　能	函　数	功　　能
isletter	检测包含英文字母的元素	ismatrix	确定输入是矩阵
isvarname	确定输入是有效的变量名称	ismember	检测特定集的成员
isbanded	确定矩阵在特定带宽范围内	ismethod	确定输入是对象方法
isbetween	在日期和时间间隔内发生的数组元素	ismissing	查找表元素中的缺失值
isweekend	在周末期间发生的日期时间值	isnan	检测不是数字(NaN)的数组元素

续表

函　数	功　　能	函　数	功　　能
iscategorical	确定输入是分类数组	isnat	确定 NaT(非时间)元素
iscategory	测试分类数组类别	isnumeric	确定输入是数值数组
iscell	确定输入是元胞数组	isobject	确定输入是 MATLAB 对象
iscellstr	确定输入是字符向量元胞数组	isordinal	确定输入是有序分类数组
ischar	确定输入是字符数组	isvector	确定输入是向量
iscolumn	确定输入是列向量	isprime	检测数组的质数元素
iscom	确定输入是组件对象模型对象	isprop	确定输入是对象属性
isdatetime	确定输入是日期时间数组	islogical	确定输入是逻辑数组
isdiag	确定矩阵是对角矩阵	isreal	确定所有的数组元素是实数
isdst	在夏令时期间发生的日期时间值	isregular	确定时间表中的时间是规则
isduration	确定输入是持续时间数组	isrow	确定输入是行向量
isempty	确定输入是空数组	isscalar	确定输入是标量
isenum	确定变量是枚举	issorted	确定集元素处于排序顺序
isequal	确定数组在数值上都相等	issortedrows	确定矩阵或表的行已排序
isequaln	确定数组在数值上都相等，将 NaN 视为相等	isspace	检测数组中的空格字符
isevent	确定输入是组件对象模型(COM)对象事件	issparse	确定输入是稀疏数组
isfield	确定输入是 MATLAB 结构数组数组字段	isstring	确定输入是字符串数组
isfile	确定输入是文件	isStringScalar	确定输入是包含一个元素的字符串数组
isfinite	检测数组的有限元	isstrprop	确定字符串是指定类别
isfloat	确定输入是浮点数	isstruct	确定输入是 MATLAB 结构数组
isfolder	确定输入是文件夹	iskeyword	确定输入是 MATLAB 关键字
ishandle	检测有效的图形对象句柄	issymmetric	确定矩阵是对称矩阵还是斜对称矩阵
isjava	确定输入是 Java 对象	istable	确定输入是表
ishold	确定图形保留状态是 on	isundefined	查找分类数组中未定义的元素
isinf	检测数组的无限元	istimetable	确定输入是时间表
isinteger	确定输入是整数数组	istril	确定矩阵是下三角矩阵
isinterface	确定输入是组件对象模型(COM)接口	istriu	确定矩阵是上三角矩阵

4）关系运算

如表 2-6 所示，MATLAB 中的关系运算符包括或小于(<)、小于或等于(<=)、大于(>)、大于或等于(>=)、等于(==)和不等于(~=)共 6 种，用户可对数值、字符等数据类型进行关系运算，进而获得可用的逻辑型数据，如下面代码所示：

```
>> a=magic(3)
a=
     8     1     6
     3     5     7
     4     9     2
>> b=rand(3) * 5
b=
    4.0736    4.5669    1.3925
    4.5290    3.1618    2.7344
    0.6349    0.4877    4.7875
>> a>b
ans=
     1     0     1
     0     1     1
     1     1     0
>> a>(b.^2)
ans=
     0     0     1
     0     0     0
     1     1     0
```

5）逻辑运算

MATLAB 中有 5 个逻辑运算符，也称布尔(Boolean)运算符(见表 2-9)。这些符号均执行逐元素(逐位)运算。除了 NOT 外，它们的优先级比算术运算符和关系运算符都低，如表 2-10 所示。各逻辑运算符的具体功能分别说明如下。

表 2-9　MATLAB 逻辑运算符

运算符	名　称	说　　明
~	NOT	~A 返回一个维数与 A 相同的数组，新数组在 A 为 0 的地方将值替换为 1，并且在 A 为非零的地方将值替换为 0
&	AND	A&B 返回一个维数与 A 和 B 相同的数组；新数组在 A 和 B 都有非零元素处将值替换为 1，并且在 A 或者 B 为 0 处将值替换为 0
|	OR	A|B 返回一个维数与 A 和 B 相同的数组，新数组在 A 或者 B 中至少有一个元素非零处将值替换为 1，并在 A 和 B 都为 0 处将值替换为 0
xor	OR	xor(A,B)返回一个维数与 A 和 B 相同的数组，若在 A 和 B 中都为非零或都为 0，则返回 0；若在 A 或者 B 中只有一个为非零，则返回 1

续表

运算符	名 称	说 明
&&	快速逻辑与	标量逻辑表达式的运算符。如果 A 和 B 都为真(true),则 A&&B 返回真,如果它们不为真,则返回假
||	快速逻辑或	标量逻辑表达式的运算符。如果 A 或 B 或两者都为真(true),则 A||B 返回真,如果它们都不为真,则返回假

表 2-10 MATLAB 运算符优先级

优先级	类 别	运 算 符
1	括号	圆括号
2	转置类	转置(.')、共轭转置(')、乘方(.^)、矩阵乘方(^)
3	正负号	正号(+)、负号(-)、取反(~)
4	乘除类	点乘(.*)、矩阵乘法(*)、元素左(.\)右除(./)、矩阵左(\)右除(/)
5	加减	加法(+)、减法(-)、逻辑非(~)
6	冒号	冒号(:)
7	关系类	小于(<)、小于或等于(<=)、大于(>)、大于或等于(>=)、等于(==)、不等于(~=)
8	逻辑与	逻辑与(&)
9	逻辑或	逻辑或(|)
10	快速逻辑与	快速逻辑与(&&)
11	快速逻辑或	快速逻辑或(||)

(1) 逻辑与(&)。逻辑与运算 A&B 返回一个与 A 和 B 维数相同的数组,若在 A 和 B 中都是非零元素,则返回 1;若在 A 或者 B 中任一元素为 0,则返回 0。例如:表达式 Z=0&3,返回 Z=0;表达式 Z=2&3,返回 Z=1;表达式 Z=0&0,返回 Z=0;而表达式 Z=[-3,0,0,5]&[0,1,0,1],返回 Z=[0,0,0,1]。

(2) 逻辑或(|)。运算 A|B 返回一个与 A 和 B 维数相同的数组,若在 A 和 B 中至少有一个非零元素,则返回 1;若在 A 和 B 中都为 0,则返回 0。例如表达式 Z=0|3,返回 Z=1;表达式 Z=0|0,返回 Z=0。

(3) 逻辑非(~)。运算~A 返回一个与 A 维数相同的数组,新数组在 A 为 0 的地方将被替换为 1,并在 A 为非零的地方替换为 0。例如,表达式 x=[0,3,9]且 y=[10,-2,9],则 z=~x 将返回数组 z=[1,0,0],而表达式 u=~x>y 将返回 u=[0,1,0]。这个表达式等效于(~x)>y,而 v=~(x>y)的结果则是 v=[1,0,1]。

(4) 逻辑异或(xor)。运算 xor(A,B)返回一个维数与 A 和 B 相同的数组,若在 A 和 B 中都为非零或都为 0,则返回 0;若在 A 或者 B 中只有一个为非零,则返回 1。

(5) 快速逻辑与(&&)。运算符 && 只对包含标量值的逻辑表达式执行逻辑与运算。如果 A 和 B 的值都为真,则返回 1;如果它们中有一个不是真,则返回 0。因此,在语句 A&&B 中,如果 A 等于逻辑 0,那么不管 B 的值是什么,整个表达式的值都将为 0,因此不需要再计算B的值。

(6) 快速逻辑或(||)。运算符||只对包含标量值的逻辑表达式执行逻辑或运算。如果A或者B有一个为真,或者两个都为真,则返回1;如果它们的值都不为真,则返回0。对于A||B来说,如果A为真,那么无论B的值是什么,整个表达式的值都将为真。

6) 字符串比较函数

MATLAB中常用的一些字符串比较函数如strcmp、strncmp、strcmpi、strncmpi等,也能返回逻辑型运算结果,如下面代码所示:

```
>> a='Northeast'; b='Northwest';
>> b1=strcmp(a,b)
b1=
    0
>> whos b1
  Name      Size            Bytes  Class      Attributes
  b1        1x1               1     logical
```

2. 逻辑数据的应用

逻辑数据在数值计算或程序设计中具有非常重要的作用,用户可以灵活使用逻辑数组访问和获取数组的元素、位置等信息,具体使用方法如下。

1) 使用逻辑数据访问数组

当使用逻辑数组寻址另一个数组时,MATLAB会从被寻址数组中提取逻辑数组为真(true)所在位置的元素。因此,若A为一个逻辑数组,B是与A相同大小的数组,则输入B(A)将返回B在A中为1的索引处的对应值。假设A=[1 2 3; 4 5 6; 7 8 9]和B=logical(eye(3)),则输入C=A(B),用户可以提取A中的对角元素,即获得C=[1;5;9]。但用户需特别注意,若直接使用数值数组eye(3)(即C=A(eye(3))),MATLAB将产生一条错误信息,这是因为eye(3)中的元素并不对应于A中的位置。如果数值数组值对应于有效的位置,那么用户就可以使用数值数组提取元素。例如,用户可以使用C=A([1,5,9])提取矩阵A中的对角元素。

当使用索引赋值时,桌面将保留MATLAB数据类型。例如,A是一个逻辑数组(例如A=logical(eye(3))),若用户输入A(2,2)=1,MATLAB将不会把A改为一个双精度数组;若用户输入A(2,2)=5,则MATLAB可以把A(2,2)设置为逻辑值1,但同时会发出一条警告。

2) 逻辑数组和find函数

find函数用于计算一个数组中非零元素的索引,该功能对于创建程序判断非常有用,特别是当程序与关系运算符或者逻辑运算符相结合的时候。如下面代码所示:

```
>> x=magic(3)
x=
     8     1     6
     3     5     7
     4     9     2
```

```
>> y=5*eye(3)
y=
     5     0     0
     0     5     0
     0     0     5
>> z=find(x&y)
z=
     1
     5
     9
```

上述程序所产生的 z=[1;5;9]指出 x 和 y 中的第 1 个、第 5 个和第 9 个元素都是非零值。注意，find 函数返回的是索引而不是具体的值。用户若想获得具体的数值，则可以使用以下语句。

```
>> x=magic(3);y=5*eye(3);
>> z=y(x&y)
z=
     5
     5
     5
```

在上面的示例中，数组 x 和 y 的维度都较小，用户可以通过观察得到答案。但是 MATLAB 提供的程序或方法对于那些海量数据、无法通过观察得到答案的问题将会非常有用。

2.3 单元数组

前述章节所介绍的各种数据类型均为单一的类型。为了实现数据和程序的有效管理，MATLAB 还提供了两种复合型的数据类型：单元数组(cell array)和结构数组(structure)。这两种数据类型均能够将不同的相关数据集成到一个单一的变量中，使得大量相关数据的处理与引用变得简单而方便。需要注意的是，单元数组和结构数组仅仅是承载其他数据类型的容器，一般运算只针对其中的具体数据进行，而不是对单元数组和结构数组本身进行。本节将介绍单元数组，而结构数组将在 2.4 节介绍。

2.3.1 单元数组生成

单元数组中的每一个元素称为单元(cell)，而单元中的数据可以为任何数据类型，包括数值、数组、字符、符号对象、其他单元数组和结构数组等。不同单元中的数据类型可以不同。与数组类似，MATLAB 中单元数组可以是任意维数，但一维和二维单元数组应用的最多。

MATLAB 中用户可以采用两种方式来创建单元数组：一是通过赋值语句直接创建，二是利用 cell 函数。各种方法具体介绍如下。

1. 直接赋值法

直接赋值法通过给每个单元逐个赋值来创建单元数组。单元数组用花括号({})来表示,在赋值时需要将单元内容用花括号括起来。例如:

```
>> a(1,1)={[1]};
>> a(1,2)={'wind gone'};
>> a(2,1)={1+2*i};
>> a(2,2)={[90 85 55;67 70 102;57 18 100]};
>> a
a=
    [                 1]    'wind gone'
    [1.0000+2.0000i]    [3x3 double]
```

与数组类似,用户也可以借助分号(;)和逗号(,)直接生成特定维度的单元数组,例如:

```
>> a={1, 'wind gone', 1+2*i, [90 85 55; 67 70 102; 57 18 100]}
a=
    [1]    'wind gone'    [1.0000+2.0000i]    [3x3 double]
>> b={1, 'wind gone'; 1+2*i, [90 85 55; 67 70 102; 57 18 100]}
b=
    [                 1]    'wind gone'
    [1.0000+2.0000i]    [3x3 double]
>> c={1; 'wind gone'; 1+2*i; [90 85 55; 67 70 102; 57 18 100]}
c=
    [                 1]
    'wind gone'
    [1.0000+2.0000i]
    [3x3 double]
```

上述程序分别生成了 1×4 维、2×2 维和 4×1 维的单元数组。

2. cell 函数法

cell 函数将先为单元数组建立一个框架(即分配一定内存),然后再给各个单元赋值,进而生成单元数组,调用格式如下。

```
C=cell(n)
```

返回由空矩阵构成的 $n \times n$ 元胞数组。

```
C=cell(sz1,...,szN)
```

返回由空矩阵构成的 sz1×…×szN 元胞数组,其中,sz1,…,szN 表示每个维度的大小。例如,cell(2,3)返回一个 2×3 元胞数组。

```
C=cell(sz)
```

返回由空矩阵构成的本 sz×sz 元胞数组，并由大小向量 sz 来定义数组大小 size(C)。例如，cell([2 3])会返回一个 2×3 元胞数组。

【例 2-18】 cell 函数的使用。

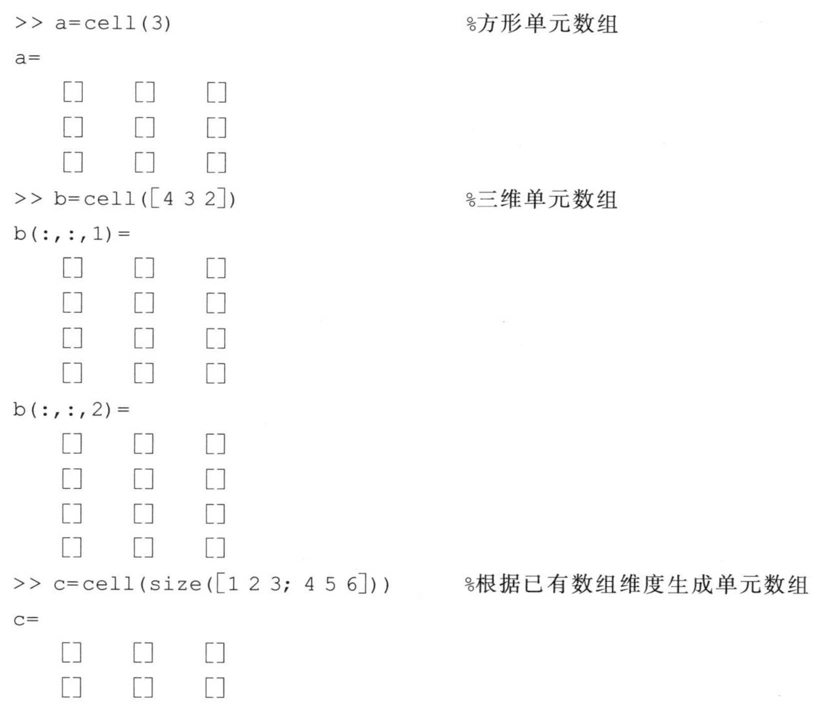

```
>> a=cell(3)                          %方形单元数组
a=
    []    []    []
    []    []    []
    []    []    []
>> b=cell([4 3 2])                    %三维单元数组
b(:,:,1)=
    []    []    []
    []    []    []
    []    []    []
    []    []    []
b(:,:,2)=
    []    []    []
    []    []    []
    []    []    []
    []    []    []
>> c=cell(size([1 2 3; 4 5 6]))       %根据已有数组维度生成单元数组
c=
    []    []    []
    []    []    []
```

2.3.2 单元数组操作

单元数组的操作主要包括寻址操作、单元数组的显示、单元数组的图形显示、单元数组元素删除和单元数组维度变换等内容，具体说明如下。

1. 单元数组寻址

一个单元数组可能包含若干个单元，每个单元内通常是具体的数据。因此，在寻址操作中，采用圆括号时表示索引某个单元，而采用花括号时则表示索引某个单元格内容。此外，用户也可以将花括号和圆括号结合起来使用，表示获取某个单元格中数据的子集。

【例 2-19】 单元数组寻址操作。

```
>> a={1, 'wind gone', 1+2*i, [90 85 55; 67 70 102; 57 18 100]}
a=
    [1]    'wind gone'    [1.0000+2.0000i]    [3x3 double]
>> a(1,4)
ans=
    [3x3 double]
>> a{1,4}
```

```
ans=
    90    85    55
    67    70   102
    57    18   100
>> a{1,4}(1,:)              %冒号(:)表示所有行或列,也可用于生成等差数列
ans=
    90    85    55
```

2. 单元数组的显示

由2.3.1节中的部分例子可以看出,MATLAB有时只显示单元的大小和数据类型,而不显示每个单元的具体内容。若要显示单元数组的内容,可以用celldisp函数实现,调用格式如下。

```
celldisp(C)
```

以递归方式显示元胞数组的内容。celldisp函数还显示元胞数组的名称。如果没有要显示的名称,则celldisp会显示ans。例如,如果C是创建数组的表达式,则没有要显示的名称。

```
celldisp(C,displayName)
```

使用指定的显示名称,而不是上述语法中所述的默认名称。

【例2-20】 单元数组的显示。

```
>> a={1, 'wind gone', 1+2*i, [90 85 55; 67 70 102; 57 18 100]}
>> celldisp(a)                            %默认名称
a{1}=
     1
a{2}=
wind gone
a{3}=
   1.0000+2.0000i
a{4}=
    90    85    55
    67    70   102
    57    18   100
>> celldisp(a,'MyCell')                   %指定名称
MyCell{1}=
     1
MyCell{2}=
wind gone
MyCell{3}=
   1.0000+2.0000i
MyCell{4}=
    90    85    55
```

```
    67     70    102
    57     18    100
```

3. 单元数组的图形显示

单元数组不仅可以包含常规的数据类型(如数值型、字符型、逻辑型),也可以进一步嵌套更复杂的数据结构(如单元数组),因此 MATLAB 提供了 cellplot 函数帮助用户更直观地了解单元数组的内容。

```
cellplot(c)
```

显示一个以图形方式表示 c 的内容的图窗窗口。填充的矩形为向量和数组的元素,而标量和短字符向量显示为文本。

```
cellplot(c, 'legend')
```

在所标记的绘图旁边放置一个颜色栏以表示 c 中的数据类型。

```
handles=cellplot(c)
```

显示一个图窗窗口并返回一个曲面句柄向量。

【例 2-21】 使用 cellplot 函数绘制如图 2-5 所示图形。

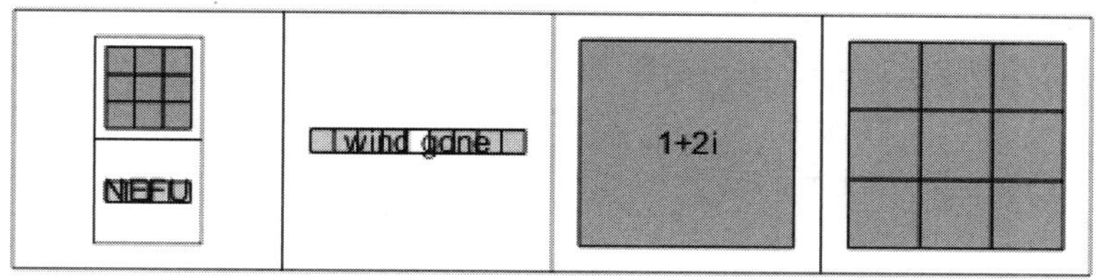

图 2-5　cellplot 函数查看单元数组内容

```
>> a={1, 'wind gone', 1+2 * i, [90 85 55; 67 70 102; 57 18 100]}
>> a{1,1}={magic(3);'NEFU'}
a=
    {2x1 cell}    'wind gone'    [1.0000+2.0000i]    [3x3 double]
>> cellplot(a)                  %图 2-5
>> a{1,1}{1,1}(2,:)             %嵌套单元数组的索引
ans=
    3     5     7
```

上述程序中,第 1 条语句生成了一个 1×4 的单元数组,第 2 条语句将单元数组 a{1,1}重新赋值了一个包含矩阵和字符的单元数组,第 3 条语句采用 cellpot 函数绘制单元数组 a 的内容,第 4 条语句采用花括号和圆括号调用了位于 a{1,1}{1,1}(2,:)处的具体数值。需要注意的是,cellplot 函数只能用于显示二维单元数组的内容。

4. 单元数组元素删除

删除单元数组的元素很简单,只要将待删除的元素位置置空即可。在删除单元数组的时候，采用的索引方式为一维下标格式，即 A(cell_subscripts)。如果操作的单元数组为多维数组，则其索引方式逐维进行，删除元素后，系统将该单元数组变为一维单元数组，元素按照维数逐次增加。如下面代码所示：

```
>> a={magic(3), 'wind gone'; 1+2*i, [90 85 55; 67 70 102; 57 18 100]}
a=
         [3x3 double]       'wind gone'
    [1.0000+2.0000i]     [3x3 double]
>> a(2)=[]
a=
    [3x3 double]     'wind gone'     [3x3 double]
```

需要同时删除多个元素时，下标可用一维数组指定。如下面代码所示：

```
>> a([1 3])=[]
a=
    'wind gone'
```

5. 单元数组维度变换

改变单元数组的维度可以通过添加或删除数组元素实现。删除数组元素时，得到的单元数组为原数组中剩下元素的排列，为 1×(prod(size(a))－N)维数组，其中 prod 为单元素组 a 的行数和列数的乘积，N 为删除的元素个数；添加元素时，系统自动扩充原数组所对应的行和列，其他元素为空。

【例 2-22】 单元数组维度的变换。

```
>> a={magic(3), 'wind gone'; 1+2*i, [90 85 55; 67 70 102; 57 18 100]}
a=
[3x3 double]            'wind gone'
[1.0000+2.0000i]        [3x3 double]

>> a(3,3)={logical([1 0 1 0])}
a=
    [3x3 double]        'wind gone'                      []
    [1.0000+2.0000i]   [3x3 double]                      []
                  []        []            [1x4 logical]
```

此外，用户还可以通过 reshape 函数改变数组的形状。reshape 函数按照顺序将原单元数组的元素重新放置，得到新的单元数组元素个数需与原数组相同。具体调用格式如下。

```
B=reshape(A,sz)
```

使用大小向量 sz 重构 A 以定义 size(B)。例如，reshape(A,[2,3])将 A 重构为一个 2×3 矩阵。sz 必须至少包含 2 个元素，prod(sz)必须与 numel(A)相同。

```
B=reshape(A,sz1,...,szN)
```

将 A 重构为一个 sz1×…×szN 数组，其中 sz1，…，szN 指示每个维度的大小。可以指定[]的单个维度大小，以便自动计算维度大小，以使 B 中的元素数与 A 中的元素数相匹配。例如，如果 A 是一个 10×10 矩阵，则 reshape(A,2,2,[])将 A 的 100 个元素重构为一个 2×2×25 数组。

【例 2-23】 reshape 函数用法。

```
>>  a={magic(3), 'wind gone'; 1+2*i, [90 85 55; 67 70 102; 57 18 100]}
a=
        [3x3 double]     'wind gone'
    [1.0000+2.0000i]    [3x3 double]
>> b=reshape(a,1,4)      %维度 1×4
b=
    [3x3 double]    [1.0000+2.0000i]    'wind gone'    [3x3 double]
>> c=reshape(a,4,1)      %维度 4×1
c=
    [3x3 double]
    [1.0000+2.0000i]
    'wind gone'
    [3x3 double]
```

2.4 结构数组

结构数组是另一种可以将不同类型数据组合在一起的数据类型，其结构类似 C 语言的结构数组数据。结构数组中，每个成员变量用指针操作符“.”表示，如 A.p 表示 A 结构数组中的 p 成员变量。它的结构数组有一个名字(如 A)，每个成员也都有自己的名字(如 p)。

2.4.1 结构数组生成

与单元数组生成方式类似，结构数组也有两种生成方式，即直接输入和使用结构数组生成函数 struct。

1. 直接输入

用户可通过直接输入结构数组各元素值的方法创建一个结构数组。输入的同时即可定义该元素的名称，结构数组变量名和元素名用“.”连接。例如：

```
>> student.test=[99 56 96 87 67 69 87 76 92];
>> student.name='Huang Liang';
>> student.weight=67;
>> student.height=1.68;
>> student.num='034093';
>> student.add='Tsinghua University';
```

```
>> student.tel='13810498313';
>> student
student=
    test: [99 56 96 87 67 69 87 76 92]
    name: 'Huang Liang'
    weight: 67
    height: 1.6800
    num: '034093'
    add: 'Tsinghua University'
    tel: '13810498313'
```

上述程序中创建了一个名为 student 的结构数组变量，具体包括 test、name、weight、height、num、add 和 tel 共 7 个元素。用户还可继续输入以下命令。

```
>> student(2).test=[99 65 88 78 76 98 75 96 59];
>> student(2).name='Wei Hua';
>> student(2).weight=50;
>> student(2).height=1.58;
>> student(2).num='034999';
>> student(2).add='School of Chongqing University';
>> student(2).tel='02361701456';
>> student
student=
1x2 struct array with fields:
    test
    name
    weight
    height
    num
    add
    tel
```

这些语句新增了一个 student 结构数组的成员，即 student(2)。对比可以发现，当结构数组中仅包含 1 个成员时，命令窗口中输入结构数组变量名(如 student)时能够显示具体的信息，而当结构数组中成员数量≥2 个时，若直接输入结构数组变量名则仅显示其维度信息。

用户若想查看某个成员的具体信息，需要指定具体的查看对象，如下面代码所示：

```
>> student(1)
ans=
    test: [99 56 96 87 67 69 87 76 92]
    name: 'Huang Liang'
    weight: 67
    height: 1.6800
    num: '034093'
```

```
    add: 'Tsinghua University'
    tel: '13810498313'
>> student(2)
ans=
    test: [99 65 88 78 76 98 75 96 59]
    name: 'Wei Hua'
    weight: 50
    height: 1.5800
    num: '034999'
    add: 'School of Chongqing University'
    tel: '02361701456'
```

2. struct 函数

直接输入法虽然较为直观，但是构建过程略显烦琐，为此用户可以用 struct 函数生成结构数组，调用格式是 s=struct('field1',value1,...,'fieldN',valueN)，其中 fieldN 是各成员变量名，valueN 是对应的各成员变量的内容。如下面代码所示：

```
>> st1=struct('countries','China', 'strengths',[10000])
st1=
    countries: 'China'
    strengths: 10000
```

此外，用户也可以结合单元数组的用法一次性输入多个变量值来创建结构数组，具体代码如下：

```
>> st1=struct('countries',{'China'; 'America';'Korean'},…
        'strengths',{[10000, 9000];[8500,9500];[9000, 9500]})
st1=
3x1 struct array with fields:
    countries
    strengths
>> st2=struct('countries',{'China', 'America','Korean'},…
        'strengths',{[10000, 9000],[8500,9500],[9000, 9500]})
st2=
1x3 struct array with fields:
    countries
    strengths
>> st1(2)
ans=
    countries: 'America'
    strengths: [8500 9500]
>> st2(2)
ans=
    countries: 'America'
```

```
    strengths: [8500 9500]
```

上述程序在同一元素(如 countries)中分别用分号和逗号分隔生成了两个看似不同的结构数组,其中 st1 是 3×1 维结构数组,st2 是 1×3 维结构数组,但两者内容存储方式上并无明显差异,如 st1(2)和 st2(2)的输出内容完全一致,且两者在变量查看器中的内容也完全一致(图 2-6)。因此,在结构数组中逗号和分号的作用没有差异。

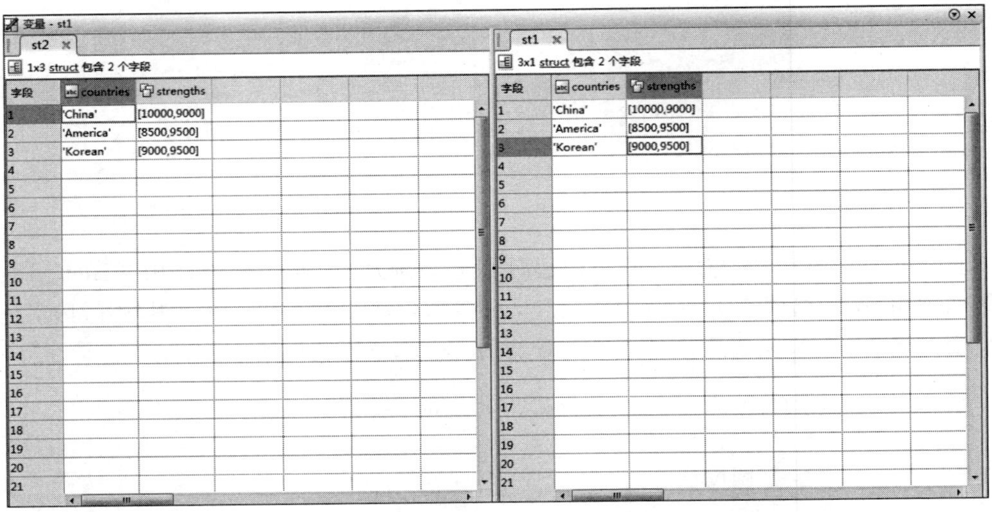

字段	countries	strengths
1	'China'	[10000,9000]
2	'America'	[8500,9500]
3	'Korean'	[9000,9500]

字段	countries	strengths
1	'China'	[10000,9000]
2	'America'	[8500,9500]
3	'Korean'	[9000,9500]

图 2-6 结构数组中逗号和分号结果对比

2.4.2 结构数组操作

与单元数组类型相比,结构数组的操作主要包括成员变量的调用、修改、添加和删除等内容,具体说明如下。

1. 成员变量的调用和修改

在 MATLAB 中调用成员变量非常简单。结构数组中的任何信息都可以通过"结构数组变量名.成员名"的方式调用。调出成员变量后则可以利用函数和方法进一步获取信息。如下面代码所示:

```
>> t1=student(2).test
t1=
    99    65    88    78    76    98    75    96    59
>> t2=student(2).test(4)
t2=
    78
```

上述程序中,t1 调用的是 student 结构数组中第 2 名成员的 test 信息,t2 调用的 student(2).test 中的第 4 个数值。当数据调用完成以后,用户可结合其他函数进一步实现数据的加工和处理,例如下列代码分别用于获得 student(2).test 中所有数值的平均值和标准差。

```
>> m=mean(student(2).test)
m=
   81.5556
>> s=std(student(2).test)
s=
   14.5526
```

结构数组中各元素值的修改可直接通过赋值的方式进行，例如下列语句可以将 student(1).name 的值从 Huang Liang 修改为 Zhang San。

```
>> student(1)
ans=
    test: [99 56 96 87 67 69 87 76 92]
    name: 'Huang Liang'
    weight: 67
    height: 1.6800
    num: '034093'
    add: 'Tsinghua University'
    tel: '13810498313'
>> student(1).name='Zhang San';
>> student(1)
ans=
    test: [99 56 96 87 67 69 87 76 92]
    name: 'Zhang San'
    weight: 67
    height: 1.6800
    num: '034093'
    add: 'Tsinghua University'
    tel: '13810498313'
```

除上述常规方法外，用户还以使用 getfield 和 setfield 用于调用和修改结构数组中各成员变量的信息。getfield 函数调用格式如下。

```
value=getfield(S,field)
```

返回结构数组 S 的指定字段中的值。例如，如果 S.a=1，则 getfield(S,'a')返回 1。作为 getfield 的替代方法，请使用圆点表示法，即 value=S.field。圆点表示法通常更高效。如果 S 是非标量，则 getfield 返回数组第一个元素中的值，相当于 S(1).field。

```
value=getfield(S,field1,...,fieldN)
```

返回存储在嵌套结构数组中的值。例如，如果 S.a.b.c=1，则 getfield(S,'a','b','c')返回 1。

```
value=getfield(S,idx,field1,...,fieldN)
```

指定结构数组数组的元素。例如，如果 S(3,4).a=1，则 getfield(S,{3,4},'a')返回 1。

```
value=getfield(S,idx,field1,idx1,...,fieldN,idxN)
```

指定字段的元素。例如，如果 S.a(2)=1，则 getfield(S,'a',{2})返回 1。同样，如果 S(3,4).a(2).b=1，则 getfield(S,{3,4},'a',{2},'b')返回 1。

MATLAB 中用于修改结构数组成员变量信息的函数为 setfield，其调用格式如下。

```
S=setfield(S,field,value)
```

为结构数组 S 的指定字段赋值。例如，S=setfield(S,'a',1)进行赋值 S.a=1。作为 setfield 的替代方法，应使用更高效的圆点表示法，即 S.field=value。如果 S 没有指定的字段，则 setfield 将创建字段并为其赋予 value。

```
S=setfield(S,field1,...,fieldN,value)
```

为嵌套结构数组的指定字段赋值。例如，S=setfield(S,'a','b','c',1)进行赋值 S.a.b.c=1，其中字段 S.a 和 S.a.b 也是结构数组。

```
S=setfield(S,idx,field1,...,fieldN,value)
```

指定 S 的元素，并为其中一个字段赋值。例如，S=setfield(S,{3,4},'a',1)进行赋值 S(3,4).a=1。

```
S=setfield(S,idx,field1,idx1,...,fieldN,idxN,value)
```

指定字段的元素。例如，S=setfield(S,'a',{2},1)进行赋值 S.a(2)=1。类似地，S=setfield(S,{3,4},'a',{2},'b',1)进行赋值 S(3,4).a(2).b=1。

【例 2-24】 setfield 函数和 getfield 函数的用法。

```
>> s1=getfield(student,'weight')          %默认获取第一个成员的属性
s1=
    67
>> s2=getfield(student,{1},'weight')
s2=
    67
>> s3=getfield(student,{2},'weight')
s3=
    50
>> student=setfield(student,{1},'add', 'northeast forestry university')
>> student(1).add
ans=
    northeast forestry university
```

2. 成员变量的添加和删除

如需向结构数组中添加新成员，可以直接输入新的变量名并赋值，如下面代码所示：

```
>> student(1).gender='Male';
>> student(1).age=25;
>> student(2).gender='Female';
>> student(2).age=21;
student=
    1x2 struct array with fields:
        test
        name
        weight
        height
        num
        add
        tel
        gender
        age
>> student(2)
ans=
    test: [99 65 88 78 76 98 75 96 59]
    name: 'Wei Hua'
    weight: 50
    height: 1.5800
    num: '034999'
    add: 'School of Chongqing University'
    tel: '02361701456'
    gender: 'Female'
    age: 21
```

可以看出，student结构数组中各成员所包含的元素数量比前述多了2个，即gender和age。student(2)的输出结果直接显示了用户添加的具体信息。

在MATLAB中可以使用rmfiled函数从结构数组中删除成员变量，调用方式为：S=rmfield(S, 'field')：从结构数组S中删除指定的成员变量field。当field为单独字段时，一次只能删除一个成员变量；当field为字符行变量或单元数组时，可同时删除多个字段。如下面代码所示：

```
>> t1=rmfield(student,'tel')
t1=
1x2 struct array with fields:
    test
    name
    weight
    height
    num
    add
>> t2=rmfield(student,{'tel';'weight'})
```

```
t2=
1x2 struct array with fields:
    test
    name
    height
    num
    add
>> t2=rmfield(student,{'tel','weight'})
t2=
1x2 struct array with fields:
    test
    name
    height
    num
    add
```

上述程序中,t1 被删除了元素 tel,t2 和 t3 均被删除了元素 tel 和 weight。虽然 t2 和 t3 中 field 字段的指定方式不同(t2 为分号,t3 为逗号),但获得的最终结果是一样的,表明该函数不区分传统意义上逗号和分号的差异。

习题 2

1. 下列选项可以作为 MATLAB 变量的是(　　)。

A. x－3　　B. x_3a　　C. @h　　D. 3a

2. 已知 a＝int8(20),b＝int8(30),c＝uint8(50),分别进行以下计算。

① a * 8＋b　　② a＋4 * b

③ a * b/100＋5　　④ a＋c＋b

3. 已知变量 a＝pi,分别写出以下命令的结果。

① %012.5f　　② %＋12.5f　　③ %12.5s

4. 现有字符变量 str＝'Northeast Forestry University',可用于获取 str 变量所有偶数位字符的语句为________,将其替换并生成'Beijing Forestry University'的语句为________。

5. MATLAB 默认的数据类型是________,定义单精度浮点型的函数为________,定义复数型数据的命令为________,将数值型数组转换为逻辑型的函数为________。

6. 某班级学生基本信息如表 2-11 所示,要求分别实现以下功能。

表 2-11 某班级学生基本信息

编号	学号	姓名	课程 1	课程 2	课程 3	课程 4
1	0123	Sally	85	80	88	92
2	0124	Joe	70	65	76	70
3	0125	Bill	90	75	87	80
4	0126	Lily	65	70	80	70

(1) 采用单元数组方式建立上述学生信息的管理程序,并统计各学生平均成绩。

(2) 采用结构数组方式建立上述学生信息的管理程序,并统计每门课程的平均成绩。

7. 分别简述逻辑运算符中 & 和 && 以及|和||的联系与区别。

第3章 chapter 3

MATLAB 矩阵操作

本章学习目标

- 了解标量、向量、矩阵和数组的概念与性质；
- 掌握 MATLAB 矩阵的创建、运算、信息提取以及矩阵扩展与变换；
- 熟练掌握 MATLAB 稀疏矩阵的创建、管理和显示方法；
- 能够应用矩阵的运算功能解决实际问题。

向量和矩阵运算是 MATLAB 最重要、最基础的功能。本章将在介绍向量和矩阵创建的基础上，着重讲述矩阵运算、矩阵索引、矩阵信息提取、矩阵变换和矩阵排序等内容。针对实际生活和工作中可能会面对的零元素占比较高的问题(如二值图像)，本章还简单介绍了稀疏矩阵的有关内容。

在 MATLAB 中，向量和矩阵主要由数组来表示，因此数组是 MATLAB 的核心数据结构。与数学中的定义类似，MATLAB 中标量通常是由 1 个实数组成的变量，其维度为 1×1。向量则是由 n 个实数组成的有序数组，可以是一个 $n\times1$ 的列向量，也可以是一个 $1\times n$ 的行向量。数组则是包含维度信息的向量，数组的每一行或每一列都是一个向量，其维度可能是 $m\times n\times\cdots\times p$。需要说明的是，虽然 MATLAB 支持高维数组，但三维数组无疑是最常用的一种结构。矩阵一般特指行数和列数相等的二维数组。MATLAB 中标量、向量、矩阵和数组间的运算有着明确且严格的定义，因此用户必须清楚理解它们之间的关系(图 3-1)。

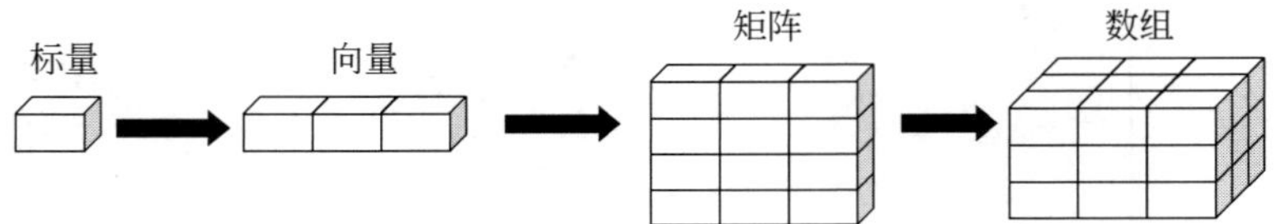

图 3-1　标量、向量、矩阵和数组关系示意图

3.1 矩阵创建

MATLAB中创建矩阵(或数组)的方式多种多样。用户可以通过直接输入数据来创建数组,也可以通过MATLAB中内置的一些函数来创建某些特殊的数组。矩阵的创建大致可以分为5种方式:直接输入、冒号表达式、等分函数、大矩阵和外部文件导入。

3.1.1 直接输入

直接输入数据创建数组时,向量元素需用方括号([])括起来,元素之间可用空格、逗号和分号隔开,其中空格和逗号用于生成行向量,分号用于生成列向量。如下面代码所示。

```
>> a1=[11 14 17 18];
>> a2=[11, 14, 17, 18];
>> a3=[11 14; 17 18];
>> a1=
    11   14   17   18
>> a2=
    11   14   17   18
>> a3=
    11     14
    17     18
```

3.1.2 冒号表达式

MATLAB中,用户可以使用":"生成各种各样的等差数列,调用格式为:基本格式:Vec=Vec0:n:Vecn,其中Vec0表示第一个元素,n表示步长(若省略,默认为1),Vecn表示最后一个元素。使用方法如下。

```
>> vec1=10:5:50                  %以整数为步长
vec1=
    10   15   20   25   30   35   40   45   50
>> vec2=1:0.2:2                  %以小数为步长
vec2=
    1.0000     1.2000     1.4000     1.6000     1.8000     2.0000
>> vec3=5:-1:1                   %以负数为步长
vec3=
     5      4      3      2      1
```

3.1.3 等分函数

用户可通过linspace和logspace函数对一个已知区间进行等分来生成向量,调用格式如下。

```
y=linspace(x1,x2)
```

用于返回 x_1 和 x_2 之间(包含 x_1 和 x_2)的 100 个等间距点的行向量。

```
y=linspace(x1,x2,n)
```

用于生成 n 个点,这些点的间距均为$(x_2-x_1)/(n-1)$。

```
y=logspace(a,b)
```

用于生成一个由在 10^a 和 10^b(10 的 N 次幂)之间的 50 个对数间距点组成的行向量 ***y***。logspace 函数对于创建频率向量特别有用。

```
y=logspace(a,b,n)
```

用于在 10^a 和 10^b 之间生成 n 个点。

【例 3-1】 等分函数的使用。

```
>> vec=linspace(10,50,6)
vec=
    10   18   26   34   42   50
>> y=logspace(1,5,6)
y=
   1.0e+05 *
    0.0001    0.0006    0.0040    0.0251    0.1585    1.0000
```

需要注意的是,linspace 和 logspace 函数类似冒号运算符":",但可以直接控制点数并始终包括端点,因此 linspace 或 logspace 函数很难生成与":"完全一致的数组。

3.1.4 大矩阵

在 MATLAB 中,用户可以使用方括号([])将符合维度要求的矩阵连接成一个大矩阵。在横向连接过程中采用空格或逗号分隔,要求矩阵的行数必须相同;在纵向连接过程中可采用分号分隔,要求矩阵的列数必须相同。如下面代码所示。

```
>> A=[2 5 8;1 2 3; 9 7 8];
>> B=[A, rand(size(A)); magic(3),ones(size(A))]
B=
    2.0000    5.0000    8.0000    0.8147    0.9134    0.2785
    1.0000    2.0000    3.0000    0.9058    0.6324    0.5469
    9.0000    7.0000    8.0000    0.1270    0.0975    0.9575
    8.0000    1.0000    6.0000    1.0000    1.0000    1.0000
    3.0000    5.0000    7.0000    1.0000    1.0000    1.0000
    4.0000    9.0000    2.0000    1.0000    1.0000    1.0000
```

3.1.5 外部文件导入

用户可以选择 MATLAB 主界面中的“主页”→“导入数据”，然后按系统指引完成矩阵的建立。此外，各种数据文件也可以用命令函数实现，后续章节将会陆续介绍。本节仅以读入 M 文件数据为例说明。

(1) 首先选择“主页”→“新建脚本”命令，新建一个 M 脚本文件，并输入用户所需的数据(图 3-2)。

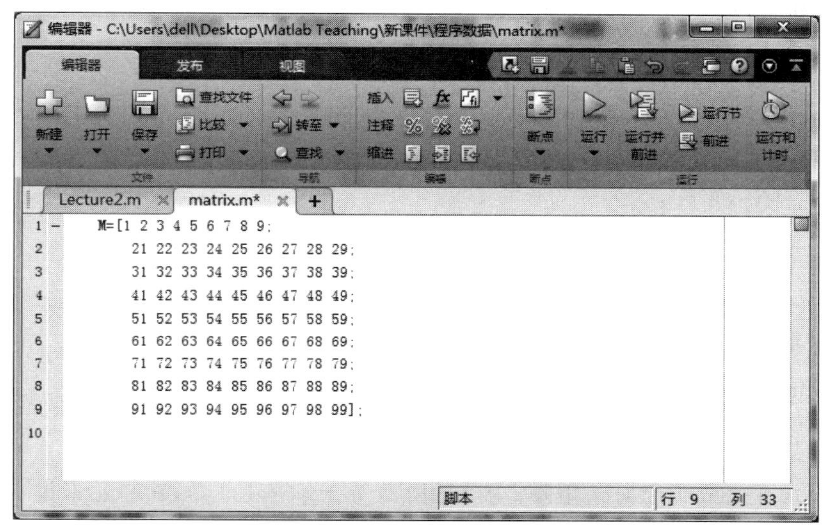

图 3-2 脚本文件建立矩阵示意图

(2) 保存该矩阵到 MATLAB 默认工作路径(如 matrix.m)或指定位置，在调用时需确保该文件在当前工作路径内，否则需要重新定义。

(3) 在命令窗口中输入文件名 matrix。

3.1.6 特殊矩阵

除上述方式外，MATLAB 还提供了大量内置函数用于建立一些特殊的矩阵，具体如下。

(1) 全 1 矩阵：

```
Y=ones(m, n, p, ..., type)
```

生成一个 $m\times n\times p\cdots$ 的全 1 数组，其中 type 指定数据类型可以为 double、single、int8、uint8、int16、uint16、int32、uint32、int64 或 uint64。

(2) 全 0 矩阵：

```
Y=zeros(m, n, p, ..., type)
```

生成一个 $m\times n\times p\cdots$ 的全 0 数组，其中 type 可选数据类型同上。

(3) 单位矩阵：

```
Y=eye(m, n, type)
```

生成一个 $m \times n$ 的矩阵，其对角线元素为1，其余元素为0，其数据类型由type指定。

(4) 魔术矩阵：

```
Y=magic(n)
```

从整数1到 n^2 构造一个 $n \times n$ 的矩阵，其中行、列、对角线元素的和相等，且 $n \geqslant 3$。

(5) 随机矩阵：

```
Y=rand(m, n, p, ..., type)
```

生成一个 $m \times n \times p \cdots$ 的随机矩阵，矩阵元素值介于0～1，其中type可选数据类型仅为double和single。

(6) 正态随机矩阵：

```
Y=randn(m, n, p, ..., type)
```

生成一个 $m \times n \times p \cdots$ 的随机矩阵，矩阵元素正态分布，均值为0，方差为1，其中type可选数据类型仅为double和single。

(7) 对角矩阵：

```
Y=diag(v,k)
```

利用向量 $\boldsymbol{v}$ 生成一个对角矩阵；矩阵的阶数等于n+abs(k)，$\boldsymbol{v}$ 的元素排在 k 表示的对角线上；$k=0$，表示主对角线；$k>0$，表示在主对角线右上方；$k<0$，表示在主对角线下方；

```
v=diag(X,k)
```

用 $\boldsymbol{X}$ 矩阵的第 k 条对角线的元素生成一个列向量。

除上述基本形式外，全1矩阵、全0矩阵、单位矩阵、随机矩阵、正态随机矩阵等均还可使用fun(n)、fun(m,n,p,…)、fun([m,n,p,…])、fun(size(A))等结构，其中fun指代上述所列函数。

【例3-2】 特殊矩阵的使用方法。

```
>> x=[11 22 33;44 55 66; 77 88 99];
>> a1=ones(4)                          %全1矩阵
a1=
     1     1     1     1
     1     1     1     1
     1     1     1     1
     1     1     1     1
>> a2=ones(size(x))
a2=
     1     1     1
```

```
     1     1     1
     1     1     1
>> b1=zeros(4)                        %全 0 矩阵
b1=
     0     0     0     0
     0     0     0     0
     0     0     0     0
     0     0     0     0
>> b2=zeros(size(x))
b2=
     0     0     0
     0     0     0
     0     0     0
>> c1=eye(4)                          %单位矩阵
c1=
     1     0     0     0
     0     1     0     0
     0     0     1     0
     0     0     0     1
>> c2=eye(size(x))
c2=
     1     0     0
     0     1     0
     0     0     1
>> d1=magic(4)                        %单位矩阵
d1=
    16     2     3    13
     5    11    10     8
     9     7     6    12
     4    14    15     1
>> d2=magic(size(x))
d2=
     8     1     6
     3     5     7
     4     9     2
>> e1=rand(4)                         %随机矩阵
e1=
    0.9649    0.4854    0.9157    0.0357
    0.1576    0.8003    0.7922    0.8491
    0.9706    0.1419    0.9595    0.9340
    0.9572    0.4218    0.6557    0.6787
>> e2=rand(size(x))
e2=
    0.3171    0.4387    0.7952
```

```
    0.9502    0.3816    0.1869
    0.0344    0.7655    0.4898
>> f1=randn(4)                          %随机正态矩阵
f1=
   -0.1649   -0.8637   -0.0068   -0.2256
    0.6277    0.0774    1.5326    1.1174
    1.0933   -1.2141   -0.7697   -1.0891
    1.1093   -1.1135    0.3714    0.0326
>> f2=randn(size(x))
f2=
   -0.7648    0.4882    1.4193
   -1.4023   -0.1774    0.2916
   -1.4224   -0.1961    0.1978
>> v=[11 55 99];
>> g1=diag(v)                           %以主对角线为基础的对角矩阵
g1=
    11     0     0
     0    55     0
     0     0    99
>> g2=diag(v,-1)                        %负偏离主对角线的对角矩阵
g2=
     0     0     0     0
    11     0     0     0
     0    55     0     0
     0     0    99     0
>> g3=diag(v,-2)
g3=
     0     0     0     0     0
     0     0     0     0     0
    11     0     0     0     0
     0    55     0     0     0
     0     0    99     0     0
>> g4=diag(v,1)                         %正偏离主对角线的对角矩阵
g4=
     0    11     0     0
     0     0    55     0
     0     0     0    99
     0     0     0     0
>> g5=diag(v,2)
g5=
     0     0    11     0     0
     0     0     0    55     0
     0     0     0     0    99
     0     0     0     0     0
     0     0     0     0     0
```

3.2 矩阵运算

矩阵是 MATLAB 的基本数据结构，MATLAB 中所有运算都是基于矩阵进行的。从形式上看，矩阵可以理解为二维数组，但二者在数学运算中的定义、方式和结果等方面均有显著差别。因此，读者在实际操作中必须明确计算的对象和各种运算符号的适用环境，否则会引起不可预估的错误。

3.2.1 基本数学运算

矩阵（包括数组）的基本算术运算包括矩阵的加、减、乘、除、幂运算等以及简单的函数运算（如指数、对数、开方等）。各种运算的定义和方式分别介绍如下。

1. 矩阵加、减法

矩阵加减法运算要求参与运算的矩阵必须具有相同的大小，或者其中一个为标量。例如：对 $m\times n$ 矩阵 $\boldsymbol{A}$ 和 $\boldsymbol{B}$，其和（差）$\boldsymbol{C}=\boldsymbol{A}\pm\boldsymbol{B}$，输出结果 $\boldsymbol{C}$ 为 $m\times n$ 矩阵，且 $\boldsymbol{C}_{mn}=\boldsymbol{A}_{mn}\pm\boldsymbol{B}_{mn}$。MATLAB 表达式分别如下。

（1）加法：C＝A＋B 或 C＝plus(A,B)。

（2）减法：C＝A－B 或 C＝minus(A,B)。

2. 矩阵乘法

对矩阵进行乘法运算可分为按矩阵乘法和按位乘法两种。其中，矩阵乘法用 $\boldsymbol{C}=\boldsymbol{A}*\boldsymbol{B}$ 表示，其中 $\boldsymbol{A}$ 为 $m\times k$ 矩阵，$\boldsymbol{B}$ 为 $k\times n$ 矩阵，矩阵相乘结果 $\boldsymbol{C}$ 为 $m\times n$ 矩阵，且 $\boldsymbol{C}_{mn}=\sum_{k=1}^{k}\boldsymbol{A}_{mk}\boldsymbol{B}_{km}$。根据线性代数知识，矩阵乘法必须满足被乘矩阵的列数与乘矩阵的行数相等，或者其中一个为标量。例如 $m\times k$ 矩阵 $\boldsymbol{A}$ 与标量 x 相乘的结果为 $(\boldsymbol{A}x)=\boldsymbol{a}_{mn}x$ 或 $(x\boldsymbol{A})=x\boldsymbol{a}_{mn}$。矩阵乘法不具有交换性，即 $\boldsymbol{AB}\neq\boldsymbol{BA}$。

矩阵按位乘法要求矩阵 $\boldsymbol{A}$ 和 $\boldsymbol{B}$ 必须具有相同的大小（即 $\boldsymbol{A}$ 和 $\boldsymbol{B}$ 均为 $m\times n$ 矩阵），或其中一个为标量，即矩阵 $\boldsymbol{A}$ 和 $\boldsymbol{B}$ 按位相乘的结果为 $\boldsymbol{C}_{mn}=\boldsymbol{A}_{mn}\boldsymbol{B}_{mn}$。矩阵乘法和矩阵按位乘法的执行方式如下。

（1）矩阵乘法：C＝A＊B 或 C＝mtimes(A,B)。

（2）数值乘法：C＝A.＊B 或 C＝times(A,B)。

3. 矩阵求逆

矩阵的求逆运算是矩阵运算中非常重要的运算之一。在线性代数中，求解逆矩阵是一件非常复杂的事情，为此 MATLAB 提供了专门的 inv 函数用于求解矩阵的逆矩阵，调用格式为：

```
B=inv(A)
```

表示对矩阵 ***A*** 进行求逆运算。

4. 矩阵除法

在 MATLAB 中，矩阵的除法运算有两种方式，即左除和右除，而矩阵的左除和右除又可进一步分为按矩阵的除法运算和数值除法运算。

矩阵除法运算的格式如下。

(1) 矩阵左除：C＝A\B 或 C＝mldivide(A,B)。表示方程 ***AX***＝***B*** 的解，等效于 ***A*** 的逆矩阵左除矩阵 ***B***，即 inv(A) * B。

(2) 矩阵右除：C＝A/B 或 C＝mrdivide(A,B)。表示方程 ***XA***＝***B*** 的解，等效于 ***B*** 右乘 ***A*** 的逆矩阵，即 B * inv(A)。

数值除法的格式如下。

(1) 数值左除：C＝A.\B 或 C＝ldivide(A,B)。表示对应元素除法，即 B(i,j)/A(i,j)。

(2) 数值右除：C＝A./B 或 C＝rdivide(A,B)。表示对应元素除法，即 A(i,j)/B(i,j)。

无论是矩阵除法还是数值除法，矩阵 ***A*** 和 ***B*** 的维度都必须相同。在矩阵除法中，所有运算必须严格满足线性代数的要求；当进行左除运算时，矩阵 ***A*** 的逆矩阵(即 inv(A))的行数必须等于矩阵 ***B*** 的列数；进行右除时，矩阵 ***B*** 的行数必须等于矩阵 ***A*** 的逆矩阵的列数。在数值除法运算中，实际上是对矩阵中对应元素进行除法运算，且满足 A./B＝B.\A。

5. 矩阵乘方

乘方运算也分为矩阵乘方运算和数值乘方运算，其调用格式如下。

(1) 矩阵乘方：C＝A^B 或 C＝mpower(A,B)。***A*** 须为方阵，*B* 为标量，***A****B* 即为矩阵 ***A*** 的 *B* 次方；若 *B* 为正数，则 ***A****B* 是矩阵 ***A*** 自乘 *B* 次；若 *B* 为负数，则先对 ***A*** 求逆，然后将它自乘 *B* 次方；若不为正数，则涉及特征值和特征向量求解问题。

(2) 数值乘方：C＝A. ^B 或 C＝power(A,B)。对应元素的乘方，即 $A(i,j)^{B(i,j)}$；如果 ***A*** 和 ***B*** 都为矩阵，则要求矩阵 ***A*** 和 ***B*** 的行列数相等；如果 *A* 为标量，***B*** 为矩阵，则A^B 是一个矩阵，其元素是 *A* 的 ***B***(*i*,*j*)次方；若 *B* 是标量，***A*** 是矩阵，则 A^B 是 ***A*** 中每个元素 ***A***(*i*,*j*)的 *B* 次方。

6. 指数、对数、开方运算

在 MATLAB 中，用户可以使用 exp、log、sqrt 函数实现数组的指数、对数及开方运算，采用 expm、logm 和 sqrtm 函数实现矩阵的指数、对数及开方运算，具体调用格式如下。

(1) 指数运算：C＝exp(A)和 C＝expm(A)，用于实现数组和矩阵指数运算。

(2) 对数运算：C＝log(A)和 C＝logm(A)，用于实现数组和矩阵对数运算。

(3) 开方运算：C＝sqrt(A)和 C＝sqrtm(A)，用于实现数组和矩阵开方运算。

【例 3-3】 基本数学运算。

```
>> a=[1 3 5; 2 4 8; 3 6 9];
```

```
>> b=magic(3);
>> c1=inv(a);                          %矩阵求逆
c1=
   -2.0000    0.5000    0.6667
    1.0000   -1.0000    0.3333
     0        0.5000   -0.3333
>> c2=a\b                              %矩阵左除
c2=
  -11.8333    6.5000   -7.1667
    6.3333   -1.0000   -0.3333
    0.1667   -0.5000    2.8333
>> c3=a/b                              %矩阵右除
c3=
   -0.1333    0.8667   -0.1333
   -0.1056    1.3111   -0.2722
   -0.1000    1.4000   -0.1000
>> c4=a.\b                             %数值左除
c4=
    8.0000    0.3333    1.2000
    1.5000    1.2500    0.8750
    1.3333    1.5000    0.2222
>> c5=a./b                             %数值右除
c5=
    0.1250    3.0000    0.8333
    0.6667    0.8000    1.1429
    0.7500    0.6667    4.5000
c6=a*b                                 %矩阵乘法
c6=
    37    61    37
    60    94    56
    78   114    78
c7=a.*b                                %数值乘法
c7=
     8     3    30
     6    20    56
    12    54    18
c8=a^2                                 %矩阵乘方
c8=
    22    45    74
    34    70   114
    42    87   144
c9=a.^2                                %数值乘方
c9=
     1     9    25
```

```
     4    16    64
     9    36    81
>> c10=exp(a), c11=expm(a)              %数组指数和矩阵指数
c10=
   1.0e+03 *
    0.0027    0.0201    0.1484
    0.0074    0.0546    2.9810
    0.0201    0.4034    8.1031
c11=
   1.0e+06 *
    0.4217    0.8710    1.4339
    0.6518    1.3461    2.2160
    0.8177    1.6887    2.7800
>> c12=log(a),c13=logm(a)               %数组对数和矩阵对数
c12=
         0    1.0986    1.6094
    0.6931    1.3863    2.0794
    1.0986    1.7918    2.1972
警告：没有为包含非正实数特征值的 A 定义主矩阵对数。返回了非主矩阵对数
>>In funm at 163
  In logm at 24
c13=
  -0.4569+2.8503i   0.7120-0.6017i   1.0762-0.9905i
   0.9163-0.4502i   0.5863+2.2117i   1.2361-1.5308i
   0.3807-0.5648i   1.0927-1.1665i   1.6624+1.2212i
>> c14=sqrt(a),c15=sqrtm(a)             %数组开方和矩阵开方
c14=
    1.0000    1.7321    2.2361
    1.4142    2.0000    2.8284
    1.7321    2.4495    3.0000
c15=
   0.3631+0.6157i   0.7499-0.1144i   1.2345-0.2264i
   0.5611+0.0669i   1.1589+0.6087i   1.9078-0.5197i
   0.7040-0.2217i   1.4538-0.3361i   2.3934+0.3823i
```

3.2.2 高级运算

矩阵的高级运算主要涉及一些符合线性代数要求的运算，如矩阵转置、矩阵行列式、矩阵特征值、矩阵秩、矩阵迹以及矩阵条件数等。各种高级运算函数及其调用形式如下。

(1) 矩阵转置：C=A.'或 C=transpose(A)。将矩阵的行和列对换，即 $\boldsymbol{C}(i,j)=\boldsymbol{A}(j,i)$。

(2) 共轭转置：C=A'或 C=ctranspose(A)。在矩阵转置的基础上还要将每个元素取共轭，即将形如 $a+bi$ 的数变成 $a-bi$。

(3) 行列式：d=det(X)。求矩阵 **X** 的行列式值。

(4) 特征值：d=eig(A)或[V, D]=eig(A)。求矩阵 **A** 的全部特征值，并构成向量 ***d***；或求矩阵 **A** 的特征值，构成对角矩阵 ***D***，同时求 **A** 的特征向量，构成列向量 **V**。

(5) 矩阵秩：b=rank(A)。矩阵线性无关的行列数。

(6) 矩阵迹：b=trace(A)。求矩阵 **A** 的迹，即矩阵对角线元素之和，也等于矩阵特征值之和。

(7) 矩阵条件数：b=cond(A)。用于反映线性方程组 ***AX*** = ***B*** 的解的稳定性；*b* 值越接近于1，矩阵性能越好；反之，性能越差。

【例 3-4】 矩阵高级运算。

```
>> A=[1 -3 -9; 4 8 12; -6 5 4];
>> A1=A', A2=A.'                    %矩阵转置和共轭转置
A1=
     1     4    -6
    -3     8     5
    -9    12     4
A2=
     1     4    -6
    -3     8     5
    -9    12     4
>> B=complex(A,magic(3))            %生成复数矩阵
B=
   1.0000+8.0000i   -3.0000+1.0000i   -9.0000+6.0000i
   4.0000+3.0000i    8.0000+5.0000i   12.0000+7.0000i
  -6.0000+4.0000i    5.0000+9.0000i    4.0000+2.0000i
>> A3=B',A4=B.'                     %矩阵转置和共轭转置
A3=
   1.0000-8.0000i    4.0000-3.0000i   -6.0000-4.0000i
  -3.0000-1.0000i    8.0000-5.0000i    5.0000-9.0000i
  -9.0000-6.0000i   12.0000-7.0000i    4.0000-2.0000i
A4=
   1.0000+8.0000i    4.0000+3.0000i   -6.0000+4.0000i
  -3.0000+1.0000i    8.0000+5.0000i    5.0000+9.0000i
  -9.0000+6.0000i   12.0000+7.0000i    4.0000+2.0000i
>> C=eig(a)                         %特征值
C=   -6.1888
      4.0000
     15.1888
>> [V,D]=eig(a)                     %特征值
V=
    0.4809   -0.5795   -0.4963
   -0.6413   -0.6954    0.6618
    0.5979    0.4250    0.5619
```

```
D=
      -6.1888         0         0
         0         4.0000       0
         0            0      15.1888
>> R=rank(a)                        %矩阵秩
R=
    3
>> T=trace(a)                       %矩阵迹
T=
    13
```

在进行转置运算时，用户必须清楚输入的数据是实数矩阵还是复数矩阵。由于实数的共轭是其本身，因此实数矩阵的共轭转置矩阵就是转置矩阵($\boldsymbol{A}_1$ 和 $\boldsymbol{A}_2$)，而复数矩阵的共轭转置矩阵就是先进行行列互换，然后再取每个元素的共轭($\boldsymbol{A}_3$ 和 $\boldsymbol{A}_4$)。

3.3 矩阵索引

矩阵索引在提取或赋值矩阵中某项元素的数值时具有很大用处。MATLAB 允许用户通过下标(即行列号)和索引两种方式来实现此项功能。下面将按访问元素数量依次介绍。

3.3.1 下标存取

1.单个元素的存取

MATLAB 允许用户对一个矩阵的单个元素进行赋值与提取操作，调用格式如下。

(1) 行列号：A(m,n)。提取矩阵第 m 行、第 n 列的元素；若 m 和 n 大于原有矩阵的维度，则 MATLAB 将自动扩展原来的矩阵，并将扩展后未赋值的矩阵元素自动设置为 0。

(2) 元素序号：A(m)。按元素顺序提取矩阵 $\boldsymbol{A}$ 中第 m 个元素；矩阵元素按列进行排列，即先第一列，再第二列，以此类推。

例如，下列语句可实现矩阵按行列号和元素序号索引。

```
>> A=[1 5 8 10; 3 5 7 9; 2 4 6 8];
>> A(2,2)                  %索引矩阵 A 中第 2 行、第 2 列元素
ans=
    5
>> A(2,2)=9                %赋值矩阵 A 中第 2 行、第 2 列元素
A=
    1     5     8    10
    3     9     7     9
    2     4     6     8
```

```
>> A(6)                      %按元素序号索引
ans=
     4
>> A(6)=10                   %按元素序号赋值
A=
     1     5     8    10
     3     9     7     9
     2    10     6     8
```

2. 多个元素的存取

对下面的3×3矩阵**A**，要计算该矩阵各行元素的和，按照一般的思路，代码如下：

```
A=[1 5 8 10; 3 5 7 9; 2 4 6 8];
a1=A(1,1)+A(1,2)+A(1,3);
a2=A(2,1)+A(2,2)+A(2,3);
a3=A(3,1)+A(3,2)+A(3,3);
```

对每一行，加3个元素必须列出3项；对整个矩阵，3行则必须给出3条语句；显然，随着矩阵维度的增加，用户所列出的项目数将按 m 行 $\times n$ 列的方式增长。因此，这种思路对于高维度矩阵显然是行不通的。因此，MATLAB提供了冒号、向量和end关键词等方式来帮助用户实现高效的矩阵索引，分别介绍如下。

1）连续元素的存取

可以借助冒号(:)运算符生成等差数列，实现连续的元素存取。调用格式为m:i:n，其中m表示索引序列的起始，n表示索引序列的结束，i表示索引序号变动量(i需为整数)。当i>0时，将生成线性递增数列；当i<0时，将生成线性递减数列。例如，下列语句将提取矩阵**A**中第1、2、3行和第2、4列交叉点处的元素。

```
>> A=[1 5 8 10; 3 5 7 9; 2 4 6 8];
>> a1=A(1:3,2:2:4)
a1=
     5    10
     5     9
     4     8
>> A(1:3,2)=-10
A=
     1   -10     8    10
     3   -10     7     9
     2   -10     6     8
```

此外，当冒号单独出现在A(m,n)命令中的第一个参数位置时，即A(:,n)，表示索引矩阵**A**的所有行；当冒号单独出现在A(m,n)命令中的第二个参数位置时，即A(m,:)，表示索引矩阵**A**的所有列。用户也可以将冒号使用在序号索引方式中。特别地，当使用A(:)时，能够访问矩阵的所有元素，但系统会将其转换为序号方式显示。使用方式说明如下。

```
>> A=[1 5 8 10; 3 5 7 9; 2 4 6 8];
>> a=A(:,1:2:4)                    %索引矩阵 A 中所有行且位于第 1、3 列的元素
a=
     1     8
     3     7
     2     6
>> b=A(2,:)                        %索引矩阵 A 中第 2 行且位于所有列的元素
b=
     3     5     7     9
>> a=A(1:4:12)                     %元素序号索引，索引第 1、5、9 个元素
a=
     1     5     6
>> b=A(:)                          %元素序号索引，访问全部元素
b=
     1
     3
     2
     5
     5
     4
     8
     7
     6
    10
     9
     8
```

2）不连续元素索引

当需要索引多个、不连续的矩阵元素时，可通过向量方式来指定具体的访问位置。例如：

```
>> A=[1 5 8 10; 3 5 7 9; 2 4 6 8];
>> a1=A([1,3],[1,2,3])
a1=
     1     5     8
     2     4     6
```

从结果可以看出，上述程序中第 2 条语句索引了第 1、3 行和第 1、2、3 列交叉位置上的元素。

当用下标方式替换矩阵的子阵时，要求等式两端矩阵的维度必须相同。如果用相同的数据替换矩阵的子阵，则可以使用标量形式。如果所要替换的数据不同，则要求等式左侧的形式与右侧保持一致，即左侧的索引用矩阵的形式，右侧的数据也要用矩阵的形式，并且维度相同；如果左侧索引用向量的形式，右侧的数据也用向量的形式，并且向量

的长度相等。例如：

```
>> A=[1 5 8 10; 3 5 7 9; 2 4 6 8];
>> A([1 3],[2 3])=-5                %标量赋值
A=
     1    -5    -5    10
     3     5     7     9
     2    -5    -5     8
>> A([1 3],[2 3])=[1 2; 3 4]        %矩阵赋值
A=
     1     1     2    10
     3     5     7     9
     2     3     4     8
>> A([2:2:12])=1:6                  %向量赋值
A=
     1     2     2     5
     1     5     4     9
     2     3     4     6
```

3）end 关键词

MATLAB 中的 end 关键词主要用于流程控制语句，如 if、for 块的结束句。但在这里，用户也可以用其指定矩阵某一维的最后一个元素。在某些特殊情况下，用户可能并不知道矩阵的维度大小，此时若要从矩阵的行或列提取一个元素到最后一个元素，或者提取第 n 个元素（中间也可间隔 i 个元素）到最后一个元素，便可使用 end 关键词。

```
>> A=[1 5 8 10; 3 5 7 9; 2 4 6 8];
>> A(:,end)=[]                  %删除最后一列
A=
     1     5     8
     3     5     7
     2     4     6
>> A(1:3,end+1)=[1;3;5]         %增加最后一列
A=
     1     5     8     1
     3     5     7     3
     2     4     6     5
>> A(2:3:end)                   %按序号索引从第 2 个元素开始、以 3 为间隔、直到最后一个元素
ans=
     3     5     0     6     3
```

3.3.2 索引存取

索引存取方式类似下标存取中的元素序号方式，即将矩阵按列进行排列，之后可利用 3.3.1 节中的各种索引方式进行元素存取。此处重点介绍 sub2ind 和 ind2sub 函数，其

分别用于实现索引与下标的相互转换。

1. sub2ind 函数

在 MATLAB 中,用户可以使用 sub2ind 函数将矩阵的下标转换为线性索引,调用格式如下。

```
ind=sub2ind(sz,row,col)
```

针对大小为 sz 的矩阵返回由 row 和 col 指定的行列下标的对应线性索引 ind。此处,sz 是包含两个元素的向量,其中 sz(1)指定行数,sz(2)指定列数。

```
ind=sub2ind(sz,I1,I2,...,In)
```

针对大小为 sz 的多维数组返回由 n 个数组 $I_1,I_2,\cdots,I_n$ 指定的多维下标的对应线性索引 ind。此处,sz 是包含 n 个元素的向量,用于指定每个数组维度的大小。

2. ind2sub 函数

也可以使用 ind2sub 函数将矩阵的索引转换成下标,调用格式如下。

```
[row,col]=ind2sub(sz,ind)
```

返回数组 row 和 col,其中包含与大小为 sz 的矩阵的线性索引 ind 对应的等效行下标和列下标。此处,sz 是包含两个元素的向量,其中 sz(1)指定行数,sz(2)指定列数。

```
[I1,I2,...,In]=ind2sub(sz,ind)
```

返回 n 个数组 $I_1,I_2,\cdots,I_n$,其中包含与大小为 sz 的多维数组的线性索引 ind 对应的等效多维下标。此处,sz 是包含 n 个元素的向量,用于指定每个数组维度的大小。

对于 sub2ind 和 ind2sub 函数,当输入参数为二维数组时,元素将优先按列排序,如图 3-3 所示;当输入参数为多维数组时,元素将优先按列排序,再按层排序,如图 3-4 所示。

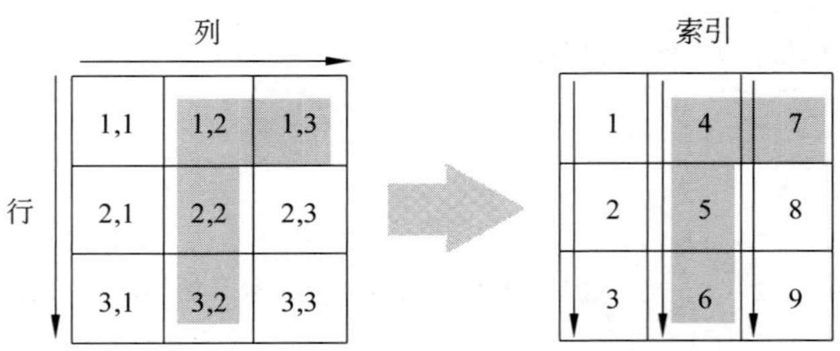

图 3-3 二维数组下标和线性索引示意图

【例 3-5】 矩阵下标和索引使用。

```
>> A=magic(5)
A=
```

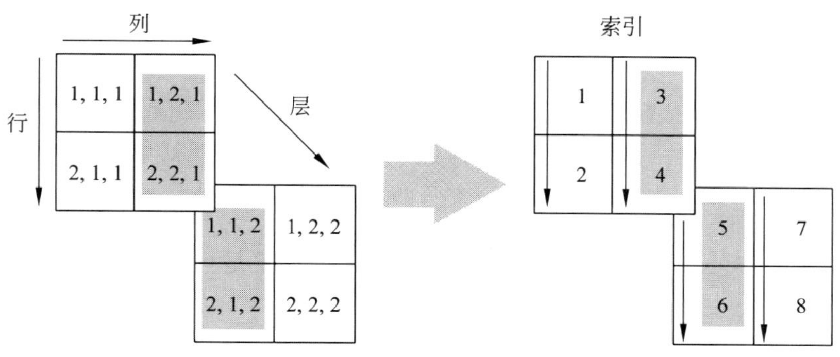

图 3-4 多维数组下标和线性索引示意图

```
    17    24     1     8    15
    23     5     7    14    16
     4     6    13    20    22
    10    12    19    21     3
    11    18    25     2     9
>> num=sub2ind(size(A),2,3)          %提取矩阵 A 中第 2 行、第 3 列元素的索引值
num=
    12
>> [m,n]=ind2sub(size(A),13)         %提取矩阵 A 中第 13 个元素的下标
m=
     3
n=
     3
>> for i=1:5                         %以程序方式演示下标转索引的过程
for j=1:5
num(i,j)=sub2ind(size(a),i,j);
end
end
>> num
num=
     1     6    11    16    21
     2     7    12    17    22
     3     8    13    18    23
     4     9    14    19    24
     5    10    15    20    25
```

3.4 矩阵信息提取

对于已经建立矩阵或通过文件、命令等方式读取的外部数据，用户不一定知道它们的维度信息。为此，MATLAB 提供了大量函数来帮助用户实现此功能。

3.4.1 矩阵维数

矩阵维数指矩阵或数组的行数、列数、层数、元素个数等信息，可以使用 length、ndims、numel 和 size 等函数来获得这些信息。各函数调用格式如下。

```
L=length(X)
```

返回 **X** 中最大数组维度的长度。对于向量，长度仅仅是元素数量。对于具有多维度的数据，长度为 max(size(X))。空数组的长度为零。

```
N=ndims(A)
```

返回矩阵 **A** 的维数。维数总是大于或等于 2。函数会忽略 size(A,dim)=1 所针对的尾部单一维度。

```
n=numel(A)
```

返回矩阵 **A** 中的元素数目 n，等同于 prod(size(A))。

```
sz=size(A)
```

返回一个行向量，其元素是 **A** 相应维度的长度。例如，如果 **A** 是一个 3×4 矩阵，则 size(A)返回向量[3 4]。如果 *A* 是表或时间表，则 size(A)返回由表中的行数和变量数组成的二元素行向量。

```
szdim=size(A,dim)
```

当 dim 为正整数标量时，返回维度 dim 的长度。从 R2019b 版本开始，用户还可以将 dim 指定为正整数向量，以一次查询多个维度长度。例如，size(A,[2 3])以 1×2 行向量 szdim 形式返回 **A** 的第二个维度和第三个维度的长度。

```
szdim=size(A,dim1,dim2,...,dimN)
```

以行向量 szdim 形式返回维度 dim1,dim2,…,dimN 的长度(从 R2019b 版本开始)。

```
[sz1,...,szN]= size(_)
```

分别返回 **A** 的查询维度的长度。

【例 3-6】 矩阵维数函数的应用。

```
>> a=ones(3,4,2);
>> l=length(a)                    %输出矩阵 a 中最大维度的长度
l=
     4
>> n=numel(a)                     %输出矩阵 a 中元素的个数
n=
    24
>> N=ndims(a)                     %输出矩阵 a 的维数
N=
```

```
     3
>> [m,n,z]=size(a)                  %输出矩阵 a 各维的长度
m=
     3
n=
     4
z=
     2
>> row=size(a,1),col=size(a,2),page=size(a,3)     %输出指定的维度长度信息
row=
     3
col=
     4
page=
     2
```

3.4.2 矩阵数据类型

MATLAB中各函数对所能处理的数据类型都有明确要求，因此在实际的程序设计中，必须清楚输入或输出数据的类型，为此，MATLAB提供了若干函数来检测矩阵的数据类型。

1. class 函数

MATLAB提供了class函数用于返回输入数据的类型，调用格式为：

```
class(A)
```

用于查看 *A* 的数据类型。

【例 3-7】 用class函数查看数据类型。

```
>> a=magic(3);b=single(magic(3));
>> class(a)
ans=
    double
>> class(b)
ans=
    single
```

2. whos 函数

whos函数是MATLAB中比较常用的数据类型查看函数，其输出结果除数据类型外，还包括数据变量名、维度和大小信息。此外，与class函数每次仅能查看一个变量不同，whos函数能够同时查看多个变量的信息。具体调用格式如下。

```
whos
```

按字母顺序列出当前活动工作区中的所有变量的名称、大小和类型。

```
whos -file filename
```

列出指定的 MAT 文件中的变量。

```
whos global
```

列出全局工作区中的变量。

```
whos ___ var1 ... varN
```

只列出指定的变量。此语法与先前语法中的任何参数结合使用。

```
whos ___ -regexp expr1 ... exprN
```

只列出与指定的正则表达式匹配的变量。

```
S=whos(___)
```

将变量的信息存储在结构数组 S 中。

【例 3-8】 用 whos 函数查看数据信息。

```
>> a=ones(2,3);  b=magic(3); c=1:9;
>> nefu='Northeast Forestry University';
>> whos a b                         %指定具体的查看变量
  Name       Size            Bytes  Class     Attributes
  a           2x3               48  double
  b           3x3               72  double
>> whos                             %查看工作区间中的全部变量
  Name       Size            Bytes  Class     Attributes
  a           2x3               48  double
  b           3x3               72  double
  c           1x9               72  double
  nefu       1x29               58  char
>> whos -regexp fu$                 %查看以 fu 结尾的变量名的信息
  Name       Size            Bytes  Class    Attributes
  nefu       1x29             58    char
```

3. is * 型函数

除了 class 和 whos 通用函数外，MATLAB 还提供了很多 is * 型函数用于判断不同的数据类型。表 3-1 给出了部分 is * 型函数的名称和用途，这些函数的使用方法大同小异，此处仅以 isa 函数为例来说明。

MATLAB 中 isa 函数可用于检测给定矩阵输入数据的类型，调用格式如下。

```
tf=isa(A,datatype)
```

如果 A 具有 datatype 指定的数据类型，将返回 1(true)。否则，将返回 0(false)。如果 A 是对象且 datatype 是 A 的类或 A 的超类，则返回 1。

表 3-1 is * 型数据类型判断函数

函　　数	用　　途	函　　数	用　　途
iscell	是否属于单元数组	iscellstr	是否为字符串单元数组
ischar	是否为字符数组	isfloat	是否为浮点数组
isinteger	是否为整数数组	islogical	是否为逻辑数组
isnumeric	是否为数字数组	isreal	是否为实数数组
isstruct	是否为结构数组	isempty	是否为空数组
isscalar	是否为标量	issparse	是否为稀疏矩阵
isvector	是否为向量	isa	查看矩阵数据类型

```
tf=isa(A,typeCategory)
```

如果 A 的数据类型属于 typeCategory 指定的类别，则返回 1(true)。否则，将返回 0(false)。如果 A 是对象且 A 的类或 A 的任何超类属于指定的类别，则返回 1。

isa 函数能够识别的数据类型包括 17 种，如表 3-2 所示；能够识别的数据类别包括 numeric、float 和 integer 3 类，具体如表 3-3 所示。

表 3-2 isa 函数能够识别的数据类型

数据类型	描　　述	数据类型	描　　述
single	单精度数	uint64	无符号 64 位整数
double	双精度数	logical	逻辑值 1(true)或 0(false)
int8	有符号 8 位整数	char	字符
int16	有符号 16 位整数	string	字符串数组
int32	有符号 32 位整数	struct	结构数组数组
int64	有符号 64 位整数	cell	元胞数组
uint8	无符号 8 位整数	table	表
uint16	无符号 16 位整数	function_handle	函数句柄
uint32	无符号 32 位整数		

表 3-3 isa 函数能够识别的数据类别

类　别	描　　述
numeric	整数或浮点数组，为以下数据类型之一：double、single、int8、int16、int32、int64、uint8、uint16、uint32、uint64
float	单精度或双精度浮点数组，为以下任一数据类型：double、single
integer	有符号或无符号整数数组，为以下数据类型之一：int8、int16、int32、int64、uint8、uint16、uint32、uint64

【例 3-9】 is＊型函数的使用方法。

```
>> a=single(magic(3)); b=uint8(magic(3))
>> c={1:5,'nefu';{1},[]};
>> d1=isa(a,'single')
d1=
     1
>> d2=isa(b,'double')
d2=
     0
>> d3=isa(c,'cell')
d3=
     1
>> d4=isa(c{2,1},'cell')
d4=
     1
>> d5=iscell(c)
d5=
     1
>> d6=iscellstr(c)
d6=
     0
>> d7=ischar(c{2,2})
d7=
     0
>> d8=isfloat(c{1,1})
d8=
     1
>> d9=isinteger(c{1,1})
d9=
     0
>> d10=isnumeric(a)
d10=
     1
>> d11=isreal(a)
d11=
     1
>> d12=isstruct(struct('name', {'Li';'Dong'},'weight',{[50];[75]}))
d12=
     1
>> d13=isempty(c{2,2})
d13=
     1
>> d14=isscalar([2])
d14=
     1
>> d15=isvector(c{1,1})
d15=
     1
```

3.5 矩阵扩展与变换

矩阵扩展与变换主要包括改变矩阵的形状、大小、旋转和翻转等操作，具体介绍如下。

3.5.1 矩阵扩展

在实际应用中可以按一定规则对矩阵进行扩展，但不能将其变为不规则的形状。例如，可以把两个 4×3 和 4×4 的矩阵水平连接在一起，但不能进行垂直连接。扩展矩阵的方法主要有 3 种：①通过删除数组或元素的方式缩小矩阵；②通过在矩阵维度外存储新元素的方式来扩展矩阵；③通过连接多个小矩阵的方式来扩展矩阵。

1. 缩小矩阵

缩小矩阵可采用从矩阵中删除数组或单个元素的方式来实现，分别介绍如下。

1）删除数组

实际上，用户是无法直接从矩阵中删除某个数组的，但可通过指定原矩阵中的某列、某行或某数组为空数组的方式来达到此目的。

```
>> a=magic(5)
a=
    17    24     1     8    15
    23     5     7    14    16
     4     6    13    20    22
    10    12    19    21     3
    11    18    25     2     9
>> a(:,3)=[]
a=
    17    24     8    15
    23     5    14    16
     4     6    20    22
    10    12    21     3
    11    18     2     9
>> a(3,:)=[]
a=
    17    24     8    15
    23     5    14    16
    10    12    21     3
    11    18     2     9
```

2）删除元素

MATLAB 不允许用户通过直接给矩阵添加或删除元素的方式来改变矩阵的形状和

维度，但可以巧妙借助矩阵元素索引来达到该目的。但必须注意，采用线性索引方式删除某个或某些元素后，矩阵将不再成为矩阵，而是转变为一个行向量，如下面代码所示：

```
>> a=magic(4)
a=
    16     2     3    13
     5    11    10     8
     9     7     6    12
     4    14    15     1
>> a(1:3:end)=[]
a=
     5     9     2    11    14     3     6    15     8    12
```

2. 矩阵外存储新元素

当用户指定的新元素的行号或列号大于原矩阵的维度时，系统自动扩充原矩阵。例如，在原有矩阵 a＝magic(4)的基础上输入：

```
>> a(4,6)=10
a=
    16     2     3    13     0     0
     5    11    10     8     0     0
     9     7     6    12     0     0
     4    14    15     1     0    10
>> a(5,4)=8
a=
    16     2     3    13     0     0
     5    11    10     8     0     0
     9     7     6    12     0     0
     4    14    15     1     0    10
     0     0     0     8     0     0
```

上述语句中，矩阵 ***a*** 原有的维度为 4×4，用户输入的第 1 条语句将矩阵 ***a*** 的第 4 行和第 6 列交叉点元素赋值为 10，从结果可见 MATLAB 自动将原矩阵 ***a*** 的维度增加了 2 列，其维度变为 4×6，同时将第 4 行和第 6 列交叉点的元素赋值为 10，而其余增加的 2 列元素的值自动填充为 0；类似地，第 2 条语句将矩阵 ***a*** 的维度继续扩展了 1 行(5×6)，且将第 5 行和第 4 列交叉点元素赋值为 8，而将其余增加的一行元素赋值为 0。

除添加单个元素外，也可以使用下面的方式来添加矩阵。

```
>> A(1:3,5:6)=rand(3,2)+10
A=
   16.0000    2.0000    3.0000   13.0000   10.9649   10.9572
    5.0000   11.0000   10.0000    8.0000   10.1576   10.4854
    9.0000    7.0000    6.0000   12.0000   10.9706   10.8003
    4.0000   14.0000   15.0000    1.0000         0   10.0000
         0         0         0    8.0000         0         0
```

3. 连接多个矩阵

连接矩阵是扩展矩阵最有效的方法。MATLAB 要求被添加矩阵的大小必须与原来矩阵相容，即横向连接时，两个矩阵的行数必须相同，而纵向连接时，两个矩阵的列数必须相同。矩阵连接可针对普通的数值型、字符型、单元数组等矩阵形式。连接方式主要有两类，即方括号连接和函数连接。

1）方括号连接

与矩阵的生成方式类似，方括号可直接用于矩阵的横向或垂直连接，逗号或空格表示矩阵间的横向连接，而分号表示矩阵间的垂直连接。调用格式如下。

（1）水平连接：C=[A, B]或 C=[A B]，要求矩阵 ***A*** 和 ***B*** 行数相同。

（2）垂直连接：C=[A; B]，要求矩阵 ***A*** 和 ***B*** 的列数相同。

2）函数连接

也可以采用 MATLAB 内置函数来实现矩阵的连接，如 horzcat 函数可用于矩阵的水平连接，vertcat 函数可用于矩阵的垂直连接，repmat 函数可用于矩阵的复制型连接，cat 函数可用于矩阵的水平和横向连接，而 blkdiag 函数则可用于生成对角矩阵。各函数调用格式如下。

（1）C=cat(dim, A, B)。其中 dim 用于指定连接方向：1 表示垂直方向；2 表示水平方向；3 表示生成三维数组。

（2）C=horzcat(A1,A2,…)。用于水平连接多个矩阵，需具有相同行数。

（3）C=vertcat(A1,A2,…)。用于垂直连接多个矩阵，需具有相同列数。

（4）C=repmat(A,m,n)。用于在纵向和横向分别赋值矩阵 ***A*** 共 m 和 n 次。

（5）C=blkdiag(a,b,c,…)。用输入矩阵 ***a***，***b***，***c***，…分别创建一个块对角矩阵。

【例 3-10】 使用方括号和函数连接多个矩阵。

```
>> a1=ones(5,2) * 5;b1=magic(5);
>> c1=[a1 b1]               %方括号水平连接
c1=
    3.0000    3.0000    3.0000    3.0000    3.0000
    3.0000    3.0000    3.0000    3.0000    3.0000
    0.1419    0.7922    0.0357    0.6787    0.3922
    0.4218    0.9595    0.8491    0.7577    0.6555
    0.9157    0.6557    0.9340    0.7431    0.1712
>> a2=ones(2,5) * 3; b2=rand(3,5);
>> c2=[a2;b2]               %方括号垂直连接
c2=
    5    5    17    24     1     8    15
    5    5    23     5     7    14    16
    5    5     4     6    13    20    22
    5    5    10    12    19    21     3
    5    5    11    18    25     2     9
>> a3=[1 6 9; 2 4 8; 3 5 7];b3=magic(3);
```

```
>> c3_1=cat(1,a3,b3)      %cat 垂直连接
c3_1=
     1     6     9
     2     4     8
      …
     3     5     7
     4     9     2
>> c3_2=cat(2,a3,b3)      %cat 水平连接
c3_2=
     1     6     9     8     1     6
     2     4     8     3     5     7
     3     5     7     4     9     2
>> c3_3=cat(3,a3,b3)      %cat 三维连接
c3_3(:,:,1)=
     1     6     9
     2     4     8
     3     5     7
c3_3(:,:,2)=
     8     1     6
     3     5     7
     4     9     2
>> a3=[1 6 9; 2 4 8; 3 5 7];b3=magic(3);
>> c4=horzcat(a3,b3)      %水平连接
c4=
     1     6     9     8     1     6
     2     4     8     3     5     7
     3     5     7     4     9     2
>> c5=vertcat(a3,b3)      %垂直连接
c5=
     1     6     9
     2     4     8
     3     5     7
     8     1     6
     3     5     7
     4     9     2
>> c6=repmat(a3,2,3)      %repmat 函数水平方向重复 3 次、垂直方向重复 2 次
c6=
     1     6     9     1     6     9     1     6     9
     2     4     8     2     4     8     2     4     8
     3     5     7     3     5     7     3     5     7
     1     6     9     1     6     9     1     6     9
     2     4     8     2     4     8     2     4     8
     3     5     7     3     5     7     3     5     7
>> c7=blkdiag(a3,b3,ones(3),eye(2))          %块对角矩阵
```

```
c7=
     1     6     9     0     0     0     0     0     0     0     0
     2     4     8     0     0     0     0     0     0     0     0
     3     5     7     0     0     0     0     0     0     0     0
     0     0     0     8     1     6     0     0     0     0     0
     0     0     0     3     5     7     0     0     0     0     0
     0     0     0     4     9     2     0     0     0     0     0
     0     0     0     0     0     0     1     1     1     0     0
     0     0     0     0     0     0     1     1     1     0     0
     0     0     0     0     0     0     1     1     1     0     0
     0     0     0     0     0     0     0     0     0     1     0
     0     0     0     0     0     0     0     0     0     0     1
>> d1={1:2:10,magic(3),{'abc','efg'};ones(5),[],'nefu'};
>> d2=cell(2,3);
>> e1=[d1,d2], e2=cat(1,d1,d2), e3=cat(2,d1,d2)        %单元数组连接
e1=
    [1x5 double]    [3x3 double]    {1x2 cell}    []    []    []
    [5x5 double]              []    'nefu'        []    []    []
e2=
    [1x5 double]    [3x3 double]    {1x2 cell}
    [5x5 double]              []    'nefu'
              []              []            []
              []              []            []
e3=
    [1x5 double]    [3x3 double]    {1x2 cell}    []    []    []
    [5x5 double]              []    'nefu'        []    []    []
>> f1=struct('name',{'liu';'dong'},'test',{[70 80 90];[90 70 80]})
>> f2=struct('name',{'hexing';'sandagongli'},'test',{[100];[95]})
>> g1=[f1,f2]                    %结构数组水平连接
g1=
2x2 struct array with fields:
    name
    test
>> g2=cat(1,f1,f2)               %结构数组垂直连接
g2=
4x1 struct array with fields:
    name
    test
>> g3=cat(2,f1,f2)               %结构数组水平连接
g3=
2x2 struct array with fields:
    name
    test
```

3.5.2 矩阵变换

1. 矩阵重排

MATLAB 允许用户通过重新排列矩阵元素的位置来产生新的矩阵。能够实现该功能的函数为 reshape，调用格式如下。

```
B=reshape(A,sz)
```

使用大小向量 sz 重构 **A** 以定义 size(B)；sz 必须至少包含 2 个元素，prod(sz)必须与 numel(A)相同。

```
B=reshape(A,)
```

将 **A** 重构为一个 sz1×…×szN 数组，其中 sz1，…，szN 表示每个维度的大小。可以指定[]的单个维度大小，以便自动计算维度大小，以使 **B** 中的元素数与 **A** 中的元素数相匹配。例如，如果 **A** 是一个 10×10 矩阵，则 reshape(A,2,2,[])将 **A** 的 100 个元素重构为一个 2×2×25 数组。

需特别注意，在进行矩阵重排时，用户指定的向量 sz 或者标量(sz1,…,szN)必须满足 prod(sz)或 prod(sz1,…,szN)必须与原矩阵的 numel(A)相同，否则程序将会报错。

2. 矩阵翻转

矩阵翻转也是产生新矩阵的常用方法。使用 fliplr 函数可实现矩阵的左右翻转，使用 flipud 函数可实现矩阵的上下翻转，使用 flipdim 函数可按指定维度进行翻转。各函数具体调用格式如下。

```
B=flipdim(A,dim)
```

用于矩阵按指定维度翻转，dim＝1 表示上下，dim＝2 表示左右。

```
B=fliplr(A)
```

围绕垂直轴按左右方向翻转其各列。

```
B=flipud(A)
```

围绕水平轴按上下方向翻转其各行。

3. 矩阵旋转

MATLAB 也提供了 rot90 函数用于实现矩阵的旋转，调用格式如下。

```
B=rot90(A)
```

将矩阵 **A** 逆时针旋转 90 度。对于多维数组，rot90 在由第一个和第二个维度构成的平面中旋转。

```
B=rot90(A,k)
```

将矩阵 **A** 按逆时针方向旋转 k 个 90 度，其中 k 是一个整数。

【例 3-11】 矩阵变换函数的使用。

```
>> a=magic(4)
a=
    16     2     3    13
     5    11    10     8
     9     7     6    12
     4    14    15     1
>> b1=reshape(a,2,8)                         %将原 4×4 矩阵重排为 2×8 矩阵
b1=
    16     9     2     7     3     6    13    12
     5     4    11    14    10    15     8     1
>> b2=flipdim(a,1)                           %将原矩阵上下翻转
b2=
     4    14    15     1
     9     7     6    12
     5    11    10     8
    16     2     3    13
>> b3=flipdim(a,2)                           %将原矩阵左右翻转
b3=
    13     3     2    16
     8    10    11     5
    12     6     7     9
     1    15    14     4
%将原矩阵分别顺时针旋转 90 度、逆时针旋转 270 度
>> b4=rot90(a,-1 * 90),b5=rot90(a,3 * 90)
b4=
     1    15    14     4
    12     6     7     9
     8    10    11     5
    13     3     2    16
b5=
     1    15    14     4
    12     6     7     9
     8    10    11     5
    13     3     2    16
```

3.6 矩阵排序

元素排序可用于矩阵、数组和字符串单元数组。可以选择按特定维度对元素进行升序或降序的排序。MATLAB 提供了若干函数用于实现矩阵元素的移位与排序，下面分别介绍这些函数。

1. sort 函数

可使用 sort 函数对元素按行或列进行升序或降序排列，调用格式如下。

```
B=sort(A)
```

按升序对 *A* 的元素进行排序。如果 **A** 是向量，则 sort(A)对向量元素进行排序。如果 *A* 是矩阵，则 sort(A)会将 **A** 的列视为向量并对每列进行排序。如果 *A* 是多维数组，则 sort(A)会沿大小不等于 1 的第一个数组维度计算，并将这些元素视为向量。

```
B=sort(A,dim)
```

返回 *A* 沿维度 dim 的排序元素。例如，如果 **A** 是一个矩阵，则 sort(A,2)对每行中的元素进行排序。

```
B=sort(_,direction)
```

使用上述任何语法返回按 direction 指定的顺序显示的 *A* 的有序元素。ascend 表示升序(默认值)，descend 表示降序。

```
B=sort(_,Name,Value)
```

指定用于排序的其他参数。例如，sort(A,'ComparisonMethod','abs')按模对 **A** 的元素进行排序。

```
[B,I]=sort(_)
```

为上述任意语法返回一个索引向量的集合。***I*** 的大小与 **A** 的大小相同，它描述了 **A** 的元素沿已排序的维度在 ***B*** 中的排列情况。例如，如果 **A** 是一个向量，则 ***B***=**A**(***I***)。

在指定具体的排序维度时，需谨记 dim=1 表示按列排序(默认)；dim=2 表示按行排序。两种排序方式如图 3-5 所示。

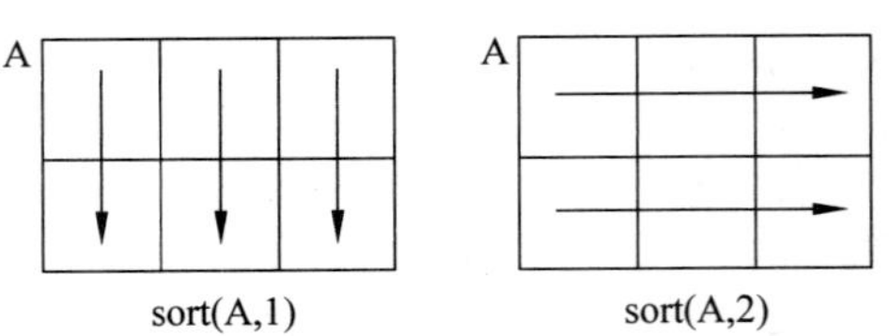

图 3-5　sort 函数按指定维度排序示意图

2. issorted 函数

可进一步使用 issorted 函数用于确定数组元素是否经过排序，调用格式如下。

```
TF=issorted(A)
```

当 **A** 的元素按升序排列时，将返回逻辑标量值 1(true)；否则，将返回 0(false)。如果 **A** 是向量，当向量元素按升序排序时，issorted 将返回 1。如果 **A** 是矩阵，当 **A** 的每一列按升序排序时，issorted 将返回 1。如果 **A** 是多维数组，当 **A** 沿其大小不等于 1 的第一个维度按升序排序时，issorted 将返回 1。如果 **A** 是时间表，当其行时间向量按升序排序时，issorted 将返回 1。要检查行时间或包含更多选项的时间表变量的排序顺序，请使用 issortedrows 函数。

```
TF=issorted(A,dim)
```

当 **A** 沿维度 dim 排序时，将返回 1。如果 **A** 是矩阵，当 **A** 的每一行按升序排序时，issorted(A,2)将返回 1。

```
TF=issorted(_,direction)
```

当 **A** 按 direction 指定的顺序排序时，将为上述任何语法返回 1。例如，如果 issorted(A,'monotonic')的元素是升序或降序排序，则 **A** 返回 1。

```
TF=issorted(_,Name,Value)
```

指定用于检查排列顺序的其他参数。例如，issorted(A,'ComparisonMethod','abs')检查 **A** 是否按模排序。

```
TF=issorted(A,'rows')
```

当矩阵第一列的元素按顺序排列时，将返回 1。如果第一列包含重复元素，则 issorted 将根据第二列的排序方式来确定 TF。如果当前列和前面的列都包含重复元素，则 issorted 将根据右侧紧邻的一列来确定 TF。如果 **A** 是时间表，则 issortedrows 检查行时间向量是否按升序排列。如果 **A** 是字符向量矩阵，则不支持此语法。

【例 3-12】 排序函数使用方法。

```
>> a=magic(6), b1=sort(a,1), b2=sort(a,2)        %分别按列和行排序
a=
    35     1     6    26    19    24
     3    32     7    21    23    25
    31     9     2    22    27    20
     8    28    33    17    10    15
    30     5    34    12    14    16
     4    36    29    13    18    11
b1=
     3     1     2    12    10    11
     4     5     6    13    14    15
     8     9     7    17    18    16
    30    28    29    21    19    20
    31    32    33    22    23    24
    35    36    34    26    27    25
b2=
     1     6    19    24    26    35
     3     7    21    23    25    32
     2     9    20    22    27    31
```

```
     8    10    15    17    28    33
     5    12    14    16    30    34
     4    11    13    18    29    36
>> [b,index]=sort(a,1,'descend')        %按列降序排序,并将排序结果返回给b,并将位置信息返回给index
b=
    35    36    34    26    27    25
    31    32    33    22    23    24
    30    28    29    21    19    20
     8     9     7    17    18    16
     4     5     6    13    14    15
     3     1     2    12    10    11
index=
     1     6     5     1     3     2
     3     2     4     3     2     1
     5     4     6     2     1     3
     4     3     2     4     6     5
     6     5     1     6     5     4
     2     1     3     5     4     6
>> c1=issorted(b1,'rows')               %查看矩阵是否经过排序
c1=
     1
```

3.7 稀疏矩阵

根据前述内容可知,当创建一个普通矩阵时,MATLAB会为矩阵中的每个元素分配一个内存,如函数A=eye(10)创建的矩阵中有100个元素,而只有主对角线上元素为1,其余元素均为0,显然这样会增加计算机的内存负担。此外,在数字图像处理中,通常需要将图像按特定阈值进行处理,进而生成二值图像,这样也有利于研究对象的边缘检测和提取。

因此,MATLAB提供了稀疏矩阵(sparse matrix)的功能,其特征是矩阵中的绝大部分元素均为0。在存储稀疏矩阵时,MATLAB仅保存元素的下标与元素值,这种特殊的存储方式可以节省大量的存储空间,避免不必要的麻烦。

3.7.1 稀疏矩阵的创建与转换

MATLAB中提供了若干函数用于实现稀疏矩阵的创建,同时MATLAB也支持稀疏矩阵和满矩阵间的相互转换。此外,MATLAB也提供了issparse函数用于判断某个矩阵是否为稀疏矩阵。

1. 稀疏矩阵的创建

MATLAB提供的稀疏矩阵创建函数包括通用形式的sparse函数,以及用于创建特

殊稀疏矩阵的 speye 函数、sprand 函数、sprandsym 函数、spones 函数和 spconvert 函数等，分别介绍如下。

1）sparse 函数

```
S=sparse(A)
```

通过挤出所有零元素将满矩阵转换为稀疏矩阵。如果满矩阵包含许多 0，则将矩阵转换为稀疏矩阵存储空间可以节省内存。

```
S=sparse(m,n)
```

生成 $m\times n$ 全零稀疏矩阵。

```
S=sparse(i,j,v)
```

根据 i、j 和 v 三元组生成稀疏矩阵 $\boldsymbol{S}$，以便 S(i(k)，j(k))=v(k)。max(i)×max(j)输出矩阵为 length(v)个非零值元素分配了空间。如果输入 $\boldsymbol{i}$、$\boldsymbol{j}$ 和 $\boldsymbol{v}$ 为向量或矩阵，则它们必须具有相同数量的元素。v,i,j 中一个参数可以是标量。

```
S=sparse(i,j,v,m,n)
```

将 $\boldsymbol{S}$ 的大小指定为 $m\times n$。

```
S=sparse(i,j,v,m,n,nz)
```

为 nz 非零元素分配空间。可以使用此语法为构造后要填充的非零值分配额外空间。

【例 3-13】 创建稀疏矩阵。

```
>> i=[900 1000];
>> j=[900 1000];
>> v=[10 100];
>> S=sparse(i,j,v,1500,1500)
S=
    (900,900)      10
   (1000,1000)    100
```

2）speye 函数

speye 函数可用于生成一个稀疏的单位矩阵，调用格式如下。

```
S=speye(n)
```

返回一个主对角线元素为 1 且其他位置元素为 0 的 $n\times n$ 稀疏单位矩阵。

```
S=speye(n,m)
```

返回一个主对角线元素为 1 且其他位置元素为 0 的 $n\times m$ 稀疏矩阵。

```
S=speye(sz)
```

返回一个主对角线元素为 1 且其他位置元素为 0 的矩阵。大小向量 sz 定义 size(S)。

例如,speye([2 3])将返回一个 2×3 稀疏矩阵。

【例 3-14】 创建单位稀疏矩阵。

```
>> a=magic(5);
>> b1=speye(3)
b1=
   (1,1)         1
   (2,2)         1
   (3,3)         1
>> b2=speye(size(a))
b2=
   (1,1)         1
   (2,2)         1
   (3,3)         1
   (4,4)         1
   (5,5)         1
```

3) sprand 函数

sprand 函数可用于生成稀疏均匀分布随机矩阵,调用格式如下。

```
R=sprand(S)
```

R 为 ***S*** 具有相同的稀疏结构数组,但具有均匀分布的随机项。

```
R=sprand(m,n,density)
```

R 是一个随机的 $m\times n$ 稀疏矩阵,具有大约 density$\times m\times n$ 个均匀分布的非零项(0≤density≤1)。

```
R=sprand(m,n,density,rc)
```

生成一个近似的条件数为 1/rc、大小为 $m\times n$ 的均匀分布的随机稀疏矩阵 ***R***。

【例 3-15】 生成稀疏均匀分布随机矩阵。

```
>> b1=sprand(4)
b1=
   (1,1)        0.6463
>> b2=sprand(4,3,0.2)
b2=
   (3,1)        0.6551
   (4,3)        0.1626
>> b3=[0 0 1 0; 1 0 0 0; 0 1 0 0; 0 0 0 1];
>> b4=sprand(b3)
b4=
   (2,1)        0.8147
   (3,2)        0.9058
   (1,3)        0.1270
```

```
    (4,4)        0.9134
```

需要注意，因 sprand 函数采用随机策略来生成稀疏矩阵，因此读者生成的随机均匀分布矩阵可能与例 3-15 中的变量 b1 和 b2 的结果不完全相同。

MATLAB 还提供了 sprandn 函数用于生成稀疏正态分布随机矩阵，其调用格式与 sprand 函数类似，如下面代码所示：

```
>> a1=sprand(4,5,0.08)
a1=
   (3,2)        0.9649
   (1,3)        0.9575
>> a2=sprandn(4,5,0.08)                 %非零元素密度为 0.08,即约 2 个
a2=
   (4,3)       -0.2050
   (1,5)        0.7147
>> a3=sprandn(4,5,0.2)                %非零元素密度为 0.08,即约 4 个


a3=
   (4,1)        2.7694
   (1,2)        3.5784
   (4,3)       -1.3499
   (4,4)        3.0349
```

4）sprandsym 函数

sprandsym 函数可用于生成稀疏对称随机矩阵，调用格式如下。

```
R=sprandsym(S)
```

返回一个下三角和对角线的结构与 $\boldsymbol{S}$ 相同的稀疏对称随机矩阵。其元素是正态分布的，均值为 0，方差为 1。

```
R=sprandsym(n,density)
```

返回一个对称随机的、$n\times n$ 的稀疏矩阵（具有大约 density$\times n\times n$ 个非零项），每一项均是一个或多个正态分布的随机样本之和，并且 0≤density≤1。

```
R=sprandsym(n,density,rc)
```

返回一个条件数倒数等于 rc 的矩阵。各项的分布是不均匀的，大致围绕 0 对称，所有项均在[−1,1]内。如果 rc 是一个长度为 n 的向量，则 $\boldsymbol{R}$ 的特征值为 rc。因而，如果 rc 是一个正（非特征值）向量，则 $\boldsymbol{R}$ 是一个正定（非负）矩阵。在任一情况下，$\boldsymbol{R}$ 是由应用于包含给定特征值或条件数的对角矩阵的随机维可比旋转生成的。它具有大量拓扑和代数结构。

```
R=sprandsym(n,density,rc,kind)
```

返回一个正定矩阵。如果 kind＝1，则 $\boldsymbol{R}$ 由正定对角矩阵的随机维可比旋转生成。

R 恰好具有所需的条件数。如果 kind=2,则 **R** 是外积的移位和。**R** 只具有所需的近似条件数,但具有较少结构数组。

```
R=sprandsym(S,[],rc,3)
```

与矩阵 **S** 具有相同的结构数组并且具有近似条件数 1/rc。

【例 3-16】 生成稀疏对称随机矩阵。

```
>> a=sprandsym(4)
a=
   (1,1)        0.7254
>> b=sprandsym(4,0.5)
b=
   (3,1)       -0.1241
   (4,2)        1.4897
   (1,3)       -0.1241
   (4,3)        0.5098
   (2,4)        1.4897
   (3,4)        0.5098
   (4,4)       -0.0631
```

5) spones 函数

spones 函数能够将原有稀疏矩阵中的非零元素全部替换为 1,并生成新的矩阵。其调用格式为:

```
R=spones(S)
```

生成与 **S** 具有相同稀疏结构的矩阵 **R**,但 1 位于非零位置。

例如,在命令窗口中输入:

```
>> a=sprand(5,5,0.3)
a=
   (1,1)        0.1869
   (1,2)        0.4898
   (2,3)        0.6463
   (1,4)        0.4456
   (4,4)        0.7094
   (5,4)        0.2760
   (4,5)        0.7547
>> b=spones(a)
b=
   (1,1)          1
   (1,2)          1
   (2,3)          1
   (1,4)          1
   (4,4)          1
```

```
   (5,4)         1
   (4,5)         1
```

6）spconvert 函数

spconvert 函数可将外部数据转换为稀疏矩阵，调用格式为：

```
S=spconvert(D)
```

根据 ***D*** 的列，按与 sparse 函数类似的方式构造稀疏矩阵 ***S***。如果 ***D*** 的大小为 $N\times3$，则 spconvert 函数将使用 ***D*** 的列[i,j,re]构造 ***S***，以使 S(i(k), j(k))=re(k)。如果 ***D*** 的大小为 $N\times4$，则 spconvert 函数将使用 ***D*** 的列[i,j,re,im]构造 ***S***，以使 S(i(k), j(k))=re(k)+1i*im(k)。其中，i、j、re 和 im 分别表示 ***D*** 中的第 1、2、3 和 4 列的元素值，而 k 表示 ***D*** 中的行号。

例如，可输入以下语句来定义稀疏矩阵：

```
>> a=[1 3 3; 2 2 5; 3 4 3; 4 4 1];
>> b=[1 1 1 2; 3 4 3 5; 5 6 1 1];
>> s1=spconvert(a)          %实数稀疏矩阵
s1=
   (2,2)         5
   (1,3)         3
   (3,4)         3
   (4,4)         1
>> s2=spconvert(b)          %复数稀疏矩阵
s2=
   (1,1)      1.0000+2.0000i
   (3,4)      3.0000+5.0000i
   (5,6)      1.0000+1.0000i
```

2. 稀疏矩阵转换为满矩阵

稀疏矩阵虽然能够有效降低系统的内存负担，但其结构不易理解，因此 MATLAB 提供了 full 函数将稀疏矩阵转换为满矩阵。full 函数调用格式为：

```
S=full(X)
```

将稀疏矩阵 ***X*** 转化为满矩阵 ***S***，如果 ***X*** 本身是满矩阵，则系统不作任何处理。

下述语句可实现稀疏矩阵和满矩阵的相互转换。

```
>> a=sparse([2 4 7], [3 6 5],[1 4 3])      %定义稀疏矩阵
a=
   (2,3)         1
   (7,5)         3
   (4,6)         4
>> b=full(a)                               %将稀疏矩阵转换为满矩阵
b=
```

```
     0     0     0     0     0     0
     0     0     1     0     0     0
     0     0     0     0     0     0
     0     0     0     0     0     4
     0     0     0     0     0     0
     0     0     0     0     0     0
     0     0     0     0     3     0
>> whos a b
  Name      Size            Bytes  Class     Attributes
  a         7x6               104  double    sparse
  b         7x6               336  double
```

3. 稀疏矩阵判断

MATLAB 提供了 issparse 函数用于判断输入矩阵是否为稀疏矩阵，其调用格式为：

```
s=issparse(A)
```

如果矩阵 **A** 是稀疏矩阵，则 s=1；否则 s=0。
下列语句可用来判断某个矩阵是否为稀疏矩阵。

```
>> v=[6 2 7 8 8 1 2 4];
>> d=diag(v,2);
>> r=sparse(d);              %将满矩阵转换为稀疏矩阵
>> n=issparse(d)
n=
    0                        %可知 d 不为稀疏矩阵
>> m=issparse(r)
m=
    1                        %可知 r 为稀疏矩阵
```

3.7.2 非零元素信息

在某些情况下，掌握稀疏矩阵中非零元素的位置和其他信息是非常重要的。为此，MATLAB 提供了一系列函数来帮助用户查看其中的信息，具体介绍如下。

1. find 函数

可使用 find 函数来查看满矩阵和稀疏矩阵中非零元素的位置，调用格式如下。

```
k=find(X)
```

返回一个包含数组 *X* 中每个非零元素的线性索引的向量。如果 ***X*** 为向量，则 find 返回方向与 ***X*** 相同的向量。如果 *X* 为多维数组，则 find 返回由结果的线性索引组成的列向量。如果 *X* 包含非零元素或为空，则 find 返回一个空数组。

```
k=find(X,n)
```

返回与 X 中的非零元素对应的前 n 个索引。

```
k=find(X,n,direction)
```

其中 direction 为 last，查找与 X 中的非零元素对应的最后 n 个索引。direction 的默认值为 first，即查找与非零元素对应的前 n 个索引。

```
[row,col]=find(_)
```

使用前面语法中的任何输入参数返回数组 X 中每个非零元素的行下标和列下标。

```
[row,col,v]=find(_)
```

还返回包含 $\boldsymbol{X}$ 的非零元素的向量 v。

2. nonzeros 函数

可使用 nonzeros 函数返回一个包含所有非零元素的列向量，调用格式为：

```
v=nonzeros(A)
```

作用是返回 $\boldsymbol{A}$ 中非零元素的满列向量。$\boldsymbol{v}$ 中的元素按列排序。

3. nnz 函数

nnz 函数用于返回稀疏矩阵中所有非零元素的个数，调用格式为：

```
N=nnz(X)
```

作用是返回矩阵 $\boldsymbol{X}$ 中的非零元素个数。

将 nnz 函数与 prod 函数结合使用，还可确定稀疏矩阵或满矩阵中非零元素的密度，格式为：D=nnz(S)/prod(size(S))，例如：

```
>> v=[6 2 7 7 4 1 3 5];
>> s=diag(v, -1);
>> n=nnz(s)
n=
    8
>> d=nnz(s)/prod(size(s))          %prod 计算数组元素的连乘积
d=
    0.0988
```

【例 3-17】 获取稀疏矩阵中非零元素信息。

```
>> a=sprand(5,5,0.3)
a=
   (1,2)        0.1386
   (4,2)        0.8143
   (1,3)        0.1493
   (3,3)        0.8407
```

```
   (3,4)        0.2543
   (4,4)        0.2435
   (2,5)        0.2575
   (5,5)        0.9293
>> [m,n,v]=find(a)                  %非零元素位置和值
m=
     1
     4
     1
     3
     3
     4
     2
     5
n=
     2
     2
     3
     3
     4
     4
     5
     5
v=
    0.1386
    0.8143
    0.1493
    0.8407
    0.2543
    0.2435
    0.2575
    0.9293
>> b=nonzeros(a)                    %非零元素的值
b=
    0.1386
    0.8143
    0.1493
    0.8407
    0.2543
    0.2435
    0.2575
    0.9293
>> c=nnz(a)/prod(size(a))     %非零元素密度
c=
0.3200
```

3.7.3 稀疏矩阵图形显示

将稀疏矩阵中非零元素的分布用图形方式显示，特别适用于较大的稀疏矩阵及图形处理过程中的分析。MATLAB 中提供了 spy 函数用于以图形方式显示稀疏矩阵中非零元素的分布情况。图形中的每个点表示稀疏矩阵中非零元素的位置，调用格式如下。

```
spy(S)
```

绘制矩阵 ***S*** 的稀疏模式。非零值是彩色，而零值是白色。该图显示矩阵中的非零元素个数，nz=nnz(S)。

```
spy(S,LineSpec)
```

指定 LineSpec，以给出绘图中要使用的标记符号和颜色。例如，spy(A,'r * ')含义为使用红色星号表示非零。

```
spy(___,MarkerSize)
```

指定 MarkerSize，以使用上述任一输入参数组合给出标记的大小。

【例 3-18】 用 spy 函数绘制稀疏矩阵中非零元素的分布。

```
>> load west0479                        %加载 MATLAB 自带数据
>> size(west0479)
ans=
   479   479
>> figure; spy(west0479)                %图 3-6(a)
>> figure; spy(west0479,'rp',2)         %图 3-6(b)
```

结果如图 3-6 所示。

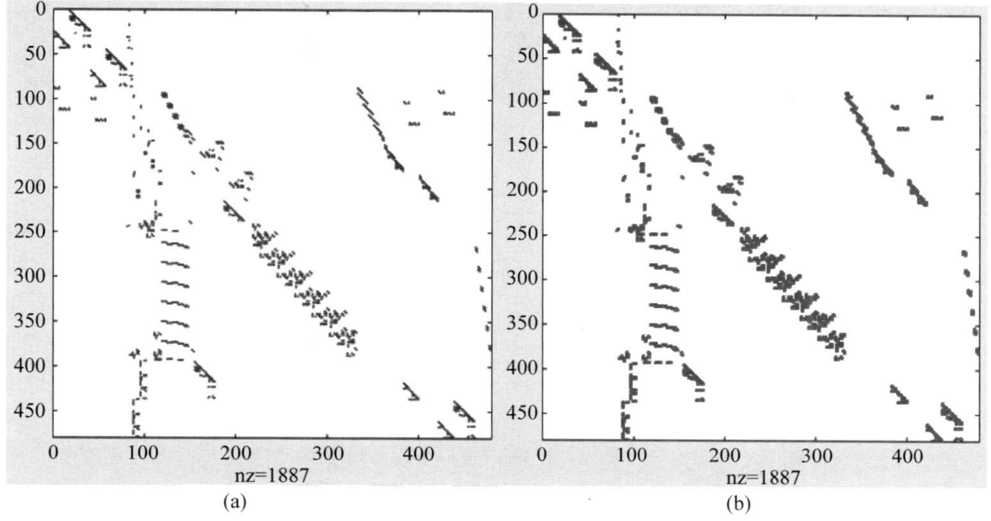

图 3-6 稀疏矩阵图形显示效果图

习 题 3

1. 设 A=[2　4　3；5　3　1；7　8　9]，则 sum(A)，length(A)和 size(A)的结果分别为(　　)。

A. [9　9　24]　9　[3　3]　　　　B. [14　15　13]　3　[3　3]

C. [14　15　13]　9　[3　3]　　　D. [9　9　24]　3　[3　3]

2. 若要对 x 进行赋值，从 2 到 20，中间间隔 100 个点，写出其命令语句________；若要对 y 进行赋值，从 5 到 50，中间间隔为 5，写出其命令语句________。

3. 已知矩阵 A=int8(rand(3) * 10)，分别求该矩阵的逆、行列式、特征值、秩、迹以及条件数。

4. 简述 MATLAB 中矩阵数学运算的基本规则。

5. 已知矩阵 A=magic(3)，B=int8(rand(3) * 5)，C=[A B]，分别回答下列问题。

(1) 请判断是否能够对矩阵 **A** 和 **B** 进行四则运算。若能，请给出具体命令。若不能，请给出原因，并提供解决思路。

(2) 对矩阵 **A** 进行对数和指数运算。

(3) 对矩阵 **C** 进行变维操作。

(4) 对矩阵 **B** 进行左右和上下翻转以及旋转操作。

6. 已知向量 $\boldsymbol{v}$=[3 1 5 9 4]，分别进行以下操作：

(1) 使用向量 $\boldsymbol{v}$ 和 $k=1$ 生成对角矩阵 **A**。

(2) 将矩阵 **A** 转换为稀疏矩阵 **B**。

(3) 求矩阵 **B** 的非零元素个数和密度。

(4) 将矩阵 **B** 中的非零元素全部替换为 1，生成矩阵 **C**。

(5) 将矩阵 **C** 转换为满矩阵。

第4章 chapter 4

MATLAB绘图操作

本章学习目标

- 了解MATLAB的基本绘图流程；
- 熟练掌握MATLAB常用二维、三维图形的绘制方法；
- 掌握基本的MATLAB三维图形修饰方法；
- 能够结合实际问题选用恰当的函数，实现数据的可视化表达。

俗话说，一图胜千言。图形具有直观、形象、清晰易懂的特点，灵活使用各种图形展示方法能够帮助用户更加直接、清楚地了解数据的属性。因此，在科学研究和工程实践中，经常需要将数据可视化。MATLAB中包括大量的绘图函数，不仅能够实现二维、三维甚至更高维图形的图形绘制，还能够对图形的线型、平面、色彩、光线与视角等要素进行控制。此外，MATLAB既能在传统的直角坐标系中绘图，也能在极坐标系中绘制图形。本章将详细介绍MATLAB的各种绘图函数。

4.1 绘图窗口

MATLAB中的所有图形都是在图形窗口中绘制的，如图4-1所示。在采用绘图函数绘制图形时，系统会自动创建窗口，或者用户可以采用创建窗口命令创建图形窗口。对于图形窗口中的各种要素，除了采用函数进行控制和修饰外，还可采用MATLAB提供的强大图形编辑工具和菜单进行交互式编辑。MATLAB的绘图窗口中包含菜单和工具栏，通过这些工具可以绘制图形和编辑图形。

4.1.1 图形窗口创建

当用户调用各种绘图函数绘制图形时，MATLAB会自动生成并打开一个图形窗口。此外，用户还可以通过figure函数创建，调用格式如下。

```
figure
```

使用默认属性值创建一个新的图窗窗口，且生成的图窗为当前图窗。

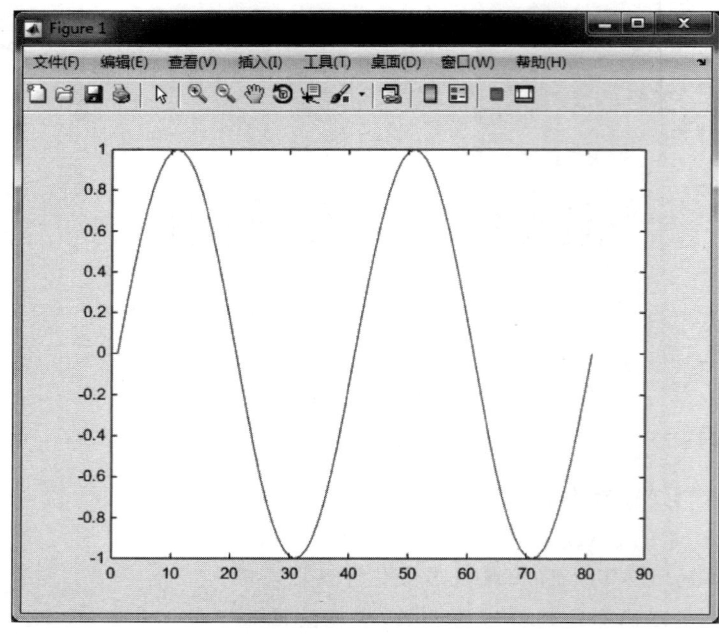

图 4-1 MATLAB 绘图窗口

```
figure(Name,Value)
```

使用一个或多个名称-值对组参数修改图窗的属性。例如,figure('Color', 'white')将背景色设置为白色。

```
f=figure(_)
```

返回 figure 对象。可使用 f 在创建图窗后查询或修改其属性。

```
figure(f)
```

将 f 指定的图窗作为当前图窗,并将其显示在其他所有图窗的上面。

```
figure(n)
```

查找 Number 属性等于 n 的图窗,并将其作为当前图窗。如果不存在具有该属性值的图窗,MATLAB 将创建一个新图窗并将其 Number 属性设置为 n。

【例 4-1】 用 figure 函数创建如图 4-2 所示的图形窗口。

```
>> figure('Name','Measured Data');                              %图 4-2(a)
>> figure('Name','Measured Data','NumberTitle','off');          %图 4-2(b)
>> f1=figure;
>> f2=figure;
>> plot([1 2 3],[2 4 6]);                                       %图 4-2(c)
>> figure(f1);
>> scatter((1:20),rand(1,20));                                  %图 4-2(d)
```

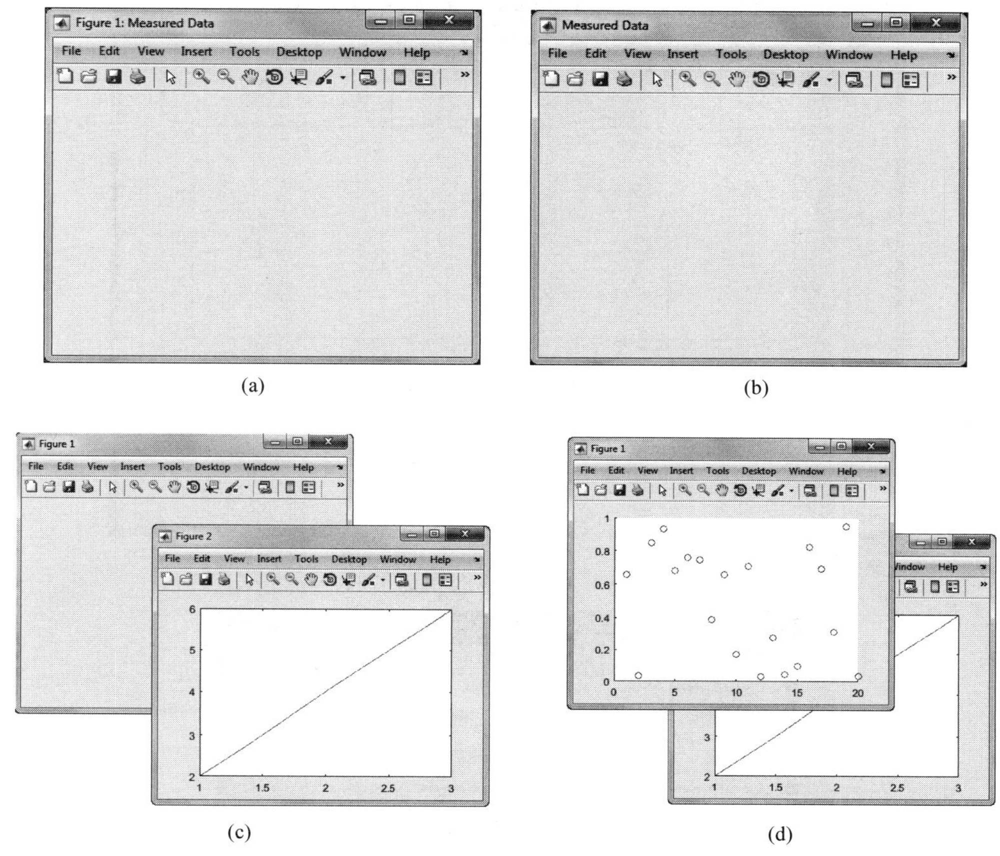

图 4-2 用 figure 函数创建图形窗口示意图

上述程序中,第 1 组语句创建了一个图窗并指定 Name 属性;默认情况下,生成的标题包含图窗序号。第 2 组语句再次指定 Name 属性,但这次将 NumberTitle 属性设置为 off,则生成的标题不包含图窗序号。第 3 组语句创建两个图窗,然后创建一个线图;默认情况下,plot 命令的目标为当前图窗。第 4 组语句将当前图窗设置为 f1,使其成为下一个绘图的目标,然后创建一个散点图。

4.1.2 图形窗口控制

创建图形窗口后,可以对其属性进行编辑。编辑图形窗口属性可以通过两种方式进行,即属性编辑器和 set 函数。

在图形窗口中,选择“查看”→“属性编辑器”命令或工具栏中的图标,自动进入图形窗口属性编辑界面,如图 4-3(a)所示,该窗口下方即为图形窗口属性编辑器界面。用户还可以选择“更多属性”选项,打开属性的“检查器”窗口,如图 4-3(b)所示。在该窗口内,用户可以对图形窗口的所有属性进行查看和编辑。

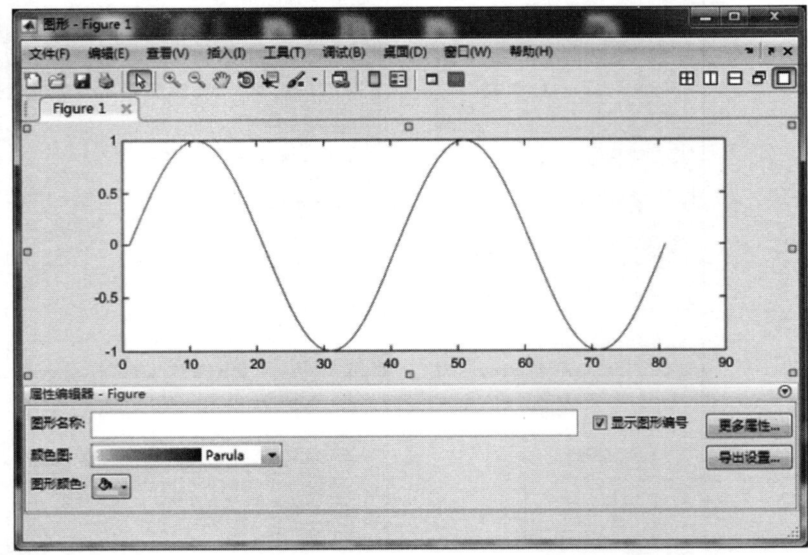

(a)

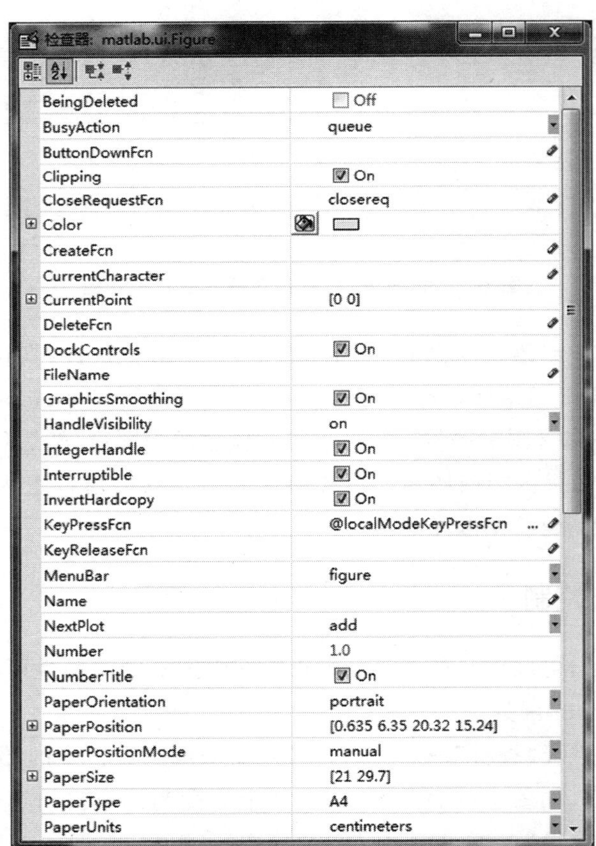

(b)

图 4-3　图形窗口"属性"编辑界面和检查器

除此之外，还可以通过 get 函数和 set 函数对图形窗口的属性进行查看和编辑。get 函数调用格式如下。

```
v=get(h)
```

返回 h 标识的图形对象的所有属性和属性值。v 是一个结构数组，其字段名称为属性名称，其值为对应的属性值。h 可以是单个对象或 $m \times n$ 对象数组。如果 h 是单个对象且用户不指定输出参数，则 MATLAB 会在屏幕上显示该信息。

```
v=get(h,propertyName)
```

返回特定属性 propertyName 的值。使用时须用单引号将属性名引起来，例如，get(h,'Color')。如果用户不指定输出参数，则 MATLAB 会在屏幕上显示该信息。

```
v=get(h,propertyArray)
```

返回一个 $m \times n$ 元胞数组，其中 m 等于 length(h)，n 等于 propertyArray 中包含的属性名的个数。

```
v=get(h,'default')
```

以结构数组返回对象 h 上当前定义的所有默认值。字段名称为对象属性名称，字段值为对应的属性值。如果用户不指定输出参数，MATLAB 会在屏幕上显示该信息。

```
v=get(h,defaultTypeProperty)
```

返回特定属性的当前默认值。参数 defaultTypeProperty 是将单词 default 与对象类型(例如 Figure)和属性名称(例如 Color)串联在单引号内组合而成。例如，get(groot, 'defaultFigureColor')。

```
v=get(groot,'factory')
```

以结构数组返回所有用户可设置属性的出厂定义值。字段名称为对象属性名称，字段值为对应的属性值。如果用户不指定输出参数，MATLAB 会在屏幕上显示该信息。

```
v=get(groot,factoryTypeProperty)
```

返回特定属性的出厂定义值。参数 factoryTypeProperty 将单词 factory 与对象类型(例如 Figure)和属性名称(例如 Color)串联在单引号内组合而成。例如，get(groot, 'factoryFigureColor')。

MATLAB 中 get 函数支持的各项属性及其默认值详见例 4-2。

用户也可以使用 set 函数对图形对象的各种属性进行设置，调用格式如下。

```
set(H,Name,Value)
```

为 H 标识的对象指定其 Name 属性的值。使用时须用单引号将属性名括起来，例如，set(H,'Color','red')。如果 ***H*** 是对象的向量，则 set 会为所有对象设置属性。如果 H 为空(即[])，set 不执行任何操作，但不返回错误或警告。

```
set(H,NameArray,ValueArray)
```

使用元胞数组 NameArray 和 ValueArray 指定多个属性值。要为 m 个图形对象中的每个图形对象设置 n 个属性值，请将 ValueArray 指定为 $m \times n$ 的元胞数组，其中 m 等于 length(H)，而 n 等于 NameArray 中包含的属性名的数量。

```
set(H,S)
```

使用 S 指定多个属性值，其中 S 是一个结构数组，其字段名称是对象属性名称，字段值是对应的属性值。MATLAB 会忽略空结构数组。

```
s=set(H)
```

返回 H 标识的对象的、可由用户设置的属性及其可能的值。s 是一个字段名称是对象属性名称且字段值是对应属性的可能值的结构数组。如果用户不指定输出参数，MATLAB 软件会在屏幕上显示该信息。H 必须为单个对象。

```
values=set(H,Name)
```

返回指定属性的可能值。如果可能的值为字符向量，则 set 会在元胞数组 values 的元胞中返回每个值。对于其他属性而言，set 会返回一个指示 Name 没有一组固定属性值的语句。如果用户不指定输出参数，MATLAB 会在屏幕上显示该信息。H 必须为单个对象。

【例 4-2】 用 get 函数和 set 函数设置图 4-4 中曲线的属性。

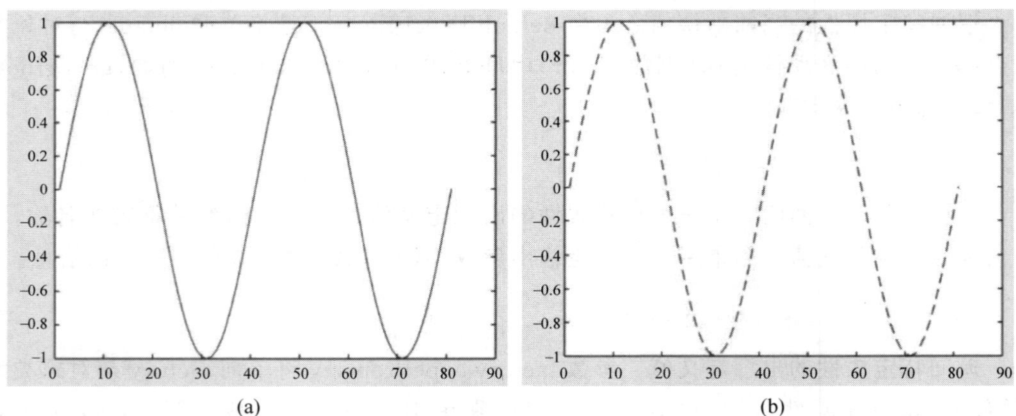

图 4-4 get 函数和 set 函数实现的结果

```
>> a=-2*pi:pi/20:2*pi;
>> h=plot(sin(a));          %图 4-4(a)
>> get(h)                   %获取图形对象 h 的所有属性
    AlignVertexCenters: 'off'
    Annotation: [1x1 matlab.graphics.eventdata.Annotation]
    BeingDeleted: 'off'
    BusyAction: 'queue'
```

```
        ButtonDownFcn: ''
        Children: []
        Clipping: 'on'
        Color: [0 0.4470 0.7410]
        CreateFcn: ''
        DeleteFcn: ''
        DisplayName: ''
        HandleVisibility: 'on'
        HitTest: 'on'
        Interruptible: 'on'
        LineStyle: '-'
        LineWidth: 0.5000
        Marker: 'none'
        MarkerEdgeColor: 'auto'
        MarkerFaceColor: 'none'
        MarkerSize: 6
        Parent: [1x1 Axes]
        PickableParts: 'visible'
        Selected: 'off'
        SelectionHighlight: 'on'
        Tag: ''
        Type: 'line'
        UIContextMenu: []
        UserData: []
        Visible: 'on'
        XData: [1x81 double]
        XDataMode: 'auto'
        XDataSource: ''
        YData: [1x81 double]
        YDataSource: ''
        ZData: [1x0 double]
        ZDataSource: ''
>> props={'LineWidth','Marker','MarkerSize'};
>> get(h,props)
ans=
    [0.5000]    'none'    [6]
%将图中线条设置为红色、虚线,见图 4-4(b)
>> set(h, 'Color','red', 'LineStyle', '--')
```

4.1.3 图形窗口菜单与工具按钮

因 MATLAB 软件支持中文界面,且图形窗口中很多菜单和工具按钮的功能与传统的 Windows 窗口相同,因此本节仅重点介绍各一级菜单内重要的、MATLAB 特有的二级菜单,其余选项用户可自行探索。

1. “文件”菜单

“文件”菜单中用户需要特别注意生成代码、导入数据、将工作区另存为、预设、导出设置共5个菜单项。各菜单功能如下。

(1) 生成代码：将当前图形窗口中的图形自动转化为M文件。

(2) 导入数据：将外部数据导入到MATLAB中，支持数据格式包括音频(.aiff、.au、.mp3、.mp4等)、CompuServe图形交换格式(.gif)、光标格式(.cur)、HDF或HDF-EOS(.hdf)、图标格式(.ico)、JPEG兼容格式(.jpg、.jpeg)、MATLAB数据文件(.mat)、可移植网络图形(.png)、电子表格(.xls、.xlsx等)、带标记的图像文件格式(.tif、.tiff)、文本(.txt、.csv、.dat等)、视频(.mp4、.flv)等、Windows或OS/2位图(.bmp)和Zsoft画笔格式(.pcx)共14类。

(3) 将工作区另存为：将图形窗口中的数据存储为二进制文件，以供其他编程语言调用。

(4) 预设：设置图形窗口风格，其界面如图4-5(a)所示。

(5) 导出设置：可设置颜色、字体、大小等属性，同时可以将图形以多种格式导出，如.emf、.bmp、.jpg、.tiff等，界面如图4-5(b)所示。

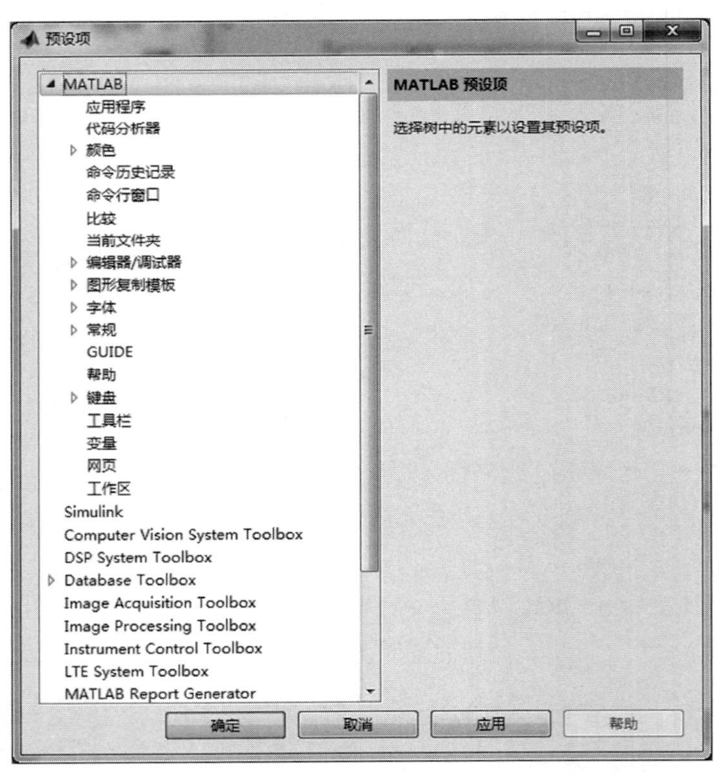

(a)

图4-5 MATLAB图形窗口的“预设项”和“导出设置”界面

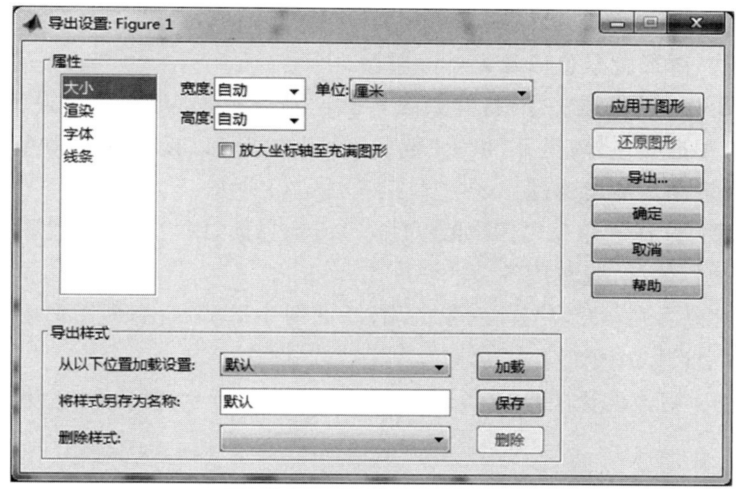

(b)

图 4-5 （续）

【例 4-3】 将图形窗口中的内容转换为 M 文件。

在“命令”窗口中输入以下代码，创建图形窗口，绘制如图 4-4(a)所示图形。

```
>> a=-2*pi:pi/20:2*pi;
>> h=plot(sin(a));
```

其次，在图形窗口中选择“文件”→“生成代码”选项，系统生成并打开文本编辑器，其内容为：

```
function createfigure(Y1)
%CREATEFIGURE(Y1)
%  Y1:  y数据的向量

%由 MATLAB 于 27-Oct-2020 14:48:26 自动生成

%创建 figure
figure1=figure;

%创建 axes
axes1=axes('Parent',figure1);
box(axes1,'on');
hold(axes1,'on');

%创建 plot
plot(Y1,'LineStyle','--','Color',[1 0 0]);
```

该 M 文件与“命令”窗口中输入的程序功能完全一致。

2. “编辑”菜单

“编辑”菜单中，用户需要特别注意的选项如下。

(1) 复制图形：将图形复制到剪贴板上。

(2) 复制选项：选择该命令，打开如图 4-6(a)所示的设置界面。在该对话框中可以设置剪贴板格式、图形背景色以及大小等属性。

(3) 图形属性：选择该命令，打开如图 4-6(b)所示界面，用户可以设置图形的属性，包括图形名称、图形颜色等；另外，单击“更多属性”按钮可以设置更多属性，单击“导出设置”按钮可以设置图像导出属性。

(4) 轴属性：选择该命令，打开如图 4-6(c)所示界面，用户可以设置图形坐标系的属性，包括标题、坐标轴标记、范围等。

(5) 当前对象属性：设置当前对象的属性，如图 4-6(d)所示，即图形中当前选中的对象，包括坐标轴、曲线、图形等。

(6) 颜色图：用于设置图形的颜色表，如图 4-6(e)所示；关于颜色映射表具体参见 4.5 节。

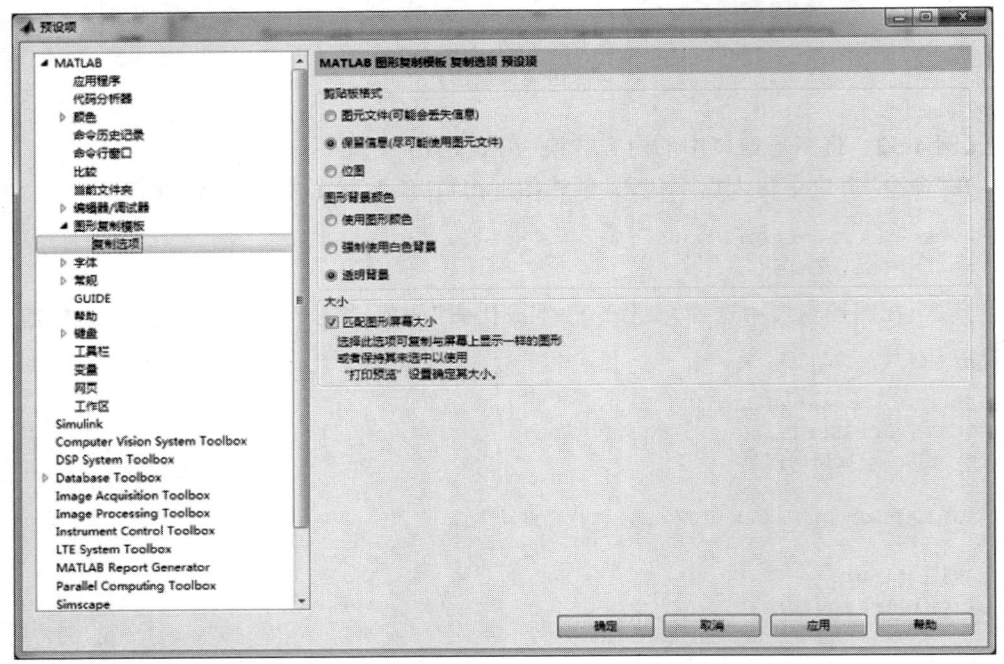

(a)

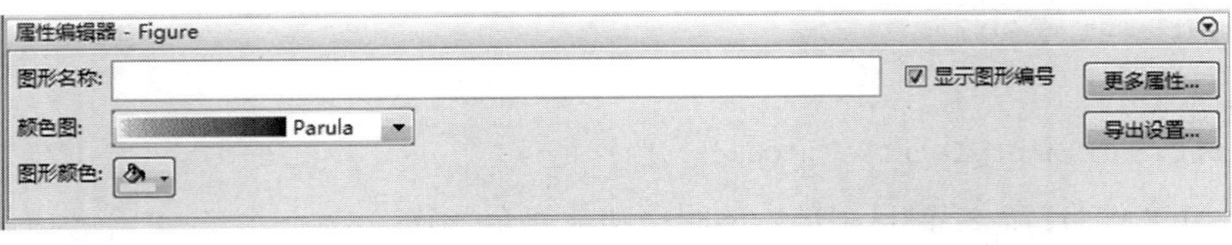

(b)

图 4-6 “编辑”菜单中各选项打开的窗口界面

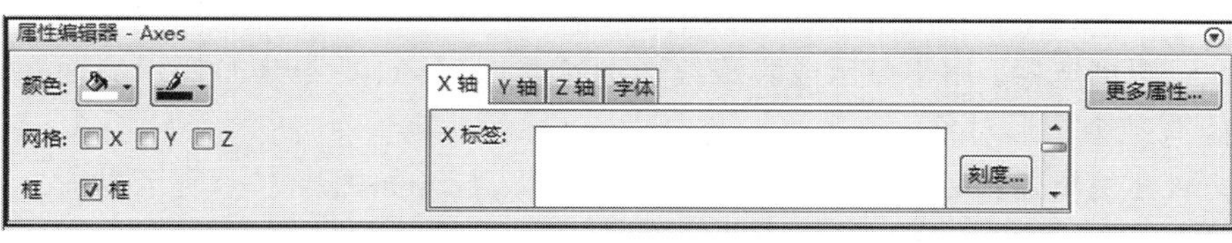

(c)

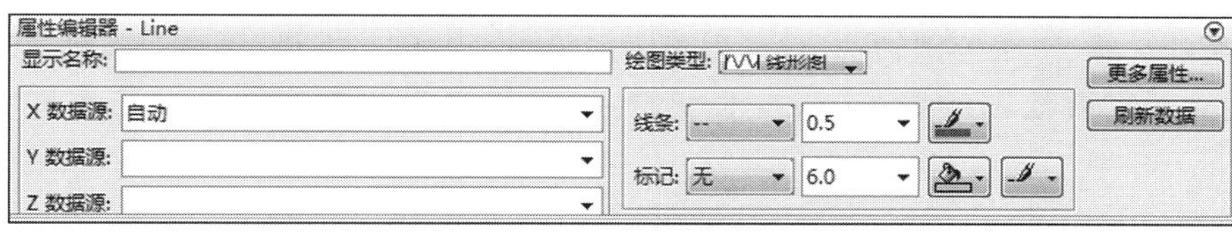

(d)

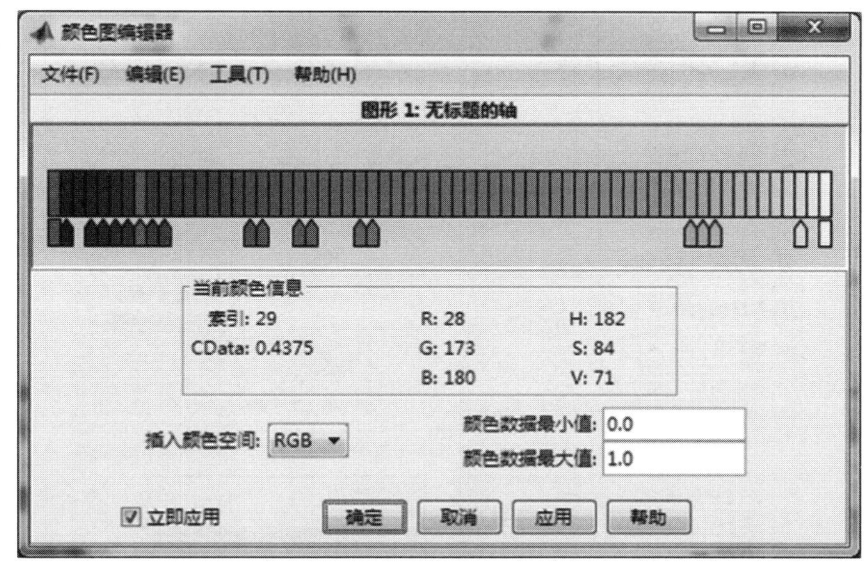

(e)

图 4-6 (续)

3. "查看"菜单

"查看"菜单主要用于绘图结果的浏览和编辑,具体选项如下。

(1) 图形工具栏:用于显示或隐藏图形工具栏,如图 4-7(a)所示,包括常规的 Windows 工具按钮以及三维旋转、数据游标、刷亮/选择数据等。

(2) 照相机工具栏:用于显示或隐藏照相机工具栏,如图 4-7(b)所示,具体包括轨道照相机、轨道场景灯光、平移/倾斜照相机、水平/垂直移动照相机、向前/向后移动照相机、缩放照相机、转动照相机、主轴 X、主轴 Y、主轴 Z、无主轴、切换场景灯光、正交投影、透视投影、垂直照相机和场景灯光、停止照相机/灯光移动。

(3) 绘图编辑工具栏:用于显示或隐藏绘图编辑工具栏,包括字体、字号、倾斜、对齐方式以及插入直线、箭头、文字、图形等功能,如图 4-7(c)所示。

(4) 绘图浏览器:用于显示或隐藏绘图浏览器,打开如图 4-7(d)所示界面。可选择显示或隐藏某个图形对象。

(5) 属性编辑器:用于显示或隐藏属性编辑器,打开如图 4-7(e)所示界面。可对图形对象的坐标轴、面、边、标记等属性进行设置。

(6) 图形选项板:用于显示或隐藏图形选项板,如图 4-7(f)所示,“新子图”子窗口提供了常用的二维、三维绘图轴选项,可用于建立绘图子窗口;“变量”子窗口自动关联工作空间,可选择需要绘图的数据,双击某变量后,系统自动在右侧的当前绘图区域更新图形。

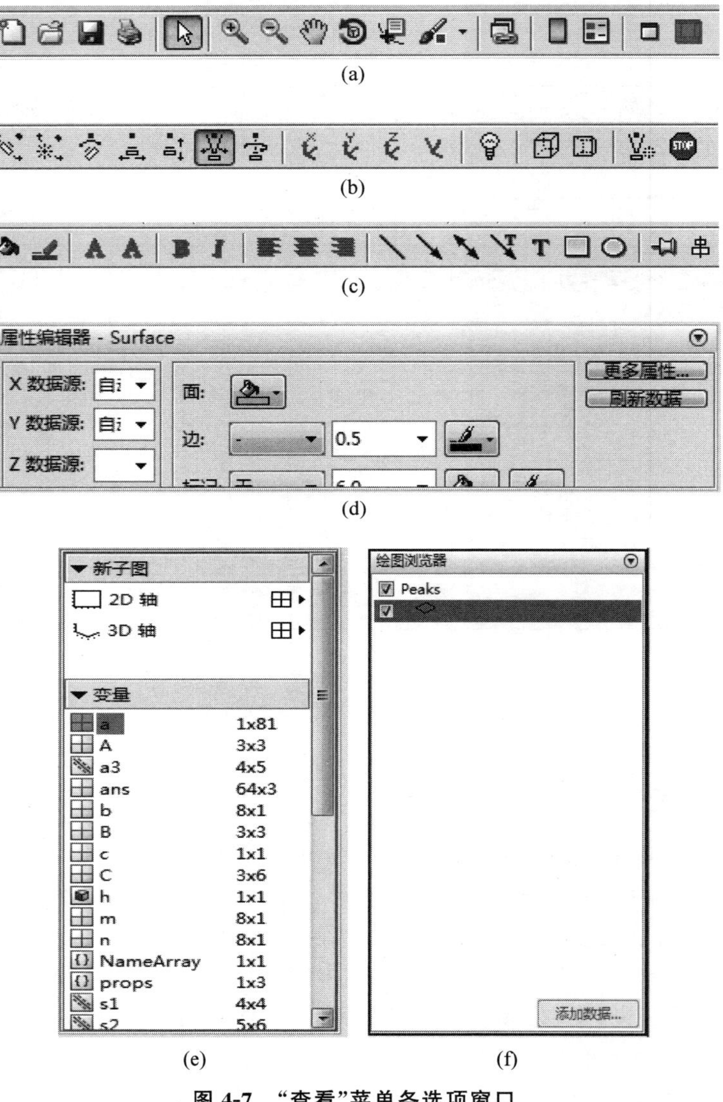

图 4-7 “查看”菜单各选项窗口

4. "插入"菜单

"插入"菜单主要用于往图形中插入对象，包括箭头、直线、椭圆、长方形、坐标轴等，如图 4-8 所示。当选中上面的命令后，系统自动激活相应的编辑工具，可以用于在图形窗口中绘制、编辑各种对象。

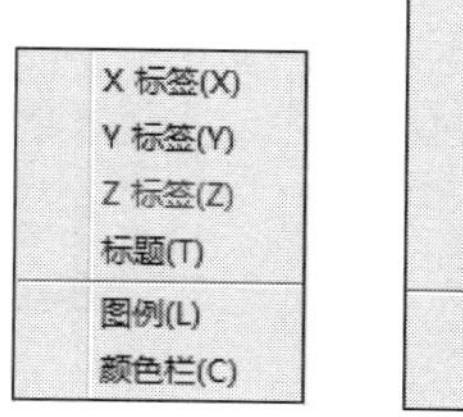

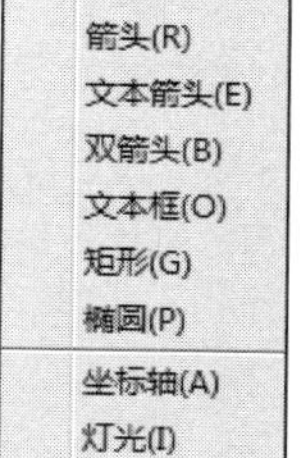

图 4-8 "插入"菜单选项

5. "工具"菜单

"工具"菜单包含一些常用的图形工具，如平移、旋转、缩放、视点控制等。另外，"工具"菜单包含两个特殊的数据分析工具："基本拟合"和"数据统计分析"，用于对图形中的数据进行基本的拟合和分析等。

"基本拟合"窗口如图 4-9(a)所示。从中可以选择相应的拟合方法对图形中的数据进行拟合。例如，对正弦曲线进行线性和二次多项式拟合。首先绘制正弦曲线，命令如下。

```
>> x=1:10;
>> y=x.^2;
>> plot(x,sin(x),'*')
```

在"基本拟合"窗口中选中"线性"和"二次方"选项，并选中"显示方程"和"绘制残差"功能，系统自动在图形窗口中添加拟合线、估计方程以及残差图，最终结果如图 4-9(b)所示。

"数据统计信息"窗口提供了图形窗口中有关数据的各种统计值，如平均值、中值、众数等，如图 4-9(c)所示。当选中某项指标后，系统将以图形方式在绘图窗口中显示，如图 4-9(b)所示。

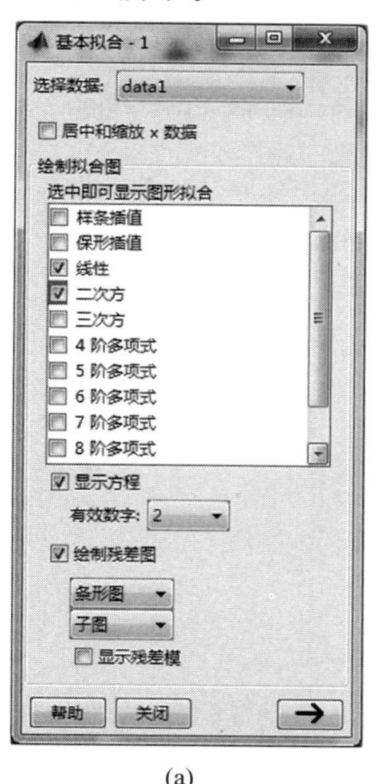

(a)

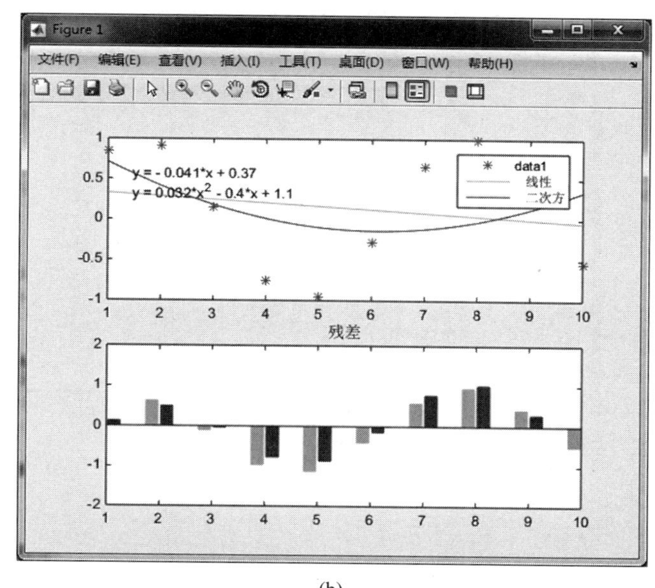

(b)

图 4-9 "基本拟合"和"数据统计信息"窗口及其结果图

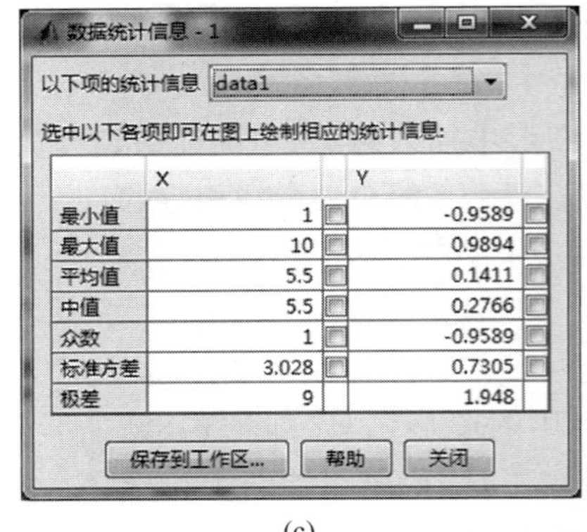

(c)

图 4-9 （续）

6. “桌面”菜单

“桌面”菜单仅包含一个选项，即“停靠＋Figure N”选项，如图 4-10(a)所示。选择该选项时，绘图窗口将内嵌到 MATLAB 主界面当中，如图 4-10(b)所示。用户也可以在主界面中选择◉图标下的“取消停靠”命令，恢复到默认状态。

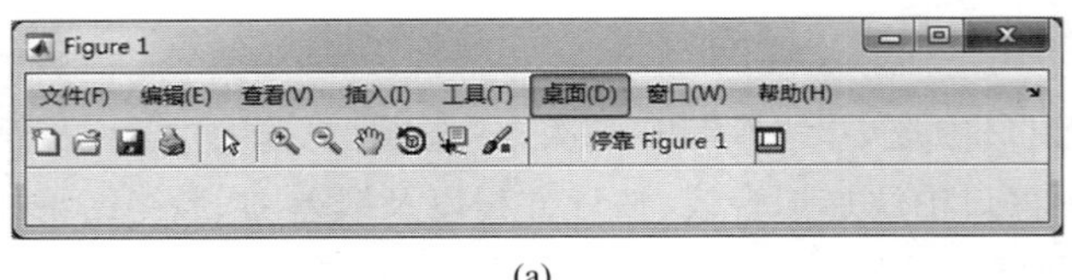

(a)

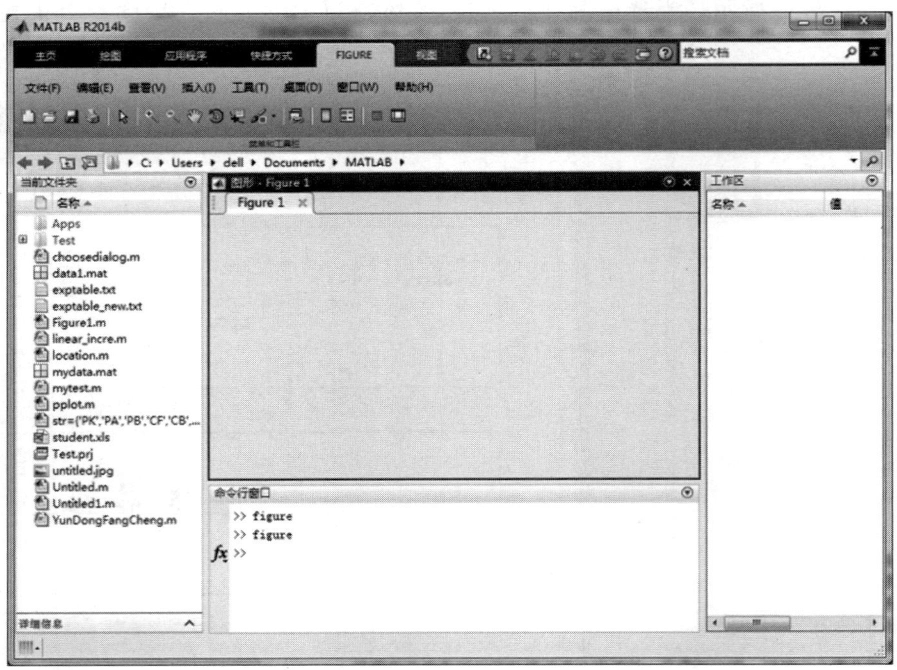

(b)

图 4.10 “桌面”菜单项的“停靠＋Figure N”和“取消停靠”命令结果

4.2 MATLAB绘图

4.2.1 基本流程

在 MATLAB 中，绘制一个图形文件一般包括图 4-11 所示的 7 个步骤。

(1) 准备绘图数据，该数据可由 MATLAB 程序计算或外部文件导入实现；

(2) 指定绘图窗口或绘图区域，该步骤对同时调用多个绘图函数是必要的；

(3) 调用绘图函数，用户需要根据数据特征以及预期的表达形式选择合适的绘图函数；MATLAB 的绘图函数简单易用，用户只需输入正确的数据和参数即可实现数据的可视化；

(4) 修饰坐标轴，虽然 MATLAB 能够根据数据范围信息绘制最佳匹配效果的图形，但当绘图效果未达到用户预期目标时，也可以采用特定函数对坐标轴进行适当的修饰；

(5) 图形注释，主要包括坐标轴标题、图题、图例以及必要的文字注释等，是图形可视化表达过程中必不可少的内容；

(6) 图形精细修饰，主要包括图形中的线型、点型、光照、视角等要素；

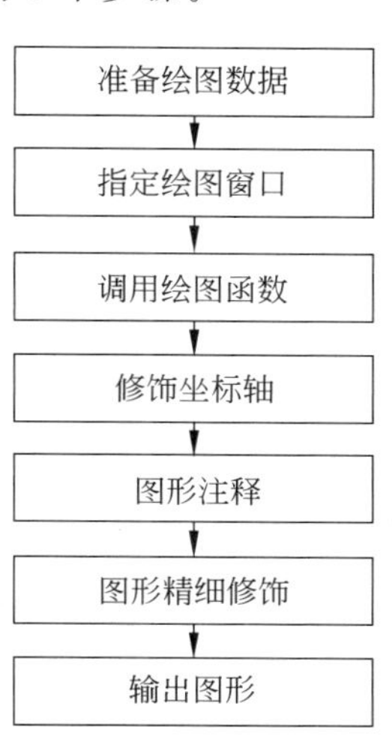

图 4-11 MATLAB 基本绘图流程

(7) 输出图形，用户可灵活选用各种方式(如.jpg、.tiff 等)来保存或呈现图形。

需要说明的是，因 MATLAB 绘图函数均具有简单、易用、高效的特性，因此步骤(1)和步骤(3)是最基本的绘图命令，通常由这两步绘制的图形已经能基本满足用户的要求；步骤(4)～步骤(6)可根据用户需要进行调整，通常情况下可省略；步骤(2)则通常在图形较多的情况下使用，例如用 figure 函数指定绘图窗口、用 subplot 函数指定绘图区域；步骤(6)通常涉及图柄操作，需要使用一些高级的绘图指令。

4.2.2 绘图示例

MATLAB 提供了许多非常实用的绘图函数，而 plot 函数无疑是最基础、最常用的绘图函数。此外，MATLAB 还提供了与 plot 函数功能类似的绘图函数，包括对数刻度图、双 y 轴刻度图以及 fplot 函数和 ezplot 函数。因此，本节将以 plot 类绘图函数为例详细说明 MATLAB 的基本绘图流程。

1. 绘图函数

1) plot 函数

当用户调用 plot 函数时，系统将自动打开一个“图形”窗口 Figure，用直线连接相邻两个数据点即可绘制出图形。根据图形坐标的大小可自动缩放坐标轴，将数据标尺及单位标注自动加到两个坐标轴上。但用户可以自定义坐标轴，也可以用其他函数来表示 X 和 Y。如果已经存在一个图形窗口，plot 函数则清除当前图形并绘制新图形。调用格式如下。

```
plot(X,Y)
```

创建 Y 中数据对 X 中对应值的二维线图：①如果 $\boldsymbol{X}$ 和 $\boldsymbol{Y}$ 都是向量，则它们的长度必须相同。plot 函数绘制 $\boldsymbol{Y}$ 对 $\boldsymbol{X}$ 的图。②如果 $\boldsymbol{X}$ 和 $\boldsymbol{Y}$ 均为矩阵，则它们的大小必须相同。plot 函数绘制 $\boldsymbol{Y}$ 的列对 $\boldsymbol{X}$ 的列的图。③如果 $\boldsymbol{X}$ 或 $\boldsymbol{Y}$ 中的一个是向量而另一个是矩阵，则矩阵的各维中必须有一维与向量的长度相等。如果矩阵的行数等于向量长度，则 plot 函数绘制矩阵中的每一列对向量的图。如果矩阵的列数等于向量长度，则该函数绘制矩阵中的每一行对向量的图。如果矩阵为方阵，则该函数绘制每一列对向量的图。④如果 X 或 Y 之一为标量，而另一个为标量或向量，则 plot 函数绘制离散点。但是，要查看这些点，用户必须指定标记符号，例如 plot(X,Y,'o')。

```
plot(X,Y,LineSpec)
```

设置线型、标记符号和颜色。

```
plot(X1,Y1,...,Xn,Yn)
```

绘制多个 X、Y 对组的图，所有线条都使用相同的坐标区。

```
plot(X1,Y1,LineSpec1,...,Xn,Yn,LineSpecn)
```

设置每个线条的线型、标记符号和颜色。用户可以混用 X、Y、LineSpec 三元组和 X、Y 对组，例如，plot(X1,Y1,X2,Y2,LineSpec2,X3,Y3)。

```
plot(Y)
```

创建 Y 中数据对每个值索引的二维线图：①如果 $\boldsymbol{Y}$ 是向量，x 轴的刻度范围为 1～length(Y)。②如果 $\boldsymbol{Y}$ 是矩阵，则 plot 函数绘制 Y 中各列对其行号的图。x 轴的刻度范围为 1～Y 的行数。③如果 Y 是复数，则 plot 函数绘制 Y 的虚部对 Y 的实部的图，使得 plot(Y)等效于 plot(real(Y),imag(Y))。

```
plot(Y,LineSpec)
```

设置线型、标记符号和颜色。

```
plot(___,Name,Value)
```

使用一个或多个 Name,Value 对组参数指定线条属性。有关属性列表，请参阅 Line 属性。可以将此选项与前面语法中的任何输入参数组合一起使用。名称-值对组设置将应用于绘制的所有线条。

```
plot(ax,___)
```

将在由 ax 指定的坐标区中，而不是在当前坐标区(gca)中创建线条。选项 ax 可以位于前面的语法中的任何输入参数组合之前。

```
h= plot(___)
```

返回由图形线条对象组成的列向量。在创建特定的图形线条后，可以使用 h 修改其属性。有关属性列表,请参阅 Line 属性。

MATLAB 提供了丰富的个性化绘图选项,包括线型、标记和颜色,如表 4-1 所示。用户可以用字符向量或字符串的形式来定具体的绘图形式,这些可以按任意顺序显示。此外,用户不需要同时指定所有三个特征(线型、标记和颜色)。例如,如果忽略线型,只指定标记,则绘图只显示标记,不显示线条。

表 4-1 MATLAB 中常用颜色、标记和线型选项

颜色	含 义	标记	含 义	标记	含 义	线型	含 义
b	蓝色	。	点	^	上三角	—	实线
g	绿色	x	x 符号	<	左三角	:	点线
r	红色	+	+号	>	右三角	—.	点画线
c	青蓝色	h	六角星形	p	五边形	——	虚线
m	品红色	*	星号	o	圆圈	空白	不画线
y	黄色	s	方形	空白	默认		
k	黑色	d	菱形	v	下三角		

用户还可以指定可选的、以逗号分隔的 Name 和 Value 对组参数,其中 Name 为参数名称,Value 为对应的值。Name 必须放在引号中。用户可采用任意顺序指定多个名称-值对组参数,如 Name1:Value1,…,NameN:ValueN 所示。常用参数及取值说明如下。

(1) 颜色属性类。此类包括线条颜色 Color、标记轮廓颜色 MarkerEdgeColor 和标记填充颜色 MarkerFaceColor 共三个属性,用户指定为 auto、RGB 三元组、十六进制颜色代码、颜色名称或短名称。对于自定义颜色,需指定 RGB 三元组或十六进制颜色代码。RGB 三元组是包含三个元素的行向量,其元素分别指定颜色中红、绿、蓝分量的强度。强度值必须位于[0,1]内,例如[0.4 0.6 0.7]。十六进制颜色代码是字符向量或字符串标量,以井号(#)开头,后跟 3 个或 6 个十六进制数字,范围可以是 0~F。这些值不区分大小写。因此,颜色代码#FF8800 与#ff8800、#F80 与#f80 是等效的。此外,还可以按名称指定一些常见的颜色,如表 4-2 所示。

表 4-2 MATLAB 常见颜色选项

颜色名称	短名称	RGB 三元组	十六进制颜色代码
red	r	[1 0 0]	#FF0000
green	g	[0 1 0]	#00FF00
blue	b	[0 0 1]	#0000FF
cyan	c	[0 1 1]	#00FFFF
magenta	m	[1 0 1]	#FF00FF
yellow	y	[1 1 0]	#FFFF00
black	k	[0 0 0]	#000000
white	w	[1 1 1]	#FFFFFF
none	不适用	不适用	不适用

（2）线条属性类。此类属性包括线型 LineStyle、线条宽度 LineWidth、标记符号 Marker 和标记大小 MarkerSize 共 4 类属性。其中，MATLAB 能够支持的线型包括实线（默认）、虚线、点线、点画线和无线条 5 种情况，如表 4-1 所示。线条宽度指定为以磅为单位的正值，其中 1 磅＝1/72 英寸，如果该线条具有标记，则线条宽度也会影响标记边。线宽不能小于像素的宽度，如果将线宽设置为小于系统上像素宽度的值，则线条显示为一个像素的宽度。标记符号指定如表 4-1 中所示的某种情况，默认情况下，图形线条没有标记，通过指定标记符号沿该线条上的每个数据点添加标记。标记大小指定为以磅为单位的正值，其中 1 磅＝1/72 英寸。

（3）要显示标记的数据点的索引。要显示标记的数据点的索引，指定为正整数向量。如果不指定索引，MATLAB 将在每个数据点显示一个标记。例如，plot(x,y,'－o','MarkerIndices',[1 5 10])在第 1、第 5 和第 10 个数据点处显示圆形标记。plot(x,y,'－x','MarkerIndices',1:3:length(y))每隔 3 个数据点显示一个交叉标记。plot(x,y,'Marker','square','MarkerIndices',5)在第 5 个数据点显示一个正方形标记。

【例 4-4】 使用 plot 函数绘制图 4-12 所示的图形。

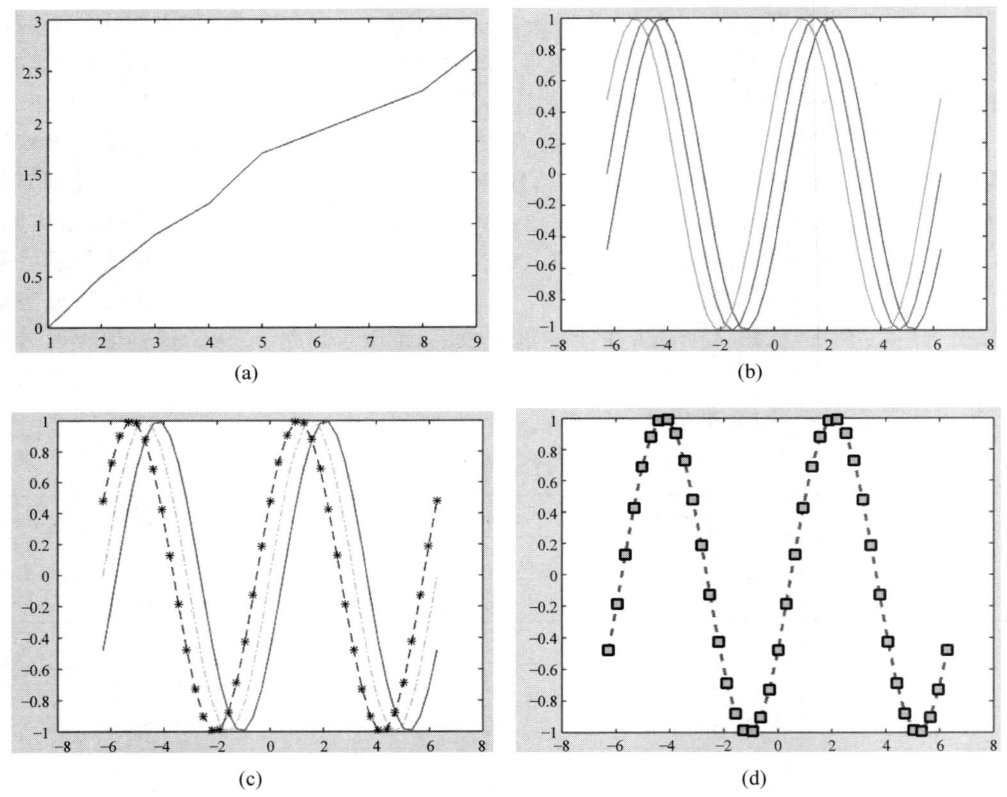

图 4-12 plot 函数绘图

```
>> y=[0 0.5 0.9 1.2 1.7 1.9 2.1 2.3 2.7]+eps;         %矢量数据
>> plot(y)                                            %图 4-12(a)
>> x=-2*pi:pi/10:2*pi;                                %多个向量组
>> y1=sin(x-0.5); y2=sin(x); y3=sin(x+0.5);           %图 4-12(b)
>> y=[y1;y2;y3]
>> plot(x,y)                             %等同于 plot(x,y1,x,y2,x,y3);图 4-12(b)
>> plot(x,y1,'-r',x,y2,'-.g',x,y3,'--*b')             %设置线型;图 4-12(c)
>> plot(x,y1,'--rs','LineWidth',2,...                 %设置属性;图 4-12(d)
    'MarkerEdgeColor','k',...
    'MarkerFaceColor','g',...
    'MarkerSize',10)
```

2）loglog、semilogx、semilogy 函数

MATLAB 还提供了与 plot 函数功能类似的绘图函数，包括双对数刻度图 loglog 函数、x 轴对数刻度图 semilogx 函数和 y 轴对数刻度图 semilogy 函数。各函数具体用法如下。

```
loglog(X,Y)
```

在 x 轴和 y 轴上应用对数刻度来绘制 x 和 y 坐标。要绘制由线段连接的一组坐标，用户需要将 $\boldsymbol{X}$ 和 $\boldsymbol{Y}$ 指定为相同长度的向量。要在同一组坐标轴上绘制多组坐标，需将 $\boldsymbol{X}$ 或 $\boldsymbol{Y}$ 中的至少一个指定为矩阵。

```
loglog(X,Y,LineSpec)
```

使用指定的线型、标记和颜色创建绘图。

```
loglog(X1,Y1,...,Xn,Yn)
```

在同一组坐标轴上绘制多对 x 和 y 坐标。此语法可替代将坐标指定为矩阵的形式。

```
loglog(X1,Y1,LineSpec1,...,Xn,Yn,LineSpecn)
```

可为每个 x-y 对组指定特定的线型、标记和颜色。可以对某些 x-y 对组指定 LineSpec，而对其他对组省略它。例如，loglog(X1,Y1,'o',X2,Y2)对第一个 x-y 对组指定标记，但没有对第二个对组指定标记。

```
loglog(Y)
```

绘制 Y 对一组隐式 x 坐标的图。如果 $\boldsymbol{Y}$ 是向量，则 x 坐标范围为 1～length(Y)。如果 $\boldsymbol{Y}$ 是矩阵，则对于 $\boldsymbol{Y}$ 中的每个列，图中包含一个对应的行。x 坐标的范围是从 1 到 Y 的行数。如果 Y 包含复数，loglog 绘制 Y 的虚部对 Y 的实部的图。但是，如果同时指定了 X 和 Y，MATLAB 会忽略虚部。

```
loglog(Y,LineSpec)
```

指定线型、标记和颜色。

```
loglog(___,Name,Value)
```

使用一个或多个名称-值对组参数指定 Line 属性。这些属性应用于绘制的所有线条，需要在上述任一语法中的所有参数之后指定名称-值对组。

```
loglog(ax,___)
```

在目标坐标区上显示绘图。将坐标区指定为上述任一语法中的第一个参数。

```
lineobj=loglog(___)
```

返回一个 Line 对象或 Line 对象数组。创建绘图后，使用 lineobj 修改该绘图的属性。

函数 semilogx 和 semilogy 的调用方法类似，此处仅以 semilogx 函数为例说明。

```
semilogx(Y)
```

使用 x 轴的以 10 为基数的对数刻度和 y 轴的线性刻度创建一个绘图。它绘制 Y 的列对其索引的图。Y 的值可以是数值、日期时间、持续时间或分类值。如果 Y 包含复数值，则 semilogx(Y)等同于 semilogx(real(Y),imag(Y))。semilogx 函数在此函数的其他所有用法中将忽略虚部。

```
semilogx(X1,Y1,...)
```

绘制所有 Y_n 与 X_n 对组。如果只有 $\boldsymbol{X}_n$ 或 $\boldsymbol{Y}_n$ 之一为矩阵，semilogx 绘制向量变量、矩阵的行及列，以及长度与向量长度一致的矩阵的维度。如果矩阵是方阵，当矩阵长度与向量长度一致时，将绘制矩阵的列对该向量的图。Y_n 的值可以是数值、日期时间、持续时间或分类值。X_n 中的值必须为数值。

```
semilogx(X1,Y1,LineSpec,...)
```

绘制由 X_n，Y_n，LineSpec 三重线定义的所有线条。LineSpec 确定线型、标记符号及绘制的线条的颜色。

```
semilogx(...,'PropertyName',PropertyValue,...)
```

为 semilogx 创建的所有制图线条设置属性值。

```
semilogx(ax,...)
```

将在由 ax 指定的坐标区中，而不是在当前坐标区(gca)中创建线条。选项 ax 可以位于前面的语法中的任何输入参数组合之前。

```
h=semilogx(...)
```

返回由图形线条对象组成的向量。

【例 4-5】 用对数刻度图函数绘制如图 4-13 所示图形。

```
>> x=1:0.1:20;
>> y=exp(x);
>> figure; plot(x,y);                  %图 4-13(a)
>> figure; loglog(x,y);                %图 4-13(b)
```

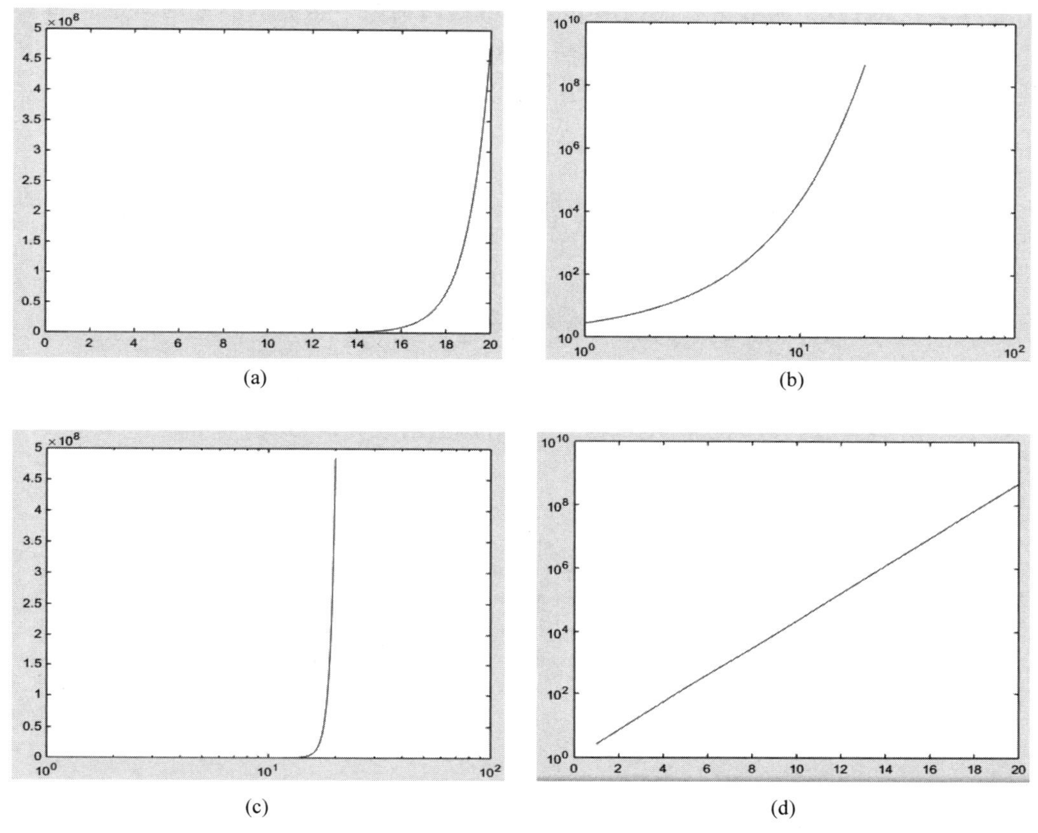

图 4-13 对数刻度图

```
>> figure; semilogx(x,y);                    %图 4-13(c)
>> figure; semilogy(x,y);                    %图 4-13(d)
```

3）plotyy 函数

plotyy 函数可用于创建具有两个 y 轴的图形，调用格式如下。

```
plotyy(X1,Y1,X2,Y2)
```

绘制 Y_1 对 X_1 的图，在左侧显示 y 轴标签，并同时绘制 Y_2 对 X_2 的图，在右侧显示 y 轴标签。

```
plotyy(X1,Y1,X2,Y2,function)
```

使用指定的绘图函数生成图形。

```
plotyy(X1,Y1,X2,Y2,'function1','function2')
```

使用 function1(X1,Y1)绘制左轴的数据，使用 function2(X2,Y2)绘制右轴的数据。

```
plotyy(AX1,___)
```

使用第一组数据的 AX1 指定的坐标区（而不是使用当前坐标区）绘制数据。将 AX1

指定为单个坐标区对象或由以前调用 plotyy 所返回的两个坐标区对象的向量。如果用户指定向量，则 plotyy 使用向量中的第一个坐标区对象。可以将此选项与前面语法中的任何输入参数组合一起使用。

```
[AX,H1,H2]=plotyy(___)
```

返回 AX 中创建的两个坐标区的句柄，以及 H1 和 H2 中每个绘图的图形对象的句柄。AX(1)是左边的坐标区，AX(2)是右边的坐标区。

function 可以是指定 plot、semilogx、semilogy、loglog、stem 的函数句柄或字符向量，或者是能接受以下语法的任意 MATLAB 函数。

```
h=function(x,y)
```

例如，plotyy(x1,y1,x2,y2,@loglog)采用指定函数句柄形式，而 plotyy(x1,y1,x2,y2,'loglog')采用字符向量的形式。

【例 4-6】 用 plotyy 函数绘制图 4-14 所示图形。

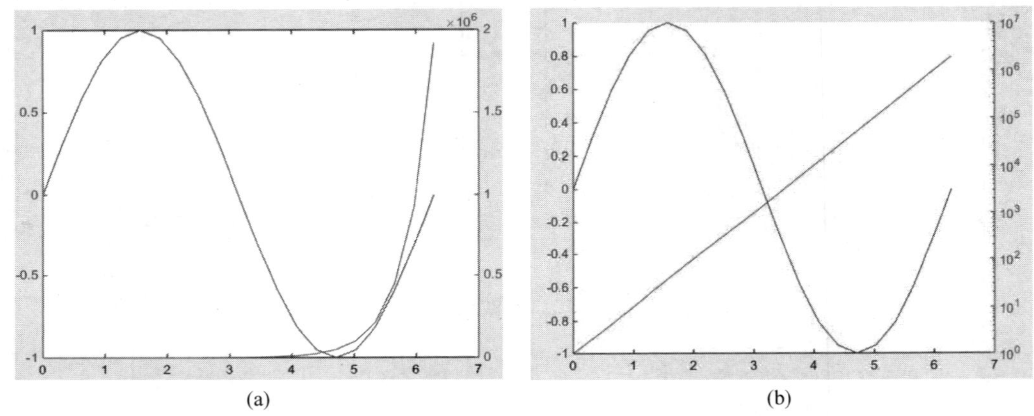

(a) (b)

图 4-14 双 *y* 轴图形

程序代码如下：

```
>> x=0:pi/10:2*pi;
>> y1=sin(x);y2=10.^x;
>> figure; plotyy(x,y1,x,y2);          %双 Y 轴;图 4-14(a)
>> figure; plotyy(x,y1,x,y2,'plot','semilogy')
%双 Y 轴,其中第 1 组数据采用 plot 函数,第 2 组数据%采用 semilogy 函数;图 4-14(b)
```

4) fplot 函数

函数 plot 是绘制二维图形的最基本函数，它是针对向量或矩阵的列来绘制曲线的。也就是说，使用 plot 函数之前，必须先定义好曲线上每一点的 x 和 y 坐标。但用户定义的 x 序列通常是等间隔的，无法反应函数的自身变化趋势。因此 MATLAB 提供了 fplot 函数用于解决此类问题。fplot 函数采用自适应算法生成 x 坐标的序列数据，即当函数变化较平滑时，fplot 生成的数据点较稀少；当函数变化较明显时，fplot 生成的数据点较密集。显然，该策略既有利于逼真的模拟数据变化趋势，又能提升函数的绘图效率。fplot 函数的调用格式如下。

```
fplot(f)
```

在默认区间[−5,5]（对于 x）绘制由函数 $y=f(x)$ 定义的曲线。

```
fplot(f,xinterval)
```

将在指定区间绘图。将区间指定为[xmin,xmax]形式的二元素向量。

```
fplot(funx,funy)
```

在默认区间[−5,5]（对于 t）绘制由 x=funx(t)和 y=funy(t)定义的曲线。

```
fplot(funx,funy,tinterval)
```

将在指定区间绘图。将区间指定为[tmin,tmax] 形式的二元素向量。

```
fplot(___,LineSpec)
```

指定线型、标记符号和线条颜色。例如，−r 表示绘制一根红色线条。在前面语法中的任何输入参数组合后使用此选项。

```
fplot(___,Name,Value)
```

使用一个或多个名称-值对组参数指定线条属性。例如，LineWidth，2 指定 2 磅的线宽。

```
fplot(ax,___)
```

将图形绘制到 ax 指定的坐标区中，而不是当前坐标区（gca）中。指定坐标区作为第一个输入参数。

```
fp=fplot(___)
```

返回 FunctionLine 对象或 ParameterizedFunctionLine 对象，具体情况取决于输入。使用 fp 查询和修改特定线条的属性。

```
[x,y]=fplot(___)
```

返回函数的纵坐标和横坐标，而不创建绘图。

【例 4-7】 使用 fplot 命令绘制函数：$\begin{cases} y_1=\sin x\cos x \\ y_2=x^2/800 \end{cases}$ 的曲线。

首先，建立脚本文件，定义 Lec4_fplot 函数，并将其保存为 Lec4_fplot.m 文件。

```
function Y=Lec4_fplot(x)
Y(:,1)=sin(x).*cos(x);
Y(:,2)=x.^2./800;
```

其次，在命令窗口中输入如下程序：

```
>> figure;fplot(@ Lec4_fplot,[-20,20]);                    %fplot 函数;图 4-15(a)
>> [X,Y]=fplot(@ Lec4_fplot,[-20,20]);
>> size(X)
ans=
   485     1
>> x=-20:.5:20;
>> figure;plot(x,sin(x).*cos(x),x,x.^2./800);              %plot 函数;图 4-15(b)
>> size(x)
ans=
     1    81
>> figure;plot(X,Y(:,1),'-r*',x,sin(x).*cos(x),'-bx')   %效果对比;图 4-15(c)
```

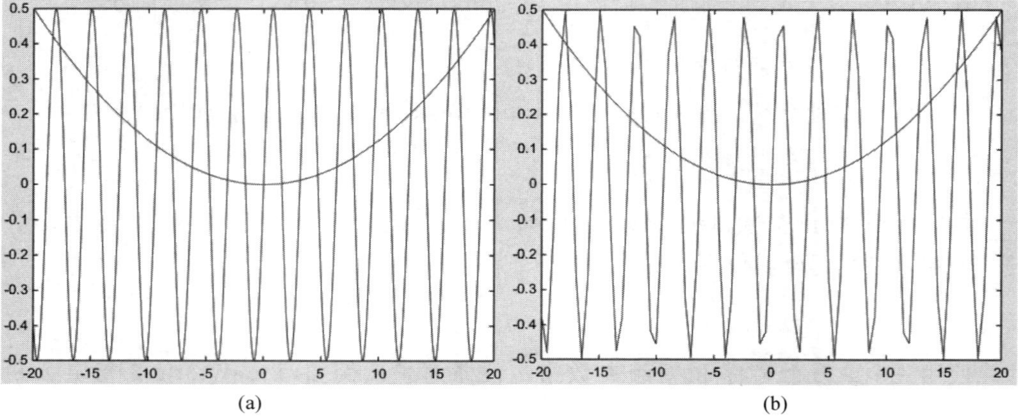

(a) (b)

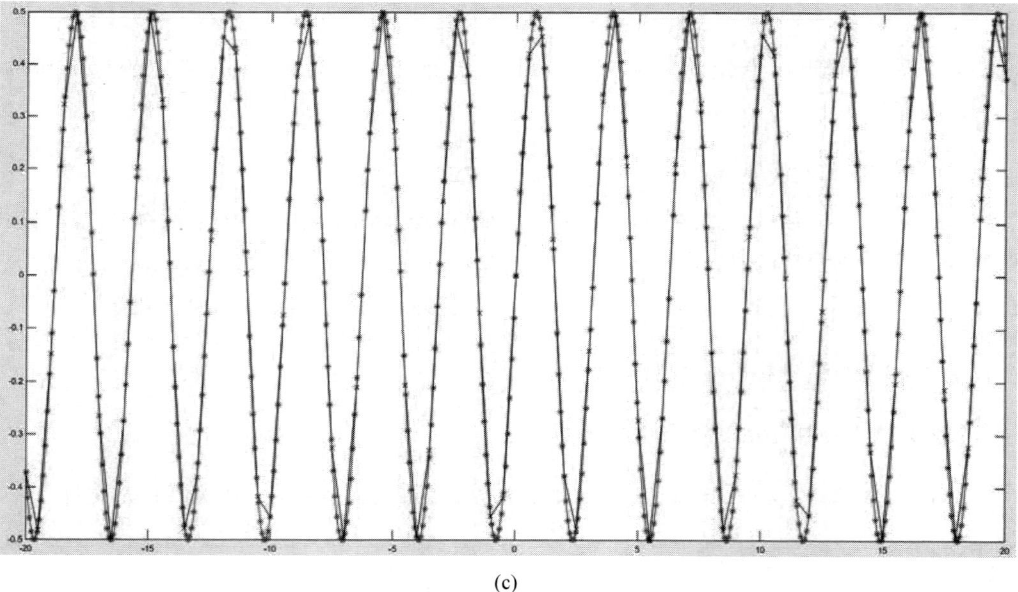

(c)

图 4-15 fplot 函数绘图效果

图 4-15(a)和(b)分别显示了 fplot 函数和 plot 函数的绘图效果，可以看出两种命令对函数 y_1 在 $k\pi/2$ 处差异明显；图 4-15(c)将 fplot 和 plot 函数对 y_1 的数据进行叠加绘图显示，进一步说明当函数较为平滑时，两者差异不明显，但当函数变化剧烈时，fplot 函数明显优于 plot 函数。

5) ezplot 函数

当绘图函数存在显示表达式时，用户可以先设置自变量向量，然后根据表达式计算出函数向量，从而用 plot 等函数绘制出图形；但很多函数是用隐函数形式给出的，如 $x^3+y^2-4xy=0$，则很难用 plot 等函数绘制出图形。为此，MATLAB 提供了 ezplot 函数来实现此项功能，调用格式如下。

```
ezplot(fun)
```

绘制表达式 fun(x)在默认定义域 $-2\pi<x<2\pi$ 上的图形，其中 fun(x)仅是 x 的显函数。fun 可以是函数句柄、字符向量或字符串。

```
ezplot(fun,[xmin,xmax])
```

绘制 fun(x)在以下域 xmin$<x<$xmax 中的图形。

```
ezplot(fun2)
```

对于隐函数，fun2(x,y)在默认域 $-2\pi<x<2\pi$ 和 $-2\pi<y<2\pi$ 域中绘制 fun2(x,y)=0 的图形。

```
ezplot(fun2,[xymin,xymax])
```

在域 xymin$<x<$xymax 和 xymin$<y<$xymax 中绘制 fun2(x,y)=0 的图形。

```
ezplot(fun2,[xmin,xmax,ymin,ymax])
```

在域 xmin$<x<$xmax 和 ymin$<y<$ymax 中绘制 fun2(x,y)=0 的图形。

```
ezplot(funx,funy)
```

绘制以参数定义的平面曲线 funx(t)和 funy(t)在默认域 $0<t<2\pi$ 域中的图形。

```
ezplot(funx,funy,[tmin,tmax])
```

绘制 funx(t)和 funy(t)在 tmin$<t<$tmax 域中的图形。

```
ezplot(...,fig)
```

将图窗绘制到由 fig 标识的图窗窗口中。使用包含一个域的上述语法中的任意输入参数组合。域选项是[xmin,xmax]、[xymin,xymax]、[xmin,xmax,ymin,ymax]和[tmin,tmax]。

```
ezplot(ax,...)
```

将图形绘制到坐标区 ax 中，而不是当前坐标区(gca)中。

```
h=ezplot(...)
```

返回图形线条或等高线对象。

【例 4-8】 绘制以下隐函数效果图。

(1) 绘制 $f_1(x)=e^{2x}\sin 2x$，当 $x\in(-2\pi,2\pi)$的图形；

(2) 绘制 $f_2(x,y)=x^2-y^3$ 在区间$(-2\pi,2\pi)$的图形；

(3) 绘制 $f_3(x,y)=\ln|\sin x+\cos y|$在区间$(-\pi,\pi)\times(0,2\pi)$上的图形；

(4) 绘制函数$\begin{cases}x=e^t\sin t\\y=e^t\cos t\end{cases}$在 $t\in(-4\pi,4\pi)$上的图形。

程序代码如下：

```
syms x y t                                          %定义符号变量
f1=exp(2.*x).*sin(2.*x);
f2=x.^2-y.^3;
f3=log(abs(sin(x)+cos(y)));
f4_x=exp(t).*sin(t);
f4_y=exp(t).*cos(t);
figure(1);ezplot(f1,[-pi,pi]);                      %图 4-16(a)
figure(2);ezplot(f2);                               %图 4-16(b)
figure(3);ezplot(f3,[-pi,pi,0,2*pi]);               %图 4-16(c)
figure(4);ezplot(f4_x,f4_y,[-4*pi,4*pi]);           %图 4-16(d)
```

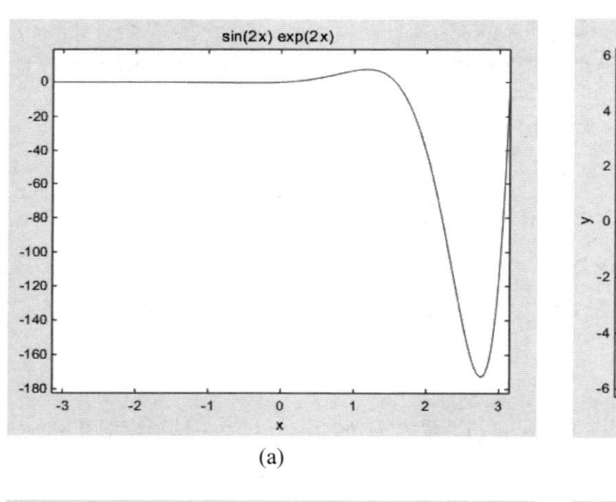

(a)

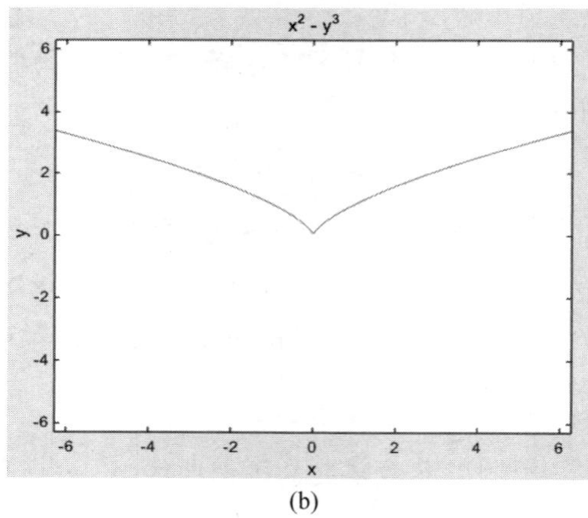

(b)

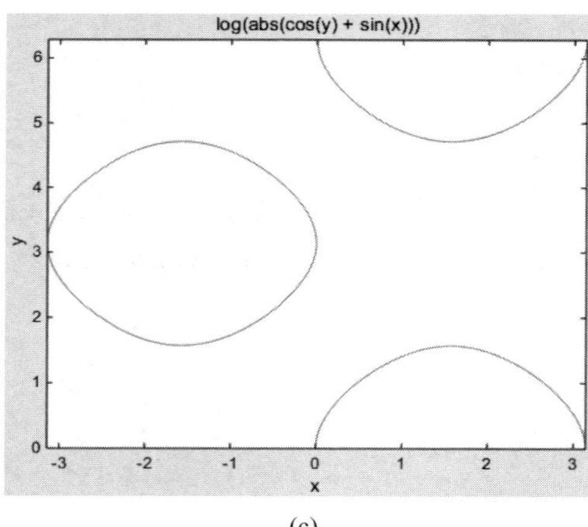

(c)

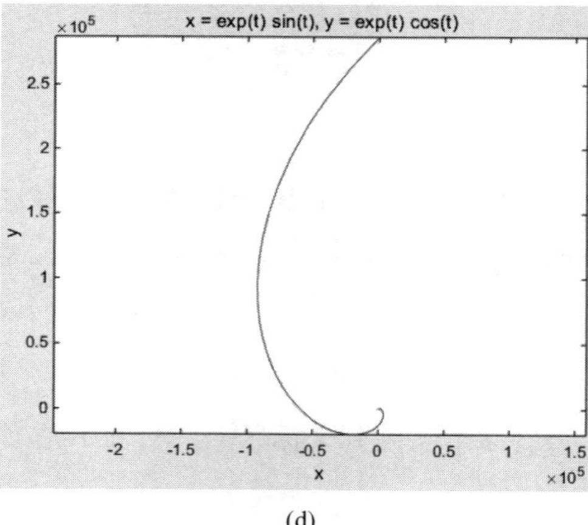

(d)

图 4-16 ezplot 函数绘图

2. 绘图窗口

MATLAB中用户除了使用figure(n)命令创建绘图窗口外，还允许用户在同一图形窗口内同时显示多幅独立的子图，即多子图。图形窗口的分割可使用函数subplot来完成，调用格式如下。

```
subplot(m,n,p)
```

将当前图窗划分为$m\times n$网格，并在p指定的位置创建坐标区。MATLAB按行号对子图位置进行编号。第一个子图是第一行的第一列，第二个子图是第一行的第二列，依此类推。如果指定的位置已存在坐标区，则此命令会将该坐标区设为当前坐标区。

```
subplot(m,n,p,'replace')
```

删除位置p处的现有坐标区并创建新坐标区。

```
subplot(m,n,p,'align')
```

创建新坐标区，以便对齐图框。此选项为默认行为。

```
subplot(m,n,p,ax)
```

将现有坐标区ax转换为同一图窗中的子图。

```
subplot('Position',pos)
```

在pos指定的自定义位置创建坐标区。使用此选项可定位未与网格位置对齐的子图。指定pos作为[left bottom width height]形式的四元素向量。如果新坐标区与现有坐标区重叠，新坐标区将替换现有坐标区。

```
subplot(___,Name,Value)
```

使用一个或多个名称-值对组参数修改坐标区属性。在所有其他输入参数之后设置坐标区属性。

```
ax=subplot(___)
```

创建一个Axes对象、PolarAxes对象或GeographicAxes对象。以后可以使用ax修改坐标区。

```
subplot(ax)
```

将ax指定的坐标区设为父图窗的当前坐标区。如果父图窗尚不是当前图窗，此选项不会使父图窗成为当前图窗。

【例4-9】 使用subplot函数绘制如图4-17所示图形。

```
%创建带有两个堆叠子图的图窗。在每个子图上绘制一条正弦波。
%图4-17(a)
>> subplot(2,1,1);
>> x=linspace(0,10);
```

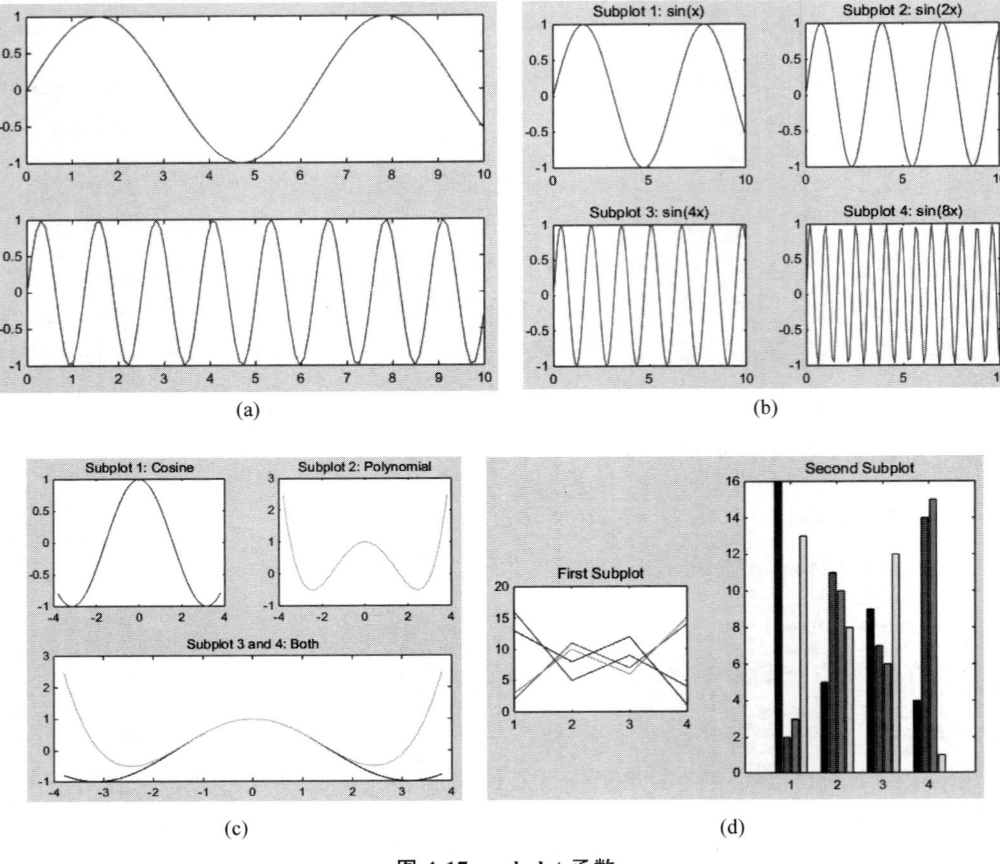

(a) (b)

(c) (d)

图 4-17 subplot 函数

```
>> y1=sin(x);
>> plot(x,y1)

>> subplot(2,1,2);
>> y2=sin(5*x);
>> plot(x,y2)

%创建一个分为四个子图的图窗。在每个子图上绘制一条正弦波并为每个子图指定标题。
%图 4-17(b)
>> subplot(2,2,1)
>> x=linspace(0,10);
>> y1=sin(x);
>> plot(x,y1)
>> title('Subplot 1: sin(x)')

>> subplot(2,2,2)
>> y2=sin(2*x);
```

```
>> plot(x,y2)
>> title('Subplot 2: sin(2x)')

>> subplot(2,2,3)
>> y3=sin(4*x);
>> plot(x,y3)
>> title('Subplot 3: sin(4x)')

>> subplot(2,2,4)
>> y4=sin(8*x);
>> plot(x,y4)
>> title('Subplot 4: sin(8x)')
```

%创建一个包含三个子图的图窗。在图窗的上半部分创建两个子图,并在图窗的下半部分创建第三个子图。在每个子图上添加标题。

```
%图 4-17(c)
>> subplot(2,2,1);
>> x=linspace(-3.8,3.8);
>> y_cos=cos(x);
>> plot(x,y_cos);
>> title('Subplot 1: Cosine')

>> subplot(2,2,2);
>> y_poly=1-x.^2./2+x.^4./24;
>> plot(x,y_poly,'g');
>> title('Subplot 2: Polynomial')

>> subplot(2,2,[3,4]);
>> plot(x,y_cos,'b',x,y_poly,'g');
>> title('Subplot 3 and 4: Both')
```

%创建包含两个未与网格位置对齐的子图的图窗。为每个子图指定一个自定义位置。

```
%图 4-17(d)
>> pos1=[0.1 0.3 0.3 0.3];
>> subplot('Position',pos1)
>> y=magic(4);
>> plot(y)
>> title('First Subplot')

>> pos2=[0.5 0.15 0.4 0.7];
>> subplot('Position',pos2)
>> bar(y)
>> title('Second Subplot')
```

3. 二维图形修饰

为了让图形更科学、美观、易懂，除了基本绘图函数外，还需对图形进一步修饰，如坐标轴、图例、图题、文本、网格线等。下面将分别介绍。

1）坐标轴

在绘制图形时，MATLAB可以根据要绘制曲线数据的范围自动选择合适的坐标刻度，使得曲线尽可能清晰地显示出来，因此一般情况下不必选择坐标轴的刻度范围。但如果对坐标系不满意，可以利用axis函数对其重新设定。该函数调用格式如下。

```
axis([xmin,xmax,ymin,ymax])
```

设置当前坐标轴 x 和 y 范围。

```
axis([xmin,xmax,ymin,ymax,zmin,zmax,cmin,cmax])
```

设置当前坐标轴 x、y、z 和颜色(c)刻度范围。

```
v=axis
```

返回当前 x、y、z 坐标轴的行向量，其中 $\boldsymbol{v}$ 为四维或六维向量，取决于图形是二维还是三维。

```
axis auto
```

自动计算坐标轴范围，也可使用auto x或auto y语句。

```
axis manual
```

将坐标固定在当前的范围，有利于多幅图像（或数据）使用同一套坐标系。

```
axis tight
```

将坐标轴的范围设定为数据的范围。

```
axis fill
```

将坐标轴的数据范围设置为绘图所有数据在相应轴上的范围。

```
axis ij
```

将二维图形的原点设置在图形窗口的左上角，坐标轴 i 垂直向下，坐标轴 j 水平向右。

```
axis xy
```

使用笛卡儿坐标系。

```
axis equal
```

设置坐标的纵横比，使在每个方向上的数据单位都相同。

```
axis image
```

使图形区域紧紧包围图形数据。

```
axis square
```

设置当前图形为正方形或立方体，系统将自动调整 x、y、z 轴，使其具有相同长度，并自动调整数据单位。

```
axis vis3d
```

冻结坐标系当前状态，以便进行旋转。

```
axis normal
```

自动设置坐标的纵横比。

```
axis off
```

关闭坐标轴上的标记、栅格和单位标记。

```
axis on
```

显示坐标轴上的标记、栅格和单位标记。

```
[mode, visibility, direction]= axis('state')
```

返回表明当前坐标轴属性的 3 个参数：mode(auto/manual)，visibility(on/off)，direction(xy/ij)。

2）图形注释

MATLAB 提供了 title 函数用于添加标题；xlabel 函数用于添加 x 轴标题；ylabel 函数用于添加 y 轴标题；zlabel 函数用于添加 z 轴标题。这类函数的通用格式如下。

```
fun('string')
```

在当前坐标轴、图形窗口中添加字符串 string 作为标题。

```
fun('fname')
```

限制性能返回字符串的函数 fname，然后再在坐标轴、图形窗口中添加生成的字符串。

```
fun(..., 'PropertyName', PropertyValue)
```

对添加的标题对象属性进行设置。

```
h=fun(...)
```

返回作为标题对象的句柄值 h。

注意：此处 fun 指代 title、xlabel、ylabel 和 zlabel 函数。

3）图形标注

在对所绘图形进行详细的标注时，常用的两个命令为 text 函数和 gtext 函数，它们均可在图形的具体部位进行标注，但其中 gtext 是一个交互式函数，即当该函数被执行时要求用户在图形适当位置单击鼠标以确定标注位置。

```
text(x,y,txt)
```

使用由 txt 指定的文本，向当前坐标区中的一个或多个数据点添加文本说明。若要将文本添加到一个点，请将 x 和 y 指定为标量。若要将文本添加到多个点，请将 x 和 y 指定为长度相同的向量。

```
text(x,y,z,txt)
```

在三维坐标中定位文本。

```
text(___,Name,Value)
```

使用一个或多个名称-值对组指定 text 对象的属性。例如，FontSize，14 将字号设置为 14 磅。用户可以使用上述语法中的任意输入参数组合指定文本属性。如果用户将 Position 和 String 属性指定为名称-值对组，则不需要指定 x、y、z 和 txt 输入。

```
text(ax,___)
```

将在由 ax 指定的笛卡儿坐标区、极坐标区或地理坐标区中创建文本，而不是在当前坐标区(gca)中创建文本。选项 ax 可以位于前面的语法中的任何输入参数组合之前。

```
t=text(___)
```

返回一个或多个文本对象。使用 t 修改所创建的文本对象的属性。可以使用上述任意语法指定一个输出。

```
gtext(str)
```

在用户使用鼠标选择的位置插入文本 str。将鼠标指针悬停在图窗窗口上时，指针变为十字准线。gtext 将等待用户选择位置。将鼠标指针移至所需位置并点击图窗或按任意键(Enter 键除外)。

```
gtext(str,Name,Value)
```

使用一个或多个名称-值对组参数指定文本属性。例如，FontSize，14 指定 14 磅字号。

```
t=gtext(___)
```

返回由 gtext 创建的文本对象的数组。使用 t 修改所创建的文本对象的属性。用户可以使用上述语法中的任何参数返回输出参数。

4）图形保持

一般情况下，每执行一条绘图命令，图形窗口中原有图形就会被擦除；如果希望在此基础上继续绘制，可使用图形保持命令。

```
hold on
```

保留当前坐标区中的绘图，从而使新添加到坐标区中的绘图不会删除现有绘图。新绘图基于坐标区的 ColorOrder 和 LineStyleOrder 属性使用后续的颜色和线型。MATLAB将调整坐标区的范围、刻度线和刻度标签以显示完整范围的数据。如果不存在坐标区，hold 命令会创建坐标区。

```
hold off
```

将保留状态设置为 off，从而使新添加到坐标区中的绘图清除现有绘图并重置所有的坐标区属性。添加到坐标区的下一个绘图基于坐标区的 ColorOrder 和 LineStyleOrder 属性使用第一个颜色和线型。此选项为默认行为。

```
hold
```

在 on 和 off 之间切换保留状态。

```
hold(ax,___)
```

为 ax 指定的坐标区而非当前坐标区设置 hold 状态。可在前面任何语法中的所有其他参数之前指定 ax。使用单引号将 on 和 off 输入引起来，例如 hold(ax,'on')。

5）网格线

可以根据需要用 grid 函数在图形窗口中添加和删除网格线，具体如下。

```
grid on
```

显示 gca 命令返回的当前坐标区或图的主网格线。主网格线从每个刻度线延伸。

```
grid off
```

删除当前坐标区或图上的主网格线。

```
grid
```

切换改变主网格线的可见性。

```
grid minor
```

切换改变次网格线的可见性。次网格线出现在刻度线之间，并非所有类型的图都支持次网格线。

```
grid(target,___)
```

使用由 target 指定的坐标区或图，而不是当前坐标区或图。指定 target 作为第一个输入参数。使用单引号将其他输入参数引起来，例如，grid(target,'on')。

6）图例

当一幅图中出现多条曲线时，可以根据需要，利用 legend 函数添加图例，以实现对各条曲线的作用进行说明，调用格式如下。

```
legend
```

为每个绘制的数据序列创建一个带有描述性标签的图例。对于标签，图例使用数据序列的 DisplayName 属性中的文本。如果 DisplayName 属性为空，则图例使用 dataN 形式的标签。当在坐标区上添加或删除数据序列时，图例会自动更新。此 gca 命令为返回的当前坐标区或图形创建图例。如果当前坐标区为空，则图例为空。如果坐标区不存在，则此命令将创建坐标区。

```
legend(label1,...,labelN)
```

设置图例标签。以字符向量或字符串列表形式指定标签，例如 legend('Jan','Feb','Mar')。

```
legend(labels)
```

使用字符向量元胞数组、字符串数组或字符矩阵设置标签，例如 legend({'Jan','Feb','Mar'})。

```
legend(subset,___)
```

仅在图例中包括 subset 中列出的数据序列的项。subset 以图形对象向量的形式指定。可以在指定标签之前或不指定其他输入参数的情况下指定 subset。

```
legend(target,___)
```

使用由 target 指定的坐标区或图，而不是当前坐标区或图。指定 target 作为第一个输入参数。

```
legend(___,'Location',lcn)
```

设置图例位置。例如，Location，northeast 将在坐标区的右上角放置图例。需在其他输入参数之后指定位置。

```
legend(___,'Orientation',ornt)
```

并排显示图例项(其中 ornt 为 horizontal)。ornt 的默认值为 vertical，即垂直堆叠图例项。

```
legend(___,Name,Value)
```

使用一个或多个名称-值对组参数来设置图例属性。设置属性时，必须使用元胞数组指定标签，例如 legend({'A','B'},'FontSize',12)。如果不想指定标签，则需包含一个空元胞数组，例如 legend({},'FontSize',12)。

```
legend(bkgd)
```

删除图例背景和轮廓(其中 bkgd 为 boxoff)。bkgd 的默认值为 boxon，即显示图例背景和轮廓。

```
lgd=legend(___)
```

返回 Legend 对象。可使用 lgd 在创建图例后查询和设置图例属性。

```
legend(vsbl)
```

控制图例的可见性，其中 vsbl 为 hide、show 或 toggle。

```
legend('off')
```

删除图例。

legend 函数中的 Location 属性用于指定图例的具体位置，具体如表 4-3 所示。

表 4-3 legend 函数中的 Location 属性

Location 属性值	说明
north	坐标区中的顶部
south	坐标区中的底部
east	坐标区中的右侧区域
west	坐标区中的左侧区域
northeast	坐标区中的右上角(二维坐标区的默认值)
northwest	坐标区中的左上角
southeast	坐标区中的右下角
southwest	坐标区中的左下角
northoutside	坐标区的上方
southoutside	坐标区的下方
eastoutside	到坐标区的右侧
westoutside	到坐标区的左侧
northeastoutside	坐标区外的右上角(三维坐标区的默认值)
northwestoutside	坐标区外的左上角
southeastoutside	坐标区外的右下角
southwestoutside	坐标区外的左下角
best	创建图例时坐标区内与绘图数据冲突最小的位置。如果绘图数据发生变化，用户可能需要将位置重置为 best
bestoutside	坐标区的右上角之外(当图例为垂直方向时)或坐标区下方(当图例为水平方向时)
none	由 Position 属性决定，可使用 Position 属性在自定义位置显示图例

【例 4-10】 二维图形注释函数使用。

```
>> x=linspace(0,pi);
>> y1=cos(x);
>> plot(x,y1)

>> hold on                          %打开图形保持功能
>> y2=cos(2*x);
>> plot(x,y2)
>> hold off                         %关闭图形保持功能

>> title('MATLAB 绘图');
```

```
>> xlabel('X轴')
>> xlabel('Y轴')
>> text(0.5,0.6,'text方法cos(2x)')
>> text(0.5,0.85,'text方法cos(x)')
>> gtext('gtext方法cos(2x)')
>> gtext('gtext方法cos(x)')

>> grid on                          %显示网格线

>> legend({'cos(x)','cos(2x)'},'Location','southwest')          %设置图例及位置
>> legend('boxoff')                 %隐藏图例外边框;图4-18
```

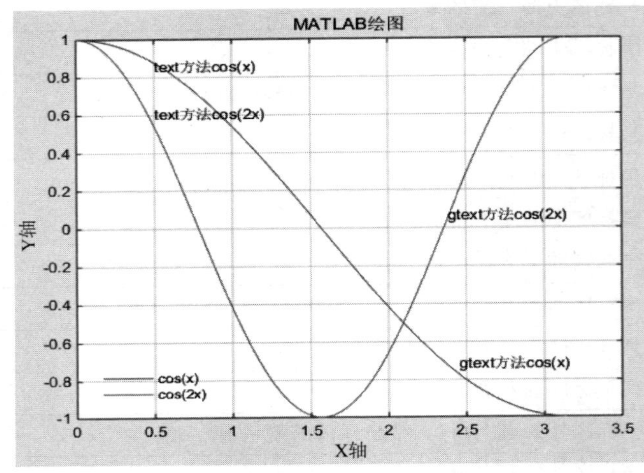

图4-18　二维图形注释

4.3　二维图形绘制

在各专业领域中,用户往往需要根据不同的数据特征和研究目的,选择恰当的方法将这些数据以图形的方式直观地显示出来。为此,MATLAB设计了一些非常实用的绘图函数来帮助用户实现此项功能。本节将分别介绍条形图、直方图、面积图、饼图、火柴杆图、阶梯图、罗盘图、极坐标图、羽毛图以及等高线图等类型。

4.3.1　条形图

条形图展示数据随某些对象(如时间、浓度等)的变化趋势,可分为垂直条形图和水平条形图;根据条形的堆叠方式,又可分为排列型和堆型条形图。MATLAB中,垂直条形图可由bar函数绘制,水平条形图由barh绘制。因bar和barh函数调用格式类似,因此仅以bar函数为例说明。

```
bar(y)
```

创建一个条形图，y 中的每个元素对应一个条形。如果 y 是 $m \times n$ 矩阵，则 bar 创建每组包含 n 个条形的 m 个组。

```
bar(x,y)
```

在 x 指定的位置绘制条形。

```
bar(___,width)
```

设置条形的相对宽度以控制组中各个条形的间隔。将 width 指定为标量值。可以将此选项与前面语法中的任何输入参数组合一起使用。

```
bar(___,style)
```

指定条形组的样式。例如，使用 stacked 将每个组显示为一个多种颜色的条形。

```
bar(___,color)
```

设置所有条形的颜色。例如，使用 r 表示红色条形。

```
bar(___,Name,Value)
```

使用一个或多个名称-值对组参数指定条形图的属性。仅使用默认 grouped 或 stacked 样式的条形图支持设置条形属性。在所有其他输入参数之后指定名称-值对组参数。

```
bar(ax,___)
```

将图形绘制到 ax 指定的坐标区中，而不是当前坐标区(gca)中。选项 ax 可以位于前面的语法中的任何输入参数组合之前。

```
b=bar(___)
```

返回一个或多个 Bar 对象。如果 **y** 是向量，则 bar 将创建一个 Bar 对象。如果 **y** 是矩阵，则 bar 为每个序列返回一个 Bar 对象。显示条形图后，使用 b 设置条形的属性。

【例 4-11】 使用 bar 函数绘制如图 4-19 所示的条形图。

```
>> y=[75 91 105 123.5 131 150 179 203 226 249 281.5];
>> bar(y)                    %创建条形图;图 4-19(a)
>> x=1900:10:2000;
>> y=[75 91 105 123.5 131 150 179 203 226 249 281.5];
>> bar(x,y)                  %指定沿 x 轴的条形位置;图 4-19(b)
>> y=[75 91 105 123.5 131 150 179 203 226 249 281.5];
>> bar(y,0.4)                %指定条形宽度;图 4-19(c)
>> y=[2 2 3; 2 5 6; 2 8 9; 2 11 12];
>> bar(y)                    %显示四个条形组,每一组包含三个条形;图 4-19(d)
>> y=[2 2 3; 2 5 6; 2 8 9; 2 11 12];
>> bar(y,'stacked')          %显示堆叠条形图;图 4-19(e)
>> X=categorical({'Small','Medium','Large','Extra Large'});
```

```
>> X=reordercats(X,{'Small','Medium','Large','Extra Large'});
>> Y=[10 21 33 52];
>> bar(X,Y)                        %指定分类数据;图 4-19(f)
```

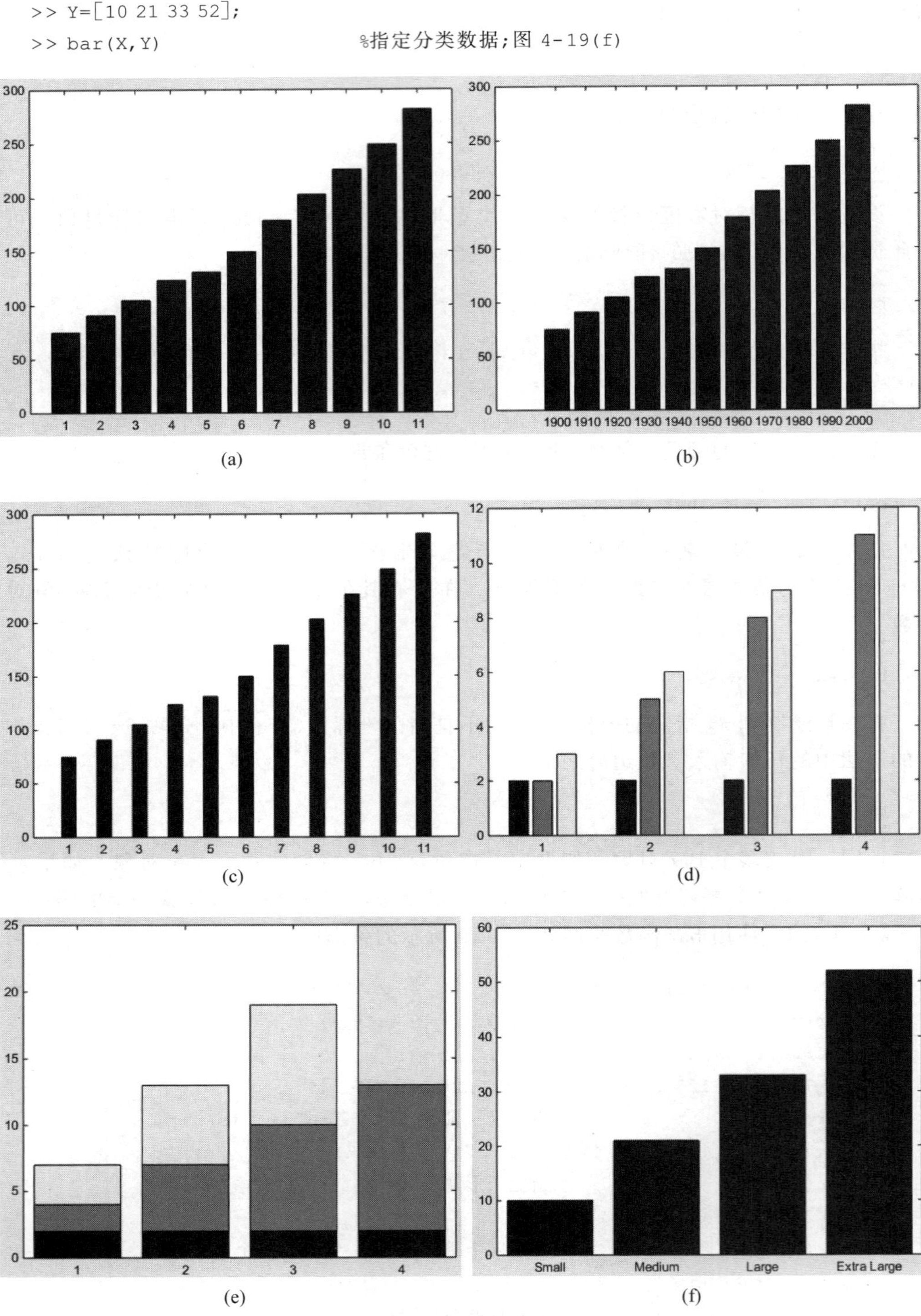

(a) (b) (c) (d) (e) (f)

图 4-19 bar 函数绘制条形图

4.3.2 直方图

直方图主要用于显示数据的分布情况。MATLAB 中可以使用 hist 函数来实现此项功能，调用格式如下。

```
hist(x)
```

基于向量 **x** 中的元素创建直方图条形图。**x** 中的元素有序划分入 x 轴上介于 **x** 中最小值和最大值间的 10 个等间距 bin 中。hist 将 bin 显示为矩形，这样每个矩形的高度就表示 bin 中的元素数量。①如果输入是多列数组，则 hist 为每列 x 创建直方图并将它们叠加到一个绘图上。②如果输入为 categorical 数据类型，则每个 bin 是一个 x 类别。

```
hist(x,nbins)
```

将 x 有序划分入标量 nbins 所指定数量的 bin 中。

```
hist(x,xbins)
```

使用由向量 **xbins** 确定的间隔或类别将 x 有序划分入 bin 中。①如果 **xbins** 是一个包含等间距值的向量，则 hist 将使用这些值作为直方图中心。②如果 **xbins** 是一个包含非等间距值的向量，则 hist 将使用连续值之间的中点作为 bin 边界。③如果 x 的数据类型为 categorical，则 **xbins** 必须是用于指定类别的分类向量或字符向量元胞数组。hist 仅为这些类别绘制条形图。④向量 **xbins** 的长度等于 bin 的数量。

```
hist(ax,___)
```

将图形绘制到 ax 指定的坐标区中，而不是当前坐标区(gca)中。选项 ax 可以位于前面的语法中的任何输入参数组合之前。

```
counts=hist(___)
```

返回一个行向量 counts，指示每个 bin 中的元素数目。

```
[counts,centers]=hist(___)
```

返回一个附加行向量 centers，指示 x 轴上每个 bin 中心的位置。

除 hist 函数外，也可以使用 histogram 函数来绘制直方图，其调用方式与 hist 函数类似，此处不再赘述。

【例 4-12】 使用 hist 函数绘制图 4-20 所示的直方图。

```
>> x=[0 2 9 2 5 8 7 3 1 9  4 3 5 8 10 0 1 2 9 5 10];
>> figure; hist(x)                      %默认绘图;图 4-20(a)

>> x=randn(1000,3);
>> figure; hist(x)                      %数组绘图;图 4-20(b)

>> x=randn(1000,1);
```

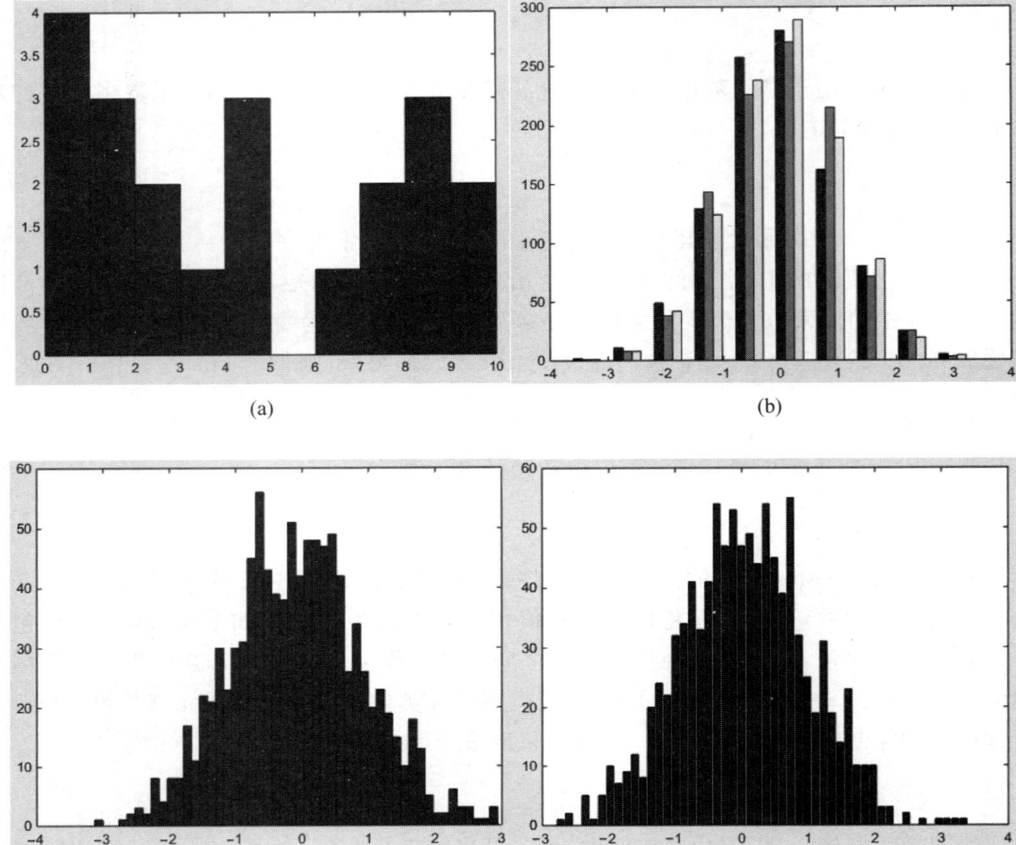

图 4-20 hist 函数绘制直方图

```
>> nbins=50;
>> figure; hist(x,nbins)                %指定间隔区间;图 4-20(c)

>> x=randn(1000,1);
>> [counts,centers]=hist(x,nbins);
>> figure; bar(centers,counts)          %返回每个 bin 的数量和中心值;图 4-20(d)
```

4.3.3 面积图

MATLAB 中,area 函数以面积分布的形式来展示数据的特征。面积图将 Y 中的元素显示为一个或多个曲线并填充每个曲线下方的区域。如果 $\boldsymbol{Y}$ 为矩阵,则曲线堆叠在一起,显示每行元素占每个 x 区间的曲线总高度的相对量。调用格式如下。

```
area(Y)
```

绘制向量 $\boldsymbol{Y}$ 或将矩阵 $\boldsymbol{Y}$ 中每一列作为单独曲线绘制并堆叠显示。x 轴自动缩放到

1:size(Y,1)。***Y*** 中的值可以是数值或持续时间值。

```
area(X,Y)
```

绘制 Y 对 X 的图，并填充 0 和 Y 之间的区域。X 可以是数值、日期时间、持续时间或分类值。①如果 ***Y*** 是向量，则将 ***X*** 指定为由递增值组成的向量，其长度等于 ***Y***。如果 ***X*** 的值不增加，则 area 将在绘制之前对值进行排序。②如果 ***Y*** 是矩阵，则将 ***X*** 指定为由递增值组成的向量，其长度等于 ***Y*** 的行数。area 将 ***Y*** 的列绘制为填充区域。对于每个 ***X***，最终结果是 ***Y*** 行的相应值的和。用户还可以将 ***X*** 指定为大小等于 ***Y*** 的矩阵。为了避免 ***X*** 为矩阵时出现意外输出，需将 ***X*** 的列指定为重复列。

```
area(...,basevalue)
```

指定区域填充的基值。默认 basevalue 为 0。将基值指定为数值。

```
area(...,Name,Value)
```

使用一个或多个名称-值对组参数修改区域图。

```
area(ax,...)
```

将图形绘制到 ax 坐标区中，而不是当前坐标区(gca)中。

```
ar=area(...)
```

返回一个或多个 area 对象。area 函数将为向量输入参数创建一个 area 对象。它会为矩阵输入参数的每一列创建一个对象。创建 $m \times n$ 矩阵的区域图会创建 n 个区域序列对象(即每列一个)，而 $1 \times n$ 向量创建一个区域序列对象。

【例 4-13】 用 area 函数绘制图 4-21 所示的面积图。

```
>> Y=magic(5);

>> figure;area(Y)                %图 4-21(a)
>> title('1)默认面积图')

>> basevalue=-4;
>> figure;area(Y,basevalue)      %图 4-21(b)
>> title('2)修改基线')

>> figure;
>> h=area(Y,basevalue)           %图 4-21(c)
>> h=area(Y,'LineStyle',':');
>> title('3)修改线型')

>> figure;
>> h=area(Y)                     %图 4-21(d)
>> h(1).FaceColor=[0,0.25,0.25];
>> h(2).FaceColor=[0,0.5,0.5];
```

```
>> h(3).FaceColor=[0,0.75,0.75];>> title('4)修改颜色')
```

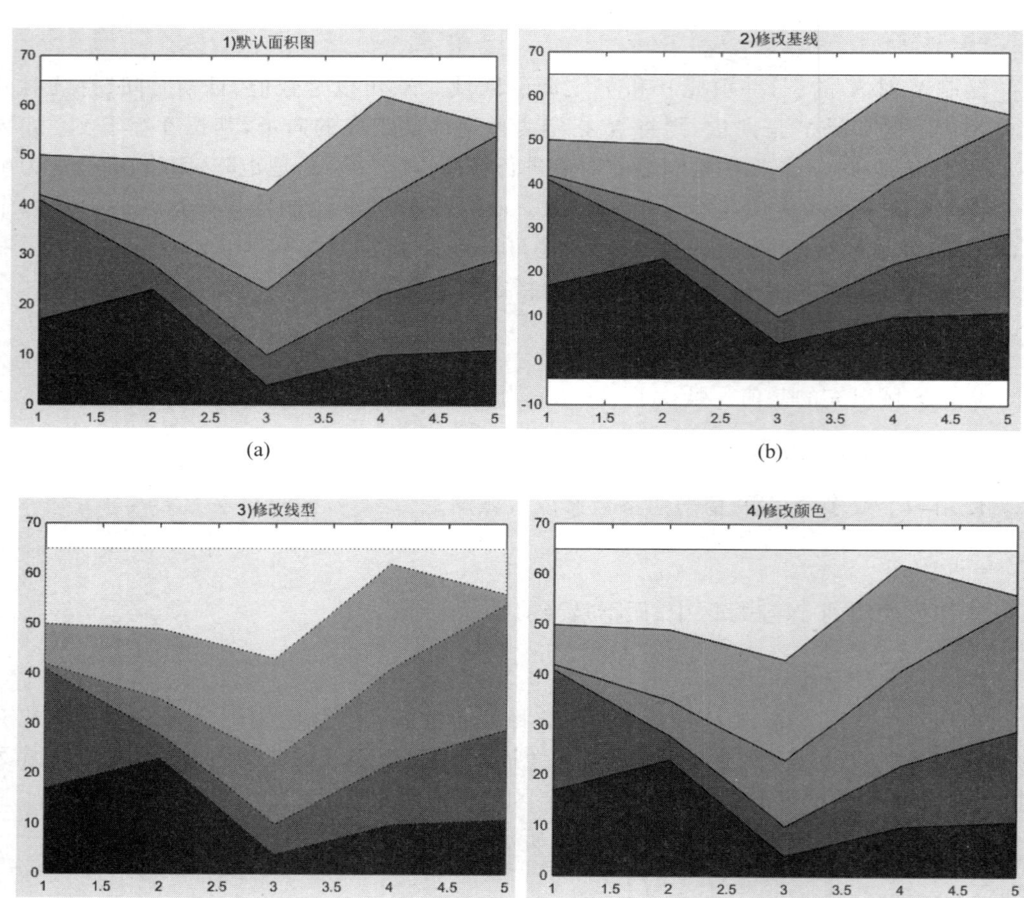

(a) (b) (c) (d)

图 4-21　area 函数绘制面积图

4.3.4　饼图

该图用于显示向量中各元素占所有元素值总和的百分比，也称扇形图。MATLAB 中可用 pie 函数绘制，调用格式如下。

```
pie(X)
```

使用 X 中的数据绘制饼图。饼图的每个扇区代表 X 中的一个元素。①如果 sum(X)≤1，X 中的值直接指定饼图扇区的面积。如果 sum(X)<1，pie 仅绘制部分饼图。②如果 sum(X)>1，则 pie 通过 X/sum(X)对值进行归一化，以确定饼图的每个扇区的面积。③如果 X 为 categorical 数据类型，则扇区对应于类别，其中每个扇区的面积是类别中的元素数除以 X 中的元素数的结果。

```
pie(X,explode)
```

将扇区从饼图偏移一定位置。explode 是一个由与 X 对应的零值和非零值组成的向量或矩阵。pie 函数仅将对应于 explode 中的非零元素的扇区偏移一定的位置。如果 X 为 categorical 数据类型,则 explode 可以是由对应于类别的零值和非零值组成的向量,或者是由要偏移的类别名称组成的元胞数组。

```
pie(X,labels)
```

指定用于标注饼图扇区的选项。在本例中,X 必须为数值。

```
pie(X,explode,labels)
```

偏移扇区并指定文本标签。X 可以是数值或分类数据类型。

```
pie(ax,___)
```

将图形绘制到 ax 指定的坐标区中,而不是当前坐标区(gca)中。选项 ax 可以位于前面的语法中的任何输入参数组合之前。

```
p= pie(___)
```

返回一个由扇形和文本图形对象组成的向量。该输入可以是先前语法中的任意输入参数组合。

【例 4-14】 用 pie 函数绘制图 4-22 所示扇形图。

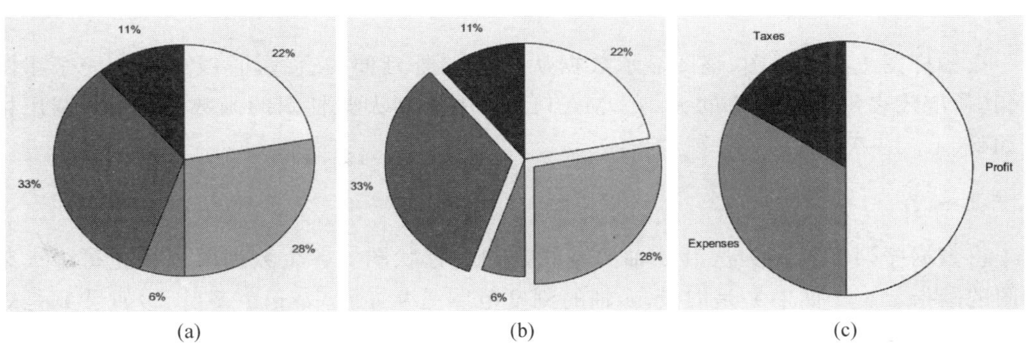

(a) (b) (c)

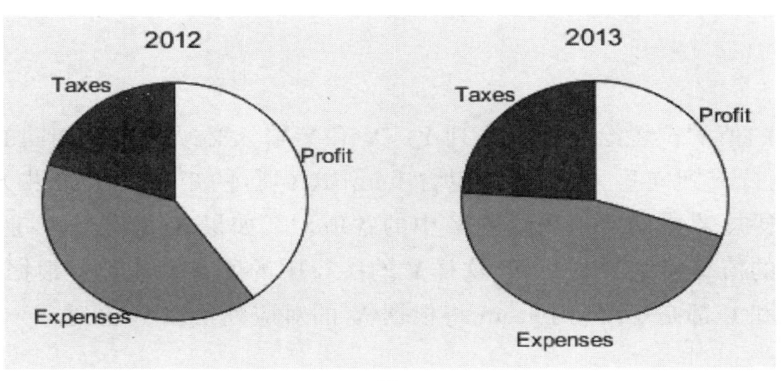

(d)

图 4-22 pie 函数绘制饼图

```
>> X=[1 3 0.5 2.5 2];
>> figure; pie(X)                                %图 4-22(a)

>> explode=[0 1 0 1 0];
>> figure;pie(X,explode)                         %抽离出某个扇形;图 4-22(b)

>> X=1:3; labels={'Taxes','Expenses','Profit'};
>> figure; pie(X,labels)                         %扇形区域标注;图 4-22(c)

%向量元素和≤1 以及>1
>> X=[0.2 0.4 0.4];
>> labels={'Taxes','Expenses','Profit'};
>> figure; ax1=subplot(1,2,1);
>> pie(ax1,X,labels); title(ax1,'2012');         %各元素和小于或等于 1;图 4-22(d)

>> Y=[0.24 0.46 0.3];
>> ax2=subplot(1,2,2); pie(ax2,Y,labels)         %各元素和大于 1;图 4-22(d)
>> title(ax2,'2013');
```

4.3.5 火柴杆图

火柴杆图也称针状图,该图显示数据从 x 轴向外延伸的直线,直线末端有一个小圆圈,其长度代表每个杆数值的大小。MATLAB 中绘制火柴杆图的函数为 stem,调用格式如下。

```
stem(Y)
```

将数据序列 Y 绘制为从沿 x 轴的基线延伸的针状图。各个数据值由终止每个火柴杆图的圆指示。①如果 **Y** 是向量,x 轴的刻度范围是从 1 至 length(Y)。②如果 **Y** 是矩阵,则 stem 将根据相同的 x 值绘制行中的所有元素,并且 x 轴的刻度范围是从 1 至 **Y** 中的行数。

```
stem(X,Y)
```

在 X 指定的值的位置绘制数据序列 Y。**X** 和 **Y** 输入必须是大小相同的向量或矩阵。另外,**X** 可以是行或列向量,**Y** 必须是包含 length(X)行的矩阵。①如果 **X** 和 **Y** 都是向量,则 stem 将根据 **X** 中的对应项绘制 **Y** 中的各项。②如果 **X** 是向量,**Y** 是矩阵,则 stem 将根据 **X** 指定的值集绘制 **Y** 的每列,这样 **Y** 的一行中的所有元素都是根据相同的值而绘制。③如果 **X** 和 **Y** 都是矩阵,则 stem 将根据 **X** 的对应列绘制 **Y** 的列。

```
stem(___,'filled')
```

填充圆形。可以将此选项与前面语法中的任何输入参数组合一起使用。

```
stem(___,LineSpec)
```

指定线型、标记符号和颜色。

```
stem(___,Name,Value)
```

使用一个或多个 Name,Value 对组参数修改针状图。

```
stem(ax,___)
```

将图形绘制到 ax 指定的坐标区中,而不是当前坐标区(gca)中。选项 ax 可以位于前面的语法中的任何输入参数组合之前。

```
h=stem(___)
```

在 h 中返回由 Stem 对象构成的向量。使用 h 可在创建针状图后对其进行修改。

【例 4-15】 用 stem 函数绘制图 4-23 所示火柴杆图。

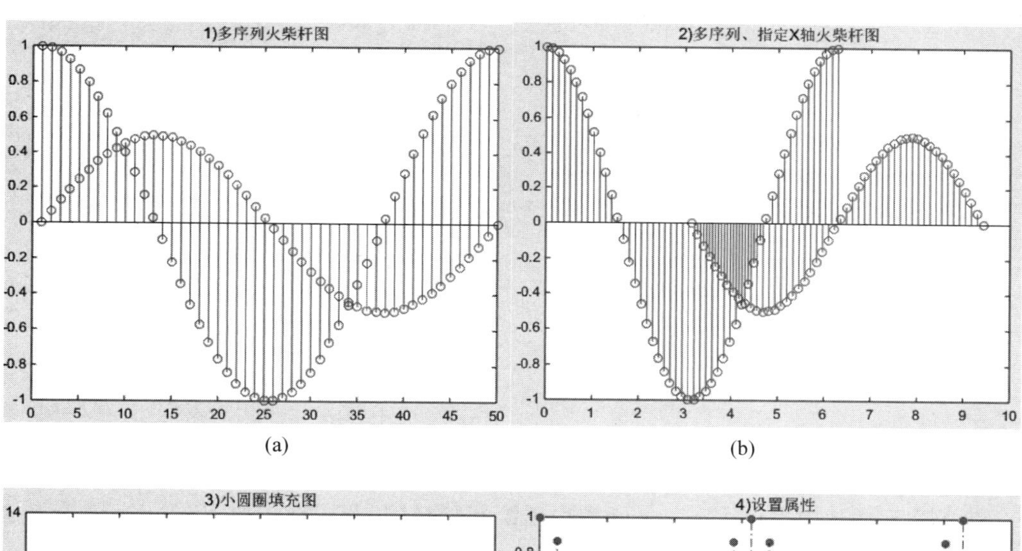

(a) (b)

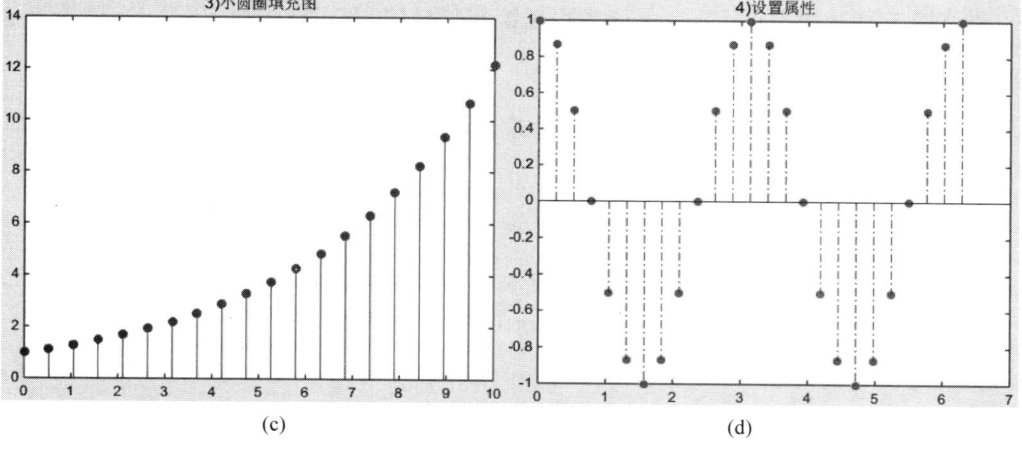

(c) (d)

图 4-23 stem 函数绘制火柴杆图

```
>> X=linspace(0,2*pi,50)';
>> Y=[cos(X), 0.5*sin(X)];
>> figure; stem(Y)                                %图 4-23(a)
>> title('1)多序列火柴杆图')

>> x1=linspace(0,2*pi,50)';
>> x2=linspace(pi,3*pi,50)';
>> X=[x1, x2];
>> Y=[cos(x1), 0.5*sin(x2)];
>> figure;stem(X,Y)                               %图 4-23(b)
>> title('2)多序列、指定 X 轴火柴杆图')
>> X=linspace(0,10,20)';
>> Y=(exp(0.25*X));
>> figure;stem(X,Y,'filled')                      %图 4-23(c)
>> title('3)小圆圈填充图')

>> X=linspace(0,2*pi,25)';
>> Y=(cos(2*X));
>> figure;stem(X,Y,'LineStyle','-.',...           %图 4-23(d)
'MarkerFaceColor','red',...
'MarkerEdgeColor','green')
>> title('4)设置属性')
```

4.3.6 阶梯图

在 MATLAB 中提供了 stairs 函数用于绘制阶梯图，调用格式如下。

```
stairs(Y)
```

绘制 Y 中元素的阶梯图。如果 ***Y*** 为向量，则 stairs 绘制一个线条。如果 ***Y*** 为矩阵，则 stairs 为每个矩阵列绘制一个线条。

```
stairs(X,Y)
```

在 Y 中由 X 指定的位置绘制元素。输入 ***X*** 和 ***Y*** 必须是相同大小的向量或矩阵。另外，***X*** 可以是行或列向量，***Y*** 必须是包含 length(X)行的矩阵。

```
stairs(___,LineSpec)
```

指定线型、标记符号和颜色。例如，': *r' 指定带星号标记的红色点线。可以将此选项与前面语法中的任何输入参数组合一起使用。

```
stairs(___,Name,Value)
```

使用一个或多个名称-值对组参数修改阶梯图。例如,Marker,o,MarkerSize,8 指定大小为 8 磅的圆形标记。

```
stairs(ax,___)
```

将图形绘制到 ax 指定的坐标区中,而不是当前坐标区(gca)中。选项 ax 可以位于前面的语法中的任何输入参数组合之前。

```
h=stairs(___)
```

返回一个或多个 Stair 对象。在创建特定 Stair 对象后,使用 h 更改该对象的属性。

```
[xb,yb]=stairs(___)
```

不创建绘图,但返回大小相等的矩阵 xb 和 yb,以使 plot(xb,yb)绘制阶梯图。

【例 4-16】 用 stairs 函数绘制图 4-24 所示的阶梯图。

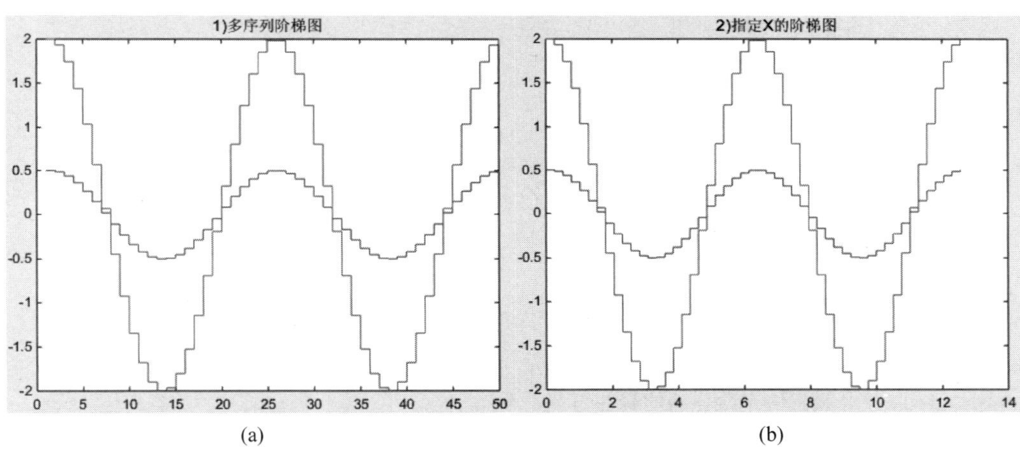

(a) (b)

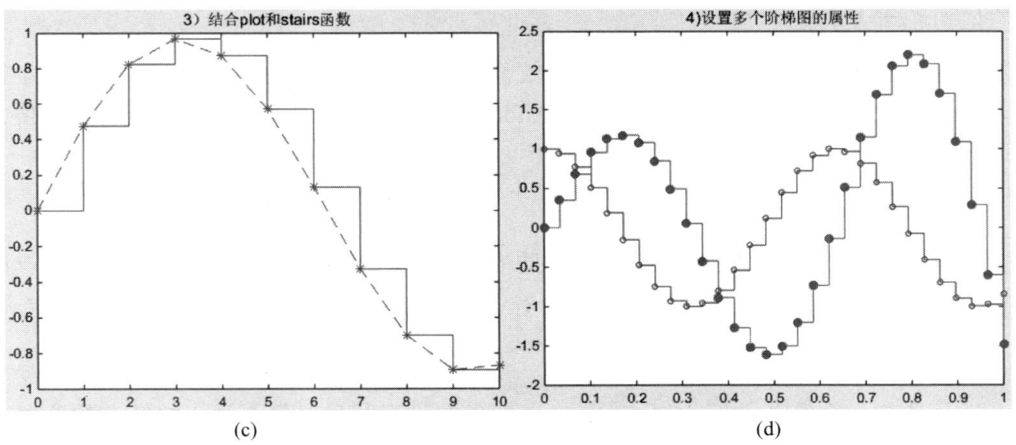

(c) (d)

图 4-24 stairs 函数绘制阶梯图

```
>> X=linspace(0,4*pi,50)';
>> Y=[0.5*cos(X), 2*cos(X)];
>> figure;
>> stairs(Y);  title('1)多序列阶梯图')                    %图 4-24(a)

>> figure;
>> stairs(X,Y);  title('2)指定 X 的阶梯图')               %图 4-24(b)

>> figure;
>> x=0.01; y=0.5; z=0:10;
>> f=exp(-x*z).*sin(y*z);
>> stairs(z,f)                                           %图 4-24(c)
>> hold on
>> plot(z,f,'--*')
>> hold off
>> title('3)结合 plot 和 stairs 函数')

>> figure;
>> X=linspace(0,1,30)';
>> Y=[cos(10*X), exp(X).*sin(10*X)];
>> h=stairs(X,Y);                                        %图 4-24(d)
>> h(1).Marker='o';
>> h(1).MarkerSize=4;
>> h(2).Marker='o';
>> h(2).MarkerFaceColor='m';
>> title('4)设置多个阶梯图的属性')
```

4.3.7 罗盘图

罗盘图显示包含分量(U,V)的向量,就像箭头从原点射出一样。U、V 和 Z 位于笛卡儿坐标中,绘制于一个环状网格上。MATLAB 中可用 compass 函数来实现,调用格式如下。

```
compass(U,V)
```

显示具有 n 个箭头的罗盘图,其中 n 是 U 或 V 中的元素数目。每个箭头的基点的位置为原点。每个箭头的尖端的位置是相对于基点的一个点,并由[U(i),V(i)]确定。

```
compass(Z)
```

显示具有 n 个箭头的罗盘图,其中 n 是 Z 中的元素数目。每个箭头的基点的位置为原点。每个箭头的尖端的位置相对于基点,由 Z 的实部和虚部确定。此语法等效于 compass(real(Z),imag(Z))。

```
compass(...,LineSpec)
```

使用 LineSpec 指定的线型、标记符号和颜色来绘制罗盘图。

```
compass(axes_handle,...)
```

将图形绘制到带有句柄 axes_handle 的坐标区中，而不是当前坐标区(gca)中。

```
h=compass(...)
```

返回线条对象的句柄。

【例 4-17】 用 compass 函数绘制图 4-25 所示的罗盘图。

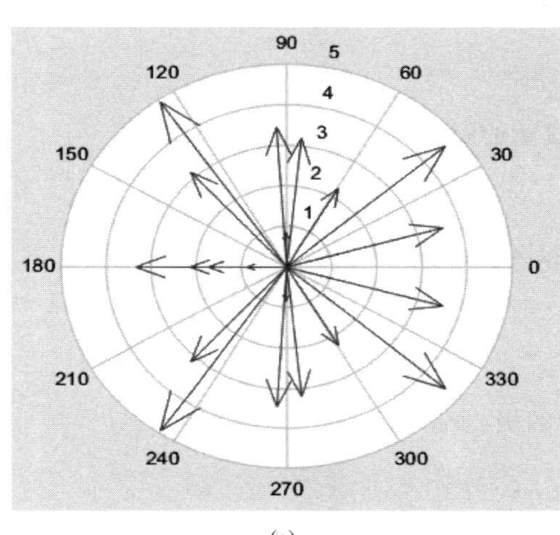

(a)

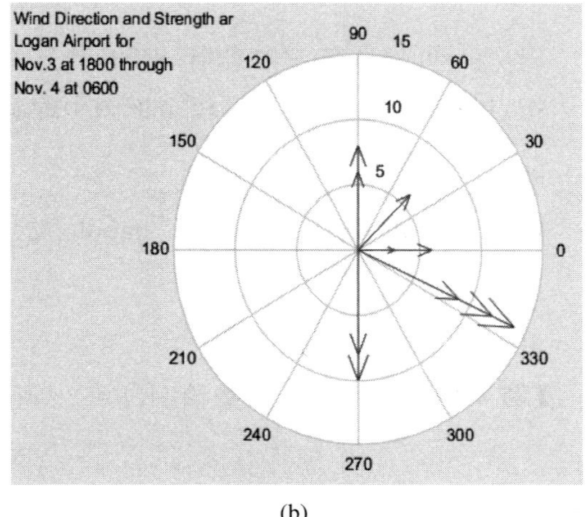

(b)

图 4-25 compass 函数绘制罗盘图

```
%由随机矩阵构成的罗盘图;图 4-25(a)
>> rng(0,'twister')                    %初始化随机数生成器
>> M=randn(20,20);
>> Z=eig(M);
>> compass(Z)

%风向风速示意图;图 4-25(b)
>> wdir=[45 90 90 45 360 335 360 270 335 270 335 335];
>> knots=[6 6 8 6 3 9 6 8 9 10 14 12];
>> rdir=wdir*pi/180;
>> [x,y]=pol2cart(rdir,knots);         %把极坐标转换为笛卡儿坐标
>> compass(x,y)
>> hold on
>> desc={'Wind Direction and Strength ar',
      'Logan Airport for',
      'Nov.3 at 1800 through',
      'Nov. 4 at 0600'};
>> text(-28,15,desc)
```

4.3.8 极坐标图

MATLAB中，polar函数接受极坐标，对这些数据可在笛卡儿平面中绘图，并在平面上绘制极坐标网格。调用格式如下。

```
polar(theta,rho)
```

创建角theta对半径rho的极坐标图。theta是x轴到半径向量所夹的角(以弧度单位指定)；rho是半径向量的长度(以数据空间单位指定)。

```
polar(theta,rho,LineSpec)LineSpec
```

指定线型、绘图符号以及极坐标图中绘制线条的颜色。

```
polar(axes_handle,...)
```

将图形绘制到带有句柄axes_handle的坐标区中，而不是当前坐标区(gca)中。

```
h=polar(...)
```

返回h中的线条对象。

【例4-18】 用polar函数绘制图4-26所示的极坐标图。

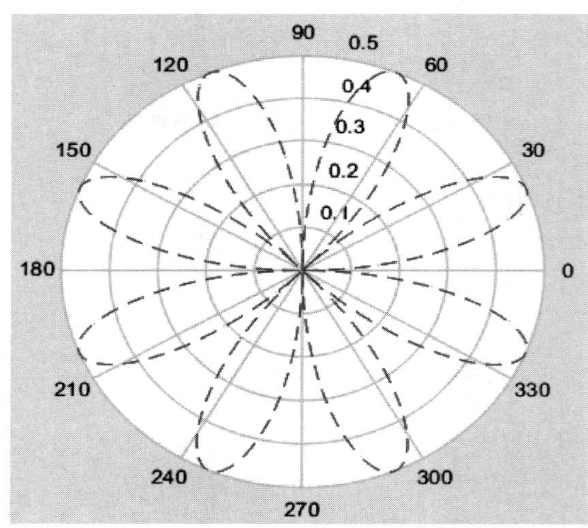

图4-26 polar函数绘制极坐标图

```
>> theta=0:0.01:2*pi;
>> rho=sin(2*theta).*cos(2*theta);
>> figure
>> polar(theta,rho,'--r')          %极坐标图;图4-26
```

4.3.9 羽毛图

羽毛图显示从水平轴上的等距点延伸出来的向量，应相对于相应向量的原点来表示向量分量。MATLAB中可用feather函数来绘制，调用格式如下。

```
feather(U,V)
```

显示 U 和 V 指定的向量，其中 U 包含用作相对坐标的 x 分量，V 包含用作相对坐标的 y 分量。

```
feather(Z)
```

显示Z中的复数指定的向量。这相当于feather(real(Z),imag(Z))。

```
feather(...,LineSpec)
```

使用LineSpec指定的线型、标记符号和颜色来绘制羽毛图。

```
feather(axes_handle,...)
```

将图形绘制到带有句柄axes_handle的坐标区中，而不是当前坐标区(gca)中。

```
h=feather(...)
```

在h中返回线对象的句柄。

【例 4-19】 用feather函数绘制图4-27所示的羽毛图。

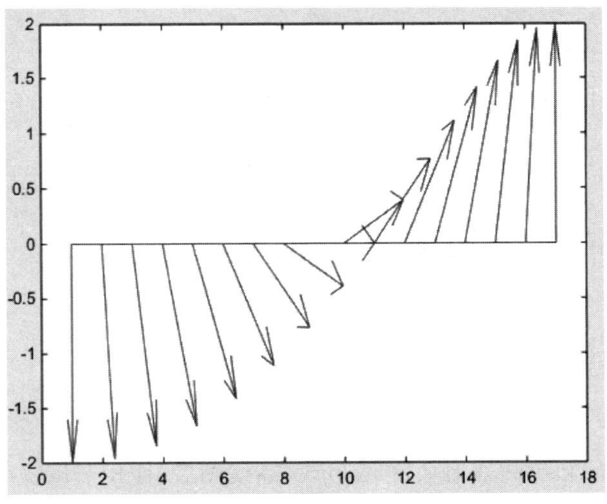

图 4-27 feather函数绘制羽毛图

```
>> theta=-pi/2:pi/16:pi/2;
>> r=2*ones(size(theta))
>> [u,v]=pol2cart(theta,r);
>> feather(u,v)          %图 4-27
```

4.3.10 等高线图

MATLAB 中提供了 contour 函数用于绘制矩阵的等高线图，contourf 函数用于绘制填充式的二维等高线图，contourc 函数则用于较低级的等高线图绘制。由于这三个函数的调用格式较为类似，因此，此节仅以 contour 函数为例来说明，其调用格式如下。

```
contour(Z)
```

创建一个包含矩阵 $\boldsymbol{Z}$ 的等值线的等高线图，其中 $\boldsymbol{Z}$ 包含 xOy 平面上的高度值。MATLAB 会自动选择要显示的等高线。$\boldsymbol{Z}$ 的列和行索引分别是平面中的 x 和 y 坐标。

```
contour(X,Y,Z)
```

指定 Z 中各值的 x 和 y 坐标。

```
contour(___,levels)
```

将要显示的等高线指定为上述任一语法中的最后一个参数。将 levels 指定为标量值 n，以在 n 个自动选择的层级(高度)上显示等高线。要在某些特定高度绘制等高线，需将 levels 指定为单调递增值的向量。要在一个高度(k)绘制等高线，需将 levels 指定为二元素行向量[k k]。

```
contour(___,LineSpec)
```

指定等高线的线型和颜色。

```
contour(___,Name,Value)
```

使用一个或多个名称-值对组参数指定等高线图的其他选项。在所有其他输入参数之后指定这些选项。

```
contour(ax,___)
```

在目标坐标区中显示等高线图。将坐标区指定为上述任一语法中的第一个参数。

```
M=contour(___)
```

返回等高线矩阵 $\boldsymbol{M}$，其中包含每个层级的顶点的(x,y)坐标。

```
[M,c]= contour(___)
```

返回等高线矩阵和等高线对象 c。显示等高线图后，使用 c 设置属性。

【例 4-20】 用 contour 类函数绘制图 4-28 所示的等高线图。

```
>> [X,Y,Z]=peaks(100);
>> mesh(peaks(100))                                 %图 4-28(a)
>> contour(Z)                                       %默认图形;图 4-28(b)
>> contour(Z,20)                                    %指定线条数;图 4-28(c)
>> contour(Z,linspace(min(Z(:)),max(Z(:)),15))      %指定等高线数值;图 4-28(d)
```

```
>> contour(Z,linspace(min(Z(:)),max(Z(:)),15),'ShowText','on')
                                                    %显示标注;图 4-28(e)
>> contourf(Z,linspace(min(Z(:)),max(Z(:)),15))    %填充式等高线;图 4-28(f)
>> contourf(Z,linspace(min(Z(:)),max(Z(:)),15),'ShowText','on')
                                                    %填充式等高线;图 4-28(g)
```

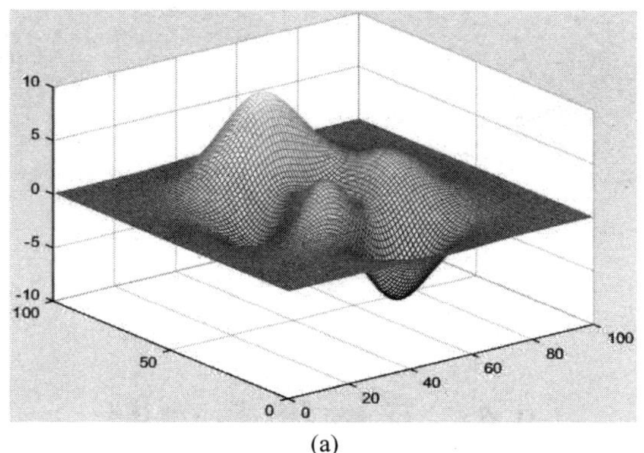

(a)

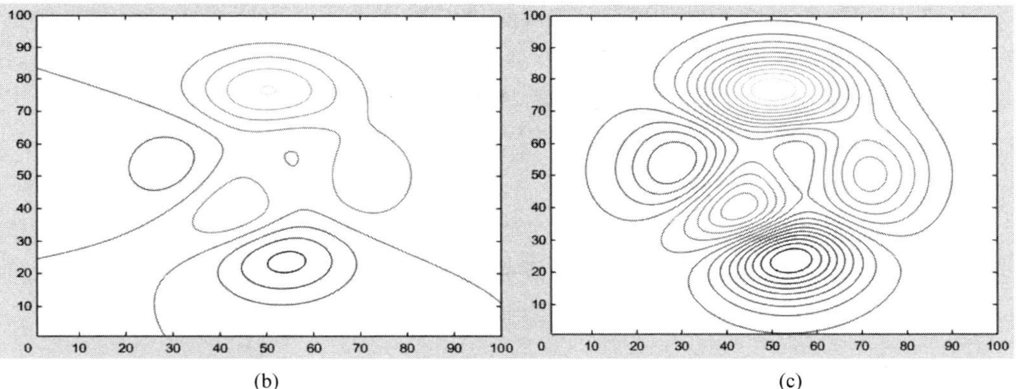

(b) (c)

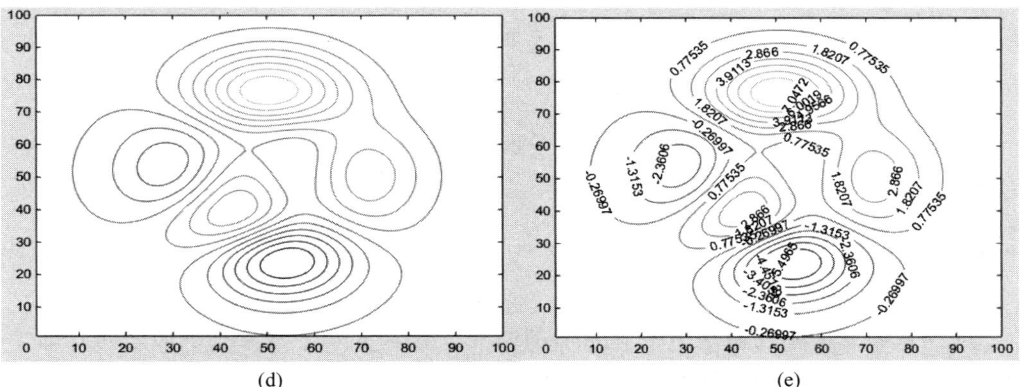

(d) (e)

图 4-28 contour 函数绘制等高线图

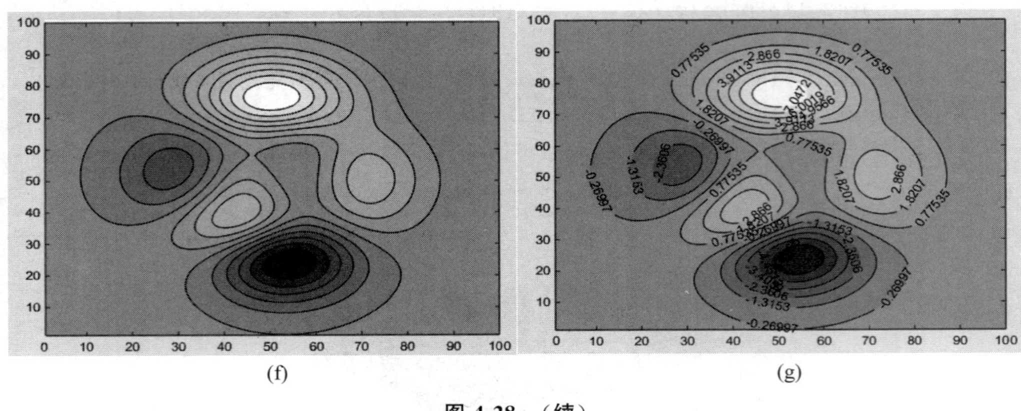

(f)　　　　　　　　　　(g)

图 4-28 （续）

4.4 三维图形绘制

在实际工作中，用户经常需要描述某个因变量随两个或者多个自变量改变的变化趋势，这就涉及高维图形的绘制。这类图形通常较传统的二维图形更复杂、更抽象，因此MATLAB提供了许多三维图形绘制函数，使得这类难题变得更容易解决。本节将主要介绍三维线图和三维点图以及其他一些常用的三维图形绘制函数。

4.4.1 三维条形图

MATLAB中提供了bar3和bar3h函数用于绘制三维条形图。与二维绘图类似，bar3用于绘制垂直的条形图，bar3h用于绘制水平的条形图，调用格式如下。

```
bar3(Z)
```

绘制三维条形图，Z中的每个元素对应一个条形图。如果 **Z** 是向量，y 轴的刻度范围是从1至length(Z)。如果 **Z** 是矩阵，则 y 轴的刻度范围是从1到 **Z** 的行数。

```
bar3(Y,Z)
```

在 **Y** 指定的位置绘制 **Z** 中各元素的条形图，其中 **Y** 是为垂直条形定义 y 值的向量。y 值可以是非单调的，但不能包含重复值。如果 **Z** 是矩阵，则 **Z** 中位于同一行内的元素将出现在 y 轴上的相同位置。

```
bar3(...,width)
```

设置条形宽度并控制组中各个条形的间隔。默认width为0.8，条形之间有细小间隔。如果width为1，组内的条形将紧挨在一起。

```
bar3(...,style)
```

指定条形的样式。style是detached、grouped或stacked。显示的默认模式为

detached。①detached 在 x 方向上将 **Z** 中的每一行的元素显示为一个接一个的单独的块。②grouped 显示 n 组的 m 个垂直条，其中 n 是行数，m 是 **Z** 中的列数。每组包含一个对应于 **Z** 中每列的条形。③stacked 为 **Z** 中的每行显示一个条形。条形高度是行中元素的总和。每个条形标记有多种颜色，不同颜色分别对应不同的元素，显示每行元素占总和的相对量。

```
bar3(...,color)
```

使用 color 指定的颜色显示所有条形。例如，使用 r 表示红色条形。可将 color 指定为下列值之一：r、g、b、c、m、y、k 或 w。

```
bar3(ax,...)
```

将图形绘制到 ax 坐标区中，而不是当前坐标区(gca)中。

```
h= bar3(...)
```

返回由 Surface 对象组成的向量。如果 **Z** 是矩阵，则 bar3 将为 **Z** 中的每一列创建一个 Surface 对象。

【例 4-21】 用 bar3 函数绘制图 4-29 所示的三维条形图。

```
>> load count.dat                    %MATLAB 内置数据
>> Y=count(1:10,:);
>> figure; bar3(Y)                   %图 4-29(a)
>> title('Detached Style')

>> figure; width=0.5;
>> bar3(Y,width)                     %图 4-29(b)
>> title('Bar Width of 0.5')

>> figure; bar3(Y,'grouped')         %图 4-29(c)
>> title('Grouped Style')

>> figure; bar3(Y,'stacked')         %图 4-29(d)
>> title('Stacked Style')
```

4.4.2 三维饼图

MATLAB 中绘制三维饼图的函数为 pie3，调用格式如下。

```
pie3(X)
```

使用 X 中的数据绘制三维饼图。X 中的每个元素表示饼图中的一个扇区。①如果 sum(X)≤1，X 中的值直接指定饼图切片的面积，pie3 仅绘制部分饼图。②如果 sum(X)>1，则 pie3 会通过 X/sum(X)将值归一化，以确定饼图每个扇区的面积。

```
pie3(X,explode)
```

指定是否从饼图中心将扇区偏移一定位置。如果 explode(i,j)非零，则从饼图中心

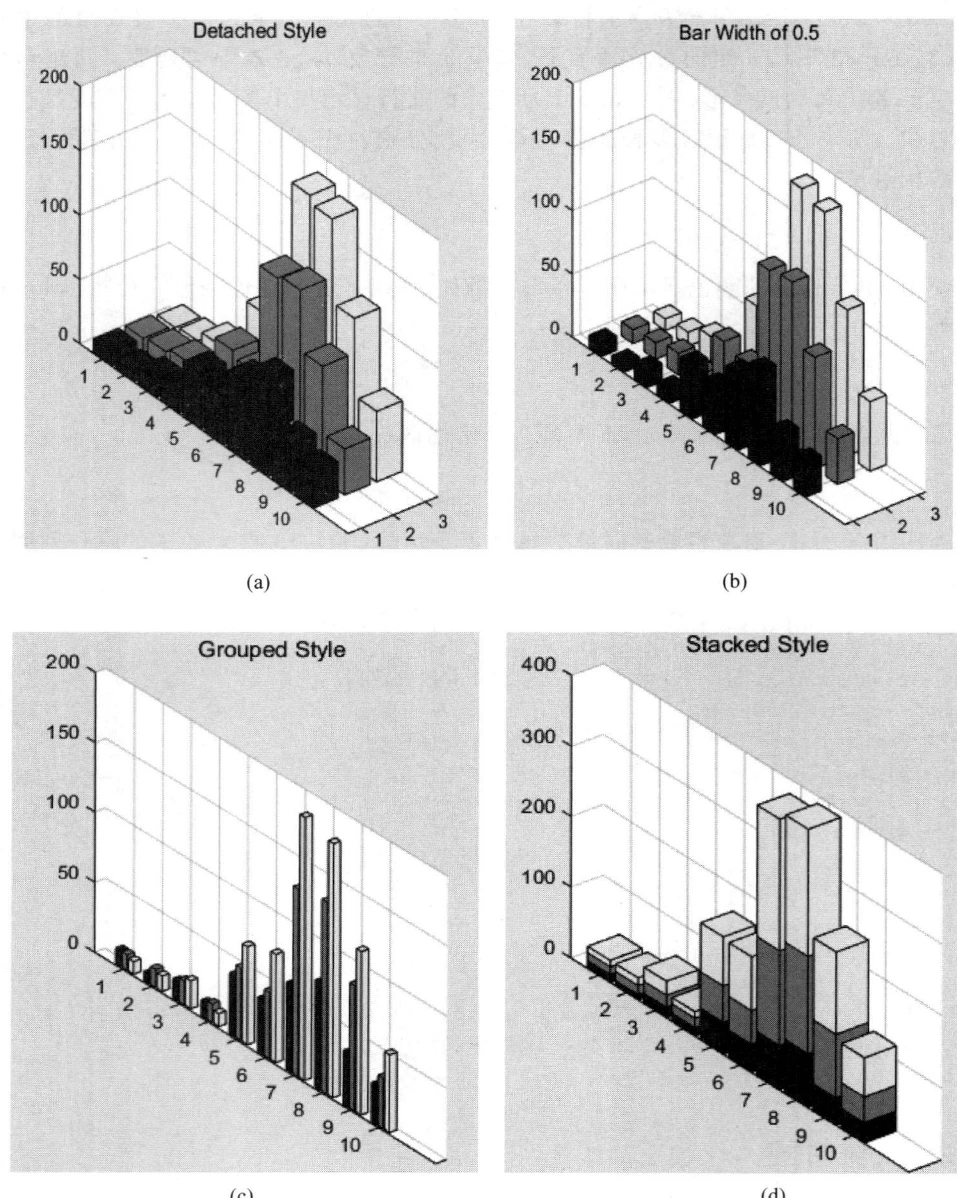

(a) (b)

(c) (d)

图 4-29 bar3 函数绘制三维条形图

偏移 X(i,j)。explode 和 X 的大小必须相同。

```
pie3(...,labels)
```

指定扇区的文本标签。标签数必须等于 X 中的元素数。

```
pie3(axes_handle,...)
```

将图形绘制到带有句柄 axes_handle 的坐标区中,而不是当前坐标区(gca)中。

```
h= pie3(...)
```

句柄向量返回至扇形、曲面和文本图形对象。

【例 4-22】 用 pie3 函数绘制图 4-30 所示的三维饼图。

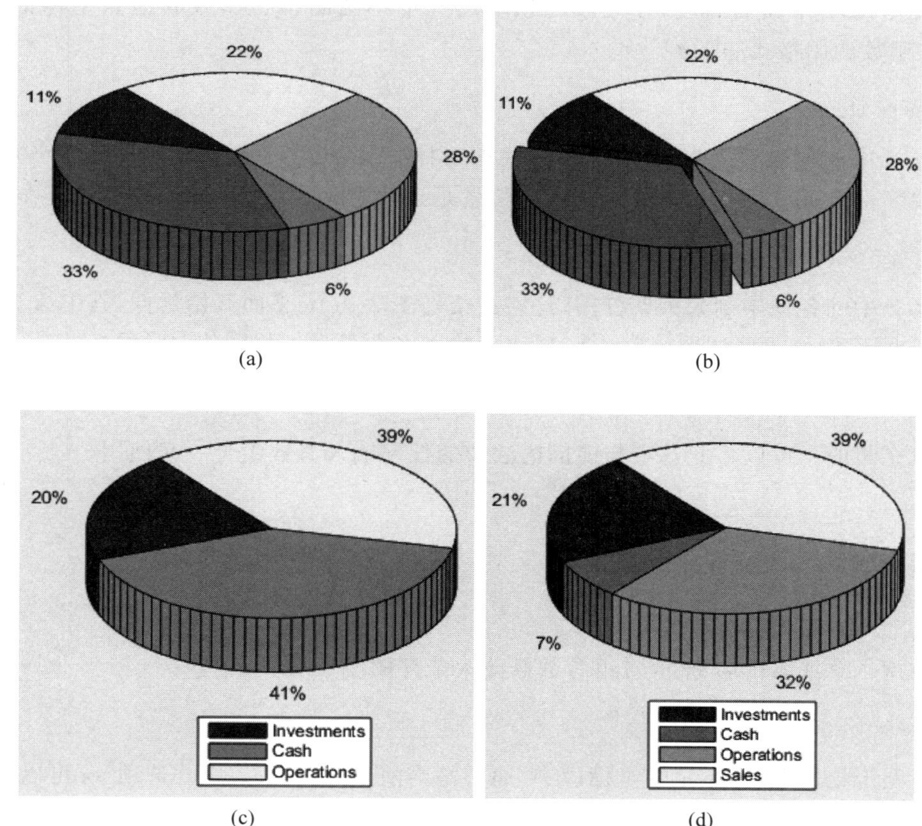

(a) (b)

(c) (d)

图 4-30 pie3 函数绘制三维饼图

```
>> x=[1,3,0.5,2.5,2];
>> figure
>> pie3(x)            %图 4-30(a)
>> explode=[0,1,0,0,0];
>> figure
>> pie3(x,explode)    %图 4-30(b)

>> y2010=[50 0 100 95];
>> y2011=[65 22 97 120];
>> labels={'Investments','Cash','Operations','Sales'};

>> figure;
>> pie3(y2010);       %图 4-30(c);将自动忽略数据中的非正数
>> legend(labels)
>> figure;
>> pie3(y2011);       %图 4-30(d)
>> legend(labels)
```

4.4.3 三维火柴杆图

MATLAB 中 stem3 函数可用于绘制三维离散数据的火柴杆图，即用一条线段显示数据离开 xOy 平面的高度，在线段的顶端用一个小圆圈（默认）或其他点型标记高度。stem3 函数调用格式如下。

```
stem3(Z)
```

将 $\boldsymbol{Z}$ 中的各项绘制为火柴杆图，这些火柴杆图从 xOy 平面开始延伸并在各项值处以圆圈终止。xOy 平面中的火柴杆线条位置是自动生成的。

```
stem3(X,Y,Z)
```

将 Z 中的各项绘制为火柴杆图，这些火柴杆图从 xOy 平面开始延伸，其中 $\boldsymbol{X}$ 和 $\boldsymbol{Y}$ 指定 xOy 平面中的火柴杆图位置。$\boldsymbol{X}$、$\boldsymbol{Y}$ 和 $\boldsymbol{Z}$ 输入必须是大小相同的向量或矩阵。

```
stem3(___,'filled')
```

填充圆形。可以将此选项与前面语法中的任何输入参数组合一起使用。

```
stem3(___,LineSpec)
```

指定线型、标记符号和颜色。

```
stem3(___,Name,Value)
```

使用一个或多个名称-值对组参数修改火柴杆图。

```
stem3(ax,___)
```

将图形绘制到 ax 指定的坐标区中，而不是当前坐标区（gca）中。选项 ax 可以位于前面的语法中的任何输入参数组合之前。

```
h=stem3(___)
```

返回 Stem 对象 h。

【例 4-23】 用 stem3 函数绘制图 4-31 所示的三维火柴杆图。

```
>> [X,Y]=meshgrid(0:.1:1);
>> Z=exp(X+Y);
>> stem3(X,Y,Z)                                    %图 4-31(a)

>> theta=linspace(0,2*pi);
>> X=cos(theta);Y=sin(theta); Z=theta;
>> stem3(X,Y,Z,':*m')                              %图 4-31(b)

>> x=linspace(0,2*pi,60);
>> a=sin(x); b=cos(x);
>> hStem=stem(x,a+b);
```

```
>> hold on
>> hLine=plot(x,a,'--r',x,b,'--g');
>> hold off
>> h=[hStem; hLine];
>> legend(h,'a+b','a=sin(x)','b=cos(x)')
>> xlabel('Time in \musecs')
>> ylabel('Magnitude')
>> title('Linear Combination of Two Functions')          %图 4-31(c)
```

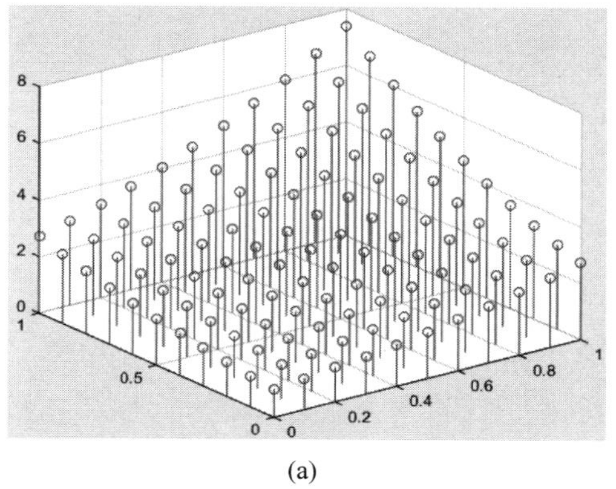

(a)

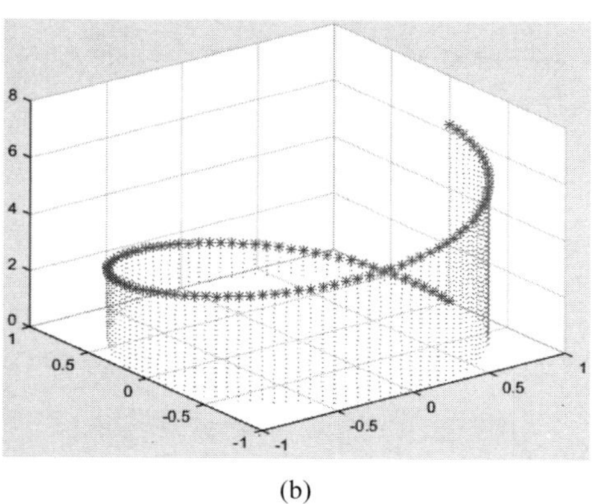

(b)

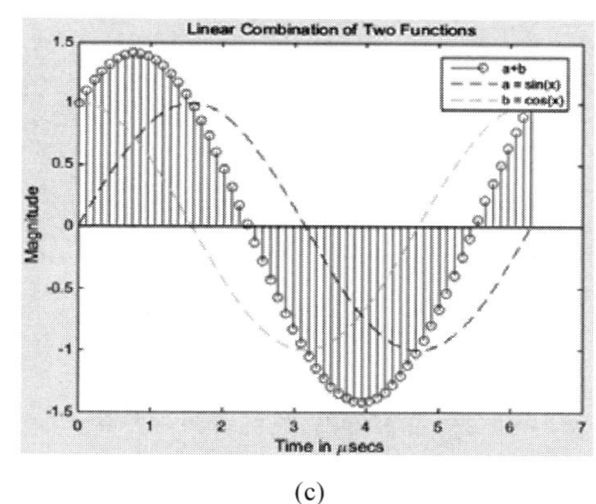

(c)

图 4-31　stem3 函数绘制三维火柴杆图

4.4.4　三维瀑布图

MATLAB 中提供了 waterfall 函数用于绘制瀑布图，调用格式如下。

```
waterfall(X,Y,Z)
```

创建瀑布图，这是一种沿 y 维度有部分帷幕的网格图。这会产生一种"瀑布"效果。该函数将矩阵 $\boldsymbol{Z}$ 中的值绘制为由 X 和 Y 定义的 xOy 平面中的网格上方的高度。边的颜色因 $\boldsymbol{Z}$ 指定的高度而异。

```
waterfall(X,Y,Z,C)
```

进一步指定边的颜色。

```
waterfall(Z)
```

创建一个瀑布图，并将Z中元素的列索引和行索引用作x坐标和y坐标。

```
waterfall(Z,C)
```

进一步指定边的颜色。

```
waterfall(ax,___)
```

将图形绘制到ax指定的坐标区中，而不是当前坐标区中。指定坐标区作为第一个输入参数。此参数可用于上述任一输入语法。

```
p=waterfall(___)
```

返回瀑布对象。在创建瀑布图后，使用p对其进行修改。

【例4-24】 用waterfall函数绘制图4-32所示的瀑布图。

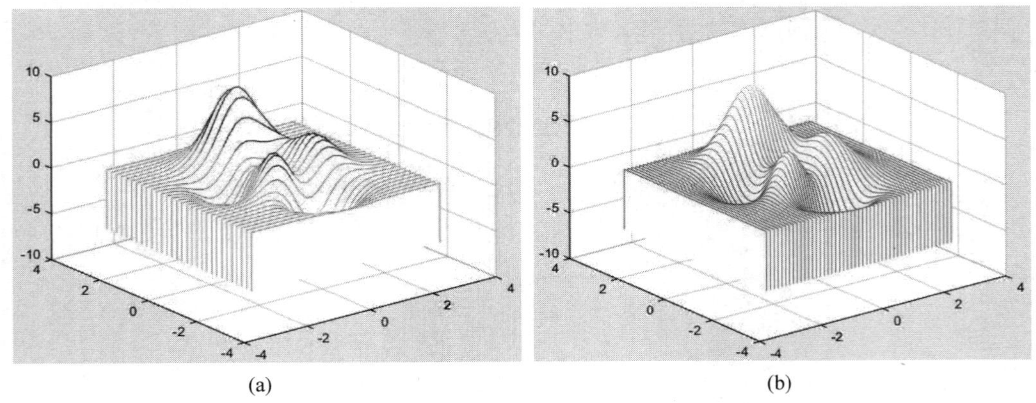

图4-32 waterfall函数绘制瀑布图

```
>> [X,Y,Z]=peaks(30);
>> waterfall(X,Y,Z)                %图 4-32(a);帷幕沿 y 轴分布
>> colormap hsv

>> [X,Y]=meshgrid(-3:.125:3);
>> Z=peaks(X,Y);
>> waterfall(X',Y',Z')             %图 4-32(b);帷幕沿 x 轴分布
```

4.4.5 三维切片图

传统的三维曲面图通常需要三个指标，且三个指标都是二维的；而三维切片图则需要四个指标，且四个指标都是三维的。对于多的那个指标，理解起来其实就是图形由曲

面变成了实心体，即第四个指标表示三维体的内部情况。MATLAB 中，用户可以使用 slice 函数绘制三维切片图，调用格式如下。

```
slice(X,Y,Z,V,xslice,yslice,zslice)
```

为三维体数据 V 绘制切片。指定 X、Y 和 Z 作为坐标数据。使用以下形式之一指定 xslice、yslice 和 zslice 作为切片位置：①要绘制一个或多个与特定轴正交的切片平面，请将切片参数指定为标量或向量。②要沿曲面绘制单个切片，请将所有切片参数指定为定义曲面的矩阵。

```
slice(V,xslice,yslice,zslice)
```

使用 V 的默认坐标数据。V 中每个元素的(x,y,z)位置分别基于列、行和页面索引。

```
slice(___,method)
```

指定插值方法，其中 method 可以是 linear(默认值)、cubic 或 nearest。可将此选项与上述语法中的任何输入参数一起使用。

```
slice(ax,___)
```

在指定坐标区而不是当前坐标区(gca)中绘图。

```
s=slice(___)
```

返回创建的 Surface 对象。slice 为每个切片返回一个 Surface 对象。

【例 4-25】 用 slice 函数绘制 $v=x\mathrm{e}^{-x^2-y^2-z^2}$ 在区间 $x,y,z\in[-2,2]$上的三维切片图，如图 4-33 所示。

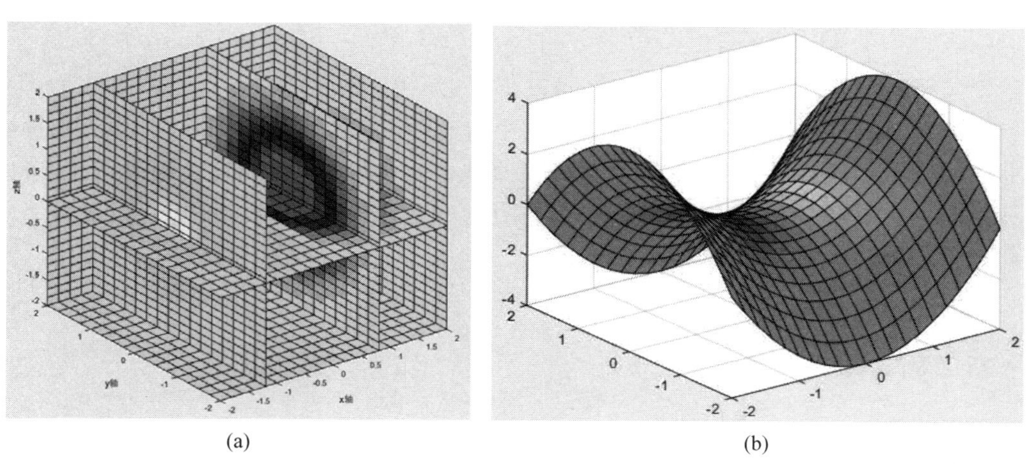

(a) (b)

图 4-33 slice 函数绘制三维切片图

```
>> [x,y,z]=meshgrid(-2:.2:2,-2:.25:2,-2:.16:2);
>> v=x.*exp(-x.^2-y.^2-z.^2);
>> xslice=[-1.2,.8,2];          %x 轴上的切片
```

```
>> yslice=2;                    %y 轴上的切片
>> zslice=[-2,0];               %z 轴上的切片
%分别在 x 轴、y 轴、z 轴上的三维切片图;图 4-33(a)
>> slice(x,y,z,v,xslice,yslice,zslice)
>> xlabel('x 轴');ylabel('y 轴');zlabel('z 轴');
>> colormap hsv

>> figure(2)
>> [xsurf,ysurf]=meshgrid(-2:0.2:2);
>> zsurf=xsurf.^2-ysurf.^2;
%在曲面 z=x²-y² 曲面上的三维切片;图 4-33(b)
>> slice(X,Y,Z,V,xsurf,ysurf,zsurf)
```

4.4.6 三维等高线图

三维等高线图用于绘制一个定义在矩形栅格上的曲面等高线图。MATLAB 中可用 contour3 函数实现此功能,调用格式如下。

```
contour3(Z)
```

创建一个包含矩阵 **Z** 的等值线的三维等高线图,其中 **Z** 包含 xOy 平面上的高度值。MATLAB 会自动选择要显示的等高线。**Z** 的列和行索引分别是平面中的 x 坐标和 y 坐标。

```
contour3(X,Y,Z)
```

指定 Z 中各值的 x 坐标和 y 坐标。

```
contour3(___,levels)
```

将要显示的等高线指定为上述任一语法中的最后一个参数。将 levels 指定为标量值 n,以在 n 个自动选择的层级(高度)上显示等高线。要在某些特定高度绘制等高线,请将 levels 指定为单调递增值的向量。要在一个高度(k)绘制等高线,请将 levels 指定为二元素行向量[k k]。

```
contour3(___,LineSpec)
```

指定等高线的线型和颜色。

```
contour3(___,Name,Value)
```

使用一个或多个名称-值对组参数指定等高线图的其他选项。请在所有其他输入参数之后指定这些选项。有关属性列表,请参阅 Contour 属性。

```
contour3(ax,___)
```

在目标坐标区中显示等高线图。将坐标区指定为上述任一语法中的第一个参数。

```
M=contour3(___)
```

返回等高线矩阵 $\boldsymbol{M}$，其中包含每个层级的顶点的(x,y)坐标。

```
[M,c]=contour3(___)
```

返回等高线矩阵和等高线对象 c。显示等高线图后，使用 c 设置属性。

【例 4-26】 用 contour3 函数绘制图 4-34 所示的三维等高线图。

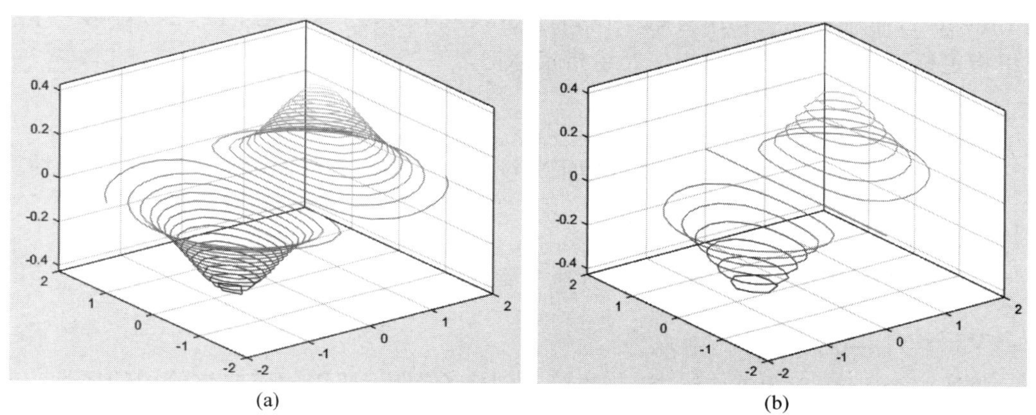

图 4-34 contour3 函数绘制三维等高线图

```
>> x=-2:0.25:2;
>> [X,Y]=meshgrid(x);
>> Z=X.*exp(-X.^2-Y.^2);
>> figure;contour3(X,Y,Z,30)                  %等高线为 30 条;图 4-34(a)

>> figure;contour3(X,Y,Z,linspace(min(Z(:)),max(Z(:)),15))
                                              %等高线为 15 条;图 4-34(b)
```

4.4.7 三维曲线图

MATLAB 提供了 plot3 和 ezplot3 函数用于绘制三维点图或线图。其中，plot3 函数将二维绘图函数的特性扩展到三维空间，除了第三维参数外，其他参数含义与 plot 相同。plot3 函数调用格式如下。

```
plot3(X,Y,Z)
```

绘制三维空间中的坐标。要绘制由线段连接的一组坐标，需将 $\boldsymbol{X}$、$\boldsymbol{Y}$、$\boldsymbol{Z}$ 指定为相同长度的向量。要在同一组坐标轴上绘制多组坐标，需将 $\boldsymbol{X}$、$\boldsymbol{Y}$ 或 $\boldsymbol{Z}$ 中的至少一个指定为矩阵，其他指定为向量。

```
plot3(X,Y,Z,LineSpec)
```

使用指定的线型、标记和颜色创建绘图。

```
plot3(X1,Y1,Z1,...,Xn,Yn,Zn)
```

在同一组坐标轴上绘制多组坐标。使用此语法作为将多组坐标指定为矩阵的替代方法。

```
plot3(X1,Y1,Z1,LineSpec1,...,Xn,Yn,Zn,LineSpecn)
```

可为每个X、Y、Z三元组指定特定的线型、标记和颜色。用户可以对某些三元组指定LineSpec，而对其他三元组省略。例如，plot3(X1,Y1,Z1,'o',X2,Y2,Z2)对第一个三元组指定标记，但没有对第二个三元组指定标记。

```
plot3(___,Name,Value)
```

使用一个或多个名称-值对组参数指定Line属性。在所有其他输入参数后指定属性。

```
plot3(ax,___)
```

在目标坐标区上显示绘图。将坐标区指定为上述任一语法中的第一个参数。

```
p=plot3(___)
```

返回一个Line对象或Line对象数组。创建绘图后，使用p修改该绘图的属性。有关属性列表，请参阅Line属性。

【例 4-27】 使用plot3函数绘制图4-35所示的三维曲线图。

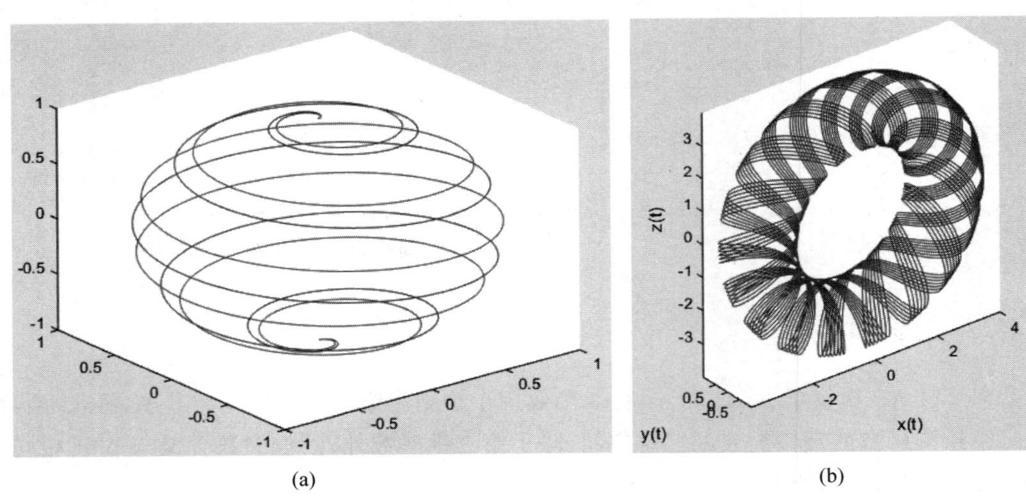

(a) (b)

图 4-35 plot3 函数绘制三维曲线图

```
>> t=0:pi/500:pi;
>> xt1=sin(t).*cos(10*t);
>> yt1=sin(t).*sin(10*t);
>> zt1=cos(t);

>> xt2=sin(t).*cos(12*t);
>> yt2=sin(t).*sin(12*t);
```

```
>> zt2=cos(t);
>> plot3(xt1,yt1,zt1,xt2,yt2,zt2)                    %图 4-35(a)

>> t=0:pi/500:40 * pi;
>> xt=(3+cos(sqrt(32) * t)).* cos(t);
>> yt=sin(sqrt(32) * t);
>> zt=(3+cos(sqrt(32) * t)).* sin(t);
>> plot3(xt,yt,zt)                                   %图 4-35(b)
>> axis equal
>> xlabel('x(t)')
>> ylabel('y(t)')
>> zlabel('z(t)')
```

MATLAB 也提供了用于隐函数的三维图形绘制命令 ezplot3，其调用格式与二维绘图函数 ezplot 类似，格式如下。

```
ezplot3(funx,funy,funz)
```

在默认域 $0<t<2\pi$ 中绘制空间曲线 funx(t)、funy(t)和 funz(t)。

```
ezplot3(funx,funy,funz,[tmin,tmax])
```

在域 tmin$<t<$tmax 中绘制曲线 funx(t)、funy(t)和 funz(t)。

```
ezplot3(...,'animate')
```

生成空间曲线的动画轨迹。

```
ezplot3(axes_handle,...)
```

将图形绘制到带有句柄 axes_handle 的坐标区中，而不是当前坐标区(gca)中。

```
h= ezplot3(...)
```

将句柄返回给 h 中绘制的对象。

函数 ezplot3 和 fplot3 中的参数 funx、funy 和 funz 均支持以字符串或函数句柄形式传递函数，此外也支持传递额外的附加参数。

在传递给 ezplot3 的表达式中始终说明数组乘法、除法和乘方。例如，用于对表达式绘图的 MATLAB 语法。

```
x=s./2, y=2.* s, z=s.^2;
```

这表示参数函数，记为：

```
ezplot3('s/2','2 * s','s^2')
```

即，在传递给 ezplot3 的字符向量或字符串中，s/2 解释为 s./2。

函数句柄参数必须指向使用 MATLAB 语法的函数。例如，以下语句定义匿名函数并将函数句柄 fh 传递至 ezplot3。例如：

```
fh1=@ (s) s./2; fh2=@ (s) 2.* s; fh3=@ (s) s.^2;
ezplot3(fh1,fh2,fh3)
```

需注意,在使用函数句柄时,必须使用数组幂、数组乘法和数组除法运算符(.^,.*,./),因为在有字符向量或字符串输入的情况下 ezplot3 不改变语法。

如果函数有附加参数,例如 myfuntk 中的 k:

```
function s=myfuntk(t,k)
s=t.^k.* sin(t);
```

则可以使用匿名函数指定该参数。

```
ezplot3(@cos,@(t)myfuntk(t,1),@sqrt)
```

【例 4-28】 用 ezplot3 命令绘制函数 $\begin{cases}x=\sin t\\y=\cos t\\z=t\end{cases}$ 和 $\begin{cases}x=e^{-t/10}\sin(5t)\\y=e^{-t/10}\cos(5t)\\z=t\end{cases}$ 的曲线,如图 4-36 所示。

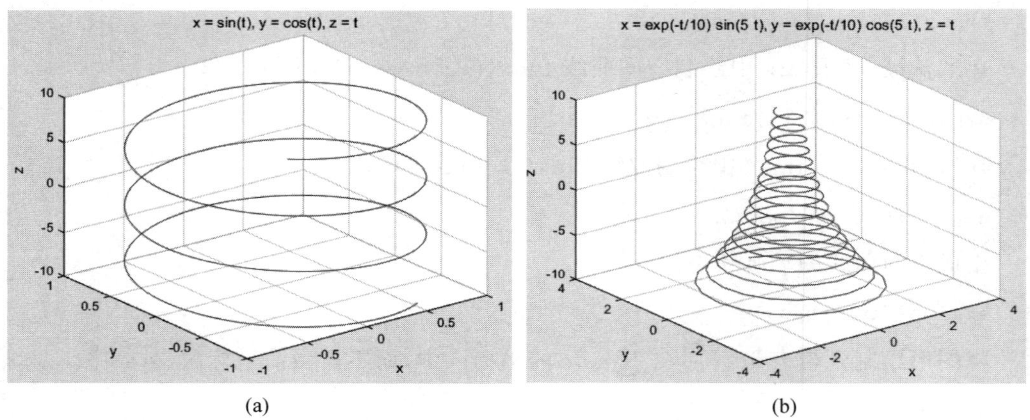

(a) (b)

图 4-36 ezplot3 函数绘制曲线

```
%句柄方式传递函数
>> xt1=@(t) sin(t);
>> yt1=@(t) cos(t);
>> zt1=@(t) t;
>> figure(1); ezplot3(xt1,yt1,zt1, [-10,10])                %图 4-36(a)

>> xt2=@(t) exp(-t/10).* sin(5*t);
>> yt2=@(t) exp(-t/10).* cos(5*t);
>> zt2=@(t) t;
>> figure(2); ezplot3(xt2,yt2,zt2,[-10 10])                 %图 4-36(b)

%字符串形式传递函数
>> figure(3); ezplot3('sin(t)','cos(t)','t',[-10 10])        %图 4-36(a)
>> figure(4);                                                %图 4-36(b)
>> ezplot3('exp(-t/10).* sin(5*t)',' exp(-t/10).* cos(5*t)','t',[-10 10])
```

4.4.8 三维网格图

三维网格图是指把相邻的数据点连接起来形成的网状曲面，其基本原理为：在 xOy 平面上指定一个长方形矩形区域，采用与坐标轴平行的直线将其分格，计算矩形网格点上的函数值，得到三维空间的数据点，将这些数据点分别处于 xOz 或者其平面内的曲线与处于 yOz 或者其平面内的曲面连接起来，即形成网格；该图对于显示大型的数值矩阵很有用处。此类函数有 mesh、meshc 和 meshz 函数，下面将分别介绍。

1. mesh 类函数

mesh 函数用于绘制三维网格图型，与其类似的还包括能够绘制带等高线图的 meshc 函数以及包含零平面的 meshz 函数，调用格式如下。

```
mesh(X,Y,Z)
```

创建一个网格图，该网格图为三维曲面，有实色边颜色，无面颜色。该函数将矩阵 **Z** 中的值绘制为由 X 和 Y 定义的 xOy 平面中的网格上方的高度。边颜色因 **Z** 指定的高度而异。

```
mesh(Z)
```

创建一个网格图，并将 **Z** 中元素的列索引和行索引用作 x 坐标和 y 坐标。

```
mesh(Z,C)
```

进一步指定边的颜色。

```
mesh(___,C)
```

在前面各种调用方式基础上，进一步指定边的颜色。

```
mesh(ax,___)
```

将图形绘制到 ax 指定的坐标区中，而不是当前坐标区中。指定坐标区作为第一个输入参数。

```
mesh(___,Name,Value)
```

使用一个或多个名称-值对组参数指定曲面属性。例如，FaceAlpha，0.5 创建半透明网格图。

```
s=mesh(___)
```

将返回一个图曲面对象。在创建网格图后，使用 s 修改网格图。

```
meshc(___)
```

用于绘制三维网格图与基本的等高线图。

```
meshz(___)
```

用于绘制包含零平面的三维网格图。

【例 4-29】 用 mesh、meshc 和 meshz 函数绘制图 4-37 所示的三维网格图。

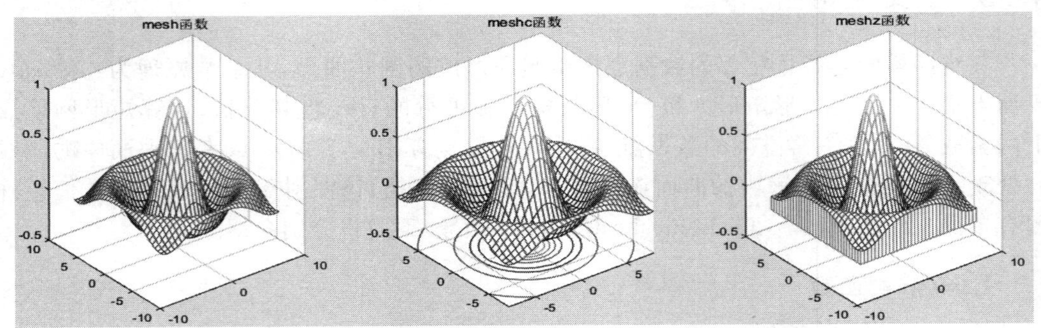

图 4-37 mesh 类函数绘制三维网格图

```
>> [X,Y]=meshgrid(-8:.5:8);
>> R=sqrt(X.^2+Y.^2)+eps;
>> Z=sin(R)./R;
>> subplot(1,3,1); mesh(X,Y,Z)              %图 4-37
>> subplot(1,3,1); meshc(X,Y,Z)
>> subplot(1,3,1); meshz(X,Y,Z)
```

2. ezmesh 类函数

与 mesh 类函数类似，MATLAB 同样提供了 ezmesh 函数和 ezmeshc 函数用于绘制隐函数形式的三维网格图。此处，仅以 ezmesh 函数为例说明，其调用格式如下。

```
ezmesh(fun)
```

使用 mesh 函数创建 fun(x,y)的图形。fun 在默认域 $-2\pi < x < 2\pi$，$-2\pi < y < 2\pi$ 中绘制，可以是函数句柄、字符向量或字符串。

```
ezmesh(fun,domain)
```

在指定的 domain 中绘制 fun。domain 可以是 4×1 向量[xmin，xmax，ymin，ymax]或 2×1 向量[min，max](其中 min$<x<$max，min$<y<$max)。

```
ezmesh(funx,funy,funz)
```

在 $-2\pi < s < 2\pi$ 和 $-2\pi < t < 2\pi$ 的正方形中绘制参数曲面图 funx(s,t)、funy(s,t)和funz(s,t)。

```
ezmesh(funx,funy,funz,[smin,smax,tmin,tmax])
```

使用指定域绘制参数曲面图。

```
ezmesh(...,n)
```

使用 $n \times n$ 网格在默认域中绘制 fun。n 的默认值为 60。

```
ezmesh(..., 'circ')
```

在以域为中心的圆上绘制 fun。

```
ezmesh(axes_handle,...)
```

将图形绘制到带有句柄 axes_handle 的坐标区中，而不是当前坐标区(gca)中。

```
h=ezmesh(...)
```

将句柄返回给 h 中的曲面图对象。

【例 4-30】 用 ezmesh 类函数绘制图 4-38 所示的三维网格图。

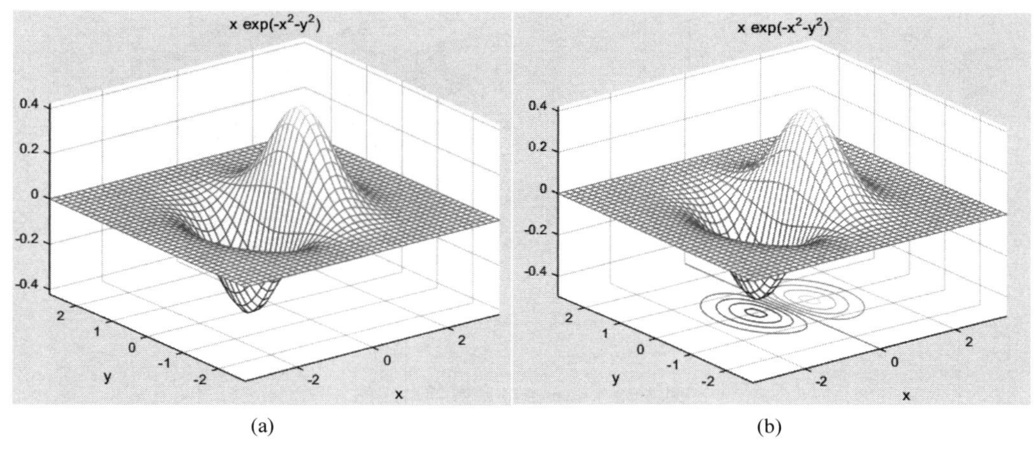

图 4-38 ezmesh 函数绘制三维网格图

```
>> fh=@(x,y) x.*exp(-x.^2-y.^2);
>> ezmesh(fh,40)                %图 4-38(a)
>> ezmeshc(fh,40)               %图 4-38(b)
```

3. meshgrid 函数

读者可能注意到，例 4-36 中使用了 meshgrid 函数，其功能是用来生成二元函数 $z=f(x,y)$在 xOy 平面上的矩形定义域中的数据点阵 X 和 Y；或者是三元函数 $z=f(x,y,z)$在立方体定义域中的数据点阵 X、Y 和 Z，其调用格式如下。

```
[X,Y]=meshgrid(x,y)
```

基于向量 ***x*** 和 ***y*** 中包含的坐标返回二维网格坐标。***X*** 是一个矩阵，每一行是 x 的一个副本；***Y*** 也是一个矩阵，每一列是 y 的一个副本。坐标 X 和 Y 表示的网格有 length(y)个行和 length(x)个列。

```
[X,Y]=meshgrid(x)
```

与[X,Y]=meshgrid(x,x)相同，并返回网格大小为 length(x)×length(x)的方形网格坐标。

```
[X,Y,Z]=meshgrid(x,y,z)
```

返回由向量 ***x***、***y*** 和 ***z*** 定义的三维网格坐标。X、Y 和 Z 表示的网格大小为 length(y)×length(x)×length(z)。

```
[X,Y,Z]=meshgrid(x)
```

与[X,Y,Z]=meshgrid(x,x,x)相同,并返回网格大小为 length(x)×length(x)×length(x)的三维网格坐标。

【例 4-31】 用 meshgrid 函数辅助完成图 4-39 所示的三维网格图。

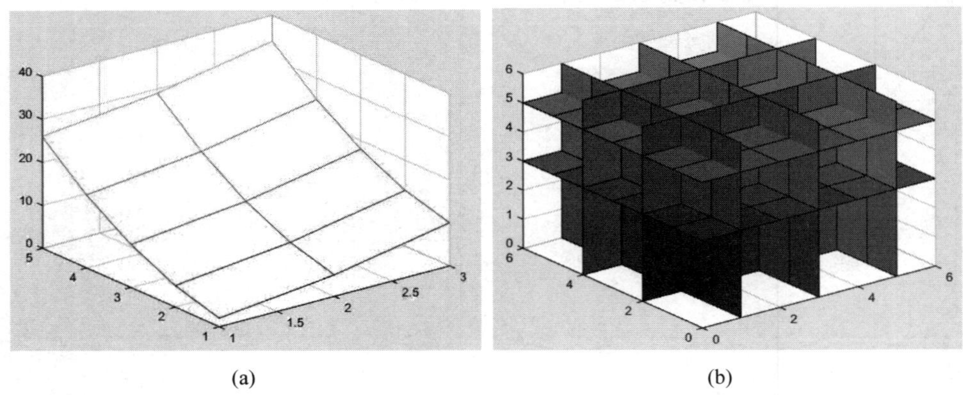

(a)　　　　(b)

图 4-39 meshgrid 函数辅助绘图

```
>> x=1:3;
>> y=1:5;
>> [X,Y]=meshgrid(x,y);
>> whos X Y Z
  Name      Size            Bytes  Class     Attributes

  X         5x3               120  double
  Y         5x3               120  double
  Z         5x3               120  double
>> mesh(X,Y,Z)                                %图 4-39(a)

>> x=0:2:6;
>> y=0:1:6;
>> z=0:3:6;
>> [X,Y,Z]=meshgrid(x,y,z);
>> whos X Y Z
  Name      Size            Bytes  Class     Attributes

  X         7x4x3             672  double
  Y         7x4x3             672  double
  Z         7x4x3             672  double
>> slice(X,Y,Z,F,[1,3,5],[2,4],[3,5])         %图 4-39(b)
```

4. hidden 函数

MATLAB 提供了 hidden 函数用于显示或隐藏三维网格图中的隐线，即隐线消除模式将仅绘制未被三维视图中其他对象遮住的线条。hidden 函数只适用于具有相同的 FaceColor 的曲面图对象，调用格式如下。

```
hidden on
```

对当前网格图启用隐线消除模式，这样网格后面的线条会被网格前面的线条遮住。这是默认行为。

```
hidden off
```

对当前网格图禁用隐线消除模式。

```
hidden
```

切换隐线消除状态。

```
hidden(ax,...)
```

修改由 ax 指定的坐标区而不是当前坐标区上的曲面对象。

【例 4-32】 用 hidden 函数显示或隐藏图 4-40 中所示的隐线。

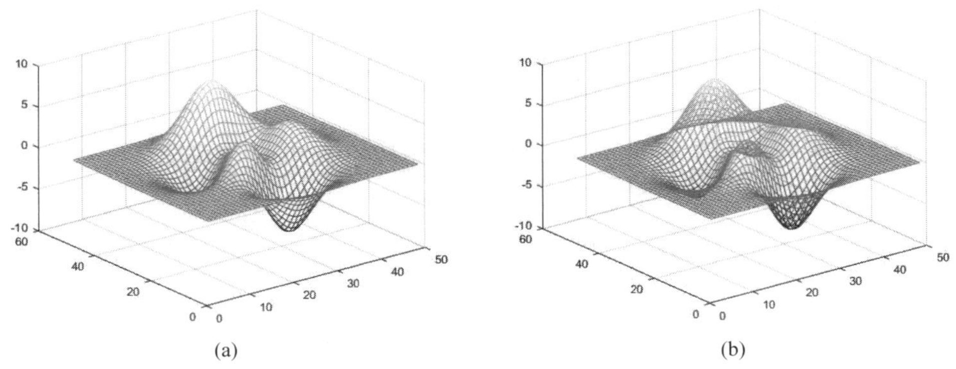

图 4-40　hidden 函数控制三维网格图

```
>> figure
>> mesh(peaks)                %图 4-40(a)
>> hidden off                 %图 4-40(b)
```

4.4.9　三维曲面图

曲面图就是把网格图表面以网格围成的小片区域用不同的颜色填充形成彩色表面。它的一些特性正好与网格图相反，如其线条是黑色的，线条之间是彩色的；而在网格图中，线条是彩色的，而线条之间是黑色的。在曲面图中不必考虑像网格图一样隐藏线条，但要考虑用不同的方法对表面添加色彩。该图形可由 surf、surfc、surfl 和 ezsurf 函数实现，下面将分别介绍。

1. surf 类函数

surf 类函数的调用格式与 mesh 函数完全一致，这里不再赘述。两个函数的不同之处在于着色，用 surf 函数建立的图形更具立体感。下面将通过示例来展示 surf 函数的绘图效果。

【例 4-33】 用 surf 类函数绘制图 4-41 所示三维曲面图。

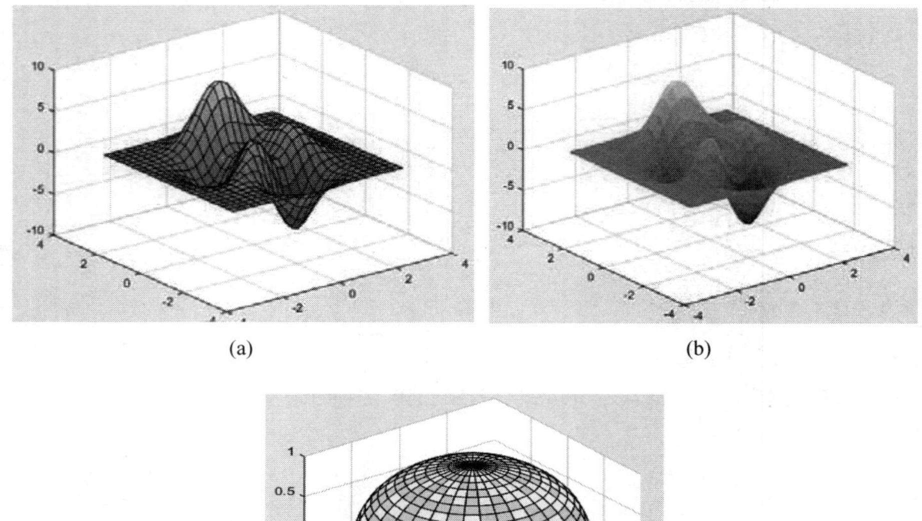

(a)　(b)

(c)

图 4-41　surf 类函数绘制三维曲面图

```
>> [X,Y,Z]=peaks(25);
>> figure; surf(X,Y,Z);                          %图 4-41(a)
>> [X,Y,Z]=peaks(25);
>> figure; surf(X,Y,Z,'EdgeColor','flat');       %图 4-41(b)
>> k=5; n=2^k-1;
>> [x,y,z]=sphere(n);
>> c=hadamard(2^k);
>> figure; surf(x,y,z,c);                        %图 4-41(c)
>> colormap([1  1  0; 0  1  1])
>> axis equal
```

从图 4-41(a)可以看出,曲面图的线条颜色为黑色,线条间的方块为彩色,这是 surf 函数与 mesh 函数的主要区别。

2. shading 函数

若想得到图 4-41(b)所示的效果,除使用上述方法外,还可以通过 MATLAB 提供的 shading 函数来实现,调用格式如下。

```
shading flat
```

去除各小片区域连接处的线条,平滑当前图形的颜色。

```
shading faceted
```

默认值,带有连接线条的颜色。

```
shading interp
```

去除连接线条,在各小区域之间使用颜色插值。

【例 4-34】 用 shading 函数对三维曲面图进行颜色平滑处理,如图 4-42 所示。

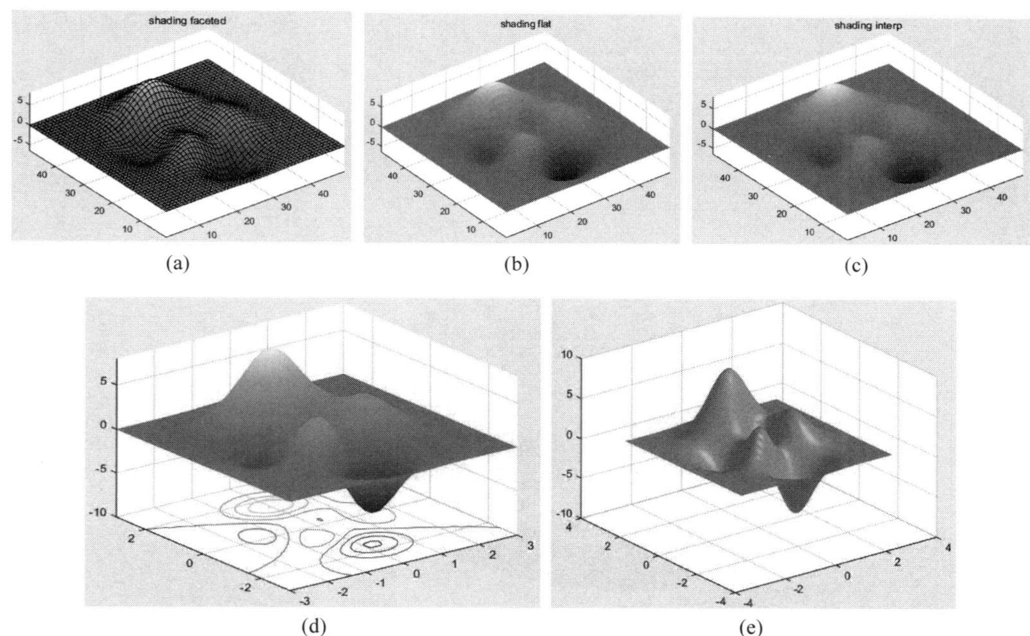

图 4-42 shading 函数控制三维曲面颜色平滑

```
%shading 函数的使用
>> figure(1);surf(peaks);              %显示线条;图 4-42(a)
>> axis equal
>> title('shading faceted')

>> figure(2); surf(peaks);             %隐藏线条;图 4-42(b)
```

```
>> axis equal
>> shading flat
>> title('shading flat')

>> figure(3); surf(peaks);                %隐藏线条,方片间颜色插值处理;图 4-42(c)
>> axis equal
>> shading interp
>> title('shading interp')

%surfc 和 surfl 函数
>> [X,Y,Z]=peaks(30);
>> figure(4)
>> surfc(X,Y,Z)                           %三维曲面在底部有等高线;图 4-42(d)
>> shading interp

>> [x,y]=meshgrid(-3:1/8:3);
>> z=peaks(x,y);
>> figure(5)
>> surfl(x,y,z)                           %三维曲面有光照效果;图 4-42(e)
>> shading interp                         %与 surfc 不同,surfl 根据光照模型进行着色
```

【例 4-35】 绘制函数 $\begin{cases} x = \cos(s+t) \\ y = \sin(s+t) \\ z = \cos(s) + \sin(t) \end{cases}$ 在区间 $t,s \in [-\pi,\pi]$ 的曲线，并进行显示效果优化。

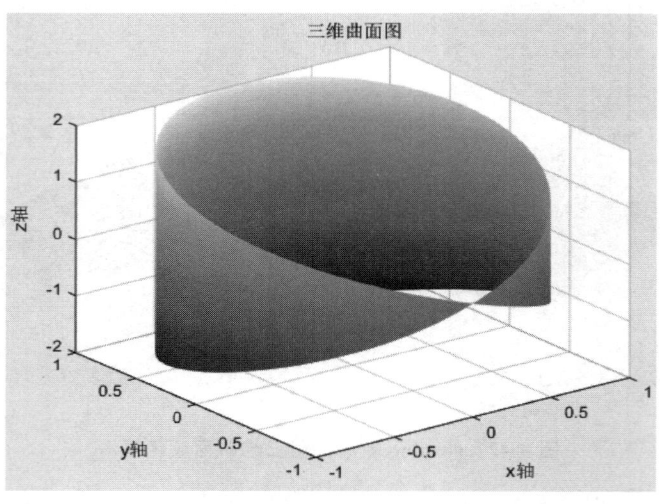

图 4-43 特定函数绘图效果

```
>> ezsurf('cos(s+t)','sin(s+t)','cos(s)+sin(t)',[-pi,pi])          %图 4-43
>> shading interp
>> title('三维曲面图')
>> xlabel('x 轴');ylabel('y 轴');zlabel('z 轴')
```

4.4.10 三维柱面图

MATLAB 中提供了 cylinder 函数用于绘制柱面效果图，其调用格式如下。

```
[X,Y,Z]=cylinder
```

返回圆柱的 x、y 和 z 坐标而不对其绘图。返回的圆柱的半径等于 1，圆周上有 20 个等距点，底部平行于 xOy 平面。该函数以三个 21×21 矩阵形式返回 x、y 和 z 坐标。要使用返回的坐标绘制圆柱，请使用 surf 或 mesh 函数。

```
[X,Y,Z]=cylinder(r)
```

返回具有指定剖面曲线 r 和圆周上 20 个等距点的圆柱的 x、y 和 z 坐标。该函数将 r 中的每个元素视为沿圆柱单位高度的等距高度的半径。

```
[X,Y,Z]=cylinder(r,n)
```

返回具有指定剖面曲线 r 和圆周上 n 个等距点的圆柱的 x、y 和 z 坐标。该函数以三个$(n+1)\times(n+1)$矩阵形式返回 x、y 和 z 坐标。

```
cylinder(___)
```

绘制圆柱而不返回坐标。请将此语法与上述语法中的任何输入参数结合使用。

```
cylinder(ax,___)
```

将图形绘制到 ax 指定的坐标区中，而不是当前坐标区中。指定坐标区作为第一个输入参数。

【例 4-36】 用 cylinder 函数绘制图 4-44 所示柱面图。

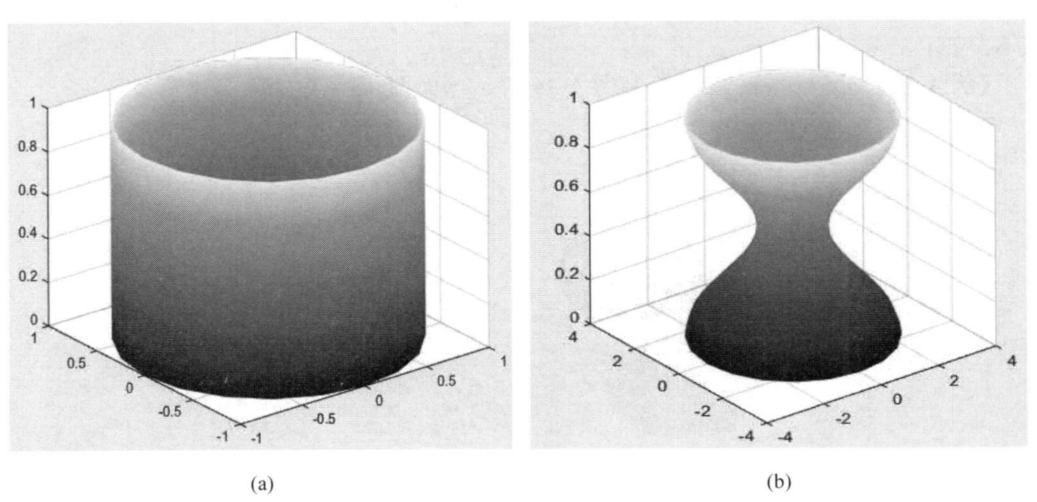

图 4-44 cylinder 函数绘制柱面图

```
>> figure(1)
>> cylinder                %单位柱形图;图 4-44(a)
>> shading interp
>> t=0:pi/10:2*pi;
>> figure(2)
>> [X,Y,Z]=cylinder(2+cos(t));
>> surf(X,Y,Z)             %图 4-44(b)
>> shading interp
>> axis square
```

4.4.11 三维球面图

MATLAB 中提供了 sphere 函数用于绘制球面图,调用格式如下。

```
[X,Y,Z]=sphere
```

返回球面的 x、y 和 z 坐标而不对其绘图。返回的球面的半径等于 1,由 20×20 个面组成。该函数以三个 21×21 矩阵形式返回 x、y 和 z 坐标。要使用返回的坐标绘制球面,请使用 surf 或 mesh 函数。

```
[X,Y,Z]=sphere(n)
```

返回半径等于 1 且包含 $n \times n$ 个面的球面的 x、y 和 z 坐标。该函数以三个$(n+1)\times(n+1)$矩阵形式返回 x、y 和 z 坐标。

```
sphere(___)
```

绘制球面而不返回坐标。请将此语法与上述语法中的任何输入参数结合使用。

```
sphere(ax,___)
```

将图形绘制到 ax 指定的坐标区中,而不是当前坐标区中。指定坐标区作为第一个输入参数。

【例 4-37】 用 sphere 函数绘制图 4-45 所示球面图。

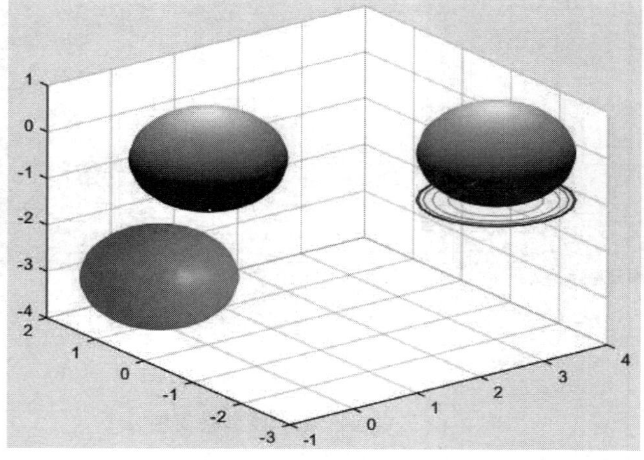

图 4-45　sphere 函数绘制球面图

```
%图 4-45
>> [x,y,z]=sphere;
>> figure; surf(x,y,z);              %圆心位于(0,0,0)
>> hold on
>> surfc(x+3,y-2,z)                   %圆心位于(3,-2,0)
>> surfl(x,y+1,z-3)                   %圆心位于(0,1,-3)
>> shading interp
```

4.5 三维图形修饰

三维图形的修饰包括设置视角、灯光、颜色以及选择材质等多种处理内容，熟练掌握这些修饰方法对于提升数据的表达效果具有重要作用。下面将分别介绍这些处理技巧。

4.5.1 视角处理

在日常生活中，我们会发现从不同的角度观察物体，所看到的物体形状是不一样的。同样地，从不同视点(viewpoint)观察绘制的三维图形也是不一样的。

MATLAB中，视点位置由方位角(azimuth)和仰角(elevation)来表示，如图4-46所示；其中，方位角是视点与原点(center of plot box)连线在xOy平面上的投影与y轴负方向形成的角度，正值表示逆时针，负值表示顺时针；仰角是视点与原点连线与xOy平面的夹角，正值表示视点在xOy平面上方，负值表示视点在xOy平面下方。

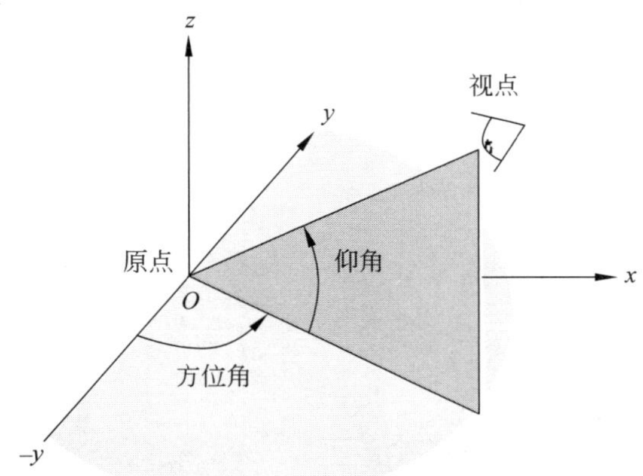

图 4-46　MATLAB 中视点定义

在MATLAB中可使用view函数改变所有类型的二维和三维图形的视角，格式如下。

```
view(az,el)
```

为当前坐标区设置照相机视线的方位角和仰角。

```
view(v)
```

根据v(二元素或三元素数组)设置视线：其中，二元素数组的值分别是方位角和仰角;三元素数组的值是从图框中心点到照相机位置所形成向量的 x、y 和 z 坐标。MATLAB 使用指向同一方向的单位向量计算方位角和仰角。

```
view(dim)
```

对二维或三维绘图使用默认视线。对默认二维视图,将 dim 指定为 2,对于默认三维视图,指定为 3。

```
view(ax,___)
```

指定目标坐标区的视线。

```
[caz,cel]=view(___)
```

分别将方位角和仰角返回为 caz 和 cel。指定上述任一语法中的输入参数,以获得新视线的角度,或者不指定输入参数,以获得当前视线的角度。

【例 4-38】 用 view 函数设置如图 4-47 中所示的绘图视角。

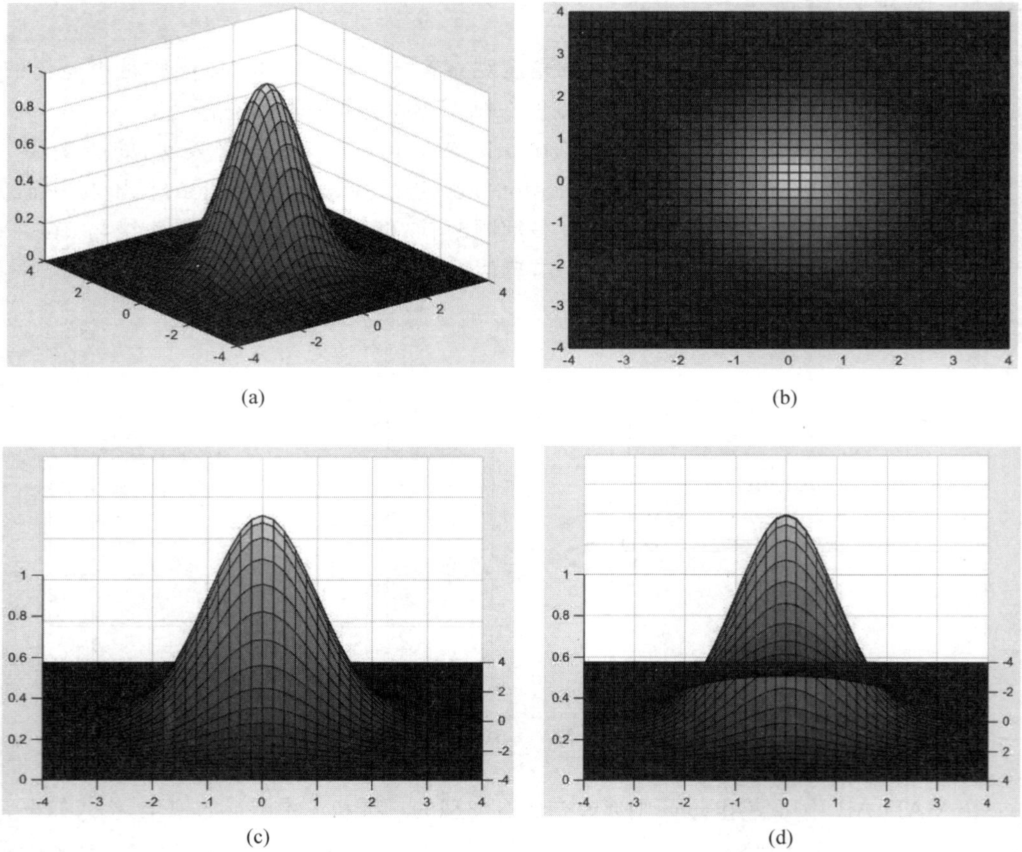

(a)

(b)

(c)

(d)

图 4-47 view 函数设置绘图视角

```
>> [x,y]=meshgrid(-4:0.2:4); z=exp(-0.5*(x.^2+y.^2));
>> subplot(2,2,1)
```

```
>> surf(x,y,z)                      %默认三维视图;图 4-47(a)
>> subplot(2,2,2)
>> surf(x,y,z); view(2)             %默认二维视图;图 4-47(b)
>> subplot(2,2,3)
>> surf(x,y,z); view(0,30)          %az=0, el=30;图 4-47(c)
>> subplot(2,2,4)
>> surf(x,y,z); view(0,-30)         %az=0, el=-30;图 4-47(d)
```

4.5.2 灯光处理

MATLAB中提供了camlight、light和lighting等函数用于设置灯光效果,下面将分别介绍。

1. camlight 函数

该函数可根据照相机的位置建立或移动光源。camlight设置光源对象的Position和Style属性。使用camlight创建的光源不会跟踪照相机。为了使光源保持在固定位置(相对于照相机),需在移动照相机时调用camlight。调用格式如下。

```
camlight('headlight')
```

在照相机位置创建光源。

```
camlight('right')
```

在照相机右上方创建光源。

```
camlight('left')
```

在照相机左上方创建光源。
不带参数的camlight与camlight('right')相同。

```
camlight(az,el)
```

在指定方位角(az)和仰角(el)(相对于照相机位置)处创建光源。照相机目标是旋转中心,az和el以度为单位。

```
camlight(...,'style')
```

使用以下两个值之一定义样式参数:local(默认值):光源是从该位置向所有方向发射的点源。infinite:光源发射平行光束。

```
camlight(lgt,...)
```

使用lgt指定的光源。

```
camlight(ax,...)
```

使用ax指定的坐标区,而不是使用当前坐标区。

```
lgt= camlight(...)
```

返回光源对象。

【例 4-39】 用 camlight 函数绘制如图 4-48 所示的光照动态效果。

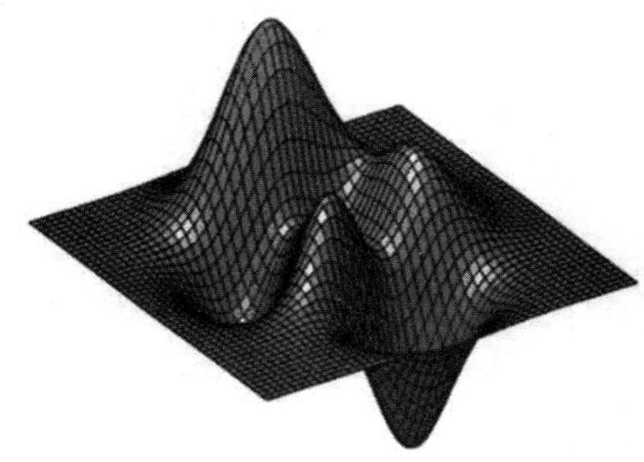

图 4-48 camlight 函数设置光照效果

```
%camlight 函数   %动画效果
>> surf(peaks); axis vis3d; h=camlight('left'); stepall=50;
>> for i=1:stepall;
  camorbit(5,0);     camlight(h,'left')
  frame=getframe(gcf);
%以下程序用于将生成的动画效果保存为 GIF 格式;需要实现此功能时,可将以下注释删掉
%   im=frame2im(frame);      %制作 gif 文件,图像必须是 index 索引图像
%   [I,map]=rgb2ind(im,20);
%   if i==1
%       imwrite(I,map,'CamLight.gif','gif',…
      'Loopcount',inf,'DelayTime',0.5);     %第一次必须创建!
%   elseif i==stepall
%       imwrite(I,map,'CamLight.gif','gif','WriteMode',…
      'append','DelayTime',0.5);
%   else
%       imwrite(I,map,'CamLight.gif','gif','WriteMode','append',…
      'DelayTime',0.5);
%   end;
  pause(.1)
end
```

2. light 函数

light 函数用于修改当前灯光对象的属性,调用格式如下。

```
light
```

添加一个光照源,其所有属性均采用默认值。

```
light('PropertyName',PropertyValue,...)
```

函数实现对光源参数的设置，当没有参数输入时，将以默认值进行设置；光源设置有三个很重要的参数。①color：表示灯光的颜色，默认为白色；②style：表示光源的位置，可选值由 infinite（无穷远或平行光源，默认）或 local（近处或点光源）；③position：表示灯光的位置，其为一个包含三个元素的向量，默认为[1 0 1]。

```
light_handle= light(...)
```

返回建立光源对象的句柄值。

【例 4-40】 用 light 函数设置图 4-49 所示的光照属性。

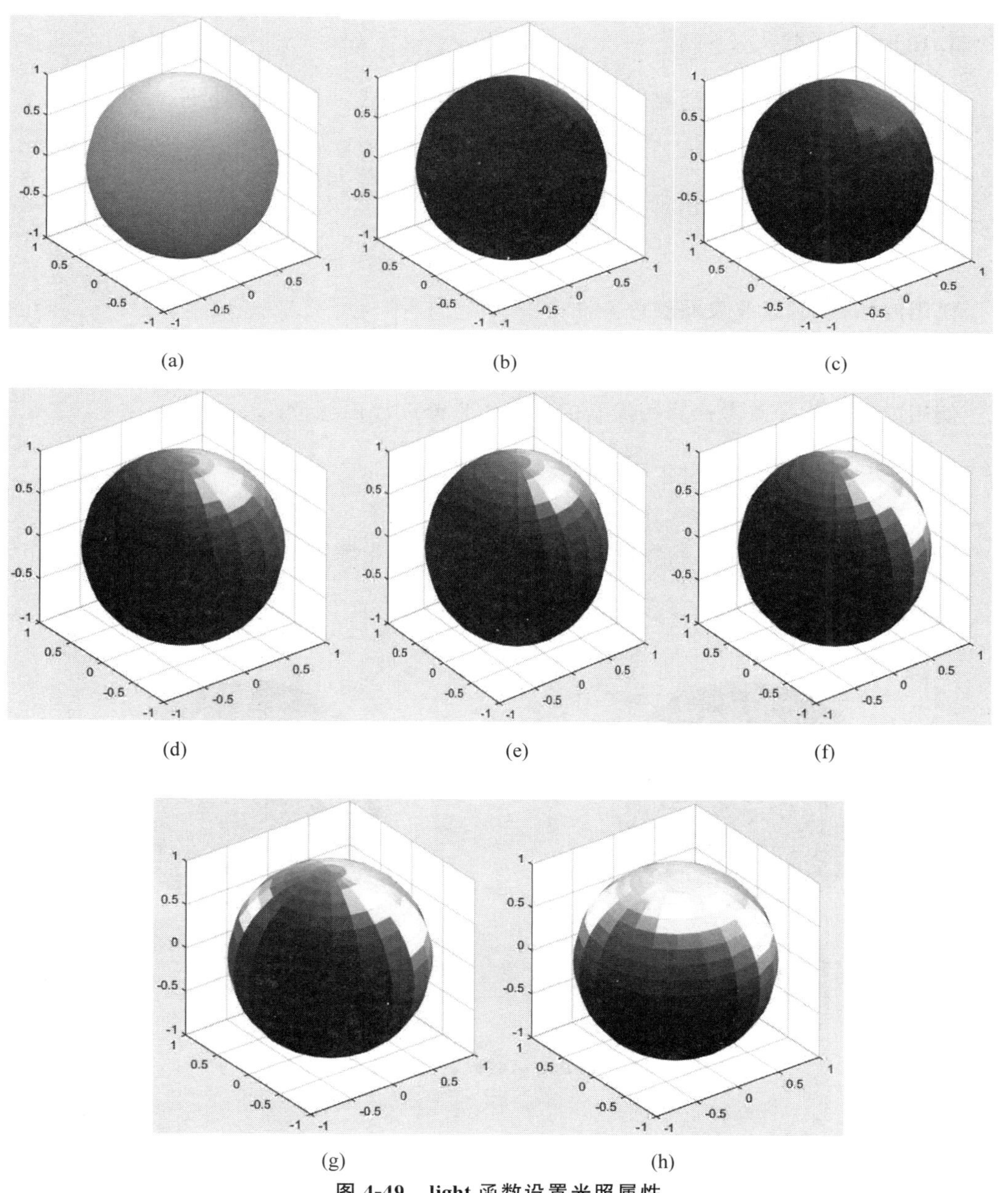

(a) (b) (c) (d) (e) (f) (g) (h)

图 4-49 light 函数设置光照属性

```
>> sphere;axis equal;
>> shading interp;                       %默认效果;图 4-49(a)
>> light('style','local')                %图 4-49(b)
>> light('color',[1 0 0])                %图 4-49(c)
>> light('color',[0 1 0])                %图 4-49(d)
>> light('color',[0 0 1])                %图 4-49(e)
>> light('position',[1 0 0])             %图 4-49(f)
>> light('position',[0 1 0])             %图 4-49(g)
>> light('position',[0 0 1])             %图 4-49(h)
```

3. lighting 函数

MATLAB 中 lighting 函数用于指定光源照明的模式,调用格式如下。

```
lighting flat
```

默认值,用以产生均一光源,但近似于平面。

```
lighting gouraud
```

使用内插方式,修改表面颜色。

```
lighting phong
```

使用内插方式并参考计算每像素的反射比来修改表面颜色。

```
lighting none
```

关闭光源。

【例 4-41】 用 lighting 函数设置如图 4-50 所示的光源照明模式。

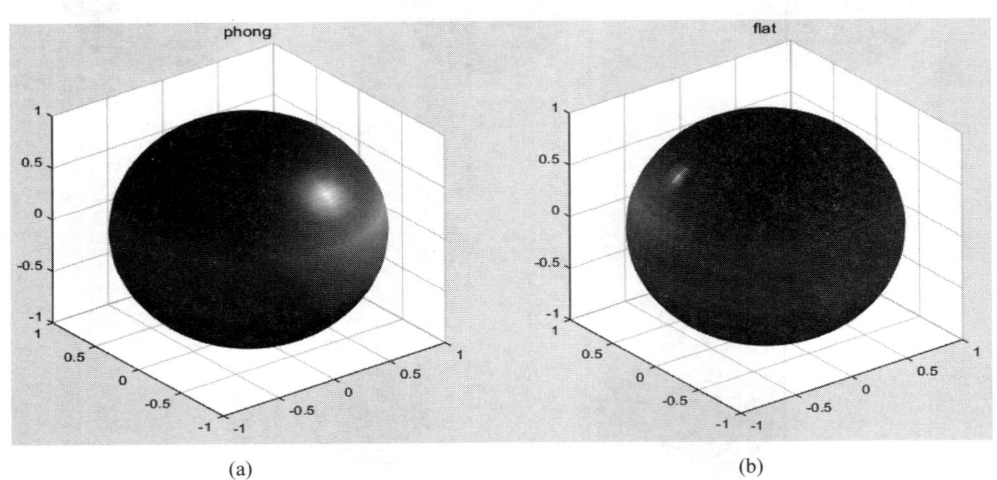

图 4-50 lighting 函数设置光源照明模式

```
>> [x,y,z]=sphere(40);
>> colormap(jet)
```

```
>> subplot(1,2,1);
>> surf(x,y,z),shading interp            %图 4-50(a)
>> light('position',[2,-2,2],'style','local')
>> lighting phong
>> title('phong')
>> subplot(1,2,2)
>> surf(x,y,z,-z),shading flat           %图 4-50(b)
>> lighting flat
>> light('position',[-1,0.5,1],'style','local','color','w')
>> title('flat')
```

【例 4-42】 光照处理综合应用,效果如图 4-51 所示。

图 4-51 光照处理综合应用

```
%模拟光照颜色和位置变化程序
>> warning('off'); sphere(50);shading flat; set(gcf,'color','w')
>> axis off; axis vis3d; stepall=50;
>> for i=1:.5:stepall;
%若要实现光照位置演示时,则取消注释
%  light('position',[sin(i),-0.5,sin(i) * cos(i)]);        %图 4-51
%若要实现光照颜色演示时,则取消注释
%light('color',[abs(sin(i)),abs(cos(i)),abs(sin(i) * cos(i))]);
%用户若想将运行结果保存为 GIF 格式时,可取消下列语句的注释
%   frame=getframe(gca); im=frame2im(frame); [I,map]=rgb2ind(im,20);
%   if i==1
%第一次必须创建!
%   imwrite(I,map,'Earth.gif','gif', 'Loopcount',inf,'DelayTime',0.5);
%    elseif i==stepall
%      imwrite(I,map,'Earth.gif','gif','WriteMode','append','DelayTime',0.5);
%    else
%  imwrite(I,map,'Earth.gif','gif','WriteMode','append','DelayTime',0.5);
%    end;
%   pause(.05)
end
```

4.5.3 颜色处理

1. 颜色表示

在 MATLAB 中,颜色除了用字符(如 r、g、b)表示外,还可用包含三个元素的行向量表示。向量元素取值均在[0,1]内,分别代表红、绿、蓝三种颜色的亮度,称为 RGB 三元组。MATLAB 中常见颜色与 RGB 值的组合如表 4-4 所示。

表 4-4 MATLAB 中常见颜色的 RGB 值

RGB 值	颜色	字符	RGB 值	颜色	字符
[0 0 1]	蓝色	b	[1 1 1]	白色	w
[0 1 0]	绿色	g	[0.5 0.5 0.5]	灰色	
[1 0 0]	红色	r	[0.67 0 1]	紫色	
[0 1 1]	青色	c	[1 0.5 0]	橙色	
[1 0 1]	品红色	m	[1 0.62 0.40]	铜色	
[1 1 0]	黄色	y	[0.49 1 0.83]	宝石蓝	
[0 0 0]	黑色	k			

2. 色图

为了方便用户使用,MATLAB 引入了色图(colormap)的概念。色图是一个 $m\times3$ 的数值矩阵,每一行都是一个 RGB 三元组。在 MATLAB 中,每个图形窗口中只能有一个色图。表 4-5 列出了 MATLAB 中常用的色图矩阵函数。

表 4-5 MATLAB 中常用色图矩阵函数

函数名	含义	函数名	含义
autumn	红、黄浓淡色	jet	蓝头红尾饱和值色
bone	蓝色调浓淡色	lines	采用 plot 绘线色
colorcube	三浓淡多彩交错色	pink	淡粉红色图
copper	青、品红浓淡色	prism	光谱交错色
flag	纯铜色调线性浓淡色	spring	青黄浓淡色
gray	灰色调线性浓淡色	summer	绿黄浓淡色
hot	黑、红、黄、白浓淡色	winter	蓝绿浓淡色
hsv	两端为红的饱和值色	white	全白色

3. 色图明暗控制

用户可以使用 brighten 函数来增量或加深色图颜色,调用格式如下。

```
brighten(beta)
```

增强或减小色图的色彩强度；若 0<beta<1，则增强色图强度；若 -1<beta<0，则减弱色图强度。

```
brighten(h,beta)
```

对句柄值 h 所指定的对象进行明暗控制。

```
newmap=brighten(beta)
```

返回一个比当前色图更暗或更亮的新色图。

```
newmap=brighten(cmap,beta)
```

返回增强或减弱的颜色影响值 newmap；但不改变原来的色图 cmap。

【例 4-43】 用 brighten 函数控制如图 4-52 所示的色图颜色。

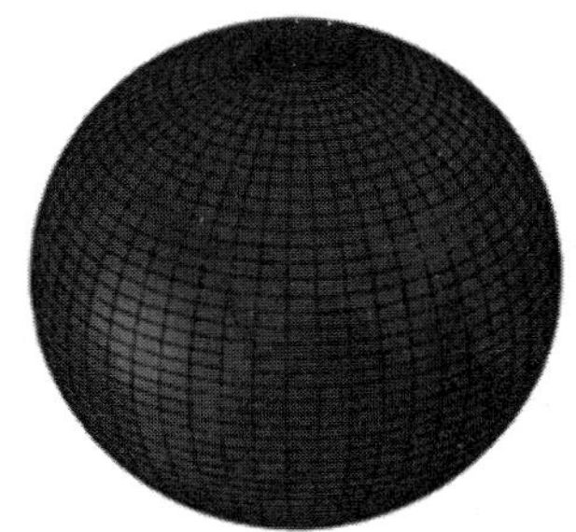

图 4-52 brighten 函数控制色图颜色

```
%绘制地球,并添加光照
>> load('topo.mat','topo','topomap1'); [x,y,z]=sphere(50); cla reset; axis
square off
>> surface(x,y,z,'FaceColor','texture','FaceLighting','phong','Cdata',topo)
>> view(3); set(gcf,'color','w'); stepall=1;
>> light('position',[-1.5,0.5,-0.5],'color',[.6 .2 .2])
>> for i=0:.05:stepall;
   brighten(i);              %调整色图颜色
%将演示效果保存为 GIF 格式
   frame=getframe(gca);   [I,map]=rgb2ind(im,20);
   if i==0
        imwrite(I,map,'Earth.gif','gif', 'Loopcount',inf,'DelayTime',0.5);
    elseif i==stepall
        imwrite(I,map,'Earth.gif','gif','WriteMode','append','DelayTime',
0.5);
    else
        imwrite(I,map,'Earth.gif','gif','WriteMode','append','DelayTime',
0.5);
    end;
   pause(.05)
end
```

4. 颜色带

MATLAB 提供了 colorbar 函数用于显示当前坐标轴对应的颜色带，即曲面上任意一个小区域的颜色都是根据此颜色带显示的。调用格式如下。

```
colorbar
```

在当前坐标区或图的右侧显示一个垂直颜色栏。颜色栏显示当前颜色图并指示数据值到颜色图的映射。

```
colorbar(location)
```

在特定位置显示颜色栏，例如 northoutside。并非所有类型的图都支持修改颜色栏位置。

```
colorbar(___,Name,Value)
```

使用一个或多个名称-值对组参数修改颜色栏外观。例如，Direction，reverse 将反转色阶。指定 Name，Value 作为上述任一语法中的最后一个参数对组。并非所有类型的图都支持修改颜色栏外观。

```
colorbar(target,___)
```

在 target 指定的坐标区或图上添加一个颜色栏。将目标坐标区或图指定为上述任一语法中的第一个参数。

```
c= colorbar(___)
```

返回 ColorBar 对象。用户可以在创建颜色栏后使用此对象设置属性。可将返回参数 c 指定到上述任一语法中。

```
colorbar('off')
```

删除与当前坐标区或图关联的所有颜色栏。

```
colorbar(target,'off')
```

删除与目标坐标区或图关联的所有颜色栏。用户也可以将 ColorBar 对象指定为目标。

【例 4-44】 用 colorbar 函数添加图 4-53 所示的颜色带。

```
>> load cape
>> subplot(1,2,1)
>> image(X)
>> colorbar('location','westoutside')                  %图 4-53(a)
>> subplot(1,2,2)
>> image(X,'CDataMapping','scaled')
>> colormap(map)
>> colorbar('location','eastoutside')                  %图 4-53(b)
```

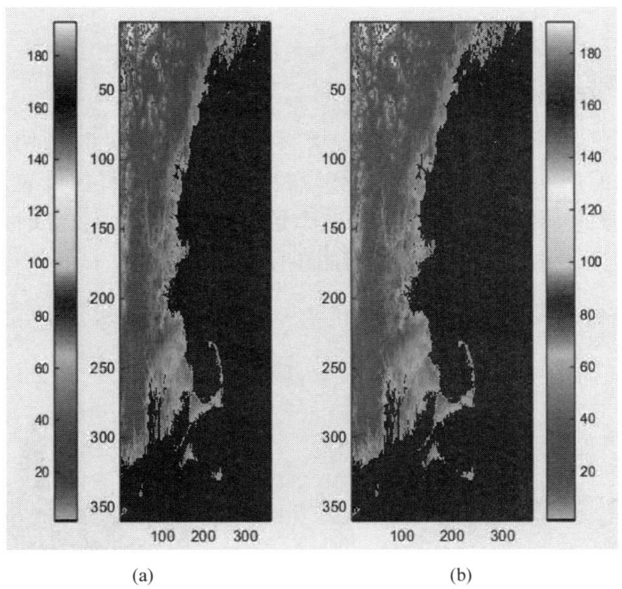

(a) (b)

图 4-53 colorbar 函数添加颜色带

4.5.4 材质处理

材质体现了图形对象的反射特性，用户可以通过修改区域块和曲面对象的反射特性来改变场景中应用光照对象的显示外观，这些特性包括环境光强度（ambient strength）、散射光强度（diffuse strength）、镜面反射强度（specular strength）、镜面反射区大小（specular exponent）、镜面反射颜色（specular color reflectance）等。可以根据需求单独使用这些特性，也可以进行组合使用。

1. 环境光强度

环境光的强度，指定为范围[0,1]中的标量值。环境光是照亮整个场景的无方向性光源。在坐标区上必须至少有一个可见光对象才能使环境光成为可见的。坐标区的AmbientLightColor属性设置环境光的颜色。坐标区中所有对象的颜色相同。

2. 散射光强度

散射光的强度，指定为范围[0,1]中的标量值。散射光是来自坐标区中光源对象的非镜面反射光。

3. 镜面反射强度

镜面反射的强度，指定为范围[0,1]中的标量值。镜面反射是坐标区中光源对象射入曲面图形成的明亮点。

4. 镜面反射区大小

镜面反射区的大小，指定为大于或等于1的标量值。大多数材料具有介于范围

[5,20]内的指数。

5. 镜面反射颜色

镜面反射的颜色，指定为范围[0,1]中的标量值。值为1时将使用光源的颜色设置颜色。值为0时将使用从其反射光的对象的颜色和光源的颜色设置对象的颜色。光的Color属性包含光源的颜色。对于介于这两个值之间的值，比例以线性方式变化。

【例 4-45】 修改如图4-54所示的三维图形的材质属性。

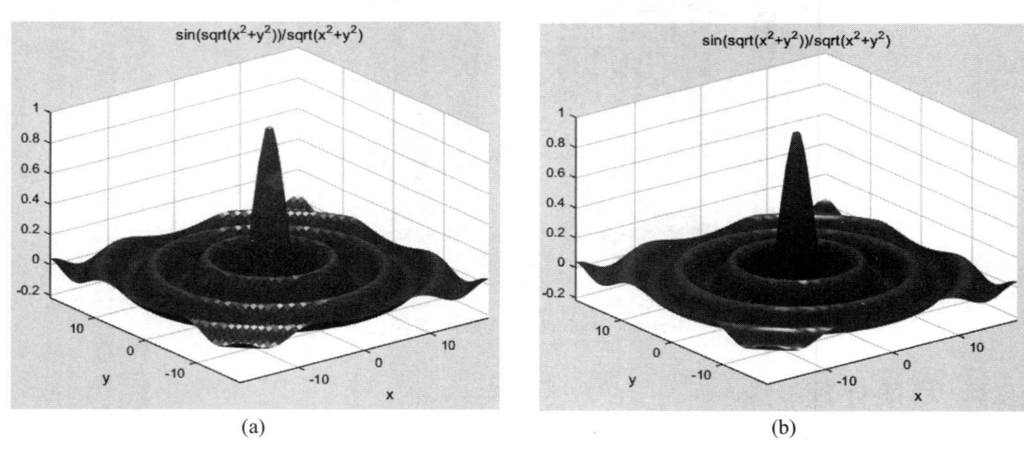

(a) (b)

图 4-54 三维曲面图材质属性设置

```
>> h=ezsurf('sin(sqrt(x^2+y^2))/sqrt(x^2+y^2)',[-6*pi,6*pi]);   %图 4-54(a)
>> light('position',[0,0,1]); view(3); shading interp
>> figure
>> h=ezsurf('sin(sqrt(x^2+y^2))/sqrt(x^2+y^2)',[-6*pi,6*pi]);   %图 4-54(b)
>> light('position',[0,0,1]); view(3); shading interp
>> h.FaceLighting='gouraud';          %光照模式
>> h.AmbientStrength=0.3;             %环境光强度
>> h.DiffuseStrength=0.8;             %散射光强度
>> h.SpecularStrength=0.9;            %镜面反射强度
>> h.SpecularExponent=25;             %镜面反射区大小
>> h.BackFaceLighting='unlit';        %顶点法向量远离照相机时的面光照
```

4.5.5 纹理贴图

纹理贴图是一种将二维图像显示到三维表面的技术，其本质是从纹理平面到三维景物表面的映射。这种技术通过转换颜色数据使二维图像与三维图形表面保持一致。在MATLAB中的纹理映射是利用双线性渐变算法来实现图像映射的。MATLAB中可用warp函数实现该功能。

```
warp(x, map)
```

在一个简单的矩形表面进行纹理映射，显示索引图像x。

```
warp(I, n)
```

在一个简单的矩形表面进行纹理映射，显示灰度图像 I。

```
warp(BW)
```

在一个简单的矩形表面进行纹理映射，显示二值图像 BW。

```
warp(RGB)
```

在一个简单的矩形表面进行纹理映射，显示彩色图像 RGB。

```
warp(Z,___)
```

将图像映射到表面对象 Z 上。

```
warp(x,y,z,...)
```

在由(x,y,z)决定的图形表面上进行纹理映射。

```
h=warp(___)
```

返回一个纹理映射对象的句柄。

【例 4-46】 用 warp 函数对三维对象进行纹理贴图，如图 4-55 所示。

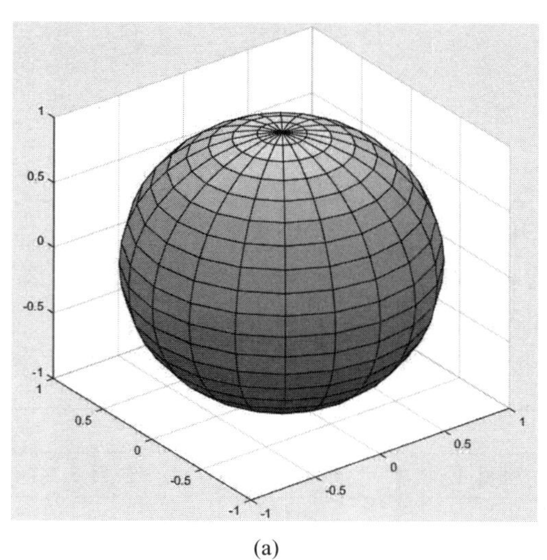

(a)

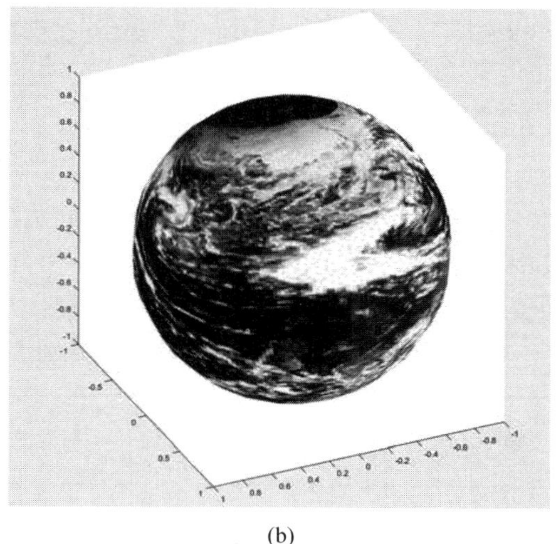

(b)

图 4-55 warp 函数进行纹理贴图

```
>> [x,y,z]=sphere;
>> load earth;
>> figure; surf(x,y,z)                          %图 4-55(a)
>> figure; warp(x,y,z,X,map)                    %图 4-55(b)
>> colormap(map)
>> axis equal
>> view([65 30])
```

习题 4

1. 简述 MATLAB 中绘图的一般步骤。

2. MATLAB 中用于坐标轴刻度范围修饰的函数为________，用于绘制双 Y 轴图形的命令为________，用于绘制极坐标图形的命令为________，用于绘制球体的命令为________，用于绘制等高线图形的命令为________，用于处理三维视角的命令为________，用于添加三维光照的命令为________。

3. 现有两条 plot 绘图语句，________命令可以使其保持在同一坐标系内，________命令可以使其保持在同一绘图窗口、但位于不同子窗口内，________命令可以使其位于不同绘图窗口。

4. 现有向量 $\boldsymbol{v}=[3\ 1\ 5\ 4\ 8\ 3]$，写出能够抽出第 4 个元素的饼图绘制语句________。绘图过程中，能够添加网格的命令为________，能够添加 Z 轴标题的命令为________，能够添加文本标注的命令为________，能够添加图例的命令为________。

5. 编写程序，绘制以下函数图形。

(1) $y=\begin{cases} x, & 0\leqslant x<1 \\ 0.5x^4+0.5, & 1\leqslant x<2 \\ -x^2+9x-5.5, & 2\leqslant x\leqslant 5 \end{cases}$　　(2) $\begin{cases} x=\mathrm{e}^t\sin t \\ y=\mathrm{e}^t\cos t \end{cases}\quad t\in(-4\pi,4\pi)$

(3) $Z=\dfrac{\sin\sqrt{x^2+y^2}}{\sqrt{x^2+y^2}}\quad x,y\in[-8,8]$

6. 绘制函数 $v=x\mathrm{e}^{-x^2-y^2-z^2}$ 沿着 $z=x^2-y^2$ 定义的曲面，其中 $x,y,z\in[-5,5]$。

7. 现有某树种的树高曲线 $H=1.3+b_0D^{b_1}$ 和削度方程 $d=a_0\mathrm{DBH}^{a_1}(1-h)^{a_2h^2+a_3h+a_4}$，其中 DBH 为树木胸径、$H$ 为树高、$h\in[0,1]$为相对树高、a_0，a_4 和 b_0，b_1 均为参数，请编制程序绘制该树种任意胸径、树高的干形，并用图片 bark.jpg 进行三维贴图。

8. 某班级部分学生成绩如下，请分别实现以下功能。

学　号	姓　名	性　别	成　绩		
			科目 1	科目 2	科目 3
01001	Lily	女	80	75	86
01002	Lucy	女	60	60	69
01003	Tom	男	70	70	91
01004	Mary	女	70	75	81

(1) 用结构数组建立上述学生信息管理系统 str。

(2) 在 str 基础上，以每个学生为对象绘制各门课程成绩的柱形图，要求能够体现每个学生总成绩的分布情况。

(3) 在 str 基础上，以各课程为基础绘制每个学生成绩的饼图，并突出 Tom 的成绩。

第5章 chapter 5

MATLAB科学计算

本章学习目标

- 了解低级输入/输出函数的使用方法；
- 了解常用最优化问题处理的基本函数和方法；
- 掌握多项式运算、线性和非线性方程组的求解方法；
- 掌握格式化数据文件输入/输出函数的使用方法；
- 熟练掌握数值、符号微积分函数的使用方法；
- 熟练掌握常用插值和拟合函数的操作方法。

在解决实际和科研工作问题中，用户往往会遇到各种各样的数学计算，如多项式处理、方程组求解、微积分、插值与拟合等，这些计算常常难以通过手工运算获得精确的结果，必须借助计算机编制相应的程序来实现。此外，在进行数据处理前，用户也需通过一定的方法将数据读入MATLAB，并对数据分布有基本的了解。MATLAB为解决此类问题提供了一个很好的计算平台，同时提供了相当丰富的数学运算，使得用户可以更加专注于对实际数学问题的求解。

5.1 数据读写

在实际工作中，经常需要将外部数据和文件读入到MALTAB中，或将运算结果写入磁盘文件中。根据文件性质，可将其分为格式化数据(如TXT、XLS、CSV等)和低级文件(如二进制文件)。下面将分别介绍各类常用文件的数据读写函数。

5.1.1 文本文件

MATLAB中可用于读取文本文件数据的函数包括textread和textscan函数，其中textread函数接收参数为文件名(或文件路径)，且返回结果需要根据数据中列的数量指定相应数量的接收变量；而textscan函数则必须用fopen函数打开，即接收的参数为文件句柄，结果则返回到一个指定的单元数组中。下面将分别介绍。

1. textread 函数

MATLAB 提供了 textread 函数用于读取文本文件中的数据，调用格式如下。

```
[A,B,C,...]=textread(filename,format)
```

以指定的 format 将数据从文件 filename 读入到 A、B、C 等变量中，直到整个文件读取完毕。将 filename 和 format 输入指定为字符向量或字符串标量。textread 对于读取已知格式的文本文件非常有用，也可处理固定格式文件和任意格式文件。

```
textread
```

可对输入中的字符组进行匹配和转换。每个输入字段都定义为一组连续延伸的非空白字符，这些字符延伸到下一个空白字符或分隔符，或者到达最大字段宽度时停止。重复的分隔符为有效字符，而重复的空白字符视为一个字符。

```
[A,B,C,...]=textread(filename,format,N)
```

读取数据，重用格式设定符 format 中指定的格式 N 次，其中 N 是大于零的整数。如果 N 小于零，textread 将读取整个文件。

```
[...]=textread(...,param,value,...)
```

使用 param/value 对组自定义 textread。

```
format 输入
```

指定为字符向量或字符串向量，用于确定返回参数的数量和类型。返回参数的数量是 format 的内容所指示的项目数。format 支持部分转换设定符和 C 语言 fscanf 例程约定。format 中的空白字符将被忽略。

textread 函数的 format 参数选项如表 5-1 所示，param 参数选项如表 5-2 所示。

表 5-1　textread 函数中 format 参数选项

格　式	操　　作	输　　出
字面值	忽略匹配的字符。例如，在 Dept 后跟一个数字(用作部门编号)的文件中，要跳过 Dept 并仅读取该数字，需在格式设定符 format 中使用 Dept	无
%d	读取有符号整数值	双精度数组
%u	读取整数值	双精度数组
%f	读取浮点值	双精度数组
%s	读取以空白或分隔符分隔的文本	字符向量元胞数组
%q	读取带双引号的文本，并忽略引号	字符向量元胞数组
%c	读取包括空白在内的字符	字符数组
%[...]	读取包含方括号中指定的字符的最长字符组	字符向量元胞数组

续表

格　式	操　　作	输　　出
%[^...]	读取包含非方括号中指定字符的最长非空字符组	字符向量元胞数组
%*...	忽略*指定的匹配字符	无输出
%w...	读取w指定的字段宽度。%f格式支持%w.pf,其中w是字段宽度,p是精度	

表5-2　textread函数中param参数选项

参　　数	数　　值	作　　用
bufsize	正整数	指定最大字符创长度(字节),默认4095
commentstyle	MATLAB	忽略%后的字符
commentstyle	c	忽略#后的字符
commentstyle	C++	忽略//后的字符
delimiter	1个或多个字符	元素间的分隔符
emptyvalue	空值	空值替代符,默认为0
endofline	单个字符或\r \n	行结束符
expchars	指数字符	默认为e或E
headerlines	正整数	忽略文件开始的行数
whitespace	‘ ’	空格
	\b	退格
	\n	换行
	\r	回车
	\t	Tab键

【例5-1】 用textread函数读取数据。

(1) 用格式控制符读取所有字段。%Chapter5_1.dat的第一行如下：

```
Sally    Level1 12.34 45 Yes

>> [names, types, x, y, answer]=textread('Chapter5_1.dat',…
       '%s %s %f %d %s', 1)
names=
    'Sally'
types=
    'Level1'
x=
   12.3400
y=
```

```
    45
answer=
    'Yes'
```

(2) 用格式控制符读取数据,但忽略数值。

```
>> [names, types, y, answer]=textread('Chapter5_1.dat',…
        '%9c %6s %*f %2d %3s', 1)
names=
Sally
types=
    'Level1'
y=
    45
answer=
    'Yes'
```

(3) 用格式控制符读取数据,但忽略匹配字符。

```
>> [names, typenum, x, y, answer]=textread('Chapter5_1.dat',…
        '%s Level%d %f %d %s', 1)
names=
    'Sally'
typenum=
     1
x=
   12.3400
y=
    45
answer=
    'Yes'
```

(4) 用格式控制符读取数据,但指定值给空值,Chapter5_2.txt 文件内的数据如下：

```
1,2,3,4,,6
7,8,9,,11,12
```

```
>> data=textread('Chapter5_2.txt', '', 'delimiter', ',', 'emptyvalue', NaN);
data=
     1     2     3     4   NaN     6
     7     8     9   NaN    11    12
```

2. textscan 函数

MATLAB 提供的 textscan 函数也可用于从文本文件或字符串中读取数据,调用格式如下。

```
C=textscan(fileID,formatSpec)
```

将已打开的文本文件中的数据读取到元胞数组 C。该文本文件由文件标识符 fileID 指示。使用 fopen 可打开文件并获取 fileID 值。完成文件读取后，请调用 fclose(fileID) 来关闭文件。

```
textscan
```

尝试将文件中的数据与 formatSpec 中的转换设定符匹配。textscan 函数在整个文件中按 formatSpec 重复扫描数据，直至 formatSpec 找不到匹配的数据时才停止。

```
C=textscan(fileID,formatSpec,N)
```

按 formatSpec 读取文件数据 N 次，其中 N 是一个正整数。要在 N 个周期后从文件读取其他数据，请使用原 fileID 再次调用 textscan 进行扫描。如果通过调用具有相同文件标识符(fileID)的 textscan 恢复文件的文本扫描，则 textscan 将在上次终止读取的点处自动恢复读取。

```
C=textscan(chr,formatSpec)
```

将字符向量 chr 中的文本读取到元胞数组 C 中。从字符向量读取文本时，对 textscan 的每一次重复调用都会从开头位置重新开始扫描。要从上次位置重新开始扫描，需要指定 position 输出参数。

```
textscan
```

尝试将字符向量 chr 中的数据与 formatSpec 中指定的格式匹配。

```
C=textscan(chr,formatSpec,N)
```

按 formatSpecN 次，其中 N 是一个正整数。

```
C=textscan(___,Name,Value)
```

使用一个或多个 Name,Value 对组参数以及上述语法中的任何输入参数来指定选项。

```
[C,position]=textscan(___)
```

在扫描结束时返回文件或字符向量中的位置作为第二个输出参数。对于文件，该值等同于调用 textscan 后再运行 ftell(fileID)所返回的值。对于字符向量，position 指示 textscan 读取了多少个字符。

【例 5-2】 用 textscan 函数读取文本文件数据。

(1) 从字符变量中读取字符串。

```
>> str='0.41 8.24 3.57 6.24 9.27';
>> C=textscan(str,'%f');
>> celldisp(C)
   C{1}=
       0.4100
```

```
        8.2400
        3.5700
        6.2400
        9.2700
```

(2) 读取字符,并确定保留小数位数。

```
%%3.1f 表示读取的字符宽度为 3 位,小数点后保留 1 位;%* 1d 表示跳过其他位数
>> C=textscan(str,'%3.1f %* 1d');
>> celldisp(C)
    C{1}=
        0.4000
        8.2000
        3.5000
        6.2000
        9.2000
```

(3) 读取不同数值类型,数据 Chapter5_3.txt 内容如下:

```
09/12/2005 Level1  12.34  45  1.23e10  inf   Nan    Yes  5.1+3i
10/12/2005 Level2  23.54  60  9e19     -inf  0.001  No   2.2-.5i
11/12/2005 Level3  34.90  12  2e5      10    100    No   3.1+.1i
```

```
>> fileID=fopen('Chapter5_3.txt');
>> C=textscan(fileID,'%s %s %f32 %d8 %u %f %f %s %f');
>> fclose(fileID);
>> cellplot(C);              %图 5-1
```

图 5-1 textscan 函数读取数据后用 cellplot 显示结果

(4) 读取数据 Chapter5_3.txt 中不同数值类型,但忽略 Level 字符。

```
>> fileID=fopen('Chapter5_3.txt');
>> C=textscan(fileID,'%s Level%d %f32 %d8 %u %f %f %s %f');
>> fclose(fileID); C{2}
    ans=
          1
          2
          3
```

(5) 仅读取数据 Chapter5_3.txt 中部分字符而忽略其余内容(整行)。

```
>> fileID=fopen('Chapter5_3.txt');
>> dates=textscan(fileID,'%s %*[^\n]');
```

```
>> fclose(fileID); dates{1}
    ans=
      '09/12/2005'
      '10/12/2005'
      '11/12/2005'
```

(6) 指定数据 Chapter5_4.txt 中分隔符和空值替代值,内容如下:

```
1,  2,  3,  4,   ,  6
7,  8,  9,   , 11, 12
```

```
>> fileID=fopen('Chapter5_4.txt');
>> C=textscan(fileID,'%f %f %f %f %u8 %f',…
       'Delimiter',',','EmptyValue',-Inf);
>> fclose(fileID);
>> column4=C{4}, column5=C{5}
    column4=
       4
    -Inf
    column5=
      0
     11
```

(7) 读取数据 Chapter5_5.txt 中用户自定义空值,并忽略注释行,内容如下:

```
abc, 2, NA, 3, 4
// Comment Here
def, na, 5, 6, 7
```

```
>> fileID=fopen('Chapter5_5.txt');
>> C=textscan(fileID,'%s %n %n %n %n','Delimiter',',',…
       'TreatAsEmpty',{'NA','na'},'CommentStyle','//');
>> fclose(fileID); celldisp(C)
    C{1}{1}=
    abc
    C{1}{2}=
    def
    C{2}=
       2
     NaN
    C{3}=
     NaN
       5
    C{4}=
       3
       6
```

```
C{5}=
   4
   7
```

(8) 将数据 Chapter5_6.txt 中多个分隔符处理为 1 个，内容如下：

```
1,2,3,,4
5,6,7,,8
```

```
>> fileID=fopen('Chapter5_6.txt');
>> C=textscan(fileID,'%f %f %f %f','Delimiter',',',…
      'MultipleDelimsAsOne',1);
>> fclose(fileID); celldisp(C)
   C{1}=
      1
      5
   C{2}=
      2
      6
   C{3}=
      3
      7
   C{4}=
      4
      8
```

(9) 读取数据 Chapter5_7.txt 中字符，但忽略引号，内容如下：

```
"Smith, J.","M",38,71.1
"Bates, G.","F",43,69.3
"Curie, M.","F",38,64.1
"Murray, G.","F",40,133.0
"Brown, K.","M",49,64.9
```

```
%  %q 读取被双引号括起来的字符，%*q 忽略被引号括起来的字符；%*d 忽略整数
>> fileID=fopen('Chapter5_7.txt','r');
>> C=textscan(fileID,'%q %*q %*d %f','Delimiter',',');
>> fclose(fileID); celldisp(C)
   C{1}{1}=
      Smith, J.
   C{1}{2}=
      Bates, G.
   C{1}{3}=
      Curie, M.
   C{1}{4}=
      Murray, G.
```

```
C{1}{5}=
    Brown, K.
C{2}=
  71.1000
  69.3000
  64.1000
  133.0000
  64.9000
```

(10) 读取 Chapter5_8.txt 中数值数据,内容如下:

```
Student_ID  | Test1   | Test2   | Test3
   1          91.5      89.2      77.3
   2          88.0      67.8      91.0
   3          76.3      78.1      92.5
   4          96.4      81.2      84.6
```

```
% 读取字段名
>> fileID=fopen('Chapter5_7.txt');
>> formatSpec='%s';
>> N=4;
>> C_text=textscan(fileID,formatSpec,N,'Delimiter','|');
% 读取数值,但结果为 4 个单独的列
>> C_data0=textscan(fileID,'%d %f %f %f')

% 读取数值,按数据类型分类存储
% C_data1=textscan(fileID,'%d %f %f %f','CollectOutput',1)

% 关闭文件
>> fclose(fileID);
    C_data0=
      [4x1 int32]    [4x1 double]    [4x1 double]    [4x1 double]
```

5.1.2 Excel 文件

微软的 Excel 文件是用户日常工作中经常用到的数据存储、编辑和管理工具。为此,MATLAB 提供了 xlsread 和 xlswrite 函数分别用于 Excel 表格数据的读写,分别介绍如下。

1. xlsread 函数

xlsread 函数可将 Excel 表格中的数据导入到 MATLAB 工作空间,调用格式如下。

```
num=xlsread(filename)
```

读取名为 filename 的 Microsoft Excel 电子表格工作表中的第一个工作表,并在一个矩阵中返回数值数据。

```
num=xlsread(filename,sheet)
```

读取指定的工作表。

```
num=xlsread(filename,xlRange)
```

从工作簿的第一个工作表的指定范围内读取数据。使用 Excel 范围语法,例如 A1:C3。

```
num=xlsread(filename,sheet,xlRange)
```

读取指定的工作表和范围。

```
num=xlsread(filename,sheet,xlRange,'basic')
```

在 basic 导入模式下读取电子表格中的数据。如果计算机未安装 Windows 版 Excel,或者正在使用 MATLAB Online™,xlsread 会自动在 basic 导入模式下运行,该模式支持 XLS、XLSX、XLSM、XLTX 和 XLTM 文件。如果不指定所有参数,请使用空字符向量作为占位符,例如,num=xlsread(filename,",",'basic')。

```
[num,txt,raw]=xlsread(___)
```

还使用先前语法中的任何输入参数,在元胞数组 txt 中返回文本字段,在元胞数组 raw 中返回数值数据和文本数据。

```
___=xlsread(filename,-1)
```

打开一个 Excel 窗口以便按交互方式来选择数据。选择工作表,将鼠标光标拖放到所需范围上,然后单击"确定"按钮。只有安装了 Microsoft Excel 软件的 Windows 计算机才支持此语法。

```
[num,txt,raw,custom]=xlsread(filename,sheet,xlRange,'',processFcn)
```

其中 processFcn 是函数句柄。读取电子表格,对数据调用 processFcn,并在数组 num 中以数值数据的形式返回最终结果。xlsread 函数在元胞数组 txt 中返回文本字段、在元胞数组 raw 中返回数值和文本数据,并在数组 custom 中返回 processFcn 的第二个输出。xlsread 函数不会更改电子表格中存储的数据。只有安装了 Excel 软件的 Windows 计算机才支持此语法。

2. xlswrite 函数

xlswrite 函数可将 MATLAB 工作空间内的数据写入 Excel 表格中,调用格式如下。

```
xlswrite(filename,A)
```

将矩阵 **A** 写入 Microsoft Excel 电子表格工作簿 filename 中的第一个工作表,从单元格 A1 开始写入。

```
xlswrite(filename,A,sheet)
```

将数据写入指定的工作表。

```
xlswrite(filename,A,xlRange)
```

将数据写入工作簿的第一个工作表中由 xlRange 指定的矩形区域内。使用 Excel 范围语法，例如 A1:C3。

```
xlswrite(filename,A,sheet,xlRange)
```

将数据写入指定的工作表和范围。

```
status=xlswrite(___)
```

使用先前语法中的任何输入参数返回写入操作的状态。当操作成功时，status 为 1。否则，status 为 0。

```
[status,message]=xlswrite(___)
```

在结构数组 message 中返回写入操作生成的任何警告或错误消息。

【例 5-3】 用函数读写 Excel 数据。

```
% 写入数据
>> filename='Chapter5_9.xlsx';
>> A=[12.7, 5.02, -98, 63.9, 0, -.2, 56];
>> xlswrite(filename,A)          %结果为 1 行 6 列

% A=[12.7, 5.02, -98, 63.9, 0, -.2, 56];
% xlswrite(filename,A')          %结果为 6 行 1 列

% 写入数据到指定工作表指定位置
>> filename='Chapter5_10.xlsx';
>> A={'Time','Temperature'; 12,98; 13,99; 14,97};
>> sheet=2;
>> xlRange='E1';
>> xlswrite(filename,A,sheet,xlRange)

% 读数据到指定变量
>> values={1, 2, 3 ; 4, 5, 'x' ; 7, 8, 9}; headers={'First','Second','Third'};
>> xlswrite('Chapter5_11.xlsx', [headers; values]);
>> filename='Chapter5_11.xlsx';
>> A=xlsread(filename)

% 读取特定范围
>> filename='Chapter5_11.xlsx'; sheet=1;
>> xlRange='B2:C3';
```

```
% 读取指定列数据
>> filename='Chapter5_11.xlsx';
>> columnB=xlsread(filename,'B:B')

% 读取数据并返回到指定变量中
>> [ndata, text, alldata]=xlsread('Chapter5_11.xlsx')
```

5.1.3 CSV 文件

逗号分隔值(Comma-Separated Values，CSV)文件是一种通用的、相对简单的文件格式。MATLAB 提供的 csvread 和 csvwrite 函数能够很好地支持该文件数据的读写操作。

1. csvread 函数

csvread 函数可从 CSV 文件中读取逗号分隔数据到 MATLAB 工作区中，调用格式如下。

```
M=csvread(filename)
```

将逗号分隔值（CSV）格式化文件读入数组 M 中。该文件只能包含数值。

```
M=csvread(filename,R1,C1)
```

从行偏移量 R1 和列偏移量 C1 开始读取文件中的数据。例如，偏移量 R1=0、C1=0 指定文件中的第一个值。

```
M=csvread(filename,R1,C1,[R1  C1  R2  C2])
```

仅读取行偏移量 R1 和 R2 及列偏移量 C1 和 C2 界定的范围。另一种定义范围的方法是使用电子表格表示法(例如 A1..B7)而非 [0 0 6 1]。

2. csvwrite 函数

csvwrite 函数可将 MATLAB 中数据写入逗号分隔的 CSV 文件中，调用格式如下。

```
csvwrite(filename,M)
```

将矩阵 M 以逗号分隔值形式写入文件 filename。

```
csvwrite(filename,M,row,col)
```

从指定的行和列偏移量开始将矩阵 M 写入文件 filename。行和列参数从 0 开始，因此 row=0 和 col=0 指定文件中的第一个值。

【例 5-4】 程序读写 CSV 文件数据。

```
%创建一个名为 csvlist.dat 的包含逗号分隔值的文件
   02, 04, 06, 08
   03, 06, 09, 12
```

```
  05, 10, 15, 20
  07, 14, 21, 28
>> filename='csvlist.dat';
>> M=csvread(filename)                %读取数据
M=

     2     4     6     8
     3     6     9    12
     5    10    15    20
     7    14    21    28
>> M=csvread('csvlist.dat',2,0)       %按偏移量(2行0列)读取数据
M=

     5    10    15    20
     7    14    21    28
%读取行偏移量1和2及列偏移量0和2界定的矩阵
>> M=csvread('csvlist.dat',1,0,[1,0,2,2])
M=

     3     6     9
     5    10    15
>> M=magic(3);
>> csvwrite('myFile.txt',M)           %写入数据
>> type('myFile.txt')                 %查看数据
8,1,6
3,5,7
4,9,2
>> row=1;col=2;
%从偏移位置开始将矩阵M写入文件'myFile.txt'
>> csvwrite('myFile.txt',M,row,col)
>> type('myFile.txt')
,,,,
,,8,1,6
,,3,5,7
,,4,9,2
```

5.1.4 低级文件

除了常规的标准文件格式，MATLAB 还提供了一组低级文件 I/O 函数，其使用方法与 C 语言基本类似，操作顺序如下。

(1) 使用 fopen 函数打开文件。

(2) 在打开的文件上执行以下操作：①使用 fread/fwrite 函数读写二进制数据；②使用 fgets/fgetl 函数从文本文件中逐行读字符串；③使用 fscanf/fprintf 函数读写格式

化的 ASCII 数据；④使用 fseek/ftell/frewind 函数用于设置、获取和重置文件指针；⑤使用 ferror 函数获取数据读写过程中的错误信息；⑥使用 feof 函数判断指针是否到大文件尾。

(3) 使用 fclose 函数关闭文件。

下面将分别介绍这些步骤及其中用到的函数。

1. 打开文件

MATLAB 中，用户可用 fopen 函数打开文件，调用格式如下。

```
fileID=fopen(filename)
```

打开文件 filename 以便以二进制读取形式进行访问，并返回大于或等于 3 的整数文件标识符。MATLAB 保留文件标识符 0、1 和 2 分别用于标准输入、标准输出(屏幕)和标准错误。如果 fopen 无法打开文件，则 fileID 为－1。

```
fileID=fopen(filename,permission)
```

打开由 permission 指定访问类型的文件。

```
fileID=fopen(filename,permission,machinefmt,encodingIn)
```

使用 machinefmt 参数另外指定在文件中读写字节或位时的顺序。可选的 encodingIn 参数指定与文件相关联的字符编码方案。

如果 fopen 打开文件失败，则[fileID,errmsg]＝fopen(____)还将返回一条因系统而异的错误消息。否则，errmsg 是一个空字符向量。此语法可与前面语法中的任何输入参数结合使用。

```
fIDs=fopen('all')
```

返回包含所有打开文件的文件标识符的行向量。为标准输入、输出以及错误而保留的标识符不包括在内。向量中元素的数量等于打开文件的数量。

```
filename=fopen(fileID)
```

返回上一次调用 fopen 在打开 fileID 指定的文件时所使用的文件名。输出文件名将解析到完整路径。fopen 函数不会从文件读取信息来确定输出值。

```
[filename,permission,machinefmt,encodingOut]=fopen(fileID)
```

返回上一次调用 fopen 在打开指定文件时所使用的权限、计算机格式以及编码。如果是以二进制模式打开的文件，则 permission 会包含字母 b。encodingOut 输出是一个标准编码方案名称。fopen 不会从文件读取信息来确定这些输出值。无效的 fileID 会为所有输出参数返回空字符向量。

fopen 函数中的 permission 参数的选项如表 5-3 所示，可指定为字符向量或字符串标量。

表 5-3 fopen 函数中 permission 参数的选项

permission 参数	说　明
r	打开要读取的文件
w	打开或创建要写入的新文件，放弃现有内容(如果有)
a	打开或创建要写入的新文件，追加数据到文件末尾
r+	打开要读写的文件
w+	打开或创建要读写的新文件，放弃现有内容(如果有)
a+	打开或创建要读写的新文件，追加数据到文件末尾
A	打开文件以追加(但不自动刷新)当前输出缓冲区
W	打开文件以写入(但不自动刷新)当前输出缓冲区

2. 读数据

在实际应用中，可能会遇到二进制数据、ASCII 数据以及文本数据等形式。MATLAB 针对不同的数据类型提供了相应的函数，下面将分别介绍。

1) 二进制数据

MATLAB 提供了 fread 函数用于读二进制文件的全部或部分数据，并将数据存储在矩阵中。调用格式如下。

```
A=fread(fileID)
```

将打开的二进制文件中的数据读取到列向量 A 中，并将文件指针定位在文件结尾标记处。该二进制文件由文件标识符 fileID 指示。使用 fopen 可打开文件并获取 fileID 值。读取文件后，调用 fclose(fileID)来关闭文件。

```
A=fread(fileID,sizeA)
```

将文件数据读取到维度为 sizeA 的数组 A 中，并将文件指针定位到最后读取的值之后。fread 按列顺序填充 A。

```
A=fread(fileID,sizeA,precision)
```

根据 precision 描述的格式和大小解释文件中的值。sizeA 参数为可选参数。

```
A=fread(fileID,sizeA,precision,skip)
```

在读取文件中的每个值之后将跳过 skip 指定的字节或位数。sizeA 参数为可选参数。

```
A=fread(fileID,sizeA,precision,skip,machinefmt)
```

另外指定在文件中读取字节或位时的顺序。sizeA 和 skip 参数是可选的。

```
[A,count]=fread(___)
```

返回 fread 读取到 A 中的字符数。用户可以将此语法与前面语法中的任何输入参数结合使用。

2）文本数据

MATLAB 提供了 fgetl 和 fgets 函数来实现从文本文件读字符串行，并将结果存储在字符串向量中。这两个函数功能几乎相同，区别主要在于 fgets 将行结束符也存储在字符串向量中，fgetl 则忽略行结束符。

```
tline=fgetl(fileID)
```

返回指定文件中的下一行，并删除换行符。如果文件非空，则 fgetl 以字符向量形式返回 tline。如果文件为空且仅包含文件末尾标记，则 fgetl 以数值－1 的形式返回 tline。

```
tline=fgets(fileID)
```

读取指定文件中的下一行内容，并包含换行符。

```
tline=fgets(fileID,nchar)
```

返回下一行中的最多 nchar 个字符。

```
[tline,ltout]=fgets(___)
```

在 ltout 中返回行终止符（如果有）。

3）ASCII 数据

fscanf 函数可用于从 ASCII 文件中读数据，然后将结果返回给一个或多个变量，调用格式如下。

```
A=fscanf(fileID,formatSpec)
```

将打开的文本文件中的数据读取到列向量 **A** 中，并根据 formatSpec 指定的格式解释文件中的值。fscanf 函数在整个文件中重新应用该格式，并将文件指针定位在文件结尾标记处。如果 fscanf 无法将 formatSpec 与数据相匹配，将只读取匹配的部分并停止处理。

```
A=fscanf(fileID,formatSpec,sizeA)
```

将文件数据读取到维度为 sizeA 的数组 A 中，并将文件指针定位到最后读取的值之后。fscanf 按列顺序填充 A。sizeA 必须为正整数或采用[m n]的形式，其中 m 和 n 为正整数。

```
[A,count]=fscanf(___)
```

还将返回 fscanf 读取到 A 中的字段数。对于数值数据，这是已读取的数值。此语法可与前面语法中的任何输入参数结合使用。

3. 写数据

与低级读数据函数类似，MATLAB 也提供相应的写数据函数，包括二进制数据写函数 fwrite、格式化文本数据写函数 fprintf，下面将分别介绍。

1）二进制数据

与 fread 函数对应，用户可用 fwrite 函数按指定格式将矩阵元素写到文件中，并返回已写的元素数。调用格式如下。

```
fwrite(fileID,A)
```

将数组 A 的元素按列顺序以 8 位无符号整数的形式写入一个二进制文件。该二进制文件由文件标识符 fileID 指示。使用 fopen 可打开文件并获取 fileID 值。完成写入后，调用 fclose(fileID)关闭文件。

```
fwrite(fileID,A,precision)
```

按照 precision 说明的形式和大小写入 A 中的值。

```
fwrite(fileID,A,precision,skip)
```

在写入每个值之前跳过 skip 指定的字节数或位数。

```
fwrite(fileID,A,precision,skip,machinefmt)
```

另外还指定将字节或位写入文件的顺序。skip 参数为可选参数。

```
count=fwrite(___)
```

返回 A 中 fwrite 已成功写入到文件的元素数。用户可以将此语法与前面语法中的任何输入参数结合使用。

2）格式化文本数据

与 fscanf 函数对应，用户可用 fprintf 函数按指定格式将数据输出到文件或屏幕上，调用格式如下。

```
fprintf(fileID,formatSpec,A1,...,An)
```

按列顺序将 formatSpec 应用于数组 $A_1,\cdots,A_n$ 的所有元素，并将数据写入一个文本文件。fprintf 使用在对 fopen 的调用中指定的编码方案。

```
fprintf(formatSpec,A1,...,An)
```

设置数据的格式并在屏幕上显示结果。

```
nbytes=fprintf(___)
```

使用前述语法中的任意输入参数返回 fprintf 所写入的字节数。

4. 文件指针

文件一旦被 fopen 函数打开，MATLAB 就会分配一个文件位置指针，用于指定文件上的特定位置。MATLAB 用文件指针确定下一个读或写操作开始的地方。MATLAB 提供了 ftell 函数用于获取文件指针的位置，用 fseek 函数重新设置文件指针的位置，用 ferror 函数查询文件输入与输出时的错误，用 feof 函数检测文件指针是否位于文件的末尾，用 ftell 函数将文件指针设置到文件开头，各函数调用格式如下。

```
position=ftell(fileID)
```

返回指定文件中位置指针的当前位置。①如果查询成功，则 position 是从 0 开始的整数，指示从文件开头到当前位置的字节数；②如果查询不成功，则 position 为－1。

```
fseek(fileID, offset, origin)
```

在指定文件中设置文件位置指示符相对于 origin 的 offset 字节数。当操作成功后，status＝fseek(___)返回 0。否则，fseek 将返回－1。

```
message=ferror(fileID)
```

为指定文件最近的文件 I/O 操作返回错误消息。

```
[message,errnum]=ferror(fileID)
```

返回与错误消息关联的错误编号。

```
[message,errnum]=ferror(fileID,'clear')
```

清除指定文件的错误指示符。可以用字符向量或字符串标量形式指定字面 clear。

```
status=feof(fileID)
```

返回文件末尾指示符的状态。如果之前的操作为指定文件设置了文件末尾指示符，feof 将返回 1。否则，feof 将返回 0。

```
frewind(fileID)
```

将文件位置指针设置到文件的开头。

5. 关闭文件

在实际编程中，用户需要谨记关闭文件和打开文件同等重要。完成文件的读写后，用户可用 fclose 函数将其关闭，调用格式如下。

```
fclose(fileID)
```

关闭打开的文件。

```
fclose('all')
```

关闭所有打开的文件。

当关闭操作成功后，status＝fclose(___)将返回 status 0。否则，将返回－1。用户可以将此语法与前面语法中的任何输入参数结合使用。

【例 5-5】 用函数读写低级文件。

```
%数据集 Chapter5_12.txt 包含多次重复的时间、日期和测量数据，且头文件包含测量数据次数，数据集如下。
    Measurement Data
```

```
    N=3

    12:00:00
    01-Jan-1977
    4.21  6.55  6.78  6.55
    9.15  0.35  7.57  NaN
    7.92  8.49  7.43  7.06
    9.59  9.33  3.92  0.31
    09:10:02
    23-Aug-1990
    2.76  6.94  4.38  1.86
    0.46  3.17  NaN   4.89
    0.97  9.50  7.65  4.45
    8.23  0.34  7.95  6.46
    15:03:40
    15-Apr-2003
    7.09  6.55  9.59  7.51
    7.54  1.62  3.40  2.55
    NaN   1.19  5.85  5.05
    6.79  4.98  2.23  6.99
>> filename='Chapter5_12'; measrows=4; meascols=4;
>> fid=fopen(filename);                              %打开文件
>> N=fscanf(fid, '%*s %*s\nN=%d\n\n', 1);           %读取文件头,查找
>> for n=1:N                                         %读取每一次测量值
    mystruct(n).mtime=fscanf(fid, '%s', 1);
    mystruct(n).mdate=fscanf(fid, '%s', 1);
    %使用fscanf函数填充单元数组
    mystruct(n).meas  =fscanf(fid, '%f', [measrows, meascols])';
end
>> fclose(fid);                                      %close the file

%------------------------写入文本数据----------------------
%创建数据
>> x=0:0.1:1; y=[x; exp(x)];
%按指定数据格式写入文件
>> fid=fopen('exptable_new.txt', 'w');
>> fprintf(fid, 'Exponential Function\n\n');
>> fprintf(fid, '%6.2f  %12.8f\n', y);
>> fclose(fid);
>> type exptable.txt
    Exponential Function

    0.000000  1.000000
    0.100000  1.105171
```

```
0.200000   1.221403
0.300000   1.349859
0.400000   1.491825
0.500000   1.648721
0.600000   1.822119
0.700000   2.013753
0.800000   2.225541
0.900000   2.459603
1.000000   2.718282
```

5.2 多项式处理

在数学上，多项式是一类基本的数学函数。理论上，可以用多项式无限逼近任意复杂的函数。多项式一般可表示为：

$$P = a_0 x^n + a_1 x^{n-1} + a_2 x^{n-2} + \cdots + a_{n-1} x + a_n \tag{5-1}$$

因此，很容易将其转化为向量形式来表示：

$$\boldsymbol{P} = [a_0, a_1, a_2, \cdots, a_{n-1}, a_n] \tag{5-2}$$

下面将分别介绍多项式的构造、四则运算、求导、求根、求值等操作。

5.2.1 多项式构造

在 MATLAB 中，多项式通常以向量的形式来表示。用户若想得到某个向量对应的多项式表达式，则可采用 poly2sym 函数来实现，调用格式如下。

```
r=poly2sym(c)
```

c 为多项式系数向量。

```
r=poly2sym(c,v)
```

c 为多项式系数向量，v 为指定的变量符号。

```
>> p=[3 5 0 1 0 12];            %多项式 y=3x^5+5x^4+x^2+12
>> y=poly2sym(p)
y1=
    3*x^5+5*x^4+x^2+12
>> y2=poly2sym(p,'z')
y2=
    3*z^5+5*z^4+z^2+12
```

5.2.2 多项式四则运算

多项式的四则运算包括加、减、乘、除 4 种。因多项式采用向量形式管理，因此多项式的加和减运算并无特别之处。当两个向量大小相同时，直接将两个向量按位进行加、减操作;当两个向量大小不同时,低阶多项式必须用0补齐,使其与高阶多项式具有相同的阶次。多项式的乘、除法运算需分别借助 conv 函数和 deconv 函数实现。

1. conv 函数

MATLAB 提供了 conv 函数来实现多项式的乘法运算,调用格式如下。

```
w=conv(u,v)
```

返回向量 ***u*** 和 ***v*** 的卷积。如果 ***u*** 和 ***v*** 是多项式系数的向量,对其卷积与将这两个多项式相乘等效。

```
w=conv(u,v,shape)
```

返回如 shape 指定的卷积的分段。例如,conv(u,v,'same') 仅返回与 ***u*** 等大小的卷积的中心部分,而 conv(u,v,'valid')仅返回计算的没有补零边缘的卷积部分。

2. deconv 函数

MATLAB 提供的 deconv 函数能够实现多项式的除法运算,调用格式如下。

```
[q,r]=deconv(u,v)
```

使用长除法将向量 ***v*** 从向量 ***u*** 中去卷积,并返回商 q 和余数 r,以使 u=conv(v,q)+r。如果 ***u*** 和 ***v*** 是由多项式系数组成的向量,则对它们去卷积相当于将 ***u*** 表示的多项式除以 ***v*** 表示的多项式。

【例 5-6】 多项式四则运算。

```
>> a=[8 2 2 8];                          %等价于 8x^3+2x^2+2x+8
>> b=[6 1 6 1];                          %等价于 6x^3+x^2+6x+1
>> c=[2 4 5];                            %等价于 2x^2+4x+5
%阶数相同
>> y1=poly2sym(a)
y1=
    8*x^3+2*x^2+2*x+8
>> y2=poly2sym(b)
y2=
    6*x^3+x^2+6*x+1
>> y3=y1+y2
y3=
    14*x^3+3*x^2+8*x+9
>> y4=poly2sym(a+b)
y4=
    14*x^3+3*x^2+8*x+9
>> d=a+[0 [c]]                           %阶数不同,将低阶多项式用0补齐
ans=
    8    4    6    13
```

```
>> y5=poly2sym(d)
y5=
    8 * x^3+4 * x^2+6 * x+13
>> y6=poly2sym(conv(a,b))            %矩阵乘法
y6=
    48 * x^6+20 * x^5+62 * x^4+70 * x^3+22 * x^2+50 * x+8
>> e=conv(a,b);
>> y7=poly2sym(deconv(e,b))          %矩阵除法
y7=
    8 * x^3+2 * x^2+2 * x+8
```

5.2.3 多项式高级运算

针对多项式，MATLAB 提供了 polyder 函数用于多项式求导运算，polyint 函数用于多项式积分运算，polyval 函数用于多项式求值运算，roots 函数用于求多项式的根，各函数调用格式如下。

```
k=polyder(p)
```

返回 p 中的系数表示的多项式的导数。

```
k=polyder(a,b)
```

返回多项式 a 和 b 的乘积的导数。

```
[q,d]=polyder(a,b)
```

返回多项式 a 和 b 的商的导数。

```
q=polyint(p,k)
```

使用积分常量 k 返回 p 中系数所表示的多项式积分。

```
q=polyint(p)
```

假定积分常量 $k=0$。

```
y=polyval(p,x)
```

计算多项式 p 在 x 的每个点处的值。参数 p 是长度为 $n+1$ 的向量，其元素是 n 次多项式的系数(降幂排序)：$p(x)=p_1x^n+p_2x^{n-1}+\cdots+p_nx+p_{n+1}$。

```
[y,delta]=polyval(p,x,S)
```

使用 polyfit 生成的可选输出结构数组 S 来生成误差估计值。delta 是使用 p(x)预测 x 处的未来观测值时的标准误差估计值。

`y=polyval(p,x,[],mu)` 或 `[y,delta]=polyval(p,x,S,mu)`

使用 polyfit 生成的可选输出 mu 来中心化和缩放数据。mu(1)为 mean(x)，mu(2)

为 std(x)。使用这些值时，polyval 将 x 的中心置于零值处并缩放为具有单位标准差 $\hat{x}=(x-\hat{x})/\sigma_x$ 。这种中心化和缩放变换可改善多项式的数值属性。

【例 5-7】 多项式高级运算和绘图，见图 5-2。

```
>> p=[3 1 8 8];a=[9 4 9 4];b=[8 4 6 7];
>> y1=poly2sym(polyder(p))                    %对向量 p 表示的多项式求导
y1=
    9 * x^2+2 * x+8
>> y2=poly2sym(polyder(a,b))                  %对向量 a * b 表示的多项式求导
y2=
    432 * x^5+340 * x^4+568 * x^3+465 * x^2+196 * x+87
>> [q,d]=polyder(a,b);                        %表示的是 b 除以 a;q 为分子,d 为分母
>> y3=poly2sym(q)/poly2sym(d)
y3=
    (4 * x^4-36 * x^3+81 * x^2+24 * x+39)/(64 * x^6+64 * x^5+112 * x^4+160 * x^3+
92 * x^2+84 * x+49)
>> c=polyder(p); y4=poly2sym(polyint(c))      %常数项 k=0 的积分
y4=
    3 * x^3+x^2+8 * x
>> y5=poly2sym(polyint(c,8))                  %常数项 k=8 的积分
y5=
    3 * x^3+x^2+8 * x+8
>> x1=1:100;
>> plot(x1,polyval(p,x1))                     %根据向量 p 的多项式求值;图 5-2(a)
>> r=roots(p)                                 %对向量 p 表示的多项式求根
r=
   0.2615+1.7453i
   0.2615-1.7453i
  -0.8562+0.0000i
%具有误差估计值的回归线
>> x=1:100; y=-0.3 * x+2 * randn(1,100);
>> [p,S]=polyfit(x,y,1);
>> [y_fit,delta]=polyval(p,x,S);
%绘制原始数据、线性拟合和 95%预测区间 y±2Δ。
>> plot(x,y,'bo')
>> hold on
>> plot(x,y_fit,'r-')
>> plot(x,y_fit+2 * delta,'m--',x,y_fit-2 * delta,'m--')     %图 5-2(b)
>> title('Linear Fit of Data with 95%Prediction Interval')
>> legend('Data','Linear Fit','95%Prediction Interval')
```

【例 5-8】 使用三参数的 polyval 函数改善数值属性。

```
%创建一个由 1750—2000 年的人口数据组成的表,并绘制数据点
>> year=(1750:25:2000)';
>> pop=1e6 * [791 856 978 1050 1262 1544 1650 2532 6122 8170 11560]';
```

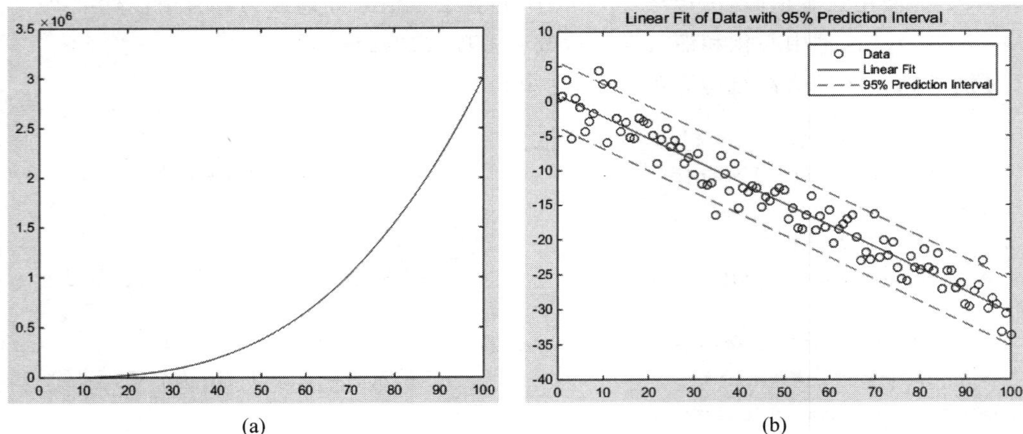

(a) (b)

图 5-2　polyval 函数求值结果

```
>> T=table(year, pop);
>> plot(year,pop,'o')
%使用带 3 个输入的 polyfit 拟合一个使用中心化和缩放的 5 次多项式,改善问题的数值属性
%polyfit 将 year 中的数据以 0 为进行中心化,并缩放为具有标准差 1,避免在拟合计算中出现病态的 Vandermonde 矩阵
>> [p,~,mu]=polyfit(T.year, T.pop, 5);
%使用带 4 个输入的 polyval,根据缩放后的年份(year-mu(1))/mu(2)计算 p。绘制结果对原始年份的图
>> f=polyval(p,year,[],mu);
>> hold on
>> plot(year,f)          %图 5-3
>> hold off
```

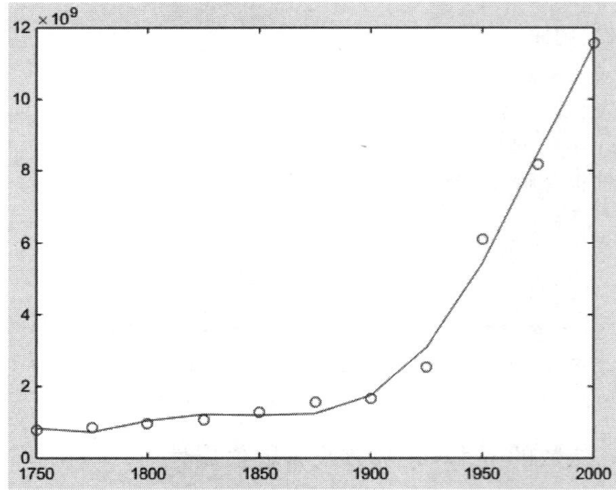

图 5-3　polyval 函数中心化和缩放改善数据属性

5.3 方程组求解

方程组求解是实际科研和工程中经常遇到的问题。根据方程的性质,可分为线性方程组和非线性方程组。因非线性方程组更为复杂,因此实际中仅能获得非线性方程组的数值解,而可以获得线性方程组的解析解。无论是线性还是非线性方程组,MATLAB都提供了一些相应的求解函数。下面将分别介绍。

5.3.1 数值求解

1. 线性方程组

线性方程组的一般形式可写为:

$$\begin{cases} a_{11}x_1+a_{12}x_2+\cdots+a_{1n}x_n=b_{11} \\ a_{21}x_1+a_{22}x_2+\cdots+a_{2n}x_n=b_{21} \\ \qquad\vdots \\ a_{m1}x_1+a_{m2}x_2+\cdots+a_{mn}x_n=b_{m1} \end{cases} \tag{5-3}$$

根据线性代数知识,可将上述方程改写为矩阵形式,即

$$\boldsymbol{AX}=\boldsymbol{B} \tag{5-4}$$

其中,$\boldsymbol{A}$ 和 $\boldsymbol{B}$ 均为给定的矩阵:

$$\boldsymbol{A}=\begin{bmatrix} a_{11} & a_{12} & \cdots & a_{1n} \\ a_{21} & a_{22} & & a_{2n} \\ \vdots & & \ddots & \vdots \\ a_{m1} & a_{m2} & \cdots & a_{mn} \end{bmatrix} \qquad \boldsymbol{B}=\begin{bmatrix} b_{11} \\ b_{21} \\ \vdots \\ b_{m1} \end{bmatrix} \tag{5-5}$$

由此可得到上述线性方程组的增广矩阵 $\boldsymbol{C}$:

$$\boldsymbol{C}=\begin{bmatrix} a_{11} & a_{12} & \cdots & a_{1n} & b_{11} \\ a_{21} & a_{22} & & a_{2n} & b_{21} \\ \vdots & & \ddots & \vdots & \vdots \\ a_{m1} & a_{m2} & \cdots & a_{mn} & b_{m1} \end{bmatrix} \tag{5-6}$$

根据解的存在定理,线性方程组解的求解可分为以下3种情况。

(1) 当 $m=n$ 且 rank(A)=rank(C)时,可以用求逆函数(x=inv(A) * B)或矩阵除法(x=A|B)实现;值得注意的是,当若矩阵 $\boldsymbol{A}$ 为奇异或接近奇异时,此方法有可能产生错误的结果。

(2) 当 rank(A)=rank(C)=r<n 时,方程组有无穷多解,此时可构造出线性方程组的 $n-r$ 个化零向量 xi,原方程组对应的齐次方程组解 $\hat{x}$ 可由 xi 的线性组合来表示,即 $\hat{x}=a_1x_1+a_2x_2+\cdots+a_{n-r}x_{n-r}$,可由 null 函数求解。

(3) 当 rank(A)≠rank(C)时,方程组无解,此方程组称为矛盾方程,可用 $x=$ pinv(A) * B 近似求解;需要注意的是,该结果不满足原方程,只能得到在范数

‖**AX** − **B**‖ 的意义下使误差最小的近似解。

【例 5-9】 线性方程组求解。

```
%R1=R2=n,适用于第一种情况
>> A=[5 6 0 0 0;1 5 6 0 0;0 1 5 6 0; 0 0 1 5 6; 0 0 0 1 5];
>> B=[1 0 0 0 1]';C=[A B];
>> R1=rank(A); R2=rank(C); n=length(A); x1=inv(A) * B
x1=
    2.2662
   -1.7218
    1.0571
   -0.5940
0.3188
>> norm(A * x1-B)                        %求误差
ans=
   1.4895e-15
>> x2=A\B                                %左除求解
x2=
    2.2662
   -1.7218
    1.0571
   -0.5940
    0.3188
>> norm(A * x2-B)
ans=
   9.1551e-16

%R1=R2=r<n,适用于第二种情况
>> A=[1 2 3 4; 2 2 1 1; 2 4 6 8; 4 4 2 2];
>> B=[1 3 2 6]'; C=[A B]; R1=rank(A);R2=rank(C); n=length(A)
%此时需要先求线性方程组的基础解系,再求出满足方程组的一个特解 X0
>> Z=null(A,'r') %求矩阵 A 的有理基
Z=
    2.0000    3.0000
   -2.5000   -3.5000
    1.0000    0
    0   1.0000
>> X0=pinv(A) * B
X0=
    0.9542
    0.7328
  -0.0763
   -0.2977
%求出方程组的全部解
```

```
>> syms k1 k2
>> X=k1 * Z(:,1)+k2 * Z(:,2)+X0
X=
        2 * k1+3 * k2+125/131
96/131-(7 * k2)/2-(5 * k1)/2
                    k1-10/131
                    k2-39/131
%验证解的正确性
>> k1=rand(1),k2=rand(1)
>> X=k1 * Z(:,1)+k2 * Z(:,2)+X0
>> e=norm(A * X-B)
e=
    4.4409e-15

%R1<>R2,适用于第三种情况
>> A=[1 2 3 4; 2 2 1 1; 2 4 6 8; 4 4 2 2];
>> B=[1 2 3 4]'; C=[A B];
>> R1=rank(A);                          %R1=2
>> R2=rank(C);                          %R2=3
>> X=pinv(A) * B
X=
    0.5466
    0.4550
    0.0443
   -0.0473
>> e=norm(A * X-B)
>> e=
    0.4472
```

2. 非线性方程组

一般情况下，非线性方程组的求解难度远大于线性方程组。非线性方程组求解的通式可写为：

$$f(x)=0 \tag{5-7}$$

即寻求使函数 $f(x)$取 0 时的变量 x。当方程 $f(x)=0$ 中的函数 $f(x)$为有限个指数、对数、三角、反三角或幂函数的组合时，方程 $f(x)=0$ 称为超越方程，如 $e^{-x}-\sin(\pi x/2)+\ln x=0$。实践表明，通常很难求出超越方程的解析解。当方程 $f(x)=0$ 中的函数 $f(x)$ 为多项式时，则方程 $f(x)=0$ 可写为：

$$P_n(x)=a_0x^n+a_1x^{n-1}+a_2x^{n-2}+\cdots+a_{n-1}x+a_n=0 \tag{5-8}$$

当 $P_n(x)$的最高次数为二、三时，可用代数方法计算出该方程的解析解；当 $n\geqslant 5$ 时，则不存在该函数的代数求根方程。因此，对于非线性方程组 $f(x)=0$ 的求解经常使用作图或数值法进行，即所得结果仅为数值解。

MATLAB 提供了 fsolve 函数用于非线性方程组的数值求解，调用格式如下。

```
x=fsolve(fun,x0)
```

从 x_0 开始,尝试求解方程 fun(x)=0(由零组成的数组)。

```
x=fsolve(fun,x0,options)
```

使用 options 中指定的优化选项求解方程。使用 optimoptions 可设置这些选项。

```
x=fsolve(problem)
```

求解 problem,其中 problem 是一个结构数组,如输入参数中所述。通过从 Optimization 工具中导出问题来创建 problem 结构数组,如导出用户的工作中所述。

```
[x,fval]=fsolve(___)
```

对上述任何语法,返回目标函数 fun 在解 x 处的值。

```
[x,fval,exitflag,output]=fsolve(___)
```

还返回描述 fsolve 的退出条件的值 exitflag,以及提供优化过程信息的结构数组 output。

```
[x,fval,exitflag,output,jacobian]=fsolve(___)
```

返回 fun 在解 x 处的 Jacobian 矩阵。

【例 5-10】 求解非线性方程组 $\begin{cases} 2x_1-x_2=e^{-x_1} \\ -x_1+2x_2=e^{-x_2} \end{cases}$,初始点 $x_0\in[-5,5]$。

```
%首先建立方程函数的 M 文件,代码如下:
function F=Chapter5_fsolve(x)
    F=[2*x(1)-x(2)-exp(-x(1));
        -x(1)+2*x(2)-exp(-x(2))];

%方程组求解,代码如下:
>> x0=[-5;5];                                        %设置初始值
>> option=optimset('display','iter')                 %定义优化选项参数
>> [x,fval]=fsolve(@Chapter5_fsolve,x0,option)%调用目标函数求解
                                         Norm of      First-order   Trust-region
 Iteration  Func-count       f(x)          step       optimality    radius
     0          3          26928.7                     2.46e+04        1
     1          6          4764.05           1         3.84e+03        1
     2          9          1131.87           1           699           1
     3         12          404.48            1           165           1
     4         15          197.223           1           56.1          1
     5         18          103.901           1           26.3          1
     6         21          11.2433          2.5          6.02         2.5
     7         24          0.307909       2.62404        1.03         6.25
     8         27        0.000579197      0.314445      0.0407        6.56
     9         30        2.12338e-09     0.0149315     7.46e-05       6.56
    10         33        2.88784e-20    2.88628e-05    2.65e-10       6.56
```

```
Equation solved.
fsolve completed because the vector of function values is near zero as measured
by the default value of the function tolerance, and the problem appears regular
as measured by the gradient.
<stopping criteria details>
x=
    0.5671
    0.5671
fval=1.0e-09 *
   -0.0957
   -0.1405
```

5.3.2 符号求解

实际应用中，用户除了需要精确的数值解外，有时也需要获得研究对象的符号解。因此，MATLAB 提供了 solve 函数用于计算这些方程组的符号量结果，用户也可以将其转换为任意位有效数字的数值解，调用格式如下。

```
sol=solve(prob)
```

求解优化问题或方程问题 prob。

```
sol=solve(prob,x0)
```

从点 x_0 开始求解 prob。

```
sol=solve(___,Name,Value)
```

除了上述语法中的输入参数之外，还使用一个或多个名称-值对组参数修正求解过程。

```
[sol,fval]=solve(___)
```

使用上述语法中的任何输入参数返回在解处的目标函数值。

```
[sol,fval,exitflag,output,lambda]=solve(___)
```

返回一个说明退出条件的退出标志和一个 output 结构数组(其中包含关于求解过程的其他信息)；对于非整数优化问题，还返回一个拉格朗日乘数结构数组。

【例 5-11】 非线性方程组符号求解。

```
>> s='a * x^2+b * x+10';
>> x=solve(s)                          %x 为变量
x=
   -(b+(b^2-40 * a)^(1/2))/(2 * a)
   -(b-(b^2-40 * a)^(1/2))/(2 * a)
>> a=solve(s,'a')                      %a 为变量
a=
```

```
    -(b*x+10)/x^2
>> syms a u v
>> A=solve('a*u^2+v^2=0','u-v=1','a^2-5*a=-6')
A=
    a: [4x1 sym]
    u: [4x1 sym]
    v: [4x1 sym]
>> Aa=A.a;                                  %a 为变量
Aa=
   2
   2
   3
   3
>> Au=A.u;                                  %u 为变量
>>  Au=A.u
Au=
      1/3-(2^(1/2)*i)/3
      (2^(1/2)*i)/3+1/3
      1/4-(3^(1/2)*i)/4
      (3^(1/2)*i)/4+1/4
>> Av=A.v;                                  %v 为变量
>> Av=A.v
Av=
      -(2^(1/2)*i)/3-2/3
       (2^(1/2)*i)/3-2/3
      -(3^(1/2)*i)/4-3/4
       (3^(1/2)*i)/4-3/4
>> A=solve('a*u^2+v^2=0','u-v=1','a^2-5*a=-6','a','u','v')
>> [Aa,Au,Av]=solve('a*u^2+v^2=0', 'u-v=1','a^2-5*a=-6')
>> double(Aa), double(Au), double(Av)   %符号型转数值型
ans=                                        %Aa 结果
     2
     2
     3
     3
ans=                                        %Au 结果
   0.3333-0.4714i
   0.3333+0.4714i
   0.2500-0.4330i
   0.2500+0.4330i
ans=                                        %Av 结果
  -0.6667-0.4714i
  -0.6667+0.4714i
  -0.7500-0.4330i
  -0.7500+0.4330i
```

5.4 微积分运算

在解决许多实际的工程和科技问题时，经常需要进行定积分的计算。解析计算积分的方法均严格依赖于 Newton-Leibniz 公式 $\int_a^b f(x)\mathrm{d}x=F(b)-F(a)$。要应用该公式，必须先求出被积函数 $f(x)$ 的原函数 $F(x)$。但是，很多情况下 $F(x)$ 函数是很难求得的，或者求得的原函数非常复杂、冗长。在现实工作中，也有很多被积函数本身并不存在解析表达式，因此也就更无法找到这些函数的原函数。因此，解决该类定积分问题需要用到数值微积分的技术。

5.4.1 数值微分

数值微分的计算有两种方法，一是用多项式或样条函数 $g(x)$ 对函数 $f(x)$ 进行逼近，然后用逼近函数 $g(x)$ 在点 x 处的导数作为 $f(x)$ 在点 x 处的导数；二是用 $f(x)$ 在点 x 处的某种差商作为其导数。在 MATLAB 中，用户可使用 diff 函数计算某函数的向前差分，调用格式如下。

```
Y=diff(X)
```

计算沿大小不等于 1 的第一个数组维度的 X 相邻元素之间的差分：①如果 $\boldsymbol{X}$ 是长度为 m 的向量，则 Y=diff(X)返回长度为 $m-1$ 的向量。$\boldsymbol{Y}$ 的元素是 $\boldsymbol{X}$ 相邻元素之间的差分，即 $\boldsymbol{Y}=[X(2)-X(1)X(3)-X(2)\cdots X(m)-X(m-1)]$。②如果 $\boldsymbol{X}$ 是不为空的非向量 $p\times m$ 矩阵，则 Y=diff(X)返回大小为$(p-1)\times m$ 的矩阵，其元素是 $\boldsymbol{X}$ 的行之间的差分，即 $\boldsymbol{Y}=[X(2,:)-X(1,:);\ X(3,:)-X(2,:);\cdots;X(p,:)-X(p-1,:)]$。③如果 $\boldsymbol{X}$是 0×0 的空矩阵，则 Y=diff(X)返回 0×0 的空矩阵。

```
Y=diff(X,n)
```

通过递归应用 diff(X)运算符 n 次来计算第 n 个差分。在实际操作中，这表示 diff(X,2)与 diff(diff(X))相同。

```
Y=diff(X,n,dim)
```

是沿 dim 指定的维计算的第 n 个差分。dim 输入是一个正整数标量。

diff 函数进行差分时，dim 参数的作用效果如图 5-4 所示。可以看出，当 dim=1 时，diff 函数将按列进行差分计算；当 dim=2 时，diff 函数将按行进行差分计算。例如，如下程序可实现不同的差分功能。

```
%向量微分
>> X=[1 1 2 3 5 8 13 21];
>> Y=diff(X)            %减少 1 列
Y=
```

```
     0     1     1     2     3     5     8
%行微分
>> X=[1 1 1; 5 5 5; 25 25 25];
>> Y=diff(X)          %
Y=
     4     4     4
    20    20    20
%多阶行微分
>> X=[0 5 15 30 50 75 105];
>> Y=diff(X,2)
Y=
     5     5     5     5     5
%列微分
>> X=[1 3 5;7 11 13;17 19 23];
>> Y=diff(X,1,2)
Y=
     2     2
     4     2
     2     4
```

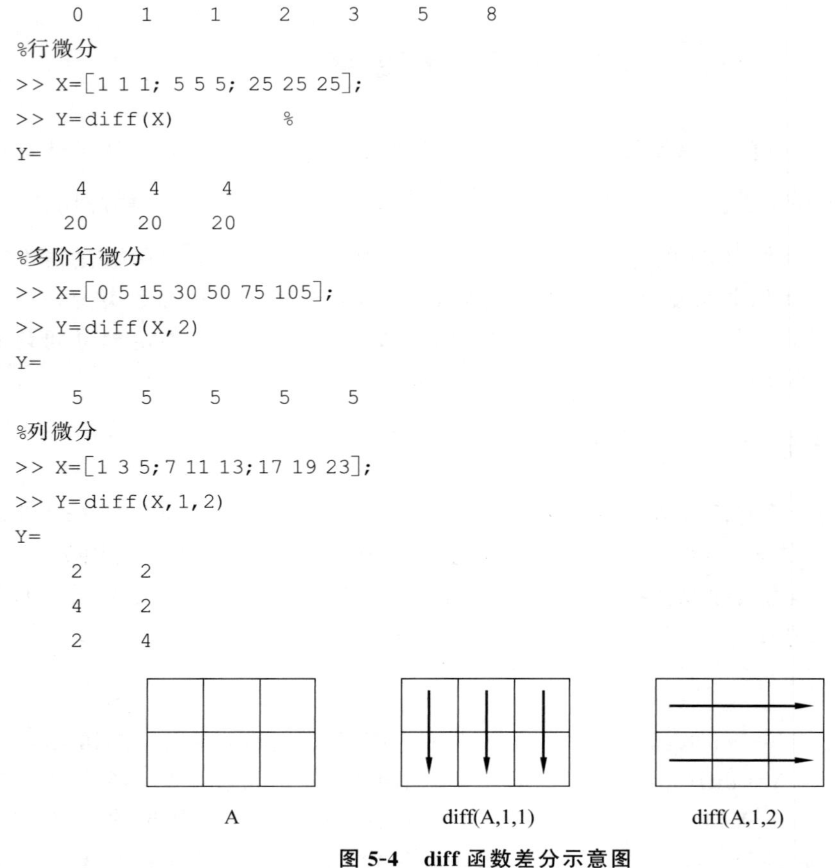

图 5-4 diff 函数差分示意图

【例 5-12】 用不同方法求解函数 $f(x)=\sqrt{x^3+x^2-x+10}+\sqrt[5]{x+3}+3x+5$ 的数值导数,计算区间为[−3,3],步长为 0.01。

(1) 先用一个 5 次多项式 $p(x)$ 拟合函数 $f(x)$,并对 $p(x)$ 求一般意义下的导数 $p'(x)$;

(2) 直接求 $f(x)$在假设点的数值导数;

(3) 求出 $f'(x)$: $f'(x)=\dfrac{3x^2+2x-1}{2\sqrt{x^3+x^2-x+10}}+\dfrac{1}{5\sqrt[5]{(x+3)^4}}+3$,然后直接求假设点的导数。

```
%求函数的导数
f=inline('sqrt(x.^3+x.^2-x+10)+(x+3).^(1/5)+3.*x+5');
g=inline('(3*x.^2+2*x-1)./sqrt(x.^3+x.^2-x+10)/2+1/5./(x+3).^(4/5)+3');
figure;
ezplot(f,[-3,3]);                %函数 f(x);Method1
hold on
x=-3:0.01:3;
p=polyfit(x,f(x),5);             %用 5 次多项式拟合 f(x)
```

```
dp=polyder(p);                          %对拟合多项式求导
dpx=polyval(dp,x);                      %求 dp 在 x 上的导数值
dx=diff(f([x,3.01]))/0.01;              %直接对 fx 求导数值;Method2
gx=g(x);                                %对求导公式求导数值;Method3
plot(x,dpx,'g--',x,dx,'r--',x,gx,'b--');                          %图 5-5
legend('原始','Method1','Method2','Method3');
hold off
```

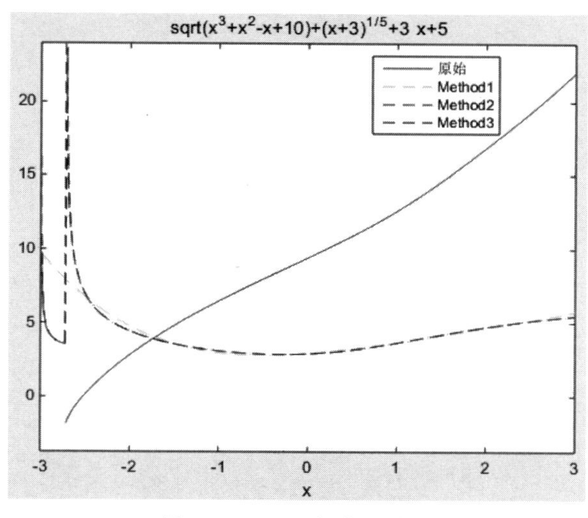

图 5-5　diff 函数求导效果

5.4.2　数值积分

1. 一元积分

MATLAB 提供了变步长辛普森法的 quad 函数和牛顿-科特斯法的 quadl 法用于求解函数的定积分问题。因 quad 和 quadl 函数的调用格式类似,此处仅介绍 quad 函数的用法。

```
q=quad(fun,a,b)
```

尝试使用递归自适应 Simpson 积分法求函数 fun 从 a 到 b 的近似积分,误差小于 1.0e−6。fun 是函数句柄。范围 a 和 b 必须是有限的。函数 y=fun(x)应接受向量参数 $\boldsymbol{x}$ 并返回向量结果 $\boldsymbol{y}$,即在每个 x 元素处计算的被积函数。

```
q=quad(fun,a,b,tol)
```

使用绝对误差容限 tol 代替默认值 1.0e−6。tol 值越大,函数计算量越少并且计算速度加快,但结果不太精确。在 MATLAB 5.3 及较早版本中,quad 函数使用不太可靠的算法和默认的相对误差 1.0e−3。具有非零 trace 的 q=quad(fun,a,b,tol,trace)在递归期间显示[fcnt a b−a Q]的值。

```
[q,fcnt]=quad(...)
```

返回函数计算数。

【例 5-13】 求函数 $f(x)=\dfrac{x^2}{1+\sin x+x^2}$ 在区间[0,1]上的定积分。

方法 1(直接函数):

```
%先编制 M 文件如下:
function f=fun(x)
f=x.^2./(1+sin(x)+x.^2);
end

%命令窗口中输入:
>> quad('fun',0,1)
ans=
    4.6776
```

方法 2(隐函数):

```
>> quad(@(x)(x.^2./(1+sin(x)+x.^2)),0,1)
ans=
    0.1527
>> quadl(@(x)(x.^2./(1+sin(x)+x.^2)),0,1)
ans=
    0.1527
```

2. 二元积分

MATLAB 提供了 dblquad 函数用于直接求二元定积分的数值解,调用格式如下。

```
q=dblquad(fun,xmin,xmax,ymin,ymax)
```

调用 dblquad 函数来计算 xmin$\leqslant x\leqslant$xmax,ymin$\leqslant y\leqslant$ymax 矩形区域上的二重积分 fun(x,y)。输入参数 fun 是一个函数句柄,它接受向量 $\boldsymbol{x}$,标量 y,并返回被积函数值的向量。

```
q=dblquad(fun,xmin,xmax,ymin,ymax,tol)
```

使用容差 tol 代替默认误差值 1.0e−6。

```
q=dblquad(fun,xmin,xmax,ymin,ymax,tol,method)
```

使用指定为 method 的求积法函数代替默认值 quad。method 的有效值为@quadl 或用户指定的求积法的函数句柄,该句柄与 quad 和 quadl 具有相同的调用顺序。

3. 三元积分

三元函数的定积分可使用 triplequad 函数求解,调用格式如下。

```
q=triplequad(fun,xmin,xmax,ymin,ymax,zmin,zmax)
```

对三维区域 xmin≤x≤xmax，ymin≤y≤ymax，zmin≤z≤zmax 求三重积分 fun(x,y,z)。第一个输入 fun 是一个函数句柄。fun(x,y,z)必须接受向量 $\boldsymbol{x}$ 以及标量 y 和标量 z，并返回被积函数的值向量。

```
q=triplequad(fun,xmin,xmax,ymin,ymax,zmin,zmax,tol)
```

使用 tol 代替默认值 1.0e−6。

```
q=triplequad(fun,xmin,xmax,ymin,ymax,zmin,zmax,tol,method)
```

使用指定为 method 的求积法函数代替默认值 quad。method 的有效值为@quadl 或用户指定的求积法的函数句柄，该句柄与 quad 和 quadl 具有相同的调用顺序。

【例 5-14】 分别求下列函数的定积分值。

(1) $f_1=y\times\sin x+x\times e^y$，$x,y\in[0,\ \pi]$。

(2) $f_2=y\times\sin x+z\times e^y$，$x,y,z\in[0,\ \pi]$。

程序代码如下。

```
>> f1=dblquad(@(x,y)(y.*sin(x)+x.*exp(y)),0,pi,0,pi)              %二元积分
f1=
    119.1295
>> f2=triplequad(@(x,y,z)(y.*sin(x)+z.*exp(x)),0,pi,0,pi,0,pi)    %三元积分
f2=
    31.0063
```

5.4.3 符号微积分

除了强大的数值计算外，MATLAB 还提供了丰富的符号运算功能。MATLAB 的符号运算是通过集成在 MATLAB 中的符号数学工具箱(Symbolic Math Toolbox)来实现的。需要强调的是，MATLAB 使用字符串来进行符号分析运算，而不是基于矩阵的数值分析与运算。实际上，MATLAB 中的符号数学工具箱是建立在功能强大的 Maple 软件(由加拿大滑铁卢大学开发)基础上，即当进行符号运算时，MATLAB 需请求 Maple 进行计算并将结果返回到 MATLAB 中。

MATLAB 工具箱可以完成几乎所有的符号计算，包括符号表达式的计算、符号表达式的复合和化简、符号矩阵的计算、符号微积分、符号函数画图、符号代数方程求解、符号微分方程求解等。此外，工具箱还支持可变精度运算，即支持符号运算并以指定的精度返回结果。

1. 符号对象

符号工具箱中定义了一种新的数据类型，即 sym 类。sym 类的实例就是符号对象，符号对象是一种用来存储代表符号的字符串的特殊数据结构。符号表达式是符号变量和常量的组合，在某些特定情况下，符号变量和符号常量也可以被认为是符号表达式。

MATLAB 中，sym 函数可以生成单个的符号变量或表达式，当输入变量为字符串的时候，输出是一个符号变量或符号数组；当输出变量为数字向量或矩阵时，输出的是给出数字值的符号表征。调用格式如下。

```
x=sym('x')
```

创建符号变量 x。

```
A=sym('a',[n1 ... nM])
```

创建一个 n1×…×nM 的符号数组，其中内部元素将自动生成。例如，A＝sym('a',[1 3])创建行向量 $\boldsymbol{A}=[a_1 \quad a_2 \quad a_3]$。生成的元素 a_1，a_2 和 a_3 不会出现在 MATLAB 工作区中。对于多维数组，这些元素的前缀为 a，后面使用下画线作为分隔符的元素索引，例如 a1_3_2。

```
A=sym('a',n)
```

创建一个 $n \times n$ 的符号矩阵，其内部元素将自动生成。

```
sym(___,set)
```

创建一个符号变量或数组，并设置该变量或所有数组元素都属于一个集合。该集合可以是实数，正数，整数或有理数。用户还可以通过指定字符向量的字符串数组或单元格数组来组合，如通过将集合指定为[positive rational]或{'positive','rational'}来指定正有理值。

```
sym(___,'clear')
```

清除在符号变量或数组上设置的假设。用户可以使用任何以前的语法在输入参数之后指定“清除”，但不能将“清除”和“设置”组合在一起。用户无法在对 sym 的同一函数调用中设置和清除假设。

```
sym(num)
```

将 num 指定的数字或数字矩阵转换为符号数字或符号矩阵。

```
sym(num,flag)
```

使用 flag 指定的方式将浮点数转换为符号数。当被转换的对象为数值对象时，flag 可以有如下选择：d 为最接近的十进制浮点精确表示；e 为数值计算时估计误差的有理表示；f 为十六进制浮点型表示；r 为默认设置，是最接近有理表示的形式。当被转换对象为字符串时，positive 限定 num 为实型符号变量，real 限定 A 为实型符号变量。

```
sym(strnum)
```

将由 strnum 指定的字符向量或字符串转换为避免任何近似的准确符号。

```
symexpr=sym(h)
```

从与函数句柄 h 相关联的匿名 MATLAB 函数创建符号表达式或矩阵 symexpr。

syms 函数可用来同时定义多个符号变量，同时也能用来生成符号函数。MATLAB 中，syms 函数的调用格式如下。

```
syms var1 ... varN
```

创建符号变量 var1，…，varN。不同的变量用空格分隔。

```
syms var1 ... varN [n1 ... nM]
```

创建符号数组 var1，…，varN，其中每个数组的大小为 n1×…×nM，并将自动生成的符号变量作为其元素。

```
syms ___ set
```

设置已创建符号变量属于 set 的假设，并清除其他假设。在这里，集合可以是实数、正数、整数或有理数。

```
syms f(var1,...,varN)
```

创建符号函数 f 和符号变量 var1，…，varN，它们表示 f 的输入参数。用户可以在一个调用中创建多个符号函数。例如，syms f(x)g(t)创建两个符号函数（f 和 g）和两个符号变量（x 和 t）。

```
syms f(var1,...,varN)[n1 ... nM]
```

创建一个 n1×…×nM 符号数组，并将其自动生成的符号函数作为其元素。此语法还生成表示 f 的输入参数的符号变量 var1，…，varN。例如，syms f(x)[1 2]创建符号数组 f(x)=[f1(x)f2(x)]，符号函数 f1(x)和 f2(x)以及符号变量 x 在 MATLAB 工作区中。对于多维数组，这些元素的前缀为 f，后面使用下画线(_)作为分隔符的元素索引，例如 f1_3_2。

```
syms f(var1,...,varn)
```

创建一个 $n \times n$ 符号矩阵，其中填充自动生成的元素。

```
syms(symArray)
```

创建 symArray 中包含的符号变量和函数，其中 symArray 是符号变量的向量或符号变量和函数的单元格数组。仅当此类数组由另一个函数（例如 solve 或 symReadSSCVariables）返回时，才使用此语法。

```
syms
```

列出 MATLAB 工作空间中所有符号变量、函数和数组的名称。

```
S=syms
```

返回所有符号变量，函数和数组名称的单元格数组。

【例 5-15】 创建符号变量和函数。

```
%sym函数使用
>> x=sym('x'), y=sym('y')                          %创建符号变量
x=
    x
y=
    y
>> a=sym('x_%d',[1 4])                             %创建符号向量
a=
    [ x_1, x_2, x_3, x_4]
>> A=sym('A',[3 4])                                %创建符号矩阵
A=
    [ A1_1, A1_2, A1_3, A1_4]
    [ A2_1, A2_2, A2_3, A2_4]
    [ A3_1, A3_2, A3_3, A3_4]
>> h_expr=@(x)(sin(x)+cos(x));                     %接受函数句柄,并创建符号函数
>> sym_expr=sym(h_expr)
sym_expr=
    cos(x)+sin(x)

%syms函数使用
>> syms x y                                        %创建符号变量
>> syms s(t) f(x,y)                                %创建符号方程
>> f(x,y)=x+2*y                                    %指定符号方程形式
f(x, y)=
    x+2*y
>> f(1,2)                                          %用符号方程进行计算
ans=
    5
>> syms x
>> M=[x x^3; x^2 x^4];                             %定义符号方程矩阵
>> f(x)=M
f(x)=
    [   x, x^3]
    [ x^2, x^4]
>> f(2)                                            %用符号方程矩阵进行计算
ans=
    [ 2,  8]
    [ 4, 16]
```

2. 符号基本运算

传统的数值运算由于受到计算机所保留的有效位数的约束,其结果总是采用计算机硬件提供的8位浮点数法来表示,因此每次运算都会有一定的截断误差。若重复多次数值运算,有可能会产生很大的累积误差。因符号运算不需要进行数值运算,也就不存在截断误差,因此可以得出完全的封闭解或任意精度的数值解,但符号运算所需的时间较

数值运算会显著增加。

MATLAB能够支持的符号变量和符号表达式的基本运算功能包括四则运算、提取分子和分母、因式分解与展开、合并同类项、表达式简化、复合运算与反运算、表达式求和、表达式替换以及符号表达式与数值表达式间的转换等,各种运算函数的基本调用格式如下。

(1) 四则运算:支持符号变量、符号矩阵和符号数组的运算,分以下三种情况:①当输入数据为符号变量或符号矩阵时,运算符+、-、*、\、/、^分别符号矩阵的加、减、乘、左除、右除和幂运算,即运算规则需满足线性代数的要求;②当输入数据为数组时,运算符“.*”“.\”“./”“.^”分别用于符号数组的乘、左除、右除、幂运算,即进行数组间元素与元素的运算;③运算符'、.分别实现符号矩阵的转置和共轭转置。

(2) 提取分子和分母:[N,D]=numden(s),如果符号表达式是有理分数的形式,该函数在将符号表达式s进行合并、有理化的基础上,提取分子和分母分别赋给变量N和D。

(3) 因式分解:f=factor(n),对符号表达式n进行因式分解。

(4) 因式展开:f=expand(s),对符号表达式s进行因式展开。

(5) 合并同类项:R=collect(s),对符号表达式s中的同类项进行合并。

(6) 表达式简化:r=simple(S),对符号表达式S进行综合化简,并显示简化过程。

(7) 查找符号表达式变量:f1=findsym(s),若s为一个符号表达式,则f1为表达式s中所有符号变量名、逗号与空格组成的字符串,其中变量名按英文字母顺序排列,且大写字母在小写字母之前。

(8) 复合运算:compose(f,g),返回复合函数$f[g(x)]$。在这里,$f=g(x)$,$g=g(y)$,其中x是findsym定义的f函数的符号变量,y是findsym定义的g函数的符号变量。

(9) 反运算:g=finverse(f),返回符号函数f的反函数,其中f为一个符号函数表达式,其变量为x。所求的反函数是一个满足$g(f(x))=x$的符号函数。

(10) 表达式求和运算:r=symsum(expx,a,b),返回符号表达式expx取遍区间$[a,b]$内的所有整数,并求和。

(11) 表达式替换:r=subs(S,old,new),用变量new替换表达式S中的变量old。

(12) 相同因子筛选与代换:[Y,S]=subexpr(x,'SIGMA'),x为符号表达式,SIGMA为用来代换相同因子的名称,S为代换后表达式因子中的名称,Y为代换后的表达式。

(13) 符号与数值转换:①符号表达式转换为数值表达式:可使用eval函数;②数值表达式转换为符号表达式:可使用sym或poly2sym函数。

以上仅给出了各函数的基本用法,其余调用格式可自行查阅MATLAB官方帮助文档,此处不再赘述。

【例5-16】 符号表达式基本运算的使用。

```
>> syms x
>> f1=3*x^3-2*x^2+5*x-6; f2=x^2-7*x-1;
```

```
>> f3=f1-f2;
f3=
    3*x^3-3*x^2+12*x-5
>> f4=f1+f2;
f4=
    3*x^3-x^2-2*x-7
>> f5=f1/f2                    %右除
f5=
    -(3*x^3-2*x^2+5*x-6)/(-x^2+7*x+1)
>> f6=f1\f2                    %左除
f6=
    -(-x^2+7*x+1)/(3*x^3-2*x^2+5*x-6)
>> f7=f1*f2
f7=
    -(-x^2+7*x+1)*(3*x^3-2*x^2+5*x-6)
>> f8=f1^f2
f8=
    (3*x^3-2*x^2+5*x-6)^(x^2-7*x-1)
>> [N,D]=numden(f6)            %分子和分母
N=
    x^2-7*x-1
D=
    3*x^3-2*x^2+5*x-6
>> f9=factor(f7);              %因式分解
f9=
    [ x^2-7*x-1, x-1, 3*x^2+x+6]
>> f10=expand(f9)              %因式展开
f10=
    [ x^2-7*x-1, x-1, 3*x^2+x+6]
>> f11=collect(f6)             %合并同类项
f11=
    (x^2-7*x-1)/(3*x^3-2*x^2+5*x-6)

>> syms x n
>> f1=3*x^3-2*x^2+5*x-6;
>> f2=x^2-7*x-1;
>> f3=f1/f2
f3=
    -(3*x^3-2*x^2+5*x-6)/(-x^2+7*x+1)
>> r1=simple(f3)               %简化
r1=
    (3*x^3-2*x^2+5*x-6)/(x^2-7*x-1)
>> r2=symsum(f1,1,'n')         %求和
r2=
    (3*n^4)/4+(5*n^3)/6+(9*n^2)/4-(23*n)/6
>> s=1:100;
>> plot(x,subs(r2,n,s))        %绘制图 5-6
>> r3=subs(f1,x,1.1)           %替换
r3=
```

```
1073/1000
```

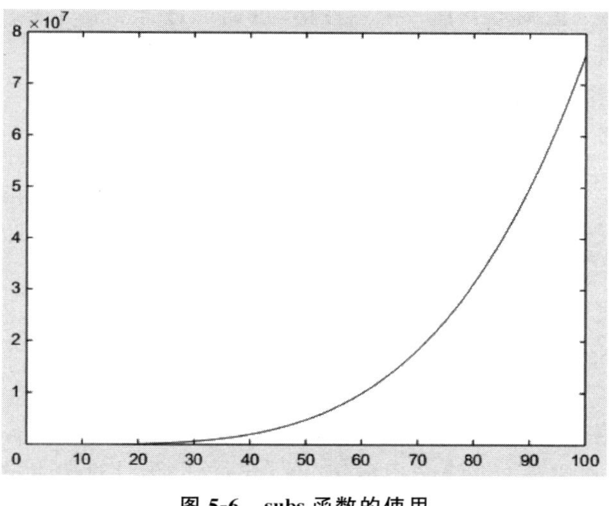

图 5-6 subs 函数的使用

【例 5-17】 现有某树种削度方程为 $d=0.77525\,D^{0.84868}H^{-0.44764}h^{0.59942}$，其中 d 为树干在高度 h 处的直径(cm)，D 为树木胸径(cm)，H 为树木树高(m)。试编写函数计算树木的材积。其中，胸径指胸高处(1.3m)树木的粗度；树高指树梢距离地面的垂直距离，其中 $h\in[0,H]$；削度是描述树干直径沿其树干向上随干径位置的升高而逐渐减小变化程度的指标，其含义如图 5-7 所示；材积是指树木根茎以上树干的体积，其单位为 m^3。

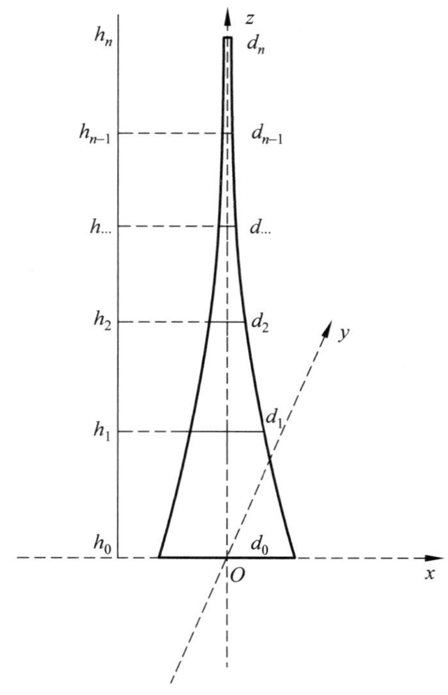

图 5-7 树干材积计算示意图

该问题的求解思路为将树高离散化为以 h 为步长、以 d 为直径的三维立体图形；当 h 足够小时，可将每一段图形看作一个圆柱体，进而通过计算每个高度的圆柱体体积，并进行累计求和，即可获得该株树木的树干材积。程序代码如下。

```
>> D=20;H=18;                  %初始化树木胸径、树高
>> vol=0;
>> for h=0:0.01:H              %将削度方程写为字符串形式
  d=eval(['0.77525*(',num2str(D),'^0.84868)*(',num2str(H),…
     '^(-0.44764))*((',num2str(H),'-h)^0.59942)']);
   vol=vol+1/40000*d^2*0.01;
end
>> vol                         %输出结果
vol=
    0.1501
```

上述程序中，第一条语句初始化了树木的胸径树高，分别为 20cm 和 18m；第二条语句初始化了一个求和变量 vol；第三条语句（即 for 循环）为计算树木材积的程序。计算结果显示，胸径 20cm、树高 10m 的树干材积为 0.1501m^3。

3. 符号高级运算

符号高级运算主要指符号的微积分运算，包括符号极限、符号微分、符号积分和符号级数等函数，下面将分别说明。

1）符号极限

实际工程和科学应用中，求符号表达式的极限是比较常见的操作。MATLAB 提供了 limit 函数用于求符号表达式的极限，调用格式如下。

```
limit(f, var, a)
```

当变量 var 趋近常数 a 时，计算符号表达式 $f(x)$ 的双向极限值。

```
limit(f, a)
```

求符号函数 $f(x)$ 的极限值。由于没有指定符号函数 $f(x)$ 的自变量，使用该格式时符号函数 $f(x)$ 的变量为函数 findsym(f)确定的默认自变量，即变量 x 趋近于 a。

```
limit(f)
```

求符号函数 $f(x)$ 的极限值。符号函数 $f(x)$ 的变量为函数 findsym(f)确定的默认自变量，没有指定变量的目标时，系统默认变量趋近于 0，即 $a=0$ 的情况。

```
limit(f, var, a, 'left')
```

在 var 接近 a 时返回符号函数 $f(x)$ 的左侧极限值。

```
limit(f, var, a, 'right')
```

在 var 接近 a 时返回符号函数 $f(x)$ 的右侧极限值。

2）符号微分

MATLAB 提供了 diff 函数用于求解符号表达式的微分（导数），该函数也可用于求

解向量或数组的数值差分(详见 5.4.1 节),调用格式如下。

```
diff(f)
```

没有指定变量与导数阶数,按 findsym(f)函数指示的默认变量对符号表达式 f 求一阶导数。

```
diff(f,v)
```

以 v 为自变量,对符号表达式 f 求一阶导数。

```
diff(f,n)
```

按 findsym(f)函数指示的默认变量对符号表达式 f 求 n 阶导数,n 为正整数。

```
diff(f,v,n)
```

以 v 为自变量,对符号表达式 f 求 n 阶导数。

3) 符号积分

积分有定积分、不定积分、旁积分和重积分等之分。一般情况下,积分比微分要复杂的多,因此积分或逆求导不一定是以封闭形式存在的。当 MATLAB 找不到逆导数时,将返回未经计算的命令。MATLAB 中可用 int 函数用于实现符号积分,调用格式如下。

```
int(f)
```

没有指定积分变量与积分阶数时,按 findsym(f)函数指示的默认变量对符号表达式 f 求不定积分。

```
int (f,v)
```

以 v 为自变量,对符号表达式 f 求不定积分。

```
int (f,a, b)
```

指定积分区间的上限 a 和下限 b。

```
int (f,v, a, b)
```

求被积函数在区间$[a,b]$上的定积分。a 和 b 可以是一个具体的数,也可以是一个符号表达式,还可以是无穷(inf)。当函数 f 在闭区间$[a,b]$上可积时,函数返回一个定积分结果。当 a 和 b 中有一个为 inf 时,函数返回一个广义积分。当 a 和 b 中有一个符号表达时,函数返回一个符号函数。

4) 符号级数

MATLAB 提供了 taylor 函数求泰勒级数展开的幂级数,调用格式如下。

```
T=taylor(f, var)
```

在点 var=0 处以 f 的 5 阶泰勒级数逼近符号函数 f。如果不指定 var,则 taylor 使用由 symvar(f, 1) 确定的默认变量。

```
T=taylor(f, var, a)
```

用 f 在点 var=a 处的泰勒级数展开逼近符号函数 f。

```
T=taylor(___,Name,Value)
```

使用一个或多个 Name,Value 指定其他参数选项。可以使用任何以前的语法在输入参数之后指定 Name,Value。

【例 5-18】 用符号计算方法求函数 $f(x,y)=xe^{-x^2-y^2}$ 的极限、导数、偏导数和积分。

```
>> syms x y a;                            %定义符号变量
>> f=x*exp(-x.^2-y.^2);                   %生成符号表达式
>> y1=limit(f,x,a,'left')                 %求函数 f 在 x 趋于 a 时的左极限
y1=
    a*exp(-a^2-y^2)
>> y2=limit(f,x,a,'right')                %求函数 f 在 x 趋于 a 时的右极限
y2=
    a*exp(-a^2-y^2)
%分别求函数 f 对 x、y 以及 f 对 x 和 y 的偏导数
>> f_x=diff(f,x); f_y=diff(f,y); f_xy=diff(f_x,y)
f_x=
    exp(-x^2-y^2)-2*x^2*exp(-x^2-y^2)
f_y=
    -2*x*y*exp(-x^2-y^2)
f_xy=
    4*x^2*y*exp(-x^2-y^2)-2*y*exp(-x^2-y^2)
>> figure;ezsurf(f)                       %图 5-8(a)
>> figure;ezsurf(f_x)                     %图 5-8(b)
>> figure;ezsurf(f_y)                     %图 5-8(c)
>> figure;ezsurf(f_xy)                    %图 5-8(d)
%函数 f 在 x∈[-a,a/2]区间上的积分;       图 5-8(e)
>> figure;ezsurf(int(f,x,-a,a/2))
%函数 f 在 y∈[-a,a/2]区间上的积分;       图 5-8(f)
>> figure;ezsurf(int(f,y,-a,a/2))
```

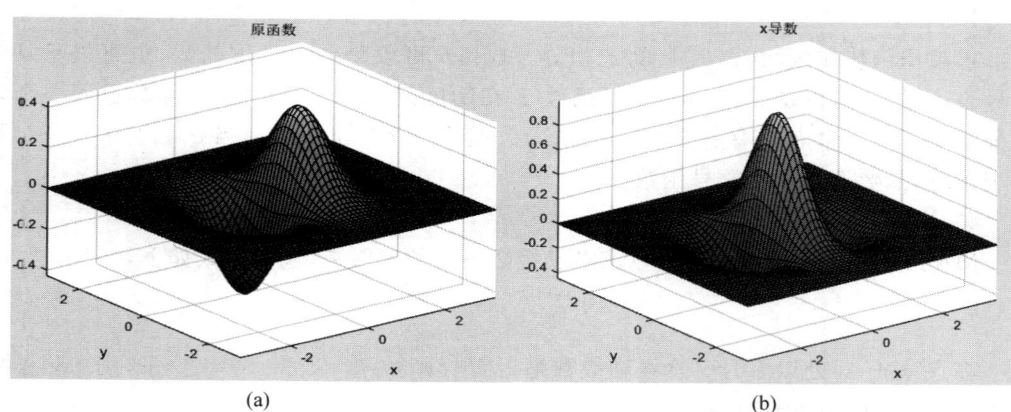

(a) (b)

图 5-8 符号高级运算结果

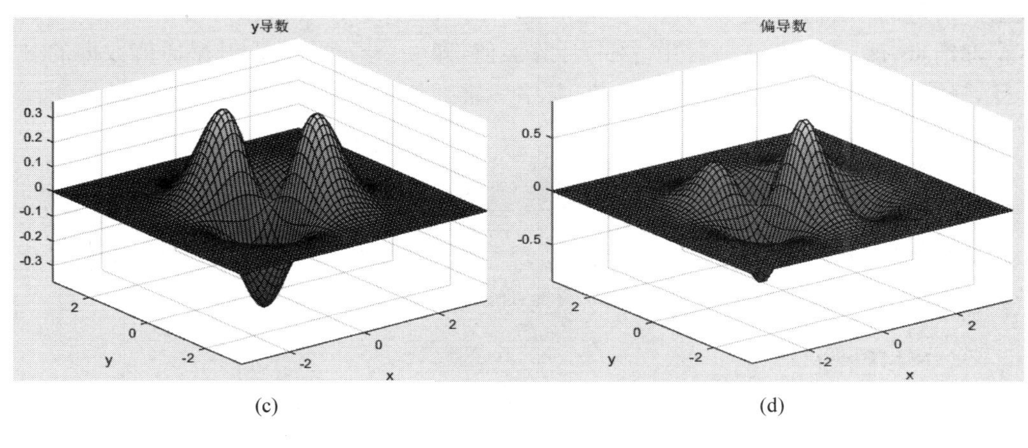

(c) (d)

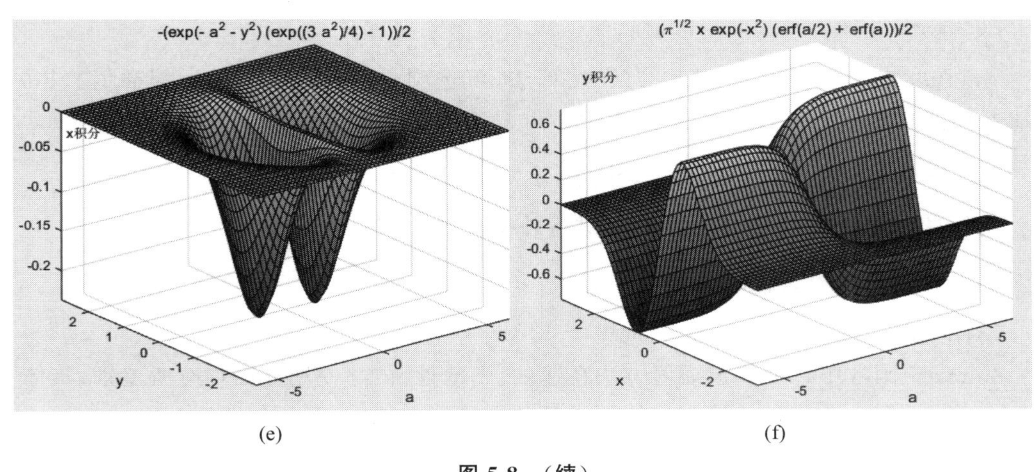

(e) (f)

图 5-8 (续)

5.5 插值与拟合

在实际工程和科研应用中，因时间、人力、成本等因素限制，用户能够实际测得的数据点通常是有限的，而具体工作中又需要获得那些不能进行实际测量点的信息，这时用户可借助插值或拟合的方法来获取未知结点的数据。本节将详细介绍如何利用 MATLAB 提供的相关插值和拟合函数来解决实际问题。

5.5.1 插值

通俗地讲，插值就是在若干个已知数据点间通过一定的方法插入一些未知的数据点。插值的数学表述为：已知 $n+1$ 个结点 (x_i, y_i)，其中 x_i 互不相同，且 $a=x_0<x_1<x_2<\cdots<x_n$，求一插值点 $x_*(x_*\neq x_i)$ 处的插值 y_*。结点 (x_i, y_i) 可看作由某个函数 $y=f(x)$ 产生的，f 的表达式可能十分复杂，甚至不存在解析形式，只能获得一些离散的

数据。插值的基本思想是：构造一个相对简单的函数 $y=g(x)$，称为插值函数，使 g 通过全部结点，即 $g(x_i)=y_i$；再用 $g(x)$计算插值，即 $y_*=g(x_*)$。根据插值数据的分布特征，插值可分为一维插值和二维插值，其中一维插值主要针对曲线，而二维插值主要针对曲面。

1. 一维插值

MATLAB 中可使用 interp1 函数来实现一维多项式插值，该函数使用多项式拟合所提供的数据点，并计算目标插值点上的插值函数值，调用格式如下。

```
yi=interp1(X,Y,xi)
```

对一组结点(X，Y)进行插值，计算插值点 x_i 的函数值。

```
yi=interp1(X,Y,xi,'method')
```

method 指定插值算法，默认为线性算法，可选项包括 nearest(最近邻插值)、linear(线性插值)、spline(三次样条插值)和 cubic(双三次插值)。

```
yi=interp1(X,Y,xi,'method', 'extrap')
```

利用指定的方法对超出范围的值进行外推计划。

```
yi=interp1(X,Y,'method','pp')
```

利用指定的方法产生分段多项式。

interp1 函数中各项候选插值方法在速度、平滑性、内存使用方面均有所差别，具体如表 5-4 所示，但无论哪种插值方法均要求新的元素是单调的，且不等距。

表 5-4　interp1 函数中不同插值方法的对比

方　法	优　　点	缺　　点
nearest	速度最快	平滑性最差
linear	比较平滑	较 nearest 占用更多内存，运行时间较长；生成的插值结果较为连续，但在顶点处会有坡度变化
cubic	插值数据及其导数均连续	占用内存、运行时间比 linear 还要长
spline	平滑性最好	运行时间最长，占用内存略少于 cubic；要求输入数据尽量均匀分布，否则会得到意想不到的结果

【例 5-19】 比较 interp1 函数中不同插值方法的效果。

```
%interp1 函数——插值及外推效果比较
>> x=0:pi/4:2*pi;
>> xq=-pi/2:pi/16:5/2*pi;
>> vq1=interp1(x,v,xq,'nearest');                        %最近邻插值
>> figure; plot(x,v,'o',xq,sin(xq),'k--',xq,vq1,'r-');   %图 5-9(a)
>> vq2=interp1(x,v,xq,'linear');                         %线性插值
```

```
>> figure; plot(x,v,'o',xq,sin(xq),'k--',xq,vq2,'r-');          %图 5-9(b)
>> vq3=interp1(x,v,xq,'spline');                                %样条插值
>> figure; plot(x,v,'o',xq,sin(xq),'k--',xq,vq3,'r-');          %图 5-9(c)
>> vq4=interp1(x,v,xq,'cubic');                                 %双三次插值
>> figure; plot(x,v,'o',xq,sin(xq),'k--',xq,vq4,'r-');          %图 5-9(d)
```

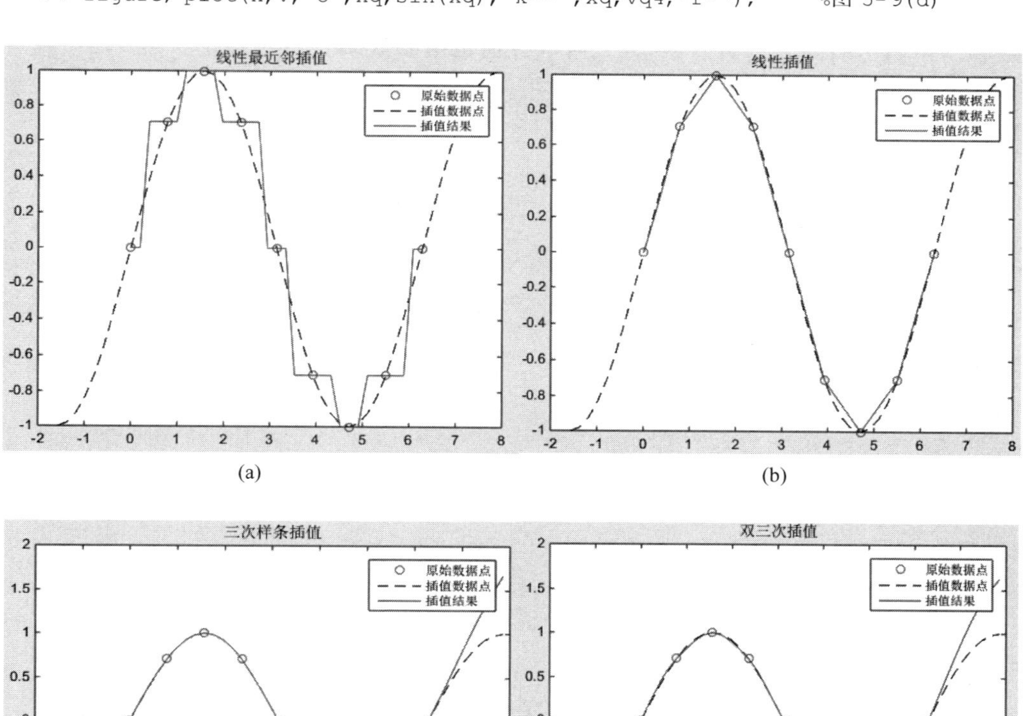

(a) (b)

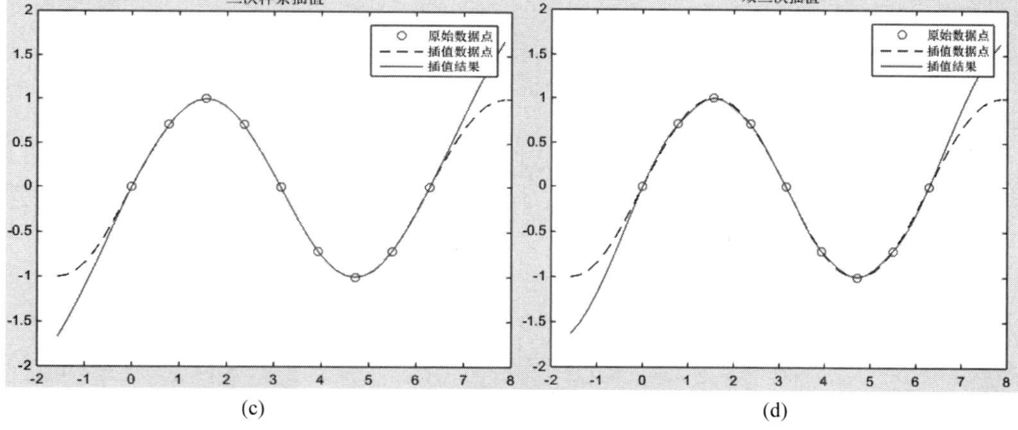

(c) (d)

图 5-9 interp1 函数不同插值方法效果

除了 interp1 函数外，MATLAB 还提供了 spline 和 csape 函数用于实现三次样条插值，格式如下。

```
yy=spline(X,Y,x)
```

对结点(X,Y)进行三次样条插值，计算插值点 x_i 的函数值。

```
pp=spline(X,Y)
```

返回结点(X,Y)的三次样条插值函数，可结合 ppval 函数计算各插值点 x_i 的数值。

```
pp=csape(X,Y)
```

返回结点(X,Y)的三次样条插值函数,可结合 ppval 函数计算各插值点 x_i 的数值。

```
pp=csape(X,Y,conds, valconds)
```

conds 表示选用的插值边界条件,默认为拉格朗日边界条件;当取值为 complete 或 clamped 时,表示边界为一阶导数,其一阶导数值在参数 valconds 中给出;当取值为 second 时,表示边界为二阶导数,其二阶导数值也由参数 valconds 指定。

【例 5-20】 spline 和 csape 函数的使用。

```
%spline 和 csape 函数
>> x=1:6; y=[-0.52 1.86 2.98 5.23 6.98 7.52];

>> x1=1:.01:6;
>> y1=spline(x,y,x1);

>> p1=csape(x,y,'complete');                           %拉格朗日(一阶)边界条件
>> y2=ppval(p1,x1);

>> p2=csape(x,y,'second');                             %二阶导数边界条件
>> y3=ppval(p2,x1);

>> plot(x,y,'o',x1,y1,'r',x1,y2,'g',x1,y3,'b')         %绘制图 5-10
>> legend('spline','一阶','二阶','Location','northwest')
>> xlabel('x 轴');ylabel('y 轴');
```

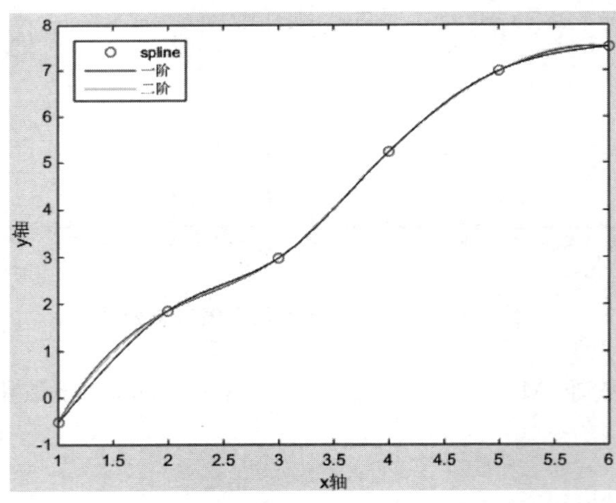

图 5-10 spline 和 csape 函数效果对比

2. 二维插值

二维插值问题的数学表述为:已知二元函数 $f(x,y)$ 在矩形区域($x\in[a,b]$,$y\in$

$[c,d]$)内系列点(x_m,y_n)的函数值z_{mn}，计算该矩形区域内任意一点的插值近似函数$f(x)$。

根据数据点(x_m,y_n)分布的情况，常见二维插值问题可分为两种情况：二维网格数据插值和二维散点数据插值，其中前者适用于结点比较规范的情况，即在包含所给结点的矩形区域内，结点由两组平行于坐标轴的直线的交点组成；后者适用于一般的结点，多用于结点不太规范的情况。

1）格网数据

MATLAB提供了interp2函数用于实现二维格网数据的插值，调用格式如下。

```
Vq=interp2(X,Y,V,Xq,Yq)
```

使用线性插值返回双变量函数在特定查询点的插入值。结果始终穿过函数的原始采样。X和Y包含样本点的坐标。V包含各样本点处的对应函数值。Xq和Yq包含查询点的坐标。

```
Vq=interp2(V,Xq,Yq)
```

假定一个默认的样本点网格。默认网格点覆盖矩形区域$X=1:n$和$Y=1:m$，其中$[m,n]$=size(V)。如果希望节省内存且不在意点之间的绝对距离，则可使用此语法。

```
Vq=interp2(V)
```

将每个维度上样本值之间的间隔分隔一次，形成优化网格，并在这些网格上返回插入值。

```
Vq=interp2(V,k)
```

将每个维度上样本值之间的间隔反复分隔k次，形成优化网格，并在这些网格上返回插入值。这将在样本值之间生成2^{k-1}个插入点。

```
Vq=interp2(___,method)
```

指定备选插值方法：linear、nearest、cubic、makima或spline。默认方法为linear。

```
Vq=interp2(___,method,extrapval)
```

还指定标量值extrapval，此参数会为处于样本点域范围外的所有查询点赋予该标量值。如果为样本点域范围外的查询省略extrapval参数，则基于method参数，interp2返回下列值之一：对于spline和makima方法，返回外插值；对于其他内插方法，返回NaN值。

【例5-21】 用interp2函数实现二维插值。

```
>> [X,Y]=meshgrid(-3:0.25:3);Z=peaks(X,Y);
>> [X1,Y1]=meshgrid(-3:0.125:3);

>> Z1=interp2(X,Y,Z,X1,Y1);
>> figure; hold on; surf(X,Y,Z)
```

```
>> surf(X1,Y1,Z1+10); view(3);title('线性插值')                    %图 5-11(a)

>> Z2=interp2(X,Y,Z,X1,Y1,'nearest');
>> figure;hold on; surf(X,Y,Z)
>> surf(X1,Y1,Z2+10); view(3);title('最近邻插值')                  %图 5-11(b)

>> Z3=interp2(X,Y,Z,X1,Y1,'cubic');
>> figure;hold on; surf(X,Y,Z)
>> surf(X1,Y1,Z3+10); view(3);title('双三次插值')                  %图 5-11(c)

>> Z4=interp2(X,Y,Z,X1,Y1,'spline');
>> figure;hold on; surf(X,Y,Z)
>> surf(X1,Y1,Z4+10)                                               %图 5-11(d)
>> view(3);title('三次插值样条')
```

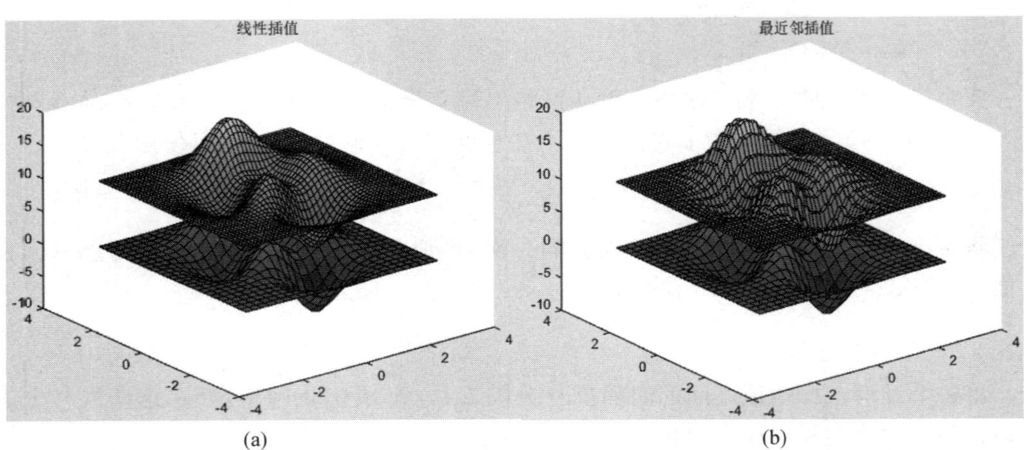

(a)　　　　(b)

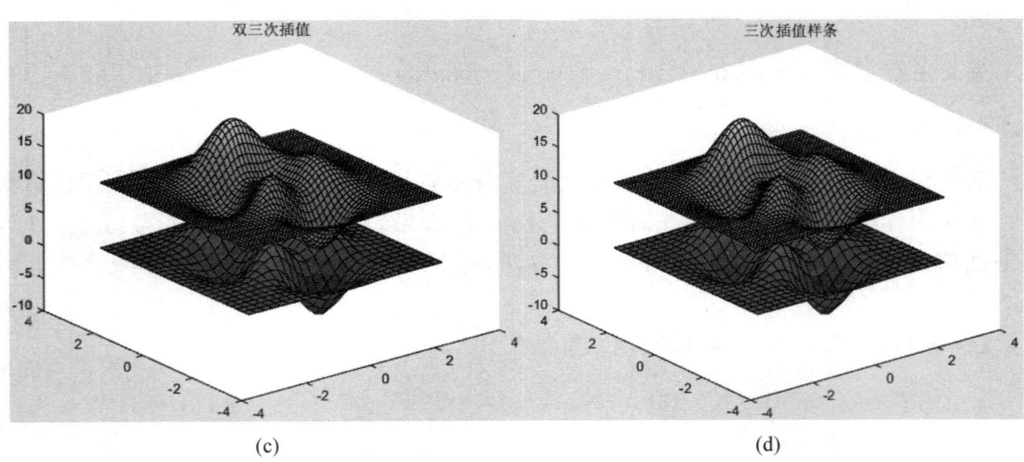

(c)　　　　(d)

图 5-11　interp2 函数插值效果对比

2）散点数据

通过上面的例子可以看出，虽然 interp2 函数能够较好地进行二维函数插值，但其存在一个重要缺陷，即只能处理以格网形式给出的数据，如果已知数据不是以格网形式给出的，该函数则无能为力。在实际的应用中，用户所收集的大部分数据多是以(x_i，y_i，z_i)的形式给出的，所以不能使用 interp2 函数进行插值。针对这种离散数据，可以使用 griddata 函数，调用格式如下。

```
vq=griddata(x,y,v,xq,yq)
```

使 $v=f(x,y)$形式的曲面与向量(x,y,v)中的散点数据拟合。griddata 函数在(x_q,y_q)指定的查询点对曲面进行插值并返回插入的值 vq。曲面始终穿过 x 和 y 定义的数据点。

```
vq=griddata(x,y,z,v,xq,yq,zq)
```

拟合 $v=f(x,y,z)$形式的超曲面。

```
vq=griddata(___,method)
```

使用上述语法中的任何输入参数指定计算 vq 所用的插值方法。method 可以是 linear、nearest、natural、cubic 或 v4。默认方法为 linear。

【例 5-22】 使用 griddata 函数进行二维差值。

```
%根据二维随机数据点进行插值
>> xy=-2.5+5*gallery('uniformdata',[200 2],0);
>> x=xy(:,1);
>> y=xy(:,2);
>> v=x.*exp(-x.^2-y.^2);
>> [xq,yq]=meshgrid(-2:.2:2, -2:.2:2);
>> vq=griddata(x,y,v,xq,yq);            %插值
>> figure
>> mesh(xq,yq,vq);                      %三维曲面图
>> hold on
>> plot3(x,y,v,'o');                    %图 5-12
>> h=gca;
>> h.XLim=[-2.7 2.7];
>> h.YLim=[-2.7 2.7];
```

【例 5-23】 对实测的碳储量数据进行二维函数插值，数据存储在 carbon_data.xls 文件中，字段包括前期碳储量、后期碳储量、x 坐标、y 坐标，部分数据如图 5-13 所示。其中，碳储量是指森林生态系统中碳素的存留量，是反映生态系统中生物生产力和能量转换效率的重要指标。

```
>> data=xlsread('carbon_data.xlsx');
>> data1=data(data(:,1)>0,[1 3 4]);
>> data2=data(data(:,2)>0,[2 3 4]);
```

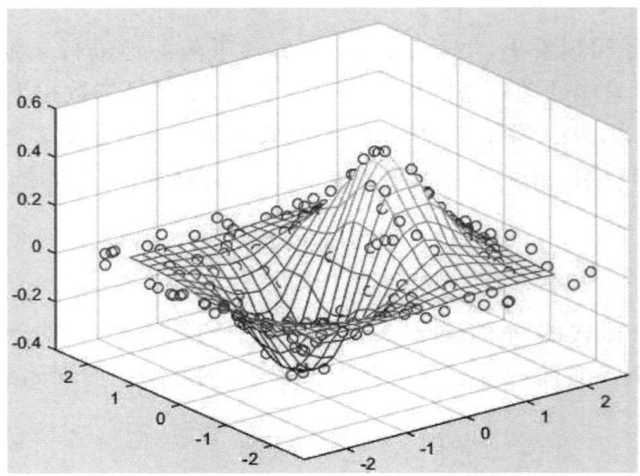

图 5-12 griddata 函数插值效果

```
>> x1_min=min(data1(:,2));y1_min=min(data1(:,3));
>> x2_min=min(data2(:,2));y2_min=min(data2(:,3));

>> carbon1=data1(:,1)/1000;
>> carbon2=data2(:,1)/1000;

>> x1=(data1(:,2)-x1_min)/1000;
>> y1=(data1(:,3)-y1_min)/1000;

>> x2=(data2(:,2)-x2_min)/1000;
>> y2=(data2(:,3)-y2_min)/1000;

>> [X1,Y1]=meshgrid(min(x1):max(x1),min(y1):max(y1));
>> [X2,Y2]=meshgrid(min(x2):max(x2),min(y2):max(y2));

>> Z1=griddata(x1,y1,carbon1,X1,Y1,'v4');
>> Z2=griddata(x2,y2,carbon2,X2,Y2,'v4');

>> figure;                          %图 5-14(a)
>> plot3(x1,y1,carbon1,'ro')
>> hold on
>> plot3(x2,y2,carbon2,'go')
>> title('原始数据');
>> xlabel('横坐标'); ylabel('纵坐标'); zlabel('碳密度 t/ha')
>> hold off

>> figure;                          %图 5-14(b)
>> surf(X1,Y1,Z1)
```

```
>> shading interp;
>> hold on
>> plot3(x1,y1,carbon1,'o')
>> colormap('jet');
>> title('期初碳储量');
>> xlabel('横坐标'); ylabel('纵坐标'); zlabel('碳密度 t/ha')
>> hold off

>> figure;                        %图 5-14(c)
>> surf(X2,Y2,Z2);
>> hold on
>> plot3(x2,y2,carbon2,'o');
>> shading interp;
>> colormap('jet');
>> title('期末碳储量');
>> xlabel('横坐标'); ylabel('纵坐标'); zlabel('碳密度 t/ha')

>> figure;                        %图 5-14(d)
>> surf(X1,Y1,Z1);
>> colormap('jet');
>> hold on;
>> surf(X2,Y2,Z2);
>> plot3(x2,y2,carbon2,'o');
>> hold off
>> shading interp;
>> title('期初和期末碳储量');
>> xlabel('横坐标'); ylabel('纵坐标'); zlabel('碳密度 t/ha')
```

1	前期单位平方千米碳储量	后期单位平方千米碳储量	GPS纵坐标	GPS横坐标
2	36680.81057	46149.30914	4995964	22620961
3	14728.57214	24374.04308	4994969	22619966
4	31606.28548	39925.91976	4994970	22620970
5	31944.82812	34924.61688	4993968	22619969
6	23384.21876	35799.90566	4993966	22620964
7	18049.99076	29776.84624	4993965	22621975
8	25084.81394	39391.25774	4992968	22621967
9	26398.46248	35676.2525	4991971	22625967
10	838.0448413	8138.278927	4990940	22615936
11	25151.69823	34513.93965	4990975	22616961
12	33204.54732	45820.40604	4990964	22625973
13	53959.65879	57352.68388	4989979	22614972
14	5332.184722	9726.188144	4989965	22615968
15	65599.75111	69957.05606	4989966	22616963
16	1916.388433	4433.563809	4990000	22621000
17	0	3.35749912	4989963	22623966
18	35474.08546	46595.21889	4990000	22626000
19	42171.92604	52231.57773	4989971	22626961
20	57198.16333	63333.14801	4988969	22615965

图 5-13 碳储量数据(carbon_data.xls)存储示意图

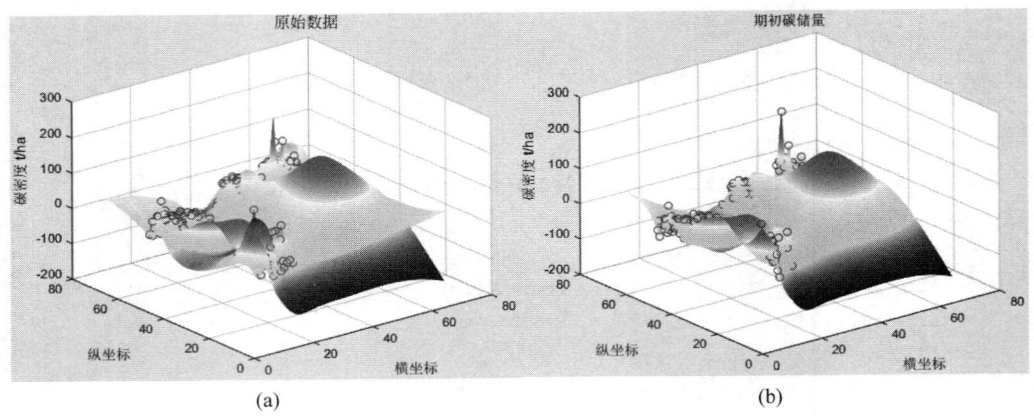

(a) (b)

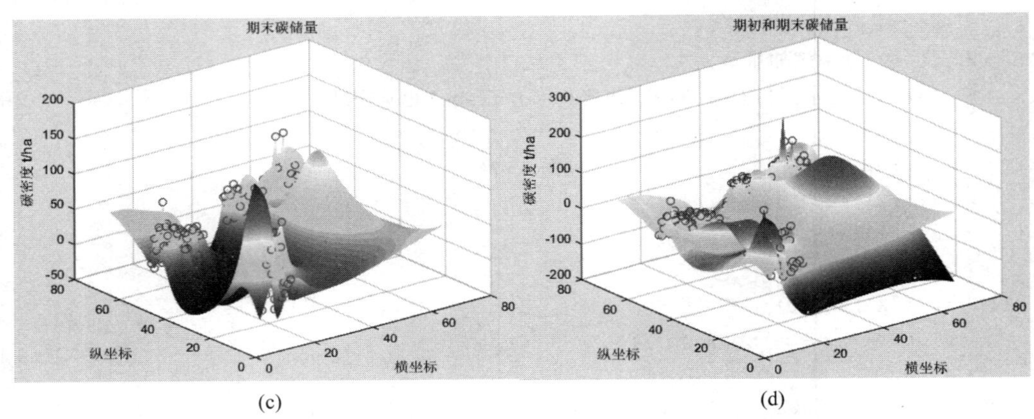

(c) (d)

图 5-14　griddata 函数插值绘制碳储量空间分布

5.5.2　拟合

从上述描述和实例中可以看出，插值函数必须通过所有样本点，然而在某些情况下样本点的获取本身就包含一定的测量误差，这一要求无疑是保留了这些测量误差的影响。为此，可使用另一种函数逼近方法——数据拟合。在科学和工程领域中，曲线拟合的主要功能是寻求平滑的曲线来最好地表现带有噪声的测量数据，并从这些测量数据中寻求两个函数变量之间的关系或者变化趋势，最后得到曲线拟合的表达函数式$y=f(x)$。

从前面的插值方法及函数介绍中可以看出，使用多项式进行数据拟合会出现数据振荡，而 spline 插值的方法虽然可以得到较好的平滑效果，但其插值参数太多，不适合曲线拟合的方法。一般情况下，MATLAB 曲线拟合方法用的是最小方差函数，其中方差数值是拟合曲线和已知数据之间的垂直距离。

下面介绍数据拟合中涉及的描述性统计、线性和非线性拟合函数等内容。

1. 数据的描述性统计

在进行正式的数据拟合前，通常需要对数据的分布特征有所了解。为此，MATLAB提供了一系列函数来实现此项功能。各功能的函数名、调用格式和相关说明如表 5-5 所示。

表 5-5 MATLAB 中常用的描述性统计函数

函数	调用格式	说明
max	C=max(A, dim)	当 **A** 为向量时，返回 **A** 的最大值；当 **A** 为矩阵时，返回 **A** 中每列的最大值。dim=1(默认)表示按列统计，dim=2 表示按行统计
min	C=min(A, dim)	当 **A** 为向量时，返回 **A** 的最小值；当 **A** 为矩阵时，返回 **A** 中每列的最小值。dim=1(默认)表示按列统计，dim=2 表示按行统计
mean	M=mean(A, dim)	当 **A** 为向量时，返回 **A** 的算数平均值；当 **A** 为矩阵时，返回 **A** 中每列的算数平均值。dim=1(默认)表示按列统计，dim=2 表示按行统计
median	M=median(A, dim)	当 **A** 为向量时，返回 **A** 的中值；当 **A** 为矩阵时，返回 **A** 中每列的中值。dim=1(默认)表示按列统计，dim=2 表示按行统计
mode	M=mode(A, dim)	当 **A** 为向量时，返回 **A** 的众数；当 **A** 为矩阵时，返回 **A** 中每列的众数。dim=1(默认)表示按列统计，dim=2 表示按行统计
std	s=std(A)	当 **A** 为向量时，返回 **A** 的标准差；当 **A** 为矩阵时，返回 **A** 中每列的标准差
	s=std(A,flag,dim)	dim=1(默认)表示按列统计，dim=2 表示按行统计。flag=0(默认)时，其前置因子为 $1/n-1$；flag=1 时，前置因子为 $1/n$
var	v=var(A) v=var(A,w, dim)	当 **A** 为向量时，返回 **A** 的方差；当 **A** 为矩阵时，返回 **A** 中每列的方差。dim=1(默认)表示按列统计，dim=2 表示按行统计。w 表示权重因子
corrcoef	[R,P,RL, RU]=corrcoef(x,y)	R 为相关系数；P 为显著性 P—值；RL 和 RU 分别为 95%置信区间的下限和上限；输入数据也可使用矩阵形式，即 $\boldsymbol{X}=[x\ y]$
cov	c=cov(x,y)	返回数据 x 和 y 的协方差矩阵；输入数据也可使用矩阵形式，即 $\boldsymbol{X}=[x\ y]$
cummax	M=cummax(A, dim, direction)	返回数据 A 的累计最大值。dim=1(默认)表示按列统计，dim=2 表示按行统计。direction 表示统计方向，forward—正向统计($1:N$)，reverse—反向统计($N:1$)

续表

函　数	调用格式	说　　明
cummin	M=cummax(A, dim, direction)	返回数据A的累计最小值。dim=1(默认)表示按列统计,dim=2表示按行统计。direction表示统计方向,forward—正向统计(默认;1:N),reverse—反向统计(N:1)
cumsum	B=consum(A, dim)	按指定维度计算数据A的累加和,dim=1(默认)表示按列统计,dim=2表示按行统计
prod	B=prod(A, dim)	按指定维度对数据A进行求积运算,dim=1(默认)表示按列统计,dim=2表示按行统计
cumprod	B=conprod(A, dim)	按指定维度对数据A进行累计求积运算,dim=1(默认)表示按列统计,dim=2表示按行统计

【例5-24】 常用描述性统计函数的使用。

```
>> load count.dat;
>> [n,p]=size(count);
>> c1=max(count);                  %最大值,按列计算
>> c2=min(count);                  %最小值,按列计算
>> c3=mean(count);                 %平均值,按列计算
>> c4=median(count)                %中值,按列计算
>> c5=mode(count);                 %众数,按列计算
>> c6=std(count);                  %标准差,按列计算
>> c7=var(count);                  %方差,按列计算
>> c8=prod(count);                 %求积运算,按列计算
>> R=corrcoef(count)               %相关系数
R=
    1.0000    0.9331    0.9599
    0.9331    1.0000    0.9553
    0.9599    0.9553    1.0000
>> C=cov(count)                    %协方差
C=1.0e+03 *
    0.6437    0.9802    1.6567
    0.9802    1.7144    2.6908
    1.6567    2.6908    4.6278
>> figure;
>> M1=cummax(count);
>> plot(M1);                       %图 5-15(a)
>> title('累计最大值')
>> legend('数据 1','数据 2','数据 3');

>> figure;
>> M2=cummin(count);
```

```
>> plot(M2);                    %图 5-15(b)
>> title('累计最小值')
>> legend('数据 1','数据 2','数据 3');

>> figure;
>> M3=cumsum(count);
>> plot(M3);                    %图 5-15(c)
>> title('累加求和')
>> legend('数据 1','数据 2','数据 3');

>> figure;
>> M4=cumprod(count);
>> plot(M4);                    %图 5-15(d)
>> title('累计求积')
>> legend('数据 1','数据 2','数据 3');
```

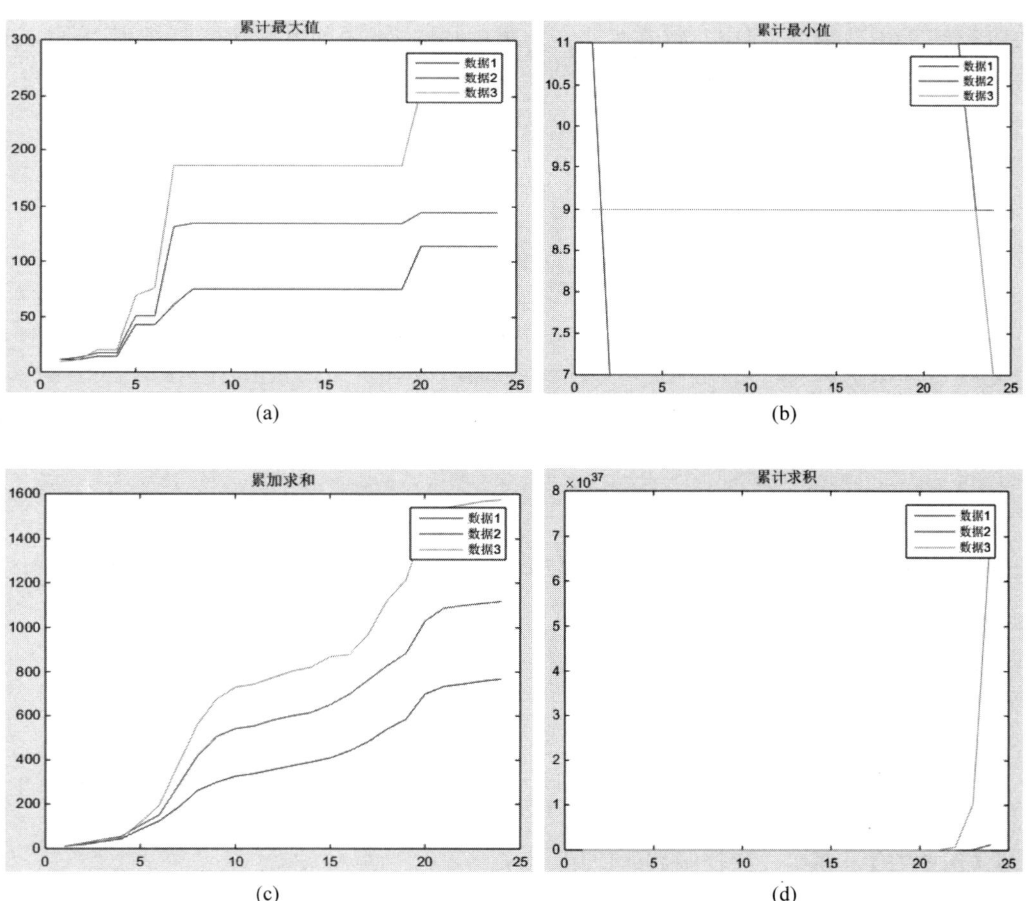

图 5-15 MATLAB 常用描述性统计函数绘图

2. 数据拟合

因拟合数据和待拟合函数等要素的不同，MATLAB 提供了多项式拟合、多元线性回归、多元逐步回归以及非线性回归等数据拟合方法。

1）一元线性回归模型

一元线性回归模型是只有一个自变量的线性模型，在结构和功能上是多项式模型的一种特例。因此，MATLAB 中用户可使用多项式模型相关方法来拟合一元线性回归模型。一般多项式模型拟合的目标是找出一组多项式系数 a_i，使得多项式 $y(x)=a_0x^n+a_1x^{n-1}+a_2x^{n-2}+\cdots+a_{n-1}x+a_n$ 能够较好地拟合原数据。多项式拟合并不能保证每个样本点都在拟合的曲线上，但能够使整体的拟合误差最小。MATLAB 提供了 polyfit 函数用于实现多项式拟合，调用格式如下。

```
p=polyfit(x,y,n)
```

返回次数为 n 的多项式 $p(x)$ 的系数，即 $p(x)=p_1x^n+p_2x^{n-1}+\cdots+p_nx+p_{n+1}$。该阶数是 y 中数据的最佳拟合(在最小二乘方式中)。p 中的系数按降幂排列，p 的长度为 $n+1$。

```
[p,S]=polyfit(x,y,n)
```

还返回一个结构数组 S，后者可用作 polyval 的输入来获取误差估计值。

```
[p,S,mu]=polyfit(x,y,n)
```

还返回 mu，后者是一个二元素向量，包含中心化值和缩放值。mu(1)是 mean(x)，mu(2)是 std(x)。使用这些值时，polyfit 将 x 的中心置于零值处并缩放为具有单位标准差 $\hat{x}=(x-\hat{x})/\sigma_x$ 这种中心化和缩放变换可同时改善多项式和拟合算法的数值属性。

与 polyfit 配合使用的函数是 polyval 函数，该函数可以根据拟合出来的多项式系数 p 计算给定数据 x 处的数值。

```
y=polyval(p,x)
```

根据多项式系数 p 计算 x 处的数值；适用于 polyfit 函数的方法(1)和方法(2)。

```
y=polyval(p,x, S, mu)
```

根据多项式系数 p、结构数组 S 和向量 mu 计算 x 处的数值。

```
[y, delta]=polyval(...)
```

delta 利用结构数组 S 计算数据的估计误差，即 Y 的 95%置信区间为[y−delta, y+delta]。

【例 5-25】 多项式拟合函数的使用。

```
%多项式拟合——计算 1~6 次多项式拟合效果
>> x=-4:4; y=[2.2 -1.8 3.9 -0.59 1.3 0.05 -0.78 3.6 12]; p1=zeros(6,7);
>> for k=1:6
```

```
    [p,s]=polyfit(x,y,k);
    p1(k,1:k+1)=p;     s1(k)=s;
    y1=polyval(p,x,s);     e(k)=std(y1-y);
end
>> disp('模型系数为: '); disp(p1)
模型系数为:
     0.7780    2.2089         0         0         0         0         0
     0.3987    0.7780   -0.4493         0         0         0         0
     0.1300    0.3987   -0.7564   -0.4493         0         0         0
     0.0423    0.1300   -0.2964   -0.7564    0.8564         0         0
    -0.0106    0.0423    0.3485   -0.2964   -1.6019    0.8564         0
     0.0063   -0.0106   -0.1100    0.3485    0.5740   -1.6019    0.1665
>> disp('模型残差的标准差: '); disp(e);
模型残差的标准差:
    3.5824    2.5909    1.9235    1.5437    1.4455    1.3397
>> plot(e,'*-')
>> [val,index]=min(e);
>> plot(x,y,'o'); hold on; x1=-4:.1:4;     %图 5-16(a)
>> plot(x1,polyval(p1(index,:),x1,s1(index)),'-')%图 5-16(b)
>> hold off
```

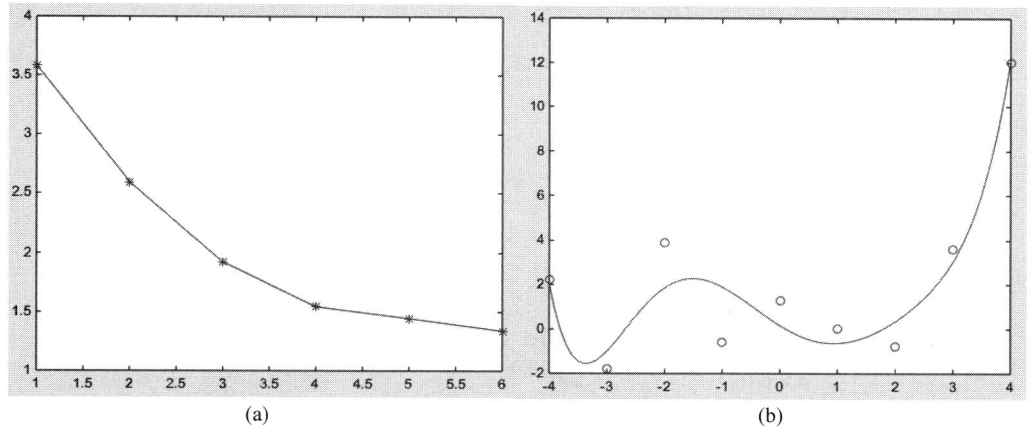

(a) (b)

图 5-16 多项式拟合函数使用效果

从上述程序输出结果以及图 5-16(a)中可以看出，6 阶多项式模型的拟合效果最佳，其模型标准差为 1.3397，因此该数据最优多项式模型为：$y(x)=0.0063x^6-0.0106x^5-0.1100x^4+0.3485x^3+0.5740x^2-1.6019x+0.1665$，模型预测效果如图 5-16(b)所示。

【例 5-26】 现有数据 carbon.xls，其中包括序号(NUM)、胸径(DBH)、树高(HT)和碳储量(CAR)，请分别建立碳储量与胸径的一元、二元和三元多项式模型，并用图形方式显示模型拟合效果。

```
%多项式拟合——碳储量估计，数据存储在 carbon.xls 文件中
>> data=xlsread('carbon.xlsx');
```

```
>> carbon=data(:,4); dbh=data(:,2); ht=data(:,3);
>> p1=polyfit(dbh,carbon,1);
>> p2=polyfit(dbh,carbon,2);
>> p3=polyfit(dbh,carbon,3);
%接下来的三条语句应与下方注释的 plot 函数联合使用
>> %[p1,S1,mu1]=polyfit(dbh,carbon,1);
>> %[p2,S2,mu2]=polyfit(dbh,carbon,2);
>> %[p3,S3,mu3]=polyfit(dbh,carbon,3);

>> d=min(dbh):.1:max(dbh);
>> plot(dbh,carbon,'o');
>> hold on
%图 5-17
>> plot(d,polyval(p1,d),'r', d,polyval(p2,d),'g',d,polyval(p3,d),'b')

%接下来的这条语句应与上述注释的三条 polyfit 语句联合使用
>> %plot(d,polyval(p1,d,S1,mu1),d,polyval(p2,d,S1,mu1),'g',d,polyval(p3,d,
S1,mu1),'b')

>> hold off
```

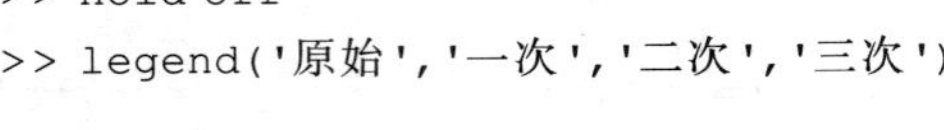

```
>> legend('原始','一次','二次','三次')
```

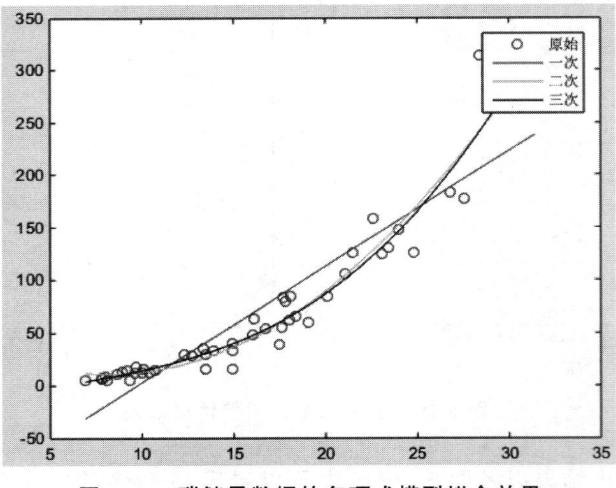

图 5-17　碳储量数据的多项式模型拟合效果

【例 5-27】 用一元多项式拟合大兴安岭天然白桦林分内兴安落叶松和白桦更新幼苗的树高生长模型。更新幼苗通常是指林分中胸径小于 5cm 的乔木树种，从经验来看，大兴安岭地区天然白桦中更新的乔木树种主要为兴安落叶松和白桦；树高生长模型是一种用于描述树高随年龄生长过程的数学函数。

```
%白桦更新幼苗数据存储在 bh_bh.csv 中，兴安落叶松更新幼苗数据存储在 bh_lys.csv，两个
文件均包含字段：树高(h)和年龄(t)
```

```
>> data1=xlsread('bh_bh.csv');
>> data2=xlsread('bh_lys.csv');
>> [p1,s1]=polyfit(data1(:,2),data1(:,1),1);
%计算白桦幼苗树高模型的确定系数 R2
>> r1=1-s1.normr^2/norm(data1(:,1)-mean(data1(:,1)))^2;
>> [p2,s2]=polyfit(data2(:,2),data2(:,1),1);
%计算白桦幼苗树高模型的确定系数 R2
>> r2=1-s2.normr^2/norm(data2(:,1)-mean(data2(:,1)))^2;
>> plot(data1(:,2),data1(:,1),'bo',data2(:,2),data2(:,1),'go')        %图 5-18
>> h=legend('白桦','落叶松','location','northwest');
>> set(h,'box','off');                                        %图例外边框不显示
>> xlabel('年龄/a');ylabel('树高/cm')
>> hold on
>> x1=min(data1(:,2)):max(data1(:,2));                        %获取 x 轴数据的范围
>> x2=min(data2(:,2)):max(data2(:,2));
>> plot(x1,polyval(p1,x1),'b',x2,polyval(p2,x2),'g')
>> axis([0 max(data2(:,2)) 0 max(data2(:,1))])                %设置坐标轴范围
%文本标注
>> str1=['H=',num2str(p1(1)),'* t+',num2str(p1(2)),' R2=',num2str(r1)];
>> str2=['H=',num2str(p2(1)),' * t+',num2str(p2(2)),' R2=',num2str(r2)];
>> gtext(str1); gtext(str2);
```

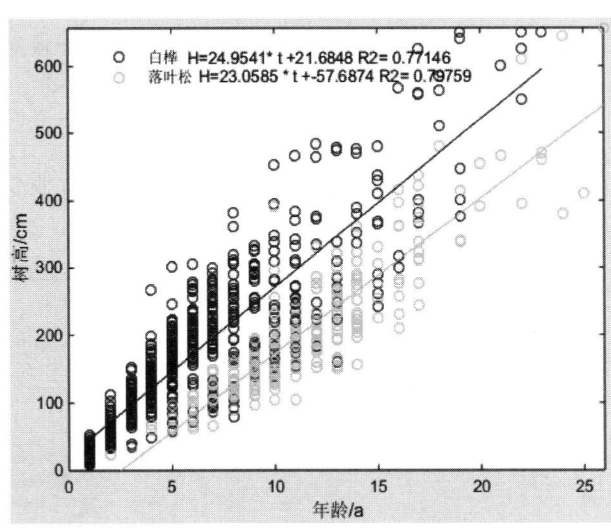

图 5-18 兴安落叶松和白桦幼苗高生长模型拟合效果

为了更好地分析拟合结果，MATLAB 中可以使用 polyconf 函数获得多项式拟合结果的评价与置信区间，调用格式如下。

```
Y=polyconf(p,X)
```

返回多项式 p 在矩阵 $\boldsymbol{X}$ 处的数值。

```
[Y, Delta]=polyconf(p,X,S)
```

利用多项式系数 p 和结构数组 S 生成数据 X 的 95%置信区间,即 Y±Delta。

```
[Y, Delta]=polyconf(p,X,S, 'Param', val)
```

指定可选参数,具体如表 5-4 所示。

【例 5-28】 使用 polyconf 函数拟合置信区间。

```
>> xdata=-5:5;
>> ydata=xdata.^2-5*xdata-3+5*randn(size(xdata));
>> degree=2;                                          %拟合阶数
>> alpha=0.05;                                        %显著水平
>> [p,S]=polyfit(xdata,ydata,degree);                 %拟合函数
>> r=roots(p)';                                       %求解多项式函数的根
>> real_r=r(imag(r)==0);                              %判断根是否为实数
>> xdata=reshape(xdata,1,length(xdata));
>> ydata=reshape(ydata,1,length(ydata));
>> mx=min([real_r,xdata]); Mx=max([real_r,xdata]);
>> my=min([ydata,0]); My=max([ydata,0]);
>> sx=0.05*(Mx-mx);   sy=0.05*(My-my);
%绘制 xdata 和 ydata 散点图
>> hdata=plot(xdata,ydata,'md','MarkerSize',5,'LineWidth',2);
>> hold on;
>> xfit=mx-sx:0.01:Mx+sx;                             %生成新的数据
>> yfit=polyval(p,xfit);                              %预测
>> hfit=plot(xfit,yfit,'b-','LineWidth',2);           %绘制模型预测数据
>> hroots=plot(real_r, zeros(size(real_r)), 'bo','MarkerSize',5, …
   'LineWidth',2, 'MarkerFaceColor', 'b');            %绘制多项式的根
>> grid on
>> plot(xfit,zeros(size(xfit)),'k-','LineWidth',2);
>> axis([mx-sx Mx+sx my-sy My+sy])
%绘制预测区间
>> [Y,DELTA]=polyconf(p,xfit,S,'alpha',alpha);
%绘制预测数据的 95%置信区间;图 5-19
>> hconf=plot(xfit,Y+DELTA,'b--');
>> plot(xfit,Y-DELTA,'b--')
%显示相关文本信息
>> approx_p=round(100*p)/100;%Round for display.
>> htitle=title(['{\bf Fit:   }',texlabel(poly2str(approx_p,'s'))]);
>> set(htitle,'Color','b');
>> approx_real_r=round(100*real_r)/100;
>> hxlabel=xlabel(['{\bf Real Roots:     }',num2str(approx_real_r)]);
>> set(hxlabel,'Color','b');
>> legend([hdata,hfit,hroots,hconf],'Data','Fit','Real Roots of Fit',…
   '95%Prediction Intervals')
```

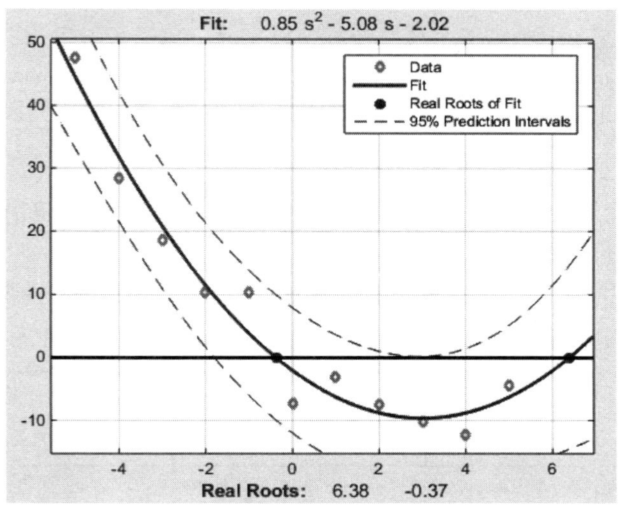

图 5-19 polyconf 函数拟合效果

2）多元线性回归模型

在实际工程和科学研究应用中，模型因变量通常会受到多个自变量的共同影响。例如，家庭消费支出，除了受家庭可支配收入的影响外，还受诸如家庭的全部财富、物价水平、金融机构存款利息等多种因素的影响。多元线性回归模型的一般形式为：

$$Y_i=\beta_0+\beta_1X_{1i}+\beta_2X_{2i}+\cdots+\beta_kX_{ki}+e_i \tag{5-9}$$

其中 n 为自变量个数，X_{ki} 为第 k 个自变量的观测值；β_k 为回归系数（regression coefficient）。式(5-9)也被称为总体回归函数的随机表达式。它的非随机表达式为：

$$E(Y\mid X_{1i},X_{2i},\cdots,X_{ni})=\beta_0+\beta_1X_{1i}+\beta_2X_{2i}+\cdots+\beta_kX_{ki}+\cdots+\beta_nX_{ni} \tag{5-10}$$

β_k 也被称为偏回归系数（partial regression coefficient）。

MATLAB 中，用户可使用 fitlm 函数来拟合多元线性回归模型，调用格式如下。

```
mdl=fitlm(tbl)
```

返回基于表或数据集数组 tbl 中变量拟合的线性回归模型。

```
mdl=fitlm(X,y)
```

返回基于数据矩阵 **X** 拟合的响应 y 的线性回归模型。

```
mdl=fitlm(___,modelspec)
```

使用上述语法中的任何输入参数组合来定义模型设定。

```
mdl=fitlm(___,Name,Value)
```

使用一个或多个名称-值对组参数指定附加选项。

默认情况下，fitlm 将最后一个变量作为响应变量，但也可使用 Response-Var 对组参数将另外的列设置为响应变量；类似的也可使用 PredictorVars 对组参数将列的子集作为预测变量。参数 modelspec 采用 Wilkinson 表示法指定多项式回归模型的形式，常用符号及功能如下。

(1) +表示包含下一个变量。

(2) -表示不包含下一个变量。

(3) :定义交互效应,即项的乘积。

(4) * 定义交互效应和所有低阶项。

(5) ^求预测变量的幂,与使用 * 重复相乘效果一样,因此^也包括低阶项。

(6) ()对项进行分组。

基于上述符号可以组合出各种各样的函数表达式,具体如表 5-6 所示。

表 5-6 Wilkinson 表示法的典型案例

Wilkinson 表示法	标准表示法中的项	Wilkinson 表示法	标准表示法中的项
1	常数(截距)项	-B	不包括 B
A^k,其中 k 是正整数	$A, A^2, \cdots, A^k$	A * B+C	A,B,C,A * B
A+B	A,B	A+B+C+A:B	A,B,C,A * B
A * B	A,B,A * B	A * B * C-A:B:C	A,B,C,A * B,A * C,B * C
A:B	仅限 A * B	A * (B+C)	A,B,C,A * B,A * C

此外,MATLAB 还提供了 predict 函数对所建模型进行预测,plot 函数绘制模型的拟合曲线图形,plotResiduals 函数绘制模型拟合的残差分布图,各函数调用格式如下。

```
ypred=predict(mdl, Xnew)
```

根据拟合模型信息返回响应变量 Xnew 的预测值。

```
[ypred,yci]=predict(mdl, Xnew)
```

根据拟合模型信息返回响应变量 Xnew 的预测值和置信区间。

```
[ypred,yci]=predict(mdl, Xnew, Name, Value)
```

指定其他属性信息用于预测未知数据。

```
plot(mdl)
```

绘制拟合曲线的图形。

```
h=plot(mdl)
```

绘制拟合曲线的图形,并返回句柄值 h。

```
plotResiduals(mdl)
```

绘制线性模型 mdl 的残差图。

```
plotResiduals(mdl,plottype)
```

按指定绘图方式绘图,plottype 选项包括 caseorder-残差相比于序号,fitted-残差相比于拟合值，histogram-直方图，probability-正态概率图。

```
h=plotResiduals(...)
```

返回绘图句柄值给 h。

```
h=plotResiduals(mdl,plottype,Name,Value)
```

使用指定参数绘制图形。

【例 5-29】 用 fitlm 函数建立连续型数据的多元线性回归模型。

```
>> load carsmall                                    %carsmall 为 MATLAB 内置数据
tbl=table(MPG,Weight);
tbl.Year=nominal(Model_Year);
%因为 Weight^2 是高阶变量，所以默认包含 Weight
mdl=fitlm(tbl,'MPG ~ Year+Weight^2')
figure; plot(mdl)                                   %图 5-20(a)
figure; plotResiduals(mdl,'fitted')                 %图 5-20(b)
```

输出结果如下：

```
mdl=Linear regression model:
    MPG ~ 1+Weight+Year+Weight^2
Estimated Coefficients:
                   Estimate       SE            tStat       pValue
(Intercept)        54.206         4.7117        11.505      2.6648e-19
Weight             -0.016404      0.0031249     -5.2493     1.0283e-06
Year_76            2.0887         0.71491       2.9215      0.0044137
Year_82            8.1864         0.81531       10.041      2.6364e-16
Weight^2           1.5573e-06     4.9454e-07    3.149       0.0022303
Number of observations: 94, Error degrees of freedom: 89
Root Mean Squared Error: 2.78
R-squared: 0.885, Adjusted R-Squared 0.88
F-statistic vs. constant model: 172, p-value=5.52e-41
```

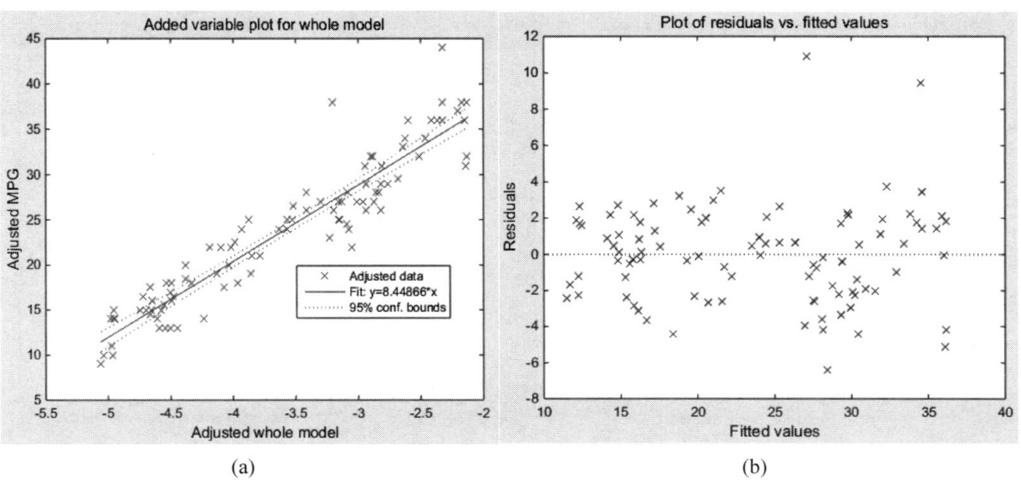

(a) (b)

图 5-20 基于 carsmall 数据的多元线性回归模型

从上述程序输出结果可以看出，该多元线性模型包含 5 个参数，且各变量均达到极显著水平（$P<0.05$），变量中 Year_76、Year_82 和 Weight^2 的系数为正值，而 Weight 变量的系数为负值。模型评价结果表明，该模型调整确定系数为 0.88，RMSE 为 2.78，模型 F 检验达到极显著水平（$P<0.05$），且模型预测值相比于实际值以及模型残差分布图也较为合理，表明所建模型具有很高的精度。

【例 5-30】 用 fitlm 函数建立分类型数据的多元线性回归模型。

```
>> load hospital                                    %hospital 为 MATLAB 内置数据
%指定模型形式,其中'Sex'和'Smoker'为分类型变量
mdl=fitlm(hospital,'Weight~1+Age * Sex * Smoker-Age:Sex:Smoker',
'ResponseVar',…
'Weight','PredictorVars',{'Sex','Age','Smoker'},'CategoricalVar',{'Sex',
'Smoker'})
figure; plot(md2)                                   %图 5-21(a)
figure;plotResiduals(md2,'fitted')                  %图 5-21(b)
```

输出结果为:

```
md2=Linear regression model:
    Weight ~ 1+Sex * Age+Sex * Smoker+Age * Smoker
Estimated Coefficients:
                       Estimate     SE          tStat       pValue
(Intercept)            118.7        7.0718      16.785      6.821e-30
Sex_Male               68.336       9.7153      7.0339      3.3386e-10
Age                    0.31068      0.18531     1.6765      0.096991
Smoker_1               3.0425       10.446      0.29127     0.77149
Sex_Male:Age           -0.49094     0.24764     -1.9825     0.050377
Sex_Male:Smoker_1      0.9509       3.8031      0.25003     0.80312
Age:Smoker_1           -0.07288     0.26275     -0.27737    0.78211
Number of observations: 100, Error degrees of freedom: 93
Root Mean Squared Error: 8.75
R-squared: 0.898, Adjusted R-Squared 0.892
F-statistic vs. constant model: 137, p-value=6.91e-44
```

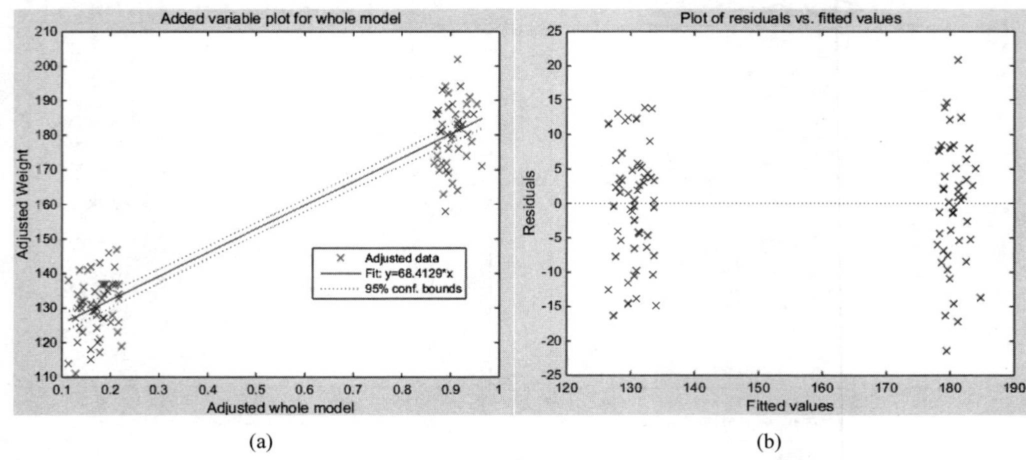

(a) (b)

图 5-21 基于 hospital 数据的多元线性回归模型

从上述程序输出结果可以看出，该多元线性模型包含 7 个参数，模型中除 Sex_Male 和 Age 外均未达到显著水平（$P>0.05$）。模型统计指标显示，该模型调整确定系数为 0.892，RMSE 为 8.75，模型 F 检验达到极显著水平（$P<0.05$），且模型预测值相比于实际值以及模型残差分布较为合理，表明所建模型具有较高的精度。需要说明的是，在实际建模过程中往往需要删掉不显著的参数，并对新模型进行重新拟合和评价。

3）多元逐步回归模型

多元逐步回归的基本思想是将变量逐个引入模型，每引入一个解释变量后都要进行 F 检验，并对已经选入的解释变量逐个进行 t 检验；当原来引入的解释变量由于后面解释变量的引入变得不再显著时，则将其删除，以确保每次引入新的变量之前回归方程中只包含显著性变量。这是一个反复的过程，直到既没有显著的解释变量选入回归方程，也没有不显著的解释变量从回归方程中剔除为止，以保证最后所得到的解释变量集是最优的。

依据上述思想，可利用逐步回归筛选并剔除引起多重共线性的变量，其具体步骤如下。先用被解释变量对每一个所考虑的解释变量做简单回归，然后以对被解释变量贡献最大的解释变量所对应的回归方程为基础，再逐步引入其余解释变量。经过逐步回归，使得最后保留在模型中的解释变量既是重要的，又没有严重的多重共线性。

MATLAB 中用户可使用 stepwiselm 函数实现多元逐步回归模型，调用格式如下。

```
mdl=stepwiselm(tbl, modelspec)
```

返回数据 tbl 的逐步回归模型。

```
mdl=stepwiselm(X,y, modelspec)
```

返回指定模型形式的逐步回归模型。

```
mdl=stepwiselm(..., Name, Value)
```

返回指定参数的逐步回归模型，常用参数包括参数移入移出标准：criterion {Deviance，sse，aic，bic，resquared，adjrsquared} 及数值大小 PEnter 参数（取值分别为：0.05，0.05，0，0，0.1，0）。

【例 5-31】 使用 stepwiselm 函数建立多元逐步回归模型。

```
>> loadhald%MATLAB 内置的硅酸盐水泥数据，包括 13 个变量
mdl=stepwiselm(ingredients, heat, 'PEnter',0.06)
figure; plotResiduals(mdl,'fitted')                %图 5-22
```

```
输出结果如下：
1. Adding x4, FStat=22.7985, pValue=0.000576232
2. Adding x1, Fstat=108.2239, pValue=1.105281e-06
3. Adding x2, Fstat=5.0259, pValue=0.051687
4. Removing x4, Fstat=1.8633, pValue=0.2054
mdl=Linear regression model:
    y~1+x1+x2
```

```
Estimated Coefficients:
                   Estimate     SE          tStat      pValue
    (Intercept)    52.577       2.2862      22.998     5.4566e-10
    x1             1.4683       0.1213      12.105     2.6922e-07
    x2             0.66225      0.045855    14.442     5.029e-08
Number of observations: 13, Error degrees of freedom: 10
Root Mean Squared Error: 2.41
R-squared: 0.979, Adjusted R-Squared 0.974
F-statistic vs. constant model: 230, p-value=4.41e-09
```

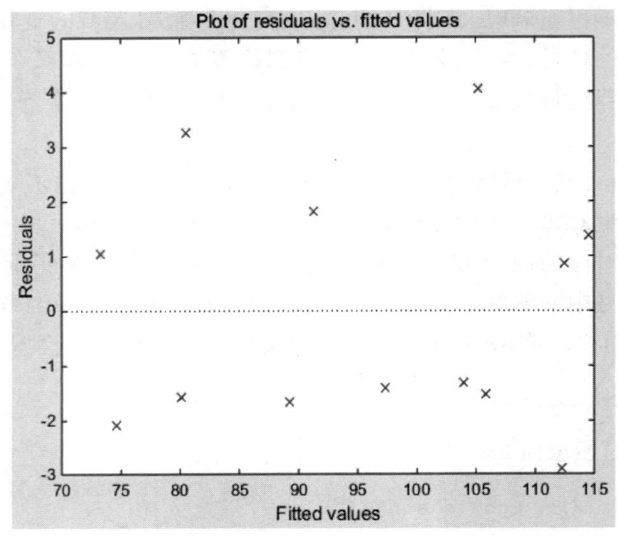

图 5-22　基于 hald 数据的多元逐步回归模型

从上述结果中可以看出，对于 hald 数据，stepwiselm 函数首先分别加入变量 x4，x1，x2，模型的 F 值分别为 22.7985、108.2239、5.0259，变量的 P 值分别为＜0.001、＜0.001 和 0.052，均小于 PEnter 指定的值 0.06；在第 4 步时，因变量 x4 的 P 值为 0.205，大于 PEnter 的值，因此模型最终删掉了变量 x4。经过筛选后，模型中仅包含变量 x1 和 x2，且其 P 值均小于 0.05。模型调整系数为 0.974，RMSE 值为 2.41，模型 F 值小于 0.05，且残差分布合理，表明所建模型具有较高精度。

4）多因变量回归模型

前文介绍的多元线性回归模型通常满足：①因变量 Y 与自变量 X_i 间具有线性关系；②各观测值 Y_i 间相互独立；③残差 e 服从均值为 0、方差为 σ^2 的正态分布。而多因变量的多元线性回归模型假定各因变量与各自变量间均具有线性关系。

$$
\begin{aligned}
y_1 &= \beta_{01} + \beta_{11}x_1 + \beta_{21}x_2 + \cdots + \beta_{m1}x_m + e_i \\
y_2 &= \beta_{02} + \beta_{12}x_1 + \beta_{22}x_2 + \cdots + \beta_{m2}x_m + e_i \\
&\vdots \\
y_p &= \beta_{0p} + \beta_{1p}x_1 + \beta_{2p}x_2 + \cdots + \beta_{mp}x_m + e_i
\end{aligned}
\tag{5-11}
$$

其中 $x_i(i=1,2,\cdots,m)$ 为自变量，$y_j(j=1,2,\cdots,p)$ 为因变量，β_{ij} 为未知数，e_i 为随机

项，$(e_1,e_2,\cdots,e_p)'\sim N_p(0,\Sigma)$，且 $\sum=(\sigma_{ij})$ 为未知的协方差矩阵。

MATLAB 中用户可使用 mvregress 函数实现多因变量的多元线性回归，调用格式如下。

```
beta=mvregress(X,Y)
```

返回自变量 X 和因变量 Y 的回归系数。

```
beta=mvregress(X,Y,Name,Value)
```

返回指定属性值的多因变量回归系数。

```
[beta,Sigma]=mvregress(...)
```

返回模型估计系数以及因变量间的方差协方差。

```
[beta,Sigma,E,CovB,logL]=mvregress(...)
```

进一步返回模型残差 E、回归系数的方差协方差和模型的对数似然值(log likelihood)。

【例 5-32】 用 mvregress 函数拟合多变量多元线性回归模型。

```
>> load('flu');                                  %flu 为 MATLAB 内置数据
Y=double(flu(:,2:end-1));
[n,d]=size(Y); x=flu.WtdILI;
X=cell(n,1);                                     %用于构造新数据
for i=1:n
    X{i}=[eye(d) x(i) * eye(d)];
end
[beta,Sigma]=mvregress(X,Y,'algorithm','cwls');  %模型拟合
B=[beta(1:d)';beta(d+1:end)'];
xx=linspace(.5,3.5)';                            %生成数据
fits=[ones(size(xx)), xx] * B;
figure;
h=plot(x,Y,'x',xx,fits,'-');                     %图 5-23
for i=1:d
    set(h(d+i),'color',get(h(i),'color'));       %设置线条颜色
end
regions=flu.Properties.VarNames(2:end-1);
legend(regions,'Location','NorthWest');
```

5）非线性回归模型

非线性模型(nonlinear model)指反映自变量与因变量间非线性关系的数学表达式，它相对于线性模型而言，其因变量与自变量间不能在坐标空间表示为线性对应关系。数学上可理解为，如果解释变量 X 的单位变动引起因变量的变化率（即斜率)是一个常数。则回归模型是一种(解释)变量线性模型。相反，如果斜率不能保持不变，则回归模型就是一种(解释)变量非线性模型。

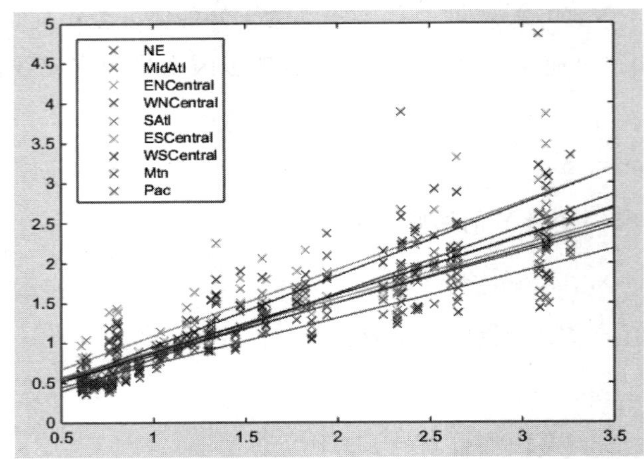

图 5-23　基于 flu 数据的 mvregress 的多变量多元回归模型

非线性模型的一般形式是：

$$Y_i = f(X_{i1}, X_{i2}, \cdots, X_{ik}, \beta_1, \beta_2, \cdots, \beta_j) + \mu_i \tag{5-12}$$

式中，Y_i 为因变量，$X_{i1}, X_{i2}, \cdots, X_{ik}$ 为自变量，$\beta_1, \beta_2, \cdots, \beta_j$ 为模型参数，μ_i 为误差，f 为非线性函数，式中解释变量的个数 k 与参数个数 j 不一定相等。

MATLAB 中用户可使用 fitnlm 函数实现非线性模型的回归拟合，调用格式如下。

```
mdl=fitnlm(tbl,modelfun,beta0)
```

用表格数据 tbl 拟合 modelfun 指定的模型，初始参数通过 beta0 设置。

```
mdl=fitnlm(X,y,modelfun,beta0)
```

用因变量 X 和自变量 y 拟合模型 modelfun，初始参数通过 beta0 设置。

```
mdl=fitnlm(...,modelfun,beta0,Name,Value)
```

在拟合过程中设置其他可选参数，常用参数包括 MaxIter(默认 200 次)。

【例 5-33】 用 fitnlm 函数进行非线性模型的拟合。

```
>> modelfun=@(b,x)(b(1)+b(2)*exp(-b(3)*x));
rng('default')                          %设置随机数种子,使多次运行得到相同的结果
b=[1;3;2];                              %modelfun 中的参数值
x=exprnd(2,100,1);                      %自变量
y=modelfun(b,x)+normrnd(0,0.5,100,1);   %计算自变量的值
b0=[2;2;2];                             %初始值
modelstr='y ~ b1+b2*exp(-b3*x)';        %模型形式
mdl=fitnlm(x,y,modelstr,b0)             %模型拟合
figure;plotResiduals(mdl,'fitted')      %图 5-24
```

输出结果如下：

```
mdl=
```

```
Nonlinear regression model:
    y ~  b1+b2 * exp(-b3 * x)
Estimated Coefficients:
          Estimate       SE        tStat        pValue
    b1    1.0301      0.071949    14.317     1.1741e-25
    b2    3.5048      0.24481     14.317     1.1752e-25
    b3    2.8552       0.3754     7.6058     1.8283e-11
Number of observations: 100, Error degrees of freedom: 97
Root Mean Squared Error: 0.495
R-Squared: 0.769,   Adjusted R-Squared 0.764
F-statistic vs. constant model: 161, p-value=1.51e-31
```

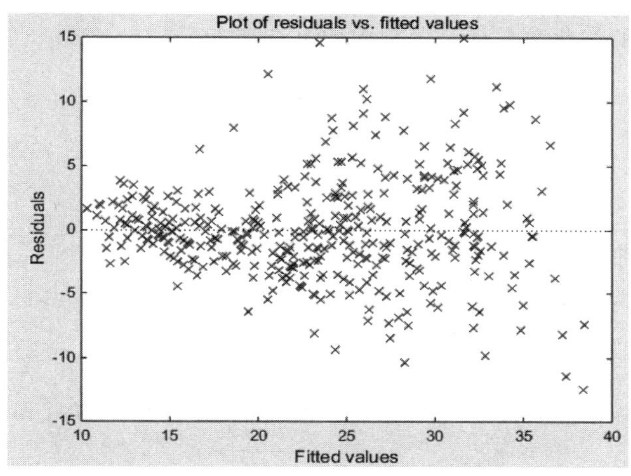

图 5-24　fitnlm 函数拟合效果

从上述结果中可以看出，模型三个参数的估计值均达到显著水平($P<0.05$)，调整系数为 0.764，RMSE 值为 0.495，模型 F 值小于 0.05，且残差分布范围合理，表明所建模型具有较高的精度。

5.6　最优化处理

实际应用中，人们往往会面临着如何在有限资源的约束下，从多个方案中科学合理地选出最佳方案的问题，以实现综合效益的最大化或其他目标的最优化。优化理论是一门实践性很强的学科，于 20 世纪 50 年代形成基础理论。但作为一门新兴学科，则是在 Dantzig 提出求解线性规划问题的单纯形法、Huhnh 和 Tuchker 提出非线性规划基本定理、Bellman 提出动态规划算法以后发展起来的。随着计算机的发展，优化理论得到飞速发展，并广泛应用于生产管理、军事指挥、科学实验等领域。

用最优化方法解决实际问题通常包含两个步骤。

(1) 建立数学模型：用数学语言来描述最优化问题，其中数学关系式反映了最优化问题所要达到的目标和各种约束条件。

(2) 数学求解：建立好数学模型后，应选择合适的、恰当的方法进行求解。

本节将在介绍 MATLAB 最优化处理常用函数的基础上，详细介绍线性规划、非线性规划、目标规划和最大值最小化这 4 类最优化方法。

5.6.1 基础优化函数

对于求解优化问题的各种命令，都可以通过对其中的优化参数进行设置，从而达到预期效果。在 MATLAB 中，可使用 optimset 函数来设置优化的最大次数，调用格式如下。

```
optimset
```

列出一个完整的优化参数列表及相应的可选项。

```
options=optimset(optimfun)
```

创建一个名为 options 的优化参数结构数组，其所有参数名及取值为优化函数 optimfun 的值。

```
options=optimset(oldopts,'param1',value1,...)
```

将优化参数结构数组 oldopts 中参数 param1 的值修改为 value1。

```
options=optimset(oldopts, newopts)
```

将已有的优化参数结构数组 oldopts 与新的优化参数结构数组 newopts 进行合并。

```
options=optimset('param1',value1,'param2',value2,…)
```

使用成对参数名、数值创建优化参数结构数组。

在命令行中输入：

```
>> optimset
```

结果如下：

```
Display: [ off | iter | iter-detailed | notify | notify-detailed |…
    final | final-detailed ]
MaxFunEvals: [ positive scalar ]
MaxIter: [ positive scalar ]
TolFun: [ positive scalar ]
TolX: [ positive scalar ]
FunValCheck: [ on | {off} ]
OutputFcn: [ function | {[]} ]
PlotFcns: [ function | {[]} ]
Algorithm: [ active-set | interior-point | interior-point-convex |…
    levenberg-marquardt | simplex | sqp | trust-region-dogleg |…
    trust-region-reflective ]
AlwaysHonorConstraints: [ none | {bounds} ]
```

```
DerivativeCheck: [ on | {off} ]
Diagnostics: [ on | {off} ]
DiffMaxChange: [ positive scalar | {Inf} ]
DiffMinChange: [ positive scalar | {0} ]
FinDiffRelStep: [ positive vector | positive scalar | {[]} ]
FinDiffType: [ {forward} | central ]
GoalsExactAchieve: [ positive scalar | {0} ]
GradConstr: [ on | {off} ]
GradObj: [ on | {off} ]
HessFcn: [ function | {[]} ]
Hessian: [ user-supplied | bfgs | lbfgs | fin-diff-grads | on | off ]
HessMult: [ function | {[]} ]
HessPattern: [ sparse matrix | {sparse(ones(numberOfVariables))} ]
HessUpdate: [ dfp | steepdesc | {bfgs} ]
InitBarrierParam: [ positive scalar | {0.1} ]
InitialHessType: [ identity | {scaled-identity} | user-supplied ]
  InitialHessMatrix: [ scalar | vector | {[]} ]
  InitTrustRegionRadius: [ positive scalar | {sqrt(numberOfVariables)} ]
  Jacobian: [ on | {off} ]
  JacobMult: [ function | {[]} ]
  JacobPattern: [ sparse matrix | {sparse(ones(Jrows,Jcols))} ]
  LargeScale: [ on | off ]
  MaxNodes: [ positive scalar | {1000*numberOfVariables} ]
  MaxPCGIter: [ positive scalar | {max(1,floor(numberOfVariables/2))} ]
  MaxProjCGIter: [ positive scalar |...
    {2*(numberOfVariables-numberOfEqualities)} ]
  MaxSQPIter: [ positive scalar |...
    {10*max(numberOfVariables,numberOfInequalities+numberOfBounds)} ]
  MaxTime: [ positive scalar | {7200} ]
  MeritFunction: [ singleobj | {multiobj} ]
  MinAbsMax: [ positive scalar | {0} ]
  ObjectiveLimit: [ scalar | {-1e20} ]
  PrecondBandWidth: [ positive scalar | 0 | Inf ]
  RelLineSrchBnd: [ positive scalar | {[]} ]
 RelLineSrchBndDuration: [ positive scalar | {1} ]
  ScaleProblem: [ none | obj-and-constr | jacobian ]
  Simplex: [ on | {off} ]
  SubproblemAlgorithm: [ cg | {ldl-factorization} ]
  TolCon: [ positive scalar ]
  TolConSQP: [ positive scalar | {1e-6} ]
  TolPCG: [ positive scalar | {0.1} ]
  TolProjCG: [ positive scalar | {1e-2} ]
  TolProjCGAbs: [ positive scalar | {1e-10} ]
  TypicalX: [ vector | {ones(numberOfVariables,1)} ]
  UseParallel: [ logical scalar | true | {false} ]
```

上述参数中，参数 Display 用于控制是否显示每一步迭代的结果，参数 MaxIter 用于设置算法所允许的最大迭代次数，参数 TolFun 用于优化函数的最大容忍度，参数 Algorithm 用于设置优化过程的算法，Maxtime 用于设置优化算法的最大运行时间，Simplex 用于设置优化过程是否使用单纯形法，其余参数的具体用法可使用 doc 命令查找 optimset 函数的帮助信息。

此外，MATLAB 还提供了 optimget 函数用户查看优化参数的参数值，调用格式如下。

```
val=optimget(options,'param')
```

返回优化 options 结构数组 options 中指定参数的值。只需输入参数唯一定义名称的几个前导字符即可。参数名称忽略大小写。

```
val=optimget(options,'param',default)
```

如果优化 options 结构数组 options 中未定义指定的参数，则返回 default。请注意，这种形式的函数主要由其他优化函数使用。

因 MATLAB 中的优化函数均要求目标函数和约束条件满足一定的格式，所以用户在进行模型输入时应注意以下问题。

(1) 目标函数最小化，如函数 fminbnd、fminsearch、fminunc、fmincon、fgoalattain、fminmax 和 lsqnonlin 都要求目标函数最小化。如果实际问题是要求目标函数最大化，则可以通过 $-f(x)$ 的形式将其转换为最小化问题。

(2) 约束非正，优化工具箱要求非线性不等式约束的形式为 $g(\boldsymbol{x})\leqslant 0$，因此可以通过对不等式取负的操作达到将大于零的约束转变为小于零的不等式。例如 $C_i(\boldsymbol{x})\geqslant 0$ 形式的约束等价于 $-C_i(\boldsymbol{x})\leqslant 0$，$C_i(\boldsymbol{x})\geqslant b$ 形式的约束等价于 $-C_i(\boldsymbol{x})+b\leqslant 0$。

5.6.2 线性规划

线性规划的标准形式要求目标函数最小化、约束条件取等式、变量非负，不符合条件的线性规划模型要首先转化为标准型。数学表达式为：

$$\text{s.t.}\begin{cases}a_{11}x_1+a_{12}x_2+\cdots+a_{1n}x_n=b_1\\a_{21}x_1+a_{22}x_2+\cdots+a_{2n}x_n=b_2\\\quad\vdots\\a_{m1}x_1+a_{m2}x_2+\cdots+a_{mn}x_n=b_m\end{cases},\quad x_i\geqslant 0,i=1,2,\cdots,n \tag{5-13}$$

其矩阵形式为：

$$\min \boldsymbol{c}^{\mathrm{T}}\boldsymbol{x}$$
$$\text{s.t.}\begin{cases}\boldsymbol{Ax}=\boldsymbol{b}\\\boldsymbol{x}\geqslant \boldsymbol{0}\end{cases} \tag{5-14}$$

其中 $\boldsymbol{A}=(a_{ij})_{m\times n}\in\mathbf{R}^{m\times n}$ 为约束矩阵；$\boldsymbol{c}=(c_1,c_2,\cdots,c_n)^{\mathrm{T}}\in\mathbf{R}^n$ 为目标函数系数矩阵；$\boldsymbol{b}=(b_1,b_2,\cdots,b_m)^{\mathrm{T}}\in\mathbf{R}^m$ 为等式约束的左侧系数矩阵；$\boldsymbol{x}=(x_1,x_2,\cdots,x_n)^{\mathrm{T}}\in\mathbf{R}^n$ 为目标函数中变量。

对于线性规划，普遍存在配对现象，即存在一个与原始问题密切相关的对偶问题，例如对上述线性规划问题的标准形式，其对偶问题可写为：

$$\begin{aligned}&\max \boldsymbol{\lambda}^{\mathrm{T}}\boldsymbol{b}\\&\text{s.t.}\boldsymbol{A}^{\mathrm{T}}\boldsymbol{\lambda}=\boldsymbol{c}\end{aligned} \tag{5-15}$$

其中 $\boldsymbol{\lambda}$ 为对偶变量。

对于线性规划问题，若原问题有最优解，则其对偶问题也一定存在最优解，且它们的最优值是相等的。求解线性规划问题的许多算法都可以同时求出原问题和对偶问题的最优解。

MATLAB 中，用户可使用 linprog 函数来实现对线性规划问题的优化求解，调用格式如下。

```
x=linprog(f,A,b)
```

在 $\boldsymbol{Ax}\leqslant\boldsymbol{b}$ 的约束下求解线性问题。

```
x=linprog(f,A,b,Aeq,beq)
```

在 $\boldsymbol{A}_{\mathrm{eq}}\boldsymbol{x}=\boldsymbol{b}_{\mathrm{eq}}$与 $\boldsymbol{Ax}\leqslant\boldsymbol{b}$ 的条件下求解线性问题。

```
x=linprog(f,A,b,Aeq,beq,lb,ub)
```

定义了 $\boldsymbol{x}$ 的上界与下界，即 $\boldsymbol{lb}\leqslant\boldsymbol{x}\leqslant\boldsymbol{ub}$。

```
x=linprog(f,A,b,Aeq,beq,lb,ub,x0)
```

设置起始点为 x_0，其值可以为标量、向量或矩阵。

```
x=linprog(f,A,b,Aeq,beq,lb,ub,x0,options)
```

设置优化参数选项，而不适用默认值。

```
[x, fval]=linprog(...)
```

同时返回目标函数的最优值，即 fval$=f(\boldsymbol{x})$。

【例 5-34】 求解下面的线性规划问题。

$$\min f(\boldsymbol{x})=-5x_1-4x_2-6x_3$$

$$\text{s.t.}\begin{cases}x_1-x_2+x_3\leqslant 20\\3x_1+2x_2+4x_3\leqslant 40\\3x_1+2x_2\leqslant 30\\x_1,x_2,x_3\geqslant 0\end{cases}$$

程序代码如下。

```
>> f=[-5; -4; -6];                    %目标函数值系数
A=  [1 -1  1; 3  2  4; 3  2  0];      %等式约束左侧系数矩阵
b=[20; 40; 30];                       %等式约束右侧系数矩阵
lb=zeros(3,1);                        %非负约束
[x,fval]=linprog(f,A,b,[],[],lb,[],[],optimset('Display','iter'))
```

程序运行结果如下。

```
Residuals:   Primal     Dual      Duality     Total
                Infeas     Infeas       Gap         Rel
                A*x-b     A'*y+z-f     x'*z       Error
  -----------------------------------------------------
  Iter    0:  1.13e+03  1.87e+01  2.62e+03  1.50e+03
  Iter    1:  1.64e+02  8.88e-16  4.34e+02  2.96e+00
  Iter    2:  4.38e-14  2.18e-15  7.92e+01  5.41e-01
  Iter    3:  1.00e-14  8.04e-15  7.70e+00  9.50e-02
  Iter    4:  5.94e-12  4.44e-16  7.74e-01  9.84e-03
  Iter    5:  5.90e-14  2.29e-16  2.01e-04  2.57e-06
  Iter    6:  7.11e-15  5.55e-17  2.01e-09  2.57e-11

Optimization terminated.
x=              %x 的最优解
     0.0000
    15.0000
     3.0000
fval=           %目标函数最优值
  -78.0000
```

5.6.3 非线性规划

非线性规划是一种求解目标函数或约束条件中有一个或几个非线性函数的最优化问题的方法。20 世纪 50 年代初，库哈（H.W.Kuhn）和托克（A.W.Tucker）提出了非线性规划的基本定理，为非线性规划奠定了理论基础。这一方法在工业、交通运输、经济管理和军事等方面有广泛的应用。非线性规划的标准形式为：

$$\min f(\boldsymbol{x})$$
$$\text{s.t.}\begin{cases} c(\boldsymbol{x}) \leqslant \boldsymbol{0} \\ C_{\text{eq}}(\boldsymbol{x}) = \boldsymbol{0} \\ \boldsymbol{A}\boldsymbol{x} \leqslant \boldsymbol{b} \\ \boldsymbol{A}_{\text{eq}}\boldsymbol{x} = \boldsymbol{b}_{\text{eq}} \\ \boldsymbol{lb} \leqslant \boldsymbol{x} \leqslant \boldsymbol{ub} \end{cases} \tag{5-16}$$

其中，$f(\boldsymbol{x})$为目标函数，可以是线性函数，也可以是非线性函数；$c(\boldsymbol{x})$为非线性向量函数；$\boldsymbol{A}$ 为矩阵；$\boldsymbol{b}$，$\boldsymbol{lb}$，$\boldsymbol{ub}$ 为向量。

MATLAB 中可使用 fmincon 函数求解多元非线性函数的最小值，调用格式如下。

```
x=fmincon(fun,x0,A,b)
```

从 x_0 开始，尝试在满足线性不等式 $\boldsymbol{Ax}\leqslant\boldsymbol{b}$ 的情况下寻找 fun 中所述的函数的最小值点 x。x_0 可以是标量、向量或矩阵。

```
x=fmincon(fun,x0,A,b,Aeq,beq)
```

在满足线性等式 $\boldsymbol{A}_{eq}\boldsymbol{x}=\boldsymbol{b}_{eq}$ 以及不等式 $\boldsymbol{A}\boldsymbol{x}\leqslant\boldsymbol{b}$ 的情况下最小化 fun。如果不存在不等式，则设置 $\boldsymbol{A}=[\,]$ 和 $\boldsymbol{b}=[\,]$。

```
x=fmincon(fun,x0,A,b,Aeq,beq,lb,ub)
```

对 $\boldsymbol{x}$ 中的设计变量定义一组下界和上界，使得解始终处在 $\boldsymbol{lb}\leqslant\boldsymbol{x}\leqslant\boldsymbol{ub}$ 范围内。如果不存在等式，则设置 $\boldsymbol{A}_{eq}=[\,]$ 和 $\boldsymbol{b}_{eq}=[\,]$。如果 $\boldsymbol{x}(i)$ 无下界，则设置 $\boldsymbol{lb}(i)=-\text{Inf}$，如果 $\boldsymbol{x}(i)$ 无上界，则设置 $\boldsymbol{ub}(i)=\text{Inf}$。

```
x=fmincon(fun,x0,A,b,Aeq,beq,lb,ub,nonlcon)
```

执行最小化时，满足 nonlcon 所定义的非线性不等式 $c(\boldsymbol{x})$ 或等式 $c_{eq}(\boldsymbol{x})$。fmincon 进行优化，以满足 $c(\boldsymbol{x})\leqslant\boldsymbol{0}$ 和 $c_{eq}(\boldsymbol{x})=\boldsymbol{0}$。如果不存在边界，则设置 $\boldsymbol{lb}=[\,]$ 和/或 $\boldsymbol{ub}=[\,]$。

```
x=fmincon(fun,x0,A,b,Aeq,beq,lb,ub,nonlcon,options)
```

使用 options 所指定的优化选项执行最小化。使用 optimoptions 可设置这些选项。如果没有非线性不等式或等式约束，则设置 nonlcon=[]。

```
x=fmincon(problem)
```

求 problem 的最小值，其中 problem 是一个结构数组，如输入参数中所述。通过从 Optimization 工具中导出问题来创建 problem 结构数组。

```
[x,fval]=fmincon(___)
```

对上述任何语法，返回目标函数 fun 在解 $\boldsymbol{x}$ 处的值。

```
[x,fval,exitflag,output]=fmincon(___)
```

还返回描述 fmincon 的退出条件的值 exitflag，以及提供优化过程信息的结构数组 output。

```
[x,fval,exitflag,output,lambda,grad,hessian]=fmincon(___)
```

还返回：lambda-结构数组，其字段包含解 $\boldsymbol{x}$ 处的拉格朗日乘数。grad-fun 在解 $\boldsymbol{x}$ 处的梯度。hessian-fun 在解 $\boldsymbol{x}$ 处的 Hessian 矩阵。请参阅 fmincon Hessian 矩阵。

【例 5-35】 求解下面带约束的最优非线性规划问题。

$$\max f(\boldsymbol{x})=10x_1+4.4x_2^2$$

$$\text{s.t.}\begin{cases}x_1+3x_2+5x_3\leqslant 28\\2x_1-4x_2+3x_3\leqslant 25\\1.2x_2^2+0.5x_3^2\geqslant 4\\x_1,x_2,x_3\geqslant 0\end{cases}$$

(1) 问题分析：因原问题为最大化问题，而 fmincon 函数只能用于求解最小化问题，因此可将目标函数进行取负操作，将其转化为最小化问题，即：

$$\min f(\boldsymbol{x}) = -10x_1 - 4.4x_2^2$$
$$\text{s.t.}\begin{cases} x_1 + 3x_2 + 5x_3 \leqslant 28 \\ 2x_1 - 4x_2 + 3x_3 \leqslant 25 \\ 1.2x_2^2 + 0.5x_3^2 \geqslant 4 \\ x_1, x_2, x_3 \geqslant 0 \end{cases}$$

(2) 编写函数 M 文件。

```
function f=Chapter5_NLopt(x)
    f=-10*x(1)-4.4*x(2)^2;
```

(3) 编写非线性约束的 M 文件。

```
function f=Chapter5_NLcons(x);
  [c,ceq]=4-0.5*x(3)^2-1.2*x(2)^2;
  ceq=[];
```

(4) MATLAB 中优化代码如下。

```
>> A=[1 3 5; 2 -4 3]; b=[28; 25];        %等式约束参数矩阵
Aeq=[];beq=[];                           %不等式约束
lb=zeros(1,size(A,2)); ub=[];            %变量范围约束
x0=ones(size(A,2),1);                    %初始值
[x,fval]=fmincon('Chapter5_NLopt',x0,A,b,Aeq,beq,lb,ub,'Chapter5_NLcons')
```

优化结果如下：

```
x=                                        %x 的最优值
    0.0000
    9.3333
    0.0000
fval=                                     %目标函数值
-383.2889
```

5.6.4 目标规划

目标规划是一种用来进行含有单目标和多目标的决策分析的数学规划方法，是线性规划的一种特殊类型。目标规划的基本原理、数学模型结构与线性规划相同，也使用线性规划的单纯形法作为计算的基础。不同之处在于，目标规划试图使目标函数偏离规定值的最小化入手解题，并将这种目标和为了代表与目标的偏差而引进的变量规定在表达式的约束条件之中。多目标规划问题的标准形式为：

$$\min F(\boldsymbol{x}) = [f_1(\boldsymbol{x}), f_2(\boldsymbol{x}), \cdots, f_p(\boldsymbol{x})]^{\mathrm{T}}$$
$$\text{s.t.}\begin{cases} g_i(\boldsymbol{x}) \geqslant \boldsymbol{0}, & i = 1,2,\cdots,m \\ h_j(\boldsymbol{x}) = \boldsymbol{0}, & j = 1,2,\cdots,n \end{cases} \tag{5-17}$$

其中 $f_1(\boldsymbol{x})$、$g_i(\boldsymbol{x})$、$h_j(\boldsymbol{x})$既可以为线性函数，也可以为非线性函数。实际操作中可将上

述目标函数作为约束条件，进而转化为 MATLAB 中能够识别的形式。

$$\min \gamma$$

$$\text{s.t.}\begin{cases} F(\boldsymbol{x}) - \text{weight}.\gamma \leqslant \text{goal} \\ c(\boldsymbol{x}) \leqslant \boldsymbol{0} \\ C_{\text{eq}}(\boldsymbol{x}) = \boldsymbol{0} \\ \boldsymbol{A}\boldsymbol{x} \leqslant \boldsymbol{b} \\ \boldsymbol{A}_{\text{eq}}\boldsymbol{x} = \boldsymbol{b}_{\text{eq}} \\ \boldsymbol{lb} \leqslant \boldsymbol{x} \leqslant \boldsymbol{ub} \end{cases} \tag{5-18}$$

其中 γ 为一个松弛因子变量；$F(\boldsymbol{x})$为多目标规划中的目标函数向量；weight 为各分目标的权重；goal 为用户对各目标的期望值。

MATLAB 中用于求解目标规划的函数为 fgoalattain，调用格式如下。

```
x=fgoalattain(fun,x0,goal,weight)
```

尝试从 x_0 开始、用 weight 指定的权重更改 x，使 fun 提供的目标函数达到 goal 指定的目标。

```
x=fgoalattain(fun,x0,goal,weight,A,b)
```

求解满足不等式 $\boldsymbol{Ax}\leqslant\boldsymbol{b}$ 的目标达到问题。

```
x=fgoalattain(fun,x0,goal,weight,A,b,Aeq,beq)
```

求解满足等式 $\boldsymbol{A}_{\text{eq}}\boldsymbol{x}=\boldsymbol{b}_{\text{eq}}$ 的目标达到问题。如果不存在不等式，则设置 $\boldsymbol{A}=[\,]$和 $\boldsymbol{b}=[\,]$。

```
x=fgoalattain(fun,x0,goal,weight,A,b,Aeq,beq,lb,ub)
```

求解满足边界 $\boldsymbol{lb}\leqslant\boldsymbol{x}\leqslant\boldsymbol{ub}$ 的目标达到问题。如果不存在等式，请设置 $\boldsymbol{A}_{\text{eq}}=[\,]$和 $\boldsymbol{b}_{\text{eq}}=[\,]$。如果 $\boldsymbol{x}(i)$无下界，则设置 $\boldsymbol{lb}(i)=-\text{Inf}$；如果 $\boldsymbol{x}(i)$无上界，则设置 $\boldsymbol{ub}(i)=\text{Inf}$。

```
x=fgoalattain(fun,x0,goal,weight,A,b,Aeq,beq,lb,ub,nonlcon)
```

求解满足 nonlcon 所定义的非线性不等式 $c(\boldsymbol{x})$或等式 $c_{\text{eq}}(\boldsymbol{x})$的目标达到问题。fgoalattain 进行优化，以满足 $c(\boldsymbol{x})\leqslant\boldsymbol{0}$ 和 $c_{\text{eq}}(\boldsymbol{x})=\boldsymbol{0}$。如果不存在边界，则设置 $\boldsymbol{lb}=[\,]$和/或 $\boldsymbol{ub}=[\,]$。

```
x=fgoalattain(fun,x0,goal,weight,A,b,Aeq,beq,lb,ub,nonlcon,options)
```

使用 options 所指定的优化选项求解目标达到问题。使用 optimoptions 可设置这些选项。

```
x=fgoalattain(problem)
```

求解 problem 所指定的目标达到问题，其中 problem 是一个结构数组。通过从 Optimization 工具中导出问题来创建 problem 结构数组。

```
[x,fval]=fgoalattain(___)
```

对上述任何语法，返回目标函数 fun 在解 x 处的值。

```
[x,fval,attainfactor,exitflag,output]=fgoalattain(___)
```

返回在解 x 处的达到因子、描述 fgoalattain 退出条件的值 exitflag，以及包含优化过程信息的结构数组 output。

```
[x,fval,attainfactor,exitflag,output,lambda]=fgoalattain(___)
```

返回结构数组 lambda，其字段包含在解 x 处的拉格朗日乘数。

【例 5-36】 求解下述多目标规划问题。

某化工厂拟生产两种新产品 A 和 B，其生产设备费用分别为 2 万元/吨和 5 万元/吨。这两种产品均将造成环境污染，设由公害所造成的损失可折算为 A 为 4 万元/吨，B 为 1 万元/吨。由于条件限制，工厂生产产品 A 和 B 的最大生产能力各为每月 5 吨和 6 吨，而市场需要这两种产品的总量每月不少于 7 吨。试问工厂如何安排生产计划，在满足市场需要的前提下，使设备投资和公害损失均达最小。该工厂决策认为，这两个目标中环境污染应优先考虑，设备投资的目标值为 20 万元，公害损失的目标为 12 万元。

(1) 数学问题描述：设工厂每月生产产品 A 为 x_1 吨，B 为 x_2 吨，设备投资费为 $f(x_1)$，公害损失费为 $f(x_2)$，则问题的数学模型表达为多目标优化问题。

$$\min f_1 = 2x_1 + 5x_2$$

$$\min f_2 = 4x_1 + x_2$$

$$\text{s.t.}\begin{cases} x_1 \leqslant 5 \\ x_2 \leqslant 6 \\ -x_1 - x_2 \leqslant -7 \\ x_1, x_2 \geqslant 0 \end{cases}$$

(2) 建立规划目标函数。

```
function f=Chapter5_goal(x)
    f(1)=2*x(1)+5*x(2);
    f(2)=4*x(1)+x(2);
```

(3) 优化求解。

```
>> goal=[20 12];                           %各目标期望值
weight=[20 12];                            %各目标权重
x0=[5 5];                                  %初始值
A=[1 0;0 1;-1 -1]; b=[5;6;-7];             %等式约束矩阵
lb=zeros(2,1); ub=[];                      %参数范围约束
[x,fval]=fgoalattain(@Chapter5_goal,x0,goal,weight,A,b,[],[],lb,ub)
```

```
优化结果如下:
x=                                         %x 最优值
    2.9167    4.0833
fval=                                      %目标函数值
```

```
26.2500   15.7500
```

5.6.5 最大值最小化问题求解

人们通常研究的问题都是求某个函数在约束条件下的最大值或最小值，但在某些特殊情况下也需要获得某个最大值函数的最小值，这类问题的标准形式。

$$\min_x \max_i F_i(\boldsymbol{x})$$
$$\text{s.t.}\begin{cases} c(\boldsymbol{x}) \leqslant \boldsymbol{0} \\ C_{\text{eq}}(\boldsymbol{x}) = \boldsymbol{0} \\ \boldsymbol{Ax} \leqslant \boldsymbol{b} \\ \boldsymbol{A}_{\text{eq}}\boldsymbol{x} = \boldsymbol{b}_{\text{eq}} \\ \boldsymbol{lb} \leqslant \boldsymbol{x} \leqslant \boldsymbol{ub} \end{cases} \tag{5-19}$$

其中，$F_i(\boldsymbol{x})$可以为线性函数，也可以为非线性函数；$c(\boldsymbol{x})$为非线性向量函数。

MATLAB 提供了 fminimax 函数用于求解最大值的最小化问题，调用格式为如下。

```
x=fminimax(fun,x0)
```

从 x_0 开始，求 fun 中所述的函数的 minimax 解 $\boldsymbol{x}$。

```
x=fminimax(fun,x0,A,b)
```

在满足线性不等式 $\boldsymbol{Ax}\leqslant\boldsymbol{b}$ 的情况下求解 minimax 问题。

```
x=fminimax(fun,x0,A,b,Aeq,beq)
```

进一步在满足线性等式 $\boldsymbol{A}_{\text{eq}}\boldsymbol{x}=\boldsymbol{b}_{\text{eq}}$的情况下求解 minimax 问题。如果不存在不等式，则设置 $\boldsymbol{A}=[\,]$和 $\boldsymbol{b}=[\,]$。

```
x=fminimax(fun,x0,A,b,Aeq,beq,lb,ub)
```

在满足边界 $\boldsymbol{lb}\leqslant\boldsymbol{x}\leqslant\boldsymbol{ub}$ 的情况下求解 minimax 问题。如果不存在等式，请设置 $\boldsymbol{A}_{\text{eq}}=[\,]$和 $\boldsymbol{b}_{\text{eq}}=[\,]$。如果 $\boldsymbol{x}(i)$无下界，则设置 $\boldsymbol{lb}(i)=-\text{Inf}$；如果 $\boldsymbol{x}(i)$无上界，则设置 $\boldsymbol{ub}(i)=\text{Inf}$。

```
x=fminimax(fun,x0,A,b,Aeq,beq,lb,ub,nonlcon)
```

在满足 nonlcon 中定义的非线性不等式 $c(\boldsymbol{x})$或等式 $c_{\text{eq}}(\boldsymbol{x})$的情况下求解 minimax 问题。该函数会进行优化，以满足 $c(\boldsymbol{x})\leqslant\boldsymbol{0}$ 和 $c_{\text{eq}}(\boldsymbol{x})=\boldsymbol{0}$。如果不存在边界，则设置 $\boldsymbol{lb}=[\,]$ 和/或 $\boldsymbol{ub}=[\,]$。

```
x=fminimax(fun,x0,A,b,Aeq,beq,lb,ub,nonlcon,options)
```

使用在 options 中指定的优化选项求解 minimax 问题。使用 optimoptions 可设置这些选项。

```
x=fminimax(problem)
```

求解 problem 的 minimax 问题，其中 problem 是 problem 中所述的结构数组。通过

从 Optimization 工具中导出问题来创建 problem 结构数组。

```
[x,fval]=fminimax(___)
```

对上述任何语法，返回目标函数 fun 在解 $\boldsymbol{x}$ 处的值。[x,fval,maxfval,exitflag,output]=fminimax(___)还返回解 $\boldsymbol{x}$ 处目标函数的最大值、一个描述 fminimax 退出条件的值 exitflag，以及一个包含优化过程信息的结构数组 output。

```
[x,fval,maxfval,exitflag,output,lambda]=fminimax(___)
```

返回结构数组 lambda，其字段包含在解 $\boldsymbol{x}$ 处的拉格朗日乘数。

需要说明的是，也可使用最大值最小化问题进行取负操作，进而运用 fminimax 函数求解最小值的最大化问题。

$$\max_x \min_i F_i(\boldsymbol{x}) = \min_x \max_i [-F_i(\boldsymbol{x})] \tag{5-20}$$

【例 5-37】 求下列函数的最大值最小化问题。

$$\min_x \max_{\{F_i\}} \{f_1(\boldsymbol{x}), f_2(\boldsymbol{x}), \cdots, f_5(\boldsymbol{x})\}$$

$$\text{s.t.}\begin{cases} x_1^2 + x_2^2 \leqslant 8 \\ x_1 + x_2 \leqslant 3 \\ -3 \leqslant x_1 \leqslant 3 \\ -2 \leqslant x_2 \leqslant 2 \end{cases}$$

其中：

$$f_1(\boldsymbol{x}) = 2x_1^2 + x_2^2 - 48x_1 - 40x_2 + 304$$
$$f_2(\boldsymbol{x}) = -x_1^2 - 3x_2^2$$
$$f_3(\boldsymbol{x}) = x_1 + 3x_2 - 18$$
$$f_4(\boldsymbol{x}) = -x_1 - x_2$$
$$f_5(\boldsymbol{x}) = x_1 + x_2 - 8$$

(1) 建立目标函数 M 文件。

```
function f=Chapter5_minmax(x)
    f(1)=2*x(1)^2+x(2)^2-48*x(1)-40*x(2)+304;
    f(2)=-x(1)^2-3*x(2)^2;
    f(3)=x(1)+3*x(2)-18;
    f(4)=-x(1)-x(2);
    f(5)=x(1)+x(2)-8;
```

(2) 非线性约束 M 文件。

```
function [c1,c2]=Chapter5_minmax_const(x)
    c1=x(1)^2+x(2)^2-8;
    c2=[];
```

(3) 优化求解。

```
>> x0=[0.1; 0.1];              %初始值
A=[1 1];                       %线性约束矩阵
```

```
b=3;
lb=[-3; -2]; ub=[3;2];      %变量范围
[x,fval]=fminimax(@Chapter5_minmax,x0,A,b,[],[],lb,ub,…
    @Chapter5_minmax_const)
```

优化结果如下：

```
x=
    2.3333
    0.6667
fval=
    176.6667   -6.7778-13.6667   -3.0000   -5.0000
```

习 题 5

1. 在 MATLAB 中用于低级文件 I/O 的函数中，用于打开文件的函数为________，用于设置文件指针位置的函数为________，用于检测是否到文件尾的函数________。

2. 根据向量 $\boldsymbol{v}=[2\ 4\ 1\ 5\ 7]$生成多项式的语句为________，其最高阶数为________，对该多项式求导语句为________，对该多项式求值语句为________。

3. 现有数据“Sally Level1 12.34 45 Yes”存储在 data.txt 中，若要读取全部数据可采用命令________，若仅读取数值而忽略其他可采用命令________。

4. MATLAB 中多元线性回归的函数为________，非线性回归的函数为________，能够用于绘制残差图的函数为________。

5. 写出求解方程 $f=y\sin x+x\mathrm{e}^y$ 在区间 $x,y\in(-2\pi,\ -2\pi)$ 上积分值的公式________；采用符号计算方法写出求该公式对 x 的导数________。

6. 简述 textread 和 textscan 函数用于读取数据的差异。

7. 列举多元线性回归模型时，常用模型形指定形式，并写出下列 MATLAB 表达式对应的数学形式。

(1) Y～A+B+C　　(2) Y～A+B+C−1

(3) Y～A+B+C+B^2　　(4) Y～A+B^2+C

(5) Y～A+B+C+A:B　　(6) Y～A*B+C

(7) Y～A*B*C−A:B:C　　(8) Y～A*(B+C+D)

8. 编写程序，实现以下功能。

(1) 求函数 $f=y\sin x+x\mathrm{e}^y$ 在$(-4\pi,\ 2\pi)$内的积分。

(2) 求函数 $y=a[1-\exp(-bx)]^c$ 的一阶导数。

(3) 编写程序读取以下数据(test.txt)。

```
Sally   Type1   12.34    45   Yes
Joe     Type    223.54   60   No
Bill    Type    134.90   12   No
```

9. 现有某株树木生长数据(DBH_AGE.xlsx),包括年龄(Age)和直径(DBH)2 个字段,请分别实现以下功能。

(1) 读取数据 DBH_AGE.xlsx 到工作空间中。

(2) 用插值方法获取数据区间$[t_0,t_1]$内直径数据,其中 t_0 为最小年龄,t_1 为最大年龄。

(3) 用 n 阶多项式拟合直径生长模型。

(4) 用 Richards 方程拟合直径生长模型($Y=a[1-\exp(-bt)]^c$)。

(5) 用图形化方式呈现 3 种方法的拟合或插值效果。

10. 现有某地区 48 棵生物量数据,包括干(Trunk)、枝(Branch)、叶(Leaf)、根(Root)、总生物量(Total)以及胸径(DBH)、树高(HT)、胸径树高比(DBHHT)、胸径平方(DBH2)、胸径平方乘树高(DBH2HT),分别解决以下问题。

(1) 给出该数据的统计数据(常用指标)。

(2) 采用异速生长模型拟合总生物量与胸径的模型,即 $Y=aD^b$。

(3) 建立总生物量的多元线性回归模型,自变量包括胸径、树高。

(4) 建立总生物量的多元逐步回归模型,自变量包括胸径、树高、胸径树高比、胸径平方等。

(5) 建立树木各器官的多因变量回归模型。

11. 某林场经营一块面积 7ha 的森林,计划将其一部分划为公益林,一部分划为商品林,无论哪种类型,区划面积都不超过 5ha。在经营过程中主要考虑生态效益和经济效益两种目标,假定公益林每公顷生态效益 3 万元、经济效益 1 万元,商品林每公顷生态效益 1 万元、经济效益 2 万元,试问如何划分使其总收益最大。

12. 某化工厂拟生产两种新产品 A 和 B,其生产设备费用分别为 3 万元/吨和 6 万元/吨。这两种产品均会造成环境污染,分别为 2 万元/吨和 1 万元/吨。受条件限制,工厂生产 A 和 B 的最大能力分别为 5 吨和 6 吨,而市场对两种产品的需求均为每月不低于 7 吨,请问应如何安排生产计划使工厂投资和环境损害最小。工厂决策者认为,两个目标中应优先考虑环境污染问题,设备投资目标值为 16 万元,环境污染目标值为 14 万元。

第6章 chapter 6

MATLAB GUI 程序设计

本章学习目标

- 掌握脚本文件、函数文件及两者之间的区别；
- 掌握 MATLAB 中常用的函数类型及其变量的作用范围；
- 熟练掌握常用的程序控制语句和结构；
- 能够结合实际问题进行 GUI 界面的开发。

MATLAB 程序设计既具有传统高级语言（如 C++）的特征，又有自己独特的特点。在进行 MALTAB 程序设计时，应充分利用 MATLAB 独特的数据结构、数学运算功能和丰富函数来简化程序结构和提升程序效率。本章在介绍 MATLAB 编程文件的基础上，深入讲解程序设计中常用的各种控制结构，如 if、switch、for、while 等语句。接下来，本章将以案例形式介绍向导式和程序式创建图形用户界面（Graphical User Interface，GUI）的方法。

6.1 M 文件编程

在前面的章节中，程序语句多是在 MATLAB 的命令行窗口中执行的，但当程序较为复杂时（可能需要上百行或上千行），命令行窗口的工作模式就不再适用了。M 文件的使用能够很大程度上简化程序结构、提升编程效率。

6.1.1 M 文件基础

MATLAB 平台上提供一个文本文件编辑器，因其后缀名为.m，所以常称之为 M 文件。一个 M 文件可以包括很多连续的 MATLAB 指令，这些指令可以独立完成，也可以调用其他 M 文件或函数来完成。通过“主页”→“新建脚本”命令可以打开一个 M 文件编辑器，也可以采用 edit 函数来实现，调用格式如下。

```
edit
```

在编辑器中打开名为 Untitled.m 的新文件。MATLAB 不会自动保存 Untitled.m。

```
edit file
```

在编辑器中打开指定文件。如果 file 不存在，MATLAB 会询问是否要创建它。file 可以包含部分路径、完整路径、相对路径或无路径。如果 file 只包含部分路径或未包含路径，则 edit 将在搜索路径中查找文件。必须拥有该路径的写入权限才能创建 file。否则，MATLAB 将忽略该参数。必须指定扩展名才能打开.mat 和.mdl 文件。MATLAB 不能直接编辑二进制文件，例如.p 和.mex 文件。

```
edit file1 ... fileN
```

在编辑器中打开 file1 … fileN 的所有文件。

从图 6-1 可以看出，“编辑器”窗口有自己的菜单栏和工具栏，不仅可以实现对文件的管理，实际上还可以直接对程序进行调试。

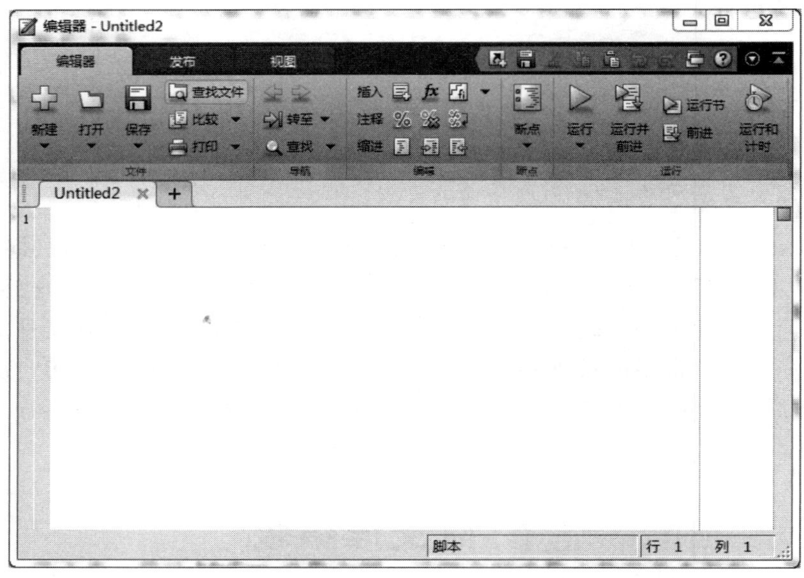

图 6-1　MATLAB“编辑器”窗口

接下来以用户自定义的 MyFun 函数为例，详细介绍函数文件的基本架构。其中，MyFun 函数具体内容如下。

```
function y=fun(n)                  %函数定义行
%计算 n 的阶乘值                    %H1 行
%返回 n 的阶乘值                    %帮助文档
%fun(n)即为 prod(1:n)               %注释
y=prod(1:n)                        %函数体
```

从上述程序中可以看出，一个完整的函数文件包括函数定义行、H1 行、帮助文档、注释和函数体。各部分具体介绍如下。

1. 函数定义行

用于告诉 MATLAB 此文件是函数文件，function 为关键字，y 为输出参数，n 为输入参数，fun为函数名(需以字母开头，可包含任意字母和下画线)；函数文件名建议使用fun.m形式；若输入、输出参数具有多个，则输入参数用圆括号，输出参数用方括号，如function[x,y,z]=sphere(theta,phi,rho)；若无输出参数，可使用function[]=myfun(x)形式。

2. H1 行

表示Help的第一行，紧跟函数定义行；当用户输入lookfor查找此函数时，便会显示H1行的信息；当输入help funname时，H1行将作为第1行显示；因此，H1行应尽量言简意赅。

3. 帮助文档

紧跟H1行，也以%开头，直到第一行不以%开头的文件结束，它是该函数更为详细的描述；命令窗口中输入help funname时，帮助文档会在H2行后显示。

4. 注释

用于解释函数内部工作的一些细节，如算法的解释、控制语句的说明等，以进一步增强程序语句的可读性。注释语句以%开头，可以出现在程序中的任何位置。

5. 函数体

这部分用于进行实际运算与输出参数赋值，是程序功能的实现部分，主要由函数调用、程序控制、交互性输入输出、计算与赋值、注释和空白行等组成。

6.1.2 M文件分类

根据程序语句的特征，M文件可分为两类：脚本文件或函数文件，两者联系与区别如表6-1所示。

表6-1 MATLAB脚本文件与函数文件对比

类型	基本组成	变量存储
脚本文件	(1) 是一系列命令的集合 (2) 不接受输入和输出参数 (3) 所有变量均为局域变量	运行时产生的变量存储均在MATLAB工作空间内
函数文件	(1) 是对MATLAB函数库功能的扩充 (2) 可接受输入变量，可返回输出参数 (3) 具有多种类型M函数，包括主函数、子函数、嵌套函数、私有函数、匿名函数和重载函数，且函数间可以相互调用 (4) M函数文件第一行以function开头 (5) 默认变量类型均为局域变量；全局变量需用global语句声明	(1) 运行时产生函数空间(Function Workspace)，所有变量都存储在该空间中； (2) 不同函数空间及其与MATLAB工作空间均不冲突

1. 脚本文件

脚本文件实际上与命令窗口没有本质上的区别。它是包含了一系列命令的集合，即执行过程按照程序语句的先后顺序进行。可以将脚本文件理解为一种批处理文件，而且其运行产生的变量都保存在 MATLAB 工作区内，运行结果可以在命令窗口显示，也可以用图形显示，或者保存在文件中。保存脚本文件时，应将它保存在当前工作路径中，且最好不包含中文字符的路径，否则程序运行时容易出错。

运行脚本文件有两种方法。第一种是直接在“编辑器”窗口中选择“编辑器”→“运行”命令，即▷图标（如果之前未保存过该文件，系统会提示需要先进行保存，然后才能执行）。另一种方法是在命令窗口中直接输入脚本文件名，然后按 Enter 键执行。

2. 函数文件

与脚本文件不同，函数文件通常在扩充 MATLAB 的函数库中使用，可以接受输入变量，并返回运算结果。与 C 语言仅能返回一个参数不同，MATLAB 函数可以返回任意数量的结果，例如：

```
function[x,y,z]=sphere(theta,phi,rho)
```

通常来说，函数文件的执行过程对用户是透明的，即函数文件在运行时会创建属于该函数自身的函数工作空间（Function Workspace），运算中产生的结果都将存放在这个工作空间中，而不是 MATLAB 基本的工作空间。因此，在编制大型程序时宜采用函数文件，以便于封装与调试。

需要特别说明的是，因每个函数文件都将产生属于自己的工作空间，因此当需要进行不同函数间参数传递和共享时，用户应使用 global 函数进行预先声明。

【例 6-1】 函数文件中变量传递。

```
%首先,在命令行中将变量 a 和 b 定义为全局变量。
>> global  a  b
>> a=1; b=2;

%其次,建立函数文件,并再次声明变量 a 和 b 为全局变量。
function y=linear_incre(x)
    global a b
    y=a * sin(x)+b;
end

%接下来,直接在命令行中调用函数 linear_incre,则程序将会跨工作区间调用变量 a 和 b。
>> y=linear_incre(1:10)
>> figure;plot(y)                    %图 6-2
    y=
2.8415  2.9093  2.1411  1.2432  1.0411  1.7206  2.6570  2.9894  2.4121  1.4560
```

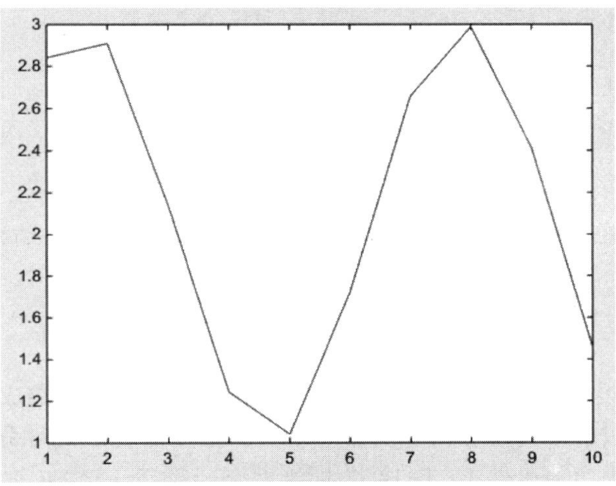

图 6-2 局域变量使用效果示意图

6.1.3 M 函数类型

MATLAB 提供了多种类型的 M 函数，如主函数、子函数、嵌套函数、私有函数、匿名函数和重载函数，下面将分别介绍。

1. 主函数

M 文件中第一个出现的函数称为主函数，其他函数都称为子函数。保存文件时所用的函数文件名需与主函数名相同。每个 M 文件都有一个主函数，且主函数的使用范围要比子函数广，即主函数可以在 M 文件外部调用(如命令行窗口)，而子函数则不可以。

2. 子函数

在 M 文件中，排在主函数后边的函数都称为子函数。M 文件对子函数的排列无先后顺序的要求。但需要注意的是，子函数只能被同一 M 文件内的主函数或其他子函数调用，而不能跨越不同的 M 文件进行调用。每个子函数都有各自的变量，彼此间不能相互存取，除非声明为全局变量。同样可为子函数建立帮助文档，但在显示时要把 M 文件名加在子函数名前面，如：

```
help MainFun/SubFun
```

【例 6-2】 主函数与子函数的使用，其中子函数 sub_even 和 sub_odd 均放在主函数 Chapter6_main_sub_fun 的 M 文件中。

```
function y=Chapter6_main_sub_fun(n)          %主函数
if mod(n,2)==0;
    y=sub_even(n);                           %偶数时调用
elseif mod(n,2)==1;
```

```
    y=sub_odd(n);                                %奇数时调用
end

function M=sub_even(n)                           %定义 sub_even 子函数
M=diag(1:n);

function M=sub_odd(n)                            %定义 sub_odd 子函数
M=magic(n);
```

3. 嵌套函数

MATLAB 可以在一个函数体内定义一个或多个函数，这通常成为外部函数的嵌套函数，有时甚至可以在嵌套函数内定义嵌套函数。根据嵌套形式可分为同级嵌套和多级嵌套。例如，下方程序中函数 B1 和 B2 为同级嵌套函数，而函数 A、B1 和 C1 则为多级嵌套函数。

```
function x=A(p1,p2)
...
    function y1=B1(p3)
    ...
        function z1=C1(p4)
        ...
        end
    ...
    end
    ...
    function y2=B2(p5)
    ...
    end
end
```

嵌套函数也和其他 M 函数一样，也应包含 M 文件的所有元素(如函数名、H1 行等)，但当嵌套函数结束时，用户必须用关键词 end 表示结束，因为成对出现的关键字 function 和 end 使 MATLAB 更容易识别一个完整的函数。

因不同的函数会产生属于自己的函数空间，因此在使用嵌套函数时，用户必须注意各函数中变量的作用域。通常情况，一个函数可以调用自己的直接嵌套函数，如上述程序中函数 A 可以调用函数 B1 和 B2，但不能调用 C1。嵌套在同一个函数体内的同一级别的嵌套函数可以相互调用，如函数 B1 和 B2 可以相互调用，但 B2 不能调用 C1。此外，嵌套函数也可以被任意低层的嵌套函数调用，如函数 C1 可以调用 B1 和 A1 中的变量。

【例 6-3】 嵌套函数的使用。

```
function r=MyTestNestedFun(input)
a=5;
c=sin(input)+tan(input);
```

```
    function y=nestedfun(b)
        y=a * c+b;
    end
r=nestedfun(5);
end
>> r=MyTestNestedFun(6)
>> r=2.1479
```

上述程序中，调用 MyTestNestedFun 后，程序依次执行 a＝5；c＝sin(input)＋tan(input)；然后又调用 nestedfun 这个嵌套函数，此时 b＝5，而嵌套函数所在的函数中的变量 a 和 c 对嵌套函数是可见的，所以 r＝a×c＋b＝5×(－0.5704)＋5＝2.1479。

4. 私有函数

私有函数是 MATLAB 函数文件的一种特殊形式，它的唯一特征是只能够在一个特定的限定函数群中可见。如果约束函数的访问范围，或者不想让外边看到所执行的是哪个函数时，可以使用私有函数。私有函数存放在以专有名称 private 命令的子目录下，它只能被 private 文件夹所在的父文件夹中的函数所调用。

因私有函数在其父目录以外是“隐身”的，因此私有函数可以与其他目录下文件的名称相同。但在 MATLAB 中输入一条语句时，系统会优先查询私有函数，再寻找其他位置的 M 文件。此外，help、lookfor 和 which 等命令在 private 目录以外，即这些函数不能提供私有函数的有关帮助信息。

5. 匿名函数

匿名函数是 MALAB 中的一种简单形式，用于快速建立简单的函数，其只允许有一个表达式。构造匿名函数不必每次都建立 M 文件，可在 M 文件命令窗口中直接构造。

构造匿名函数的语法为：

```
fhandle=@(ParamList) expression
```

其中，expression 为一个有效的 MATLAB 表达式；ParamList 为参数列表，当存在多个参数时需用逗号分隔；fhandle 为函数的句柄；@为 MATLAB 操作符。

匿名函数也可以不包含任何输入参数，但@后的参数列表仍必须用空括号表示，例如：

```
>> t=@()datestr(now);
>> t()                  %调用时括号必须保留
ans=
    09-Dec-2020 13:38:15
```

用户也可以使用单元数组形式，创建包含多个匿名函数的数组，例如：

```
>> A={@(x)x.^2, @(x) 3*x, @(x) g(f(x))}
>> A{1}(4)+A{2}(6)
```

```
ans=
    34
```

6. 重载函数

重载函数允许在同一个函数中可以接受个数或类型不同的参数。MATLAB 中的多数函数均具有此功能，如 plot 函数、mean 函数等。

【例 6-4】 重载函数的使用。

```
function B=MyOverloadedFun(varargin)
% 以下程序实现两个参数相加;三个参数相乘
error(nargchk(2,3,nargin));
if nargin==2
    A1=varargin{1};
    A2=varargin{2};
    B=A1+A2;
else
    A1=varargin{1};
    A2=varargin{2};
    A3=varargin{3};
    B=A1*A2*A3;
end;
```

6.2 程序控制

与其他高级语言一样，MATLAB 也提供了对程序控制的支持。灵活使用这些程序控制结构将会使程序更加流程。本节将分别介绍顺序控制结构(如 input 和 disp 函数)、条件控制结构(如 if 和 switch 语句)、循环控制结构(如 for 和 while 语句)、程序流控制结构(如 continue、break 和 pause 函数)和错误控制结构(如 try-catch 结构)。

6.2.1 顺序控制结构

顺序结构指按照程序中语句的排列顺序依次执行，直到程序的最后一条语句，一般涉及数据输入、数据处理、数据输出等内容。

1. 数据输入

从键盘输入数据，可以使用 input 函数来进行，该函数调用格式如下。

```
x=input(prompt)
```

显示 prompt 中的文本并等待用户输入值后按返回键。可以输入 pi/4 或 rand(3)之类的表达式，并可以使用工作区中的变量。注意：①如果不输入任何内容直接按下 Return 键，则 input 会返回空矩阵。②如果在提示下输入无效的表达式，则 MATLAB

会显示相关的错误消息,然后重新显示提示。

```
str=input(prompt,'s')
```

返回输入的文本,而不会将输入作为表达式来计算。

input 函数可接受的输入参数类型包括数值、表达式和字符。当输入数据为数值时,可采用如下命令。

```
>> prompt='What is the original value? ';
x=input(prompt)
y=x*10
```

程序将在命令行窗口中提示“What is the original value?”,然后等待用户从键盘按MATLAB规定的格式输入数值。例如,输入5将获得如下结果。

```
x=
     5
y=
    50
```

当输入数据为MATLAB表达式时,可采用如下命令。

```
>> prompt='What is the original value? ';
x=input(prompt)
y=x*10
```

命令行窗口中将提示“What is the original value?”,当输入表达式 magic(3)时,可获得如下结果。

```
x=
     8     1     6
     3     5     7
     4     9     2
y=
    80    10    60
    30    50    70
    40    90    20
```

当输入数据为字符型时,可采用如下命令。

```
>> prompt='Do you want more? Y/N [Y]: ';
str=input(prompt,'s');
if isempty(str)
    str='Y';
end
```

上述程序中,input 函数将返回与键入内容完全相同的文本。如果输入为空,此代码将为 str 指定默认值 Y。

2. 数据输出

MATLAB 中可使用 disp 函数实现数据的输出，调用格式如下。

```
disp(X)
```

显示变量 X 的值，而不打印变量名称。如果变量包含空数组，则会返回 disp，但不显示任何内容。其中，X 可以是字符串，也可以是矩阵。例如：

```
>> A=[15 150];S='Hello World.';
>> A
A=
    15   150
>> disp(A)
    15   150
>> S
S=
    Hello World.
>> disp(S)
Hello World.
>> a=magic(5);
>> disp(['5 阶魔术矩阵的第一行为: ', num2str(a(1,:))])
5 阶魔术矩阵的第一行为: 17   24   1   8   15
```

通过上面的程序可以看出，和前面介绍的矩阵显示方式不同，用 disp 函数显示矩阵时将不显示矩阵的名称，同时其输出格式更紧凑，且不留任何没有意义的空行。

6.2.2 条件控制结构

MATLAB 中条件控制语句包括 if 语句和 switch 语句，下面分别介绍。

1. if 语句

if 语句中，表达式应为逻辑表达式，即每个分支语句仅能产生两个结果——向左或向右，如图 6-3 所示。该结构一般形式可写为：

```
if 逻辑表达式 1
    语句组 1
elseif 逻辑表达式 2
    语句组 2
…
else
    语句组 N
End
```

在该结构中，用户可以根据实际情况使用一个或多个 elseif，但仅能有一个 else 语句。其逻辑过程为：当逻辑表达式1的值为真时，执行语句组1；否则，判断逻辑表达式2为真，则执行语句组2；以此类推，一直往后执行；当前面的if和elseif都为假时，才执行else内的语句(即语句组N)。

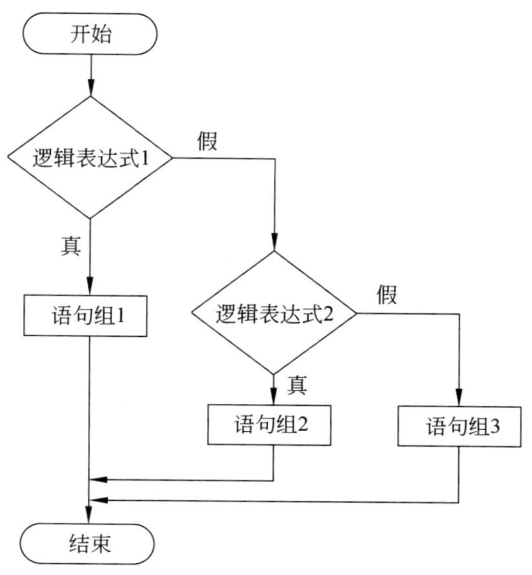

图6-3 if语句执行过程示意图

【例6-5】 某商场对顾客所购买的商品进行打折销售，标准如下(价格用price表示)。

price＜200　　没有折扣
200≤price＜500　　3%折扣
500≤price＜1000　　5%折扣
1000≤price＜2500　　8%折扣
2500≤price＜5000　　10%折扣
price≥5000　　15%折扣

编写程序，要求输入所售商品的价格后，能够计算其实际销售价格。

```
% (1) 函数文件代码
function MyFunctionIFPrice(price)
    str1='用户输入的价格为：';  str2='折扣率为：';  str3='打折后价格为：';
    if price<=0
        disp('输入价格错误,请重新输入')
    else
        if price<200
            p=1;
    disp([str1,num2str(price),str2,'0%',str3,num2str(price*p)])
        elseif price>=200 && price<500
            p=0.97;
```

```
    disp([str1,num2str(price),str2,'3%',str3,num2str(price * p)])
        elseif price>=500 && price<1000
            p=0.95;
    disp([str1,num2str(price),str2,'5%',str3,num2str(price * p)])
        elseif price>=1000 && price<2500
            p=0.92;
    disp([str1,num2str(price),str2,'8%',str3,num2str(price * p)])
        elseif price>=2500 && price<5000
            p=0.9;
    disp([str1,num2str(price),str2,'10%',str3,num2str(price * p)])
        else
            p=0.85;
    disp([str1,num2str(price),str2,'15%',str3,num2str(price * p)])
        end
    end
% (2) 命令行中执行语句
>> MyFunctionIFPrice(50)
用户输入的价格为: 50 折扣率为: 0%打折后价格为: 50
>> MyFunctionIFPrice(5000)
用户输入的价格为: 5000 折扣率为: 15%打折后价格为: 4250
```

2. switch 语句

switch 语句功能与 if 语句基本相似,但其可用于构造多于两个的分支。程序走向依据条件可以走第一条、第二条、…、第 N 条路线,但无论执行哪条路线,一次都只能走一条。与 if 语句的另一个不同点体现在,“开关语句”和“条件语句”不是一个逻辑表达式,而是数字或字符串表达式。在程序执行过程中,通过比较“开关语句”和“条件语句”的值是否相等来确定“执行语句”。

switch 结构的一般形式如下。

```
switch  开关语句
    case  条件语句
        执行语句
    case  {条件语句 1,条件语句 2,…}
        执行语句
        …
    othercase
        执行语句
end
```

需要说明的是,switch 虽然能够处理单个 case 中的多个条件,但是多个条件应放在单元数组中。

【例 6-6】 采用 switch 语句编写例 6-5 中问题的求解程序。

```
% (1) 函数文件代码
```

```
function MyFunctionSwitchPrice (price)
    switch fix(price/100)
        case {0,1}                  %无折扣
            rate=0;
        case {2,3,4}                %3%折扣
            rate=0.03;
        case num2cell(5:9)          %5%折扣
            rate=0.05;
        case num2cell(10:24)        %8%折扣
            rate=0.08;
        case num2cell(25:49)        %10%折扣
            rate=0.1;
    otherwise                       %15%折扣
            rate=0.15;
    end
    price=price * (1-rate);
    str=sprintf('%s%s','实际购物金额为: ',num2str(price));
    disp(str);
```

```
% (2) 命令行中执行语句
>> MyFunctionSwitchPrice(200)
实际购物金额为: 194
>> MyFunctionSwitchPrice(2000)
实际购物金额为: 1840
```

6.2.3 循环控制结构

当需要对某些语句或计算进行重复处理时,若能将这些计算或语句组织成循环结构,则会极大简化程序。MATLAB中可用的循环结构有两种:次数已知的循环结构(for循环)和次数未知(有明确条件)的循环结构(while循环)。

1. for 循环

当循环次数已知时,应该使用for循环进行结构控制,其一般结构如下。

```
for var=表达式(m:s:n)
    执行语句 1;
    执行语句 2;
    …
end
```

该结构中,m和n表示循环的起始和结束未知,s表示增量(默认为1)。可根据需要将n设置为正值(将生成线性递增函数)或负值(将生成线性递减函数),但m、n和s均应为整数。

【例 6-7】 用 if 循环方式编写函数计算 $K=\sum_{i=1}^{N} i^2$。

```
% (1) 函数文件代码
function MyFunctionFor(n)
    k=0;              %累加变量
    for i=1:n
        k=k+i^2;
    end
    str=sprintf('%s%d%s%d', '数字',n,'的运算结果为: ',k);
    disp(str)
% (2) 命令行中执行语句
>> MyFunctionFor(5)
数字 5 的运算结果为: 55
>> MyFunctionFor(10)
数字 10 的运算结果为: 385
```

2. while 循环

当循环次数未知时,用户只能通过某个条件语句来判断循环是否应该停止(false)或继续(true),执行过程如图 6-4 所示。这种情况应使用 while 循环进行结构控制,其一般结构如下。

```
while 逻辑表达式
    执行语句 1;
    执行语句 2;
      ⋮
end
```

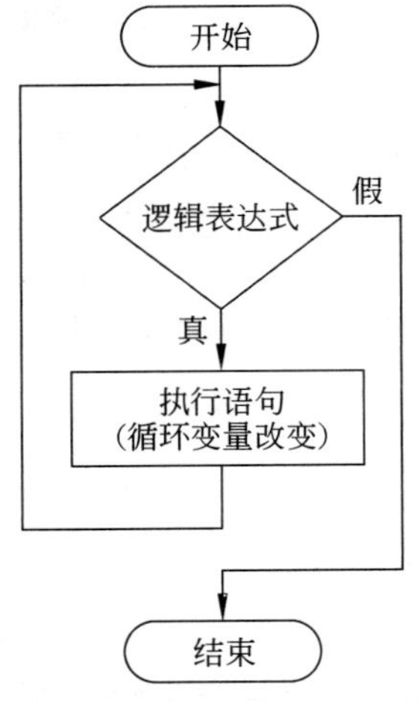

图 6-4　while 循环控制结构

【例 6-8】 用 while 循环方式编写函数计算 $K=\sum_{i=1}^{N} i^2$。

```
% (1) 函数文件代码
function MyFunctionWhile(n)
    k=0;                %累计变量
    i=1;                %计数变量
    while i<=n
        k=k+i^2;
        i=i+1;
    end
    str=sprintf('%s%d%s%d','数字',n,'的运算结果为: ',k);
    disp(str)
% (2)命令行中执行语句
>> MyFunctionWhile(5)
数字 5 的运算结果为: 55
>> MyFunctionWhile(50)
数字 50 的运算结果为: 42925
```

6.2.4 程序流控制

程序流控制主要用于程序执行过程中的中断(break)、跳出(continue)、终止(return)以及暂停(pause)等功能。各命令具体用法介绍如下。

1. break 命令

break 语句可以使包含 break 的最内层 for 或 while 循环语句强制中断,并立即跳出该结构,执行 end 后边的语句,例如以下语句。

```
% (1) 建立函数文件
function y=MyFunctionBreak()
for k=1:10
    x=50-k^2;
    if x<0
        break;
    end
    y(k)=sqrt(x);
end
% (2) 命令行中执行
>> MyFunctionBreak
ans=
7.0000    6.7823    6.4031    5.8310    5.0000    3.7417    1.0000
```

从上述结果中可以看出:当 $k<8$ 时,由于 $x>0$,所以程序为执行 MyFunctionBreak 函数中的 if 语句;而当 $k=8$ 时,x 的结果小于 0,因此程序执行了 MyFunctionBreak 函数中的 if 语句,即触发了 break 语句,程序因而直接跳出了整个 for 循环。因此,输出的 ans 中仅包含 7 个数值。

2. continue命令

该命令同样应用在循环控制语句中。如果不想执行循环体的全部语句，而是在做完某一步后直接返回循环头中（即开始处），可以在此处插入continue语句，其后语句将被跳过，例如以下语句。

```
% (1) 建立函数文件 continue 语句
function y=MyFunctionContinue()
    x=[10,1000,-10,100]; y=NaN * x;
    for k=1:length(x)
        if x(k)<0
            continue;
        end
        y(k)=log10(x(k));
    end
% (2) 命令行中执行
>> MyFunctionContinue
ans=
     1     3   NaN     2
```

从上述结果中可以看出，由于$x(3)$的数值小于0，程序触发了continue语句，即跳出$k=3$时的循环，但程序仍可执行$k=4$时的运算。

3. return命令

使用return命令可终止当前命令的执行，并立即返回上一级调用函数或等待键盘输入命令，可以用来提前结束程序的运行，例如以下程序。

```
% (1) 建立函数文件
function idx=findSqrRootIndex(target,arrayToSearch)
    idx=NaN;
    if target<0
        return
    end

    for idx=1:length(arrayToSearch)
        if arrayToSearch(idx)==sqrt(target)
            return
        end
    end

% (2) 命令行中执行语句
>> A=[3 7 28 14 42 9 0];
>> b=81;
>> findSqrRootIndex(b,A)
ans=
     6
```

上述程序中，首先在当前工作文件夹中创建函数findSqrRootIndex，目的是为求出数组中第一次出现的值平方根的索引,如果未求出平方根,则该函数返回 NaN。从结果中可看出,由于 A(6)满足 if 语句的条件,即触发了 return 命令,因此程序直接终止。

4. pause 命令

使用 pause 命令可使程序暂时中止运行,按任意键后继续运行。该项功能适合于调试程序时观察中间结果,也可以用来生成近似的动画效果。调用格式如下。

```
pause
```

用户暂时终止程序,按 Enter 键后继续。

```
pause(n)
```

使程序在等待 n 秒后继续运行,n 可精确到 0.01。

```
pause off
```

意味着随后的 pause 和 pause(n)命令将不予执行。

```
pause on
```

意味着随后的 pause 和 pause(n)命令将继续执行。

例如,输入如下程序,可实现绘图函数的动态显示。

```
>> x=0:0.05:2*pi; y=sin(x); z=cos(x); r=y+z;
>> plot(x,y);
>> hold on;
>> pause                    %暂停,直到按任意键
>> plot(x,z);
>> pause(5);                %暂停 5 秒
>> plot(x,r);               %绘制图 6-5
>> hold off
```

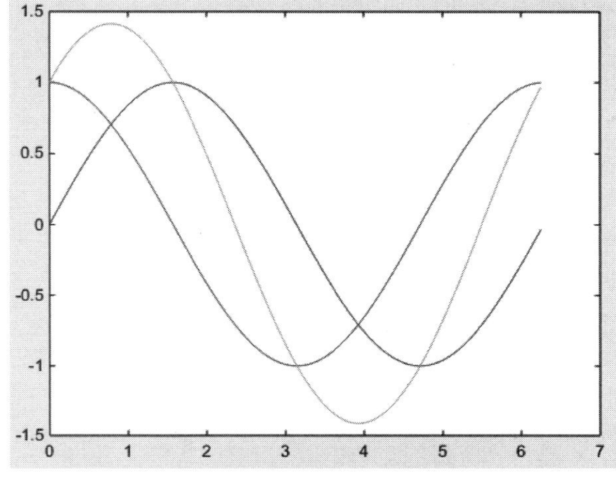

图 6-5 pause 函数应用效果

6.2.5 错误控制结构

错误控制在程序中是必不可少的。MATLAB 中可使用 try-catch-end 语句来检测和处理程序中可能存在的错误。当执行中的程序在 try-catch 的范围内出现错误时，它能捕捉到错误，并能立即转到处理错误的代码段 catch-end，对错误进行处理或做出响应，以避免程序误入歧途，其一般形式如下。

```
try
    执行语句;
catch expection
    错误信息处理语句;
end
```

【例 6-9】 错误控制结构的使用。

```
function imageData=MyFunctionTryCatch(filename)
try
   imageData=imread(filename);
catch exception
   if ~exist(filename, 'file')
      [~, ~, extension]=fileparts(filename);
      switch extension
         case '.jpg'
            altFilename=strrep(filename, '.jpg', '.jpeg');
         case '.jpeg'
            altFilename=strrep(filename, '.jpeg', '.jpg');
         case '.tif'
            altFilename=strrep(filename, '.tif', '.tiff');
         case '.tiff'
            altFilename=strrep(filename, '.tiff', '.tif');
         otherwise
            rethrow(exception);
      end
      try
         imageData=imread(altFilename);
      catch exception2
         rethrow(exception); %输出捕获的错误信息
      end
   else
      rethrow(exception);         %输出捕获的错误信息
   end
end
```

6.3 创建 GUI

GUI是用户与计算机程序之间的交互方式，即用户与计算机进行信息交流的方式。通过GUI，用户不需要输入脚本或命令，不需要了解任务的内部运行方式，即可实现特定的功能。图形用户界面或GUI中可包含多个图形对象，如窗口、图标、文本、菜单等。MATLAB中的GUI程序均为事件驱动程序。这些事件可能包括按下按钮、单击鼠标等。GUI中的每个控件均与用户定义的语句有关。当在界面上执行某项操作时，则开始执行相关的语句。

MATLAB提供了两种创建GUI的方法：向导式创建和程序式创建。用户可以根据需要选择适当的方法来创建GUI。通常可以参考以下建议：

(1) 如果创建对话框，可以选择程序式创建GUI的方法。MATLAB中提供了一系列标准对话框，可以通过一个函数来简单创建对话框。

(2) 如果创建的GUI仅包含少量图形控件，建议采用程序式创建GUI的方法，每个控件可以由一个函数调用实现。

(3) 如果创建的GUI比较复杂，则向导式创建GUI较程序式更为方便。但对大型的GUI或者由不同的GUI间相互调用的大型程序，用编程方式更容易些。

本节将以案例形式分别介绍向导式创建GUI和程序式创建GUI的方法。

6.3.1 向导式创建 GUI

本节将以案例形式讲解如何通过向导方式来创建GUI。GUI向导(Graphical User Interface Development Environment，GUIDE)中包含了大量创建GUI的工具，这些工具简化了创建GUI的过程。

将要创建的GUI案例能够实现图形的绘制，界面中包括一个绘图区域、一个面板(含三个绘图按钮)、一个弹出式菜单和一个静态文本。同时，该GUI窗口内也包含完整的菜单栏、工具按钮栏以及右键菜单等内容。各控件的属性、标签、响应函数如表6-2所示。

表6-2 向导式创建GUI案例中各控件的属性、标签、响应函数

类别	标签	属性/值	响应函数
按钮	pushbutton1	string/Surf	CallBack
	pushbutton2	string/Mesh	CallBack
	pushbutton3	string/Contour	CallBack
静态文本	text1	string/Select data	—
面板	uipanel1	—	—
坐标系	axes1	—	—
下拉列表框	popupmenu1	string/{'Peaks','Membrane','Sinc'}	CallBack

续表

类　　别	标　　签	属性/值	响应函数
菜单栏	Function	—	—
	Fun_surf	Label/Surf	CallBack
	Fun_mesh	Label/Mesh	CallBack
	Fun_counter	Label/Counter	CallBack
	Data	—	—
	Data_peaks	Label/Peaks	CallBack
	Data_membrane	Label/Membrane	CallBack
	Data_sin	Label/Sin	CallBack
	Exit	—	CallBack
右键菜单	RFunction	—	—
	R_F_Surf	Label/RF_Surf	CallBack
	R_F_Mesh	Label/RF_Mesh	CallBack
	R_F_Counter	Label/RF_Counter	CallBack
	RData	—	CallBack
	R_D_Meaks	Label/RF_Peaks	CallBack
	R_D_Membrane	Label/RF_Membrane	CallBack
	R_D_Sin	Label/RF_RD_Sin	CallBack
	RExit	—	CallBack
工具栏	T_surf	tooltip string/Fun_surf	ClickedCallBack
	T_mesh	tooltip string/Fun_mesh	ClickedCallBack
	T_contour	tooltip string/Fun_contour	ClickedCallBack

下面将分别说明每个控件的创建方式、响应函数以及执行代码等内容。

1. 新建 GUI 窗口

在“主页”中选择“新建”→“图形用户界面”命令可打开“GUIDE 快速入门”窗口，如图 6-6 所示。

此外，用户也可以在命令窗口中输入 guide 函数实现此项功能。在打开的“GUIDE 快速入门”窗口中有两个选项卡，分别为“新建 GUI”和“打开现有 GUI”，本节将以“新建 GUI”为例来说明。在“新建 GUI”选项卡中提供了四个选项，分别为空白 GUI 模板(Black GUI)、带控件的 GUI 模板(GUI with UIcontrols)、带图形坐标轴和菜单的 GUI 模板(GUI with Axes & Menu)、带有询问对话框的 GUI 模板(Modal Question Dialog)，各种模板界面如图 6-7 所示。

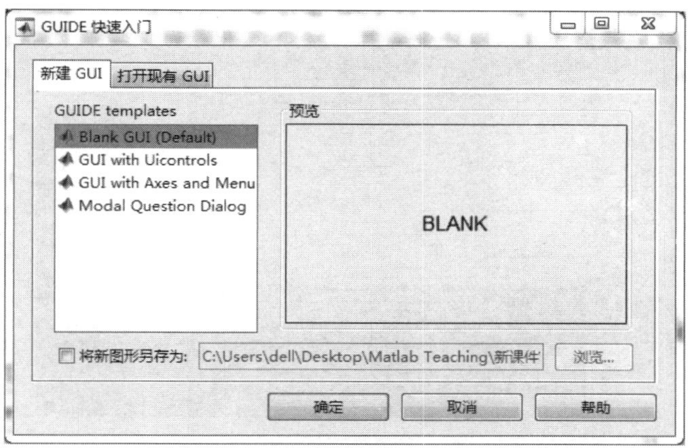

图 6-6 “GUIDE 快速入门”窗口

选择新建空白 GUI 模板，并指定新建图形的保存路径，确认后将弹出如图 6-7(a)所示对话框。该窗口中包括菜单栏、工具栏、控件面板、编辑区域等，如图 6-8 所示。在编辑区域的右下角可以通过拖曳鼠标的方式改变 GUI 界面的大小。需要注意，在默认情况下，该窗口中的 GUI 控件面板只显示控件图标，不显示名称，可以通过菜单栏中的“文件”→“预设”命令打开“预设项”窗口勾选“在组件选项板中显示名称”复选框进行设置。

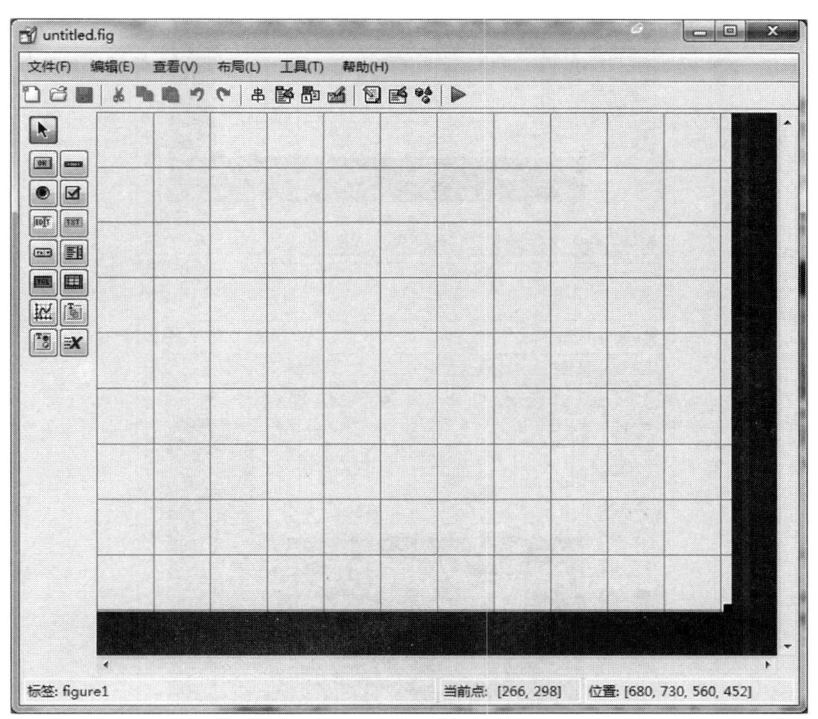

(a)

图 6-7 MATLAB 中 4 种 GUI 模板示意图

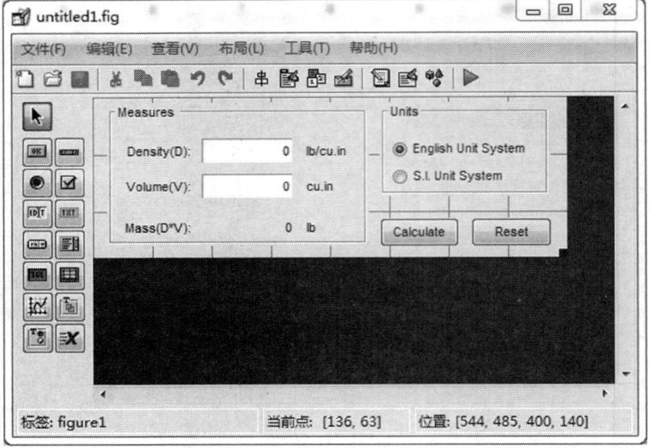
untitled1.fig
文件(F) 编辑(E) 查看(V) 布局(L) 工具(T) 帮助(H)
Measures
Density(D): 0 lb/cu.in
Volume(V): 0 cu.in
Mass(D*V): 0 lb
Units
English Unit System
S.I. Unit System
Calculate
Reset
标签: figure1
当前点: [136, 63]
位置: [544, 485, 400, 140]

(b)

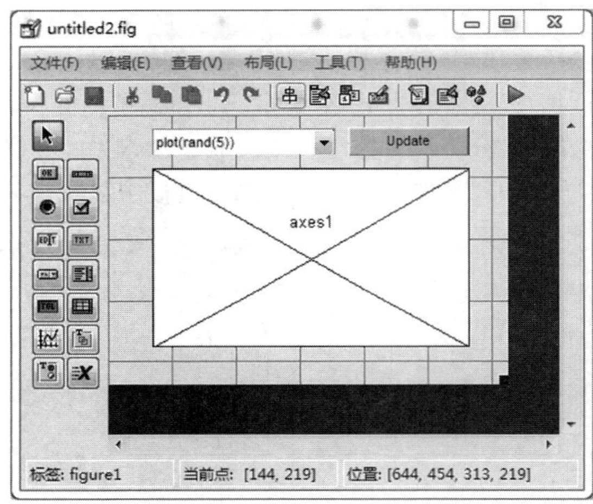
untitled2.fig
文件(F) 编辑(E) 查看(V) 布局(L) 工具(T) 帮助(H)
plot(rand(5))
Update
axes1
标签: figure1
当前点: [144, 219]
位置: [644, 454, 313, 219]

(c)

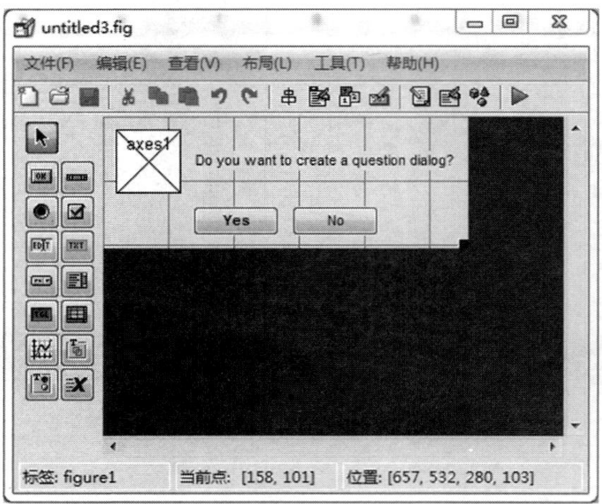
untitled3.fig
文件(F) 编辑(E) 查看(V) 布局(L) 工具(T) 帮助(H)
axes1
Do you want to create a question dialog?
Yes
No
标签: figure1
当前点: [158, 101]
位置: [657, 532, 280, 103]

(d)

图 6-7 （续）

2. 添加控件

如图 6-8 所示,GUI 窗口左侧提供了大量的控件图标,如按钮、单选框、复选框、编辑框、文本框等。各图标的名称和功能如表 6-3 所示。

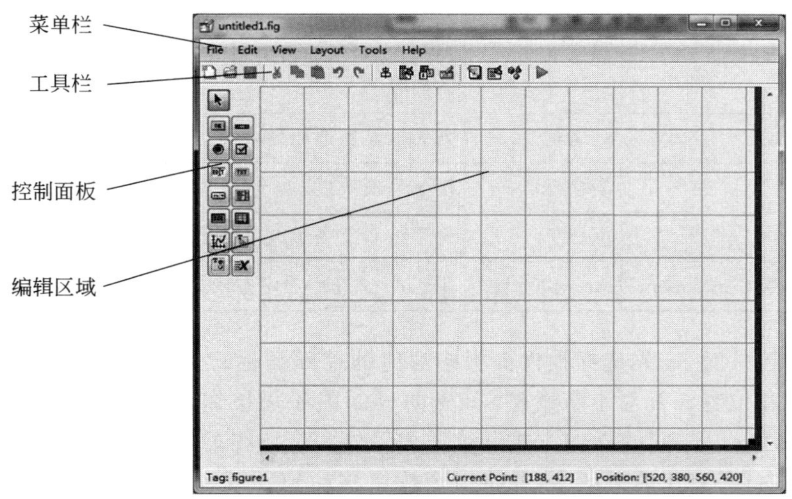

图 6-8 MATLAB 中 GUI 设计界面

表 6-3 GUI 窗口常用控件

图标	名称(英文)	名称(中文)	功　能
	Select	选择按钮	用户 GUI 创建时选择特定对象
	Push Button	按钮	当单击按钮时产生操作;当单击 OK 按钮时进行相应操作并关闭对话框
	Radio Button	单选按钮	用于在一组选项中选择且只选择一个,单击选项即可选中相应选项,选择新的选项时原来的选项自动取消
	Edit Text	文本编辑框	可在其中输入或修改本文字符串
	Pop-up Menu	弹出式菜单	单击箭头时弹出选项列表
	Toggle Button	开关按钮	该按钮包含两个状态:①第一次单击时,按钮状态未开;②第二次单击时,按钮状态为关
	Axes	坐标系	用于在 GUI 中添加图形或图像
	Button Group	按钮组	其作用类似面板,但按钮组的空间只能包括单选按钮或开关按钮
	Slider	滑动条	通过滑动条方式指定参数,方式有拖动滑动条、单击滑动槽空白处或单击按钮,滑动条位置显示的是指定数据的百分比

续表

图标	名称(英文)	名称(中文)	功　　能
	Check Box	复选框	用于选中多个选项,当需要向用户提供多个相互独立的选项时,可以使用复选框
	Static Text	静态文本	静态文本控制文本行的显示,用于向用户显示程序使用说明、显示滑动条的相关数据等;用户不能修改静态文本的内容
	List Box	列表框	列表框显示选项列表,用户可选择一个或多个
	Table	表格框	用于呈现数据
	Panel	面板	用于将GUI中的空间分组管理或显示
	ActiveX Component	ActiveX控件	用于在GUI中显示空间,该功能只适用于Windows系统

在添加控件时,需先选择控件面板中对应的控件图标,然后在GUI编辑区进行拖曳以调整大小和位置。针对本节案例,首先向界面中添加按钮,即单击"按钮"控件并拖曳至GUI编辑区,以相同的操作方式继续添加另外两个按钮控件。其次,选择"面板"控件,将其添加到右侧GUI编辑区中,并将三个按钮移动到面板中。接下来,分别按相同的操作方式向GUI编辑区中添加静态文本、弹出式菜单和坐标系,并调整到合适位置。最终绘制的GUI界面如图6-9所示。

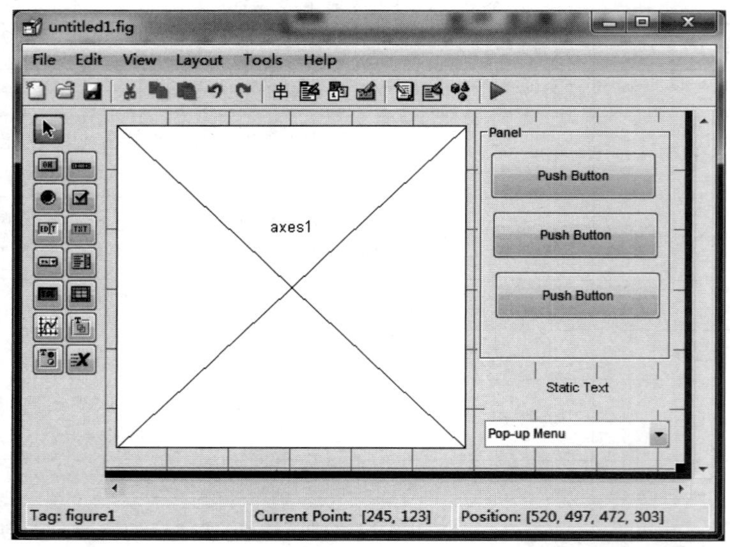

图6-9　向导式创建GUI界面

3. 属性编辑

MATLAB允许对GUI窗口中所有控件的属性进行修改。首先选中某个控件,然后通过单击工具栏中的“属性检查器”按钮( )打开“属性检查器”窗口,如图 6-10 所示。此外,也可在选中该空间后,选择右键菜单中的“属性检查器”选项实现此功能。MATLAB 提供的各种空间属性有 50 多种,但需要说明的是,不同控件所对应的属性存在一定差异。

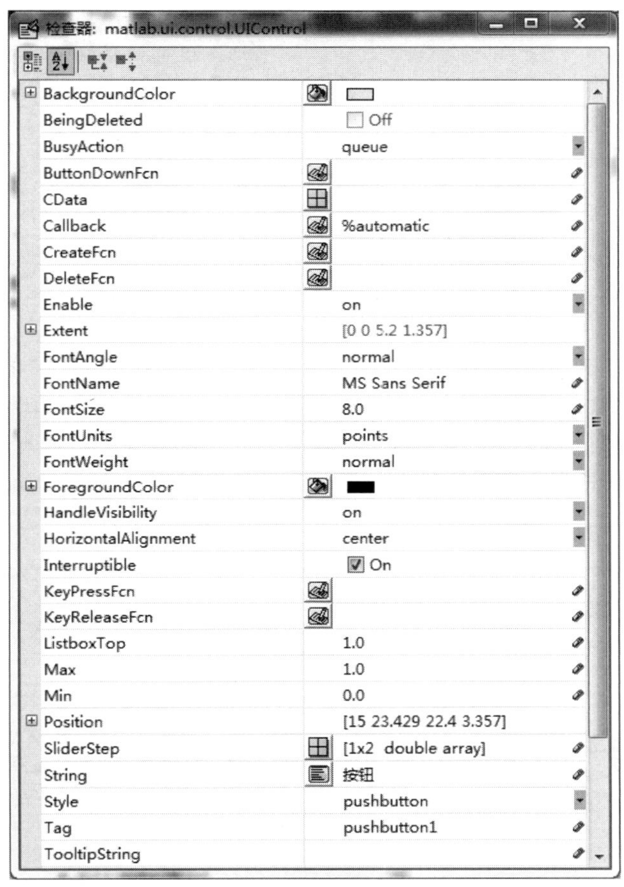

图 6-10 “属性检查器”窗口

此处将三个按钮的 String 属性分别修改为 Surf、Mesh 和 Contour,将静态文本控件的 String 属性修改为 Select data,而下拉列表框的 String 属性修改为{'Peaks','Membrane','Sinc'},如图 6-11 所示。其余控件属性保持不变。当所有控件和属性均设置完成后,在 GUI 界面菜单栏中单击“工具”→“运行”按钮或在工具栏中单击 图表运行程序,结果图 6-12 所示。

图 6-11 下拉列表框 String 属性修改

4. 创建菜单栏

MATLAB 中可以创建两种菜单:菜单栏和右键菜

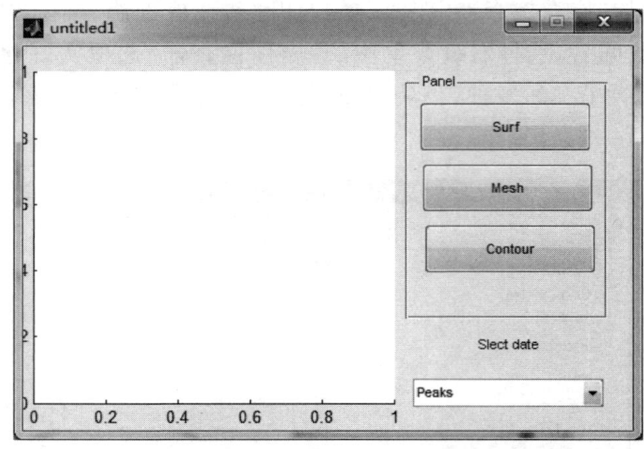

图 6-12 GUI 中属性信息设置完成后界面

单，这两种菜单都可以通过菜单编辑器创建。可单击工具栏中的“菜单编辑器”图标或选择菜单栏中的“工具”→“菜单编辑器”，打开如图 6-13 所示的“菜单编辑器”窗口。该窗口中包含“菜单栏”和“上下文菜单”两个标签，分别用于创建菜单栏和右键菜单。工具栏中包括三组工具，分别为新建工具、编辑工具和删除工具，编辑菜单项目时，右侧显示该项目的属性。

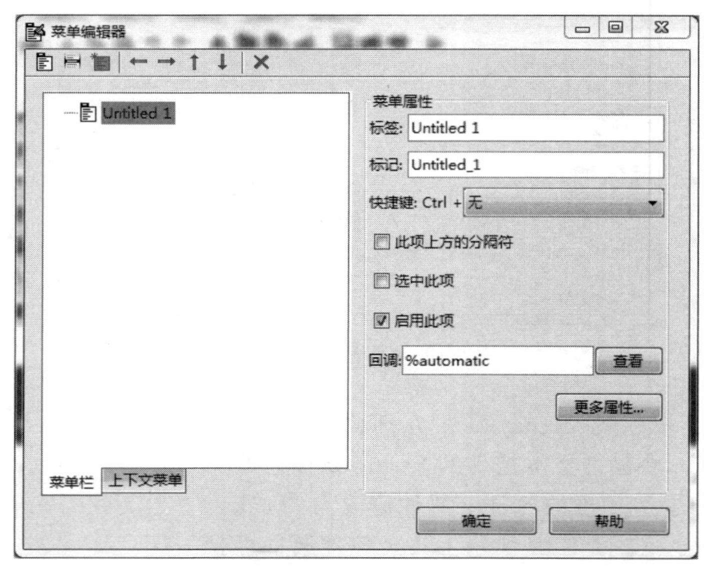

图 6-13 新建菜单

1）创建菜单栏

选择“菜单栏”标签，此时工具栏中的“新建菜单”选项为激活状态，而“新建上下文菜单”选项为灰色。单击“新建菜单”选项图标，此时在下方空白区域会出现 Untitled1 菜单，将其选中后，在图 6-13 右侧窗口会显示该菜单的属性，可对其进行编辑。其中，“标签”选项为该菜单项的显示文本，可以为英文或中文；“标记”选项为该菜单项的标签，该标签应为英文且必须是唯一的，用于在代码中识别菜单项。

创建菜单栏后，可向其中添加具体的菜单项。单击工具栏中的“新建菜单项”图标，将新增加一个或若干个菜单项，如图 6-14 所示。新建完成后，可在图 6-14 的右侧区域对该项菜单属性进行编辑，其中部分选项作用说明如下。

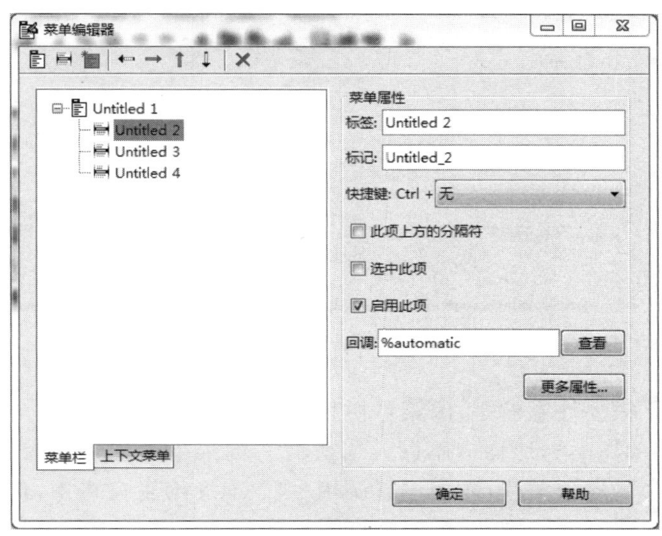

图 6-14 新建菜单项

(1) 快捷键(Accelerator)。用于设置键盘快捷键。快捷键可用于快速访问不包含子菜单项的菜单项。在下拉列表中选择字母，当同时按下 Ctrl 和该字母键时，则执行该菜单项。需要注意的是，如果该快捷键与系统快捷键冲突，则该快捷键可能无效。

(2) 此项上方的分隔符(Separator above this item)。在该菜单项上画一条横线，与其他项目分开。

(3) 选中此项(Check mark this item)。选中该复选框后，在第一次访问该项目后会在该项目后进行标记。

(4) 启用此项(Enable this item)。选中该复选框后，则在第一次打开菜单时该项目可用。如果取消该选项，则在第一次打开菜单时，该项菜单将显示为灰色。

(5) 回调(Callback)。用于设置该菜单的响应函数，可以采用系统默认值。单击右边的“查看”按钮，则在 M 文件中显示该函数。

(6) 更多属性(More options)。用于打开属性编辑器，可以对该项目进行更多的属性操作。

通过上面的操作可以创建更多的菜单，也可以创建层叠菜单，结果如图 6-15 所示。其中，Surf、Mesh 等均为层级菜单。

2) 创建右键菜单

选择“菜单编辑器”中的“上下文菜单”标签，此时“新建上下文菜单”按钮处于激活状态，而其他按钮均为灰色，如图 6-16 所示。之后可为右键菜单添加项目，方法与向菜单栏

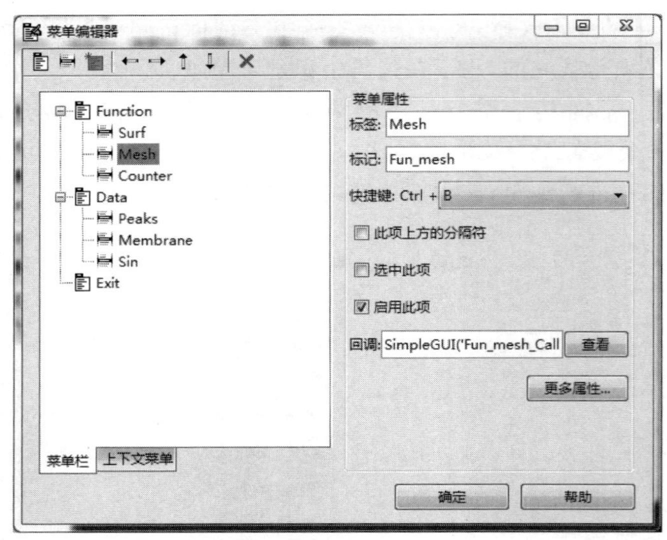

图 6-15 创建完毕的菜单项

中添加项目相同。需要注意的是,因菜单栏和右键菜单中的各子菜单项对应不同的执行函数,因此每个菜单项的标记均应不同。当所有右键菜单项创建完成后,必须将所建立的右键菜单与相应的对象关联,才能进行调用。在 GUI 编辑窗口中,选择需要关联的对象(如 GUI 编辑区域、Axes1 坐标系等),打开属性编辑器,将 UIContextMenu 属性设置为待关联的右键菜单名。

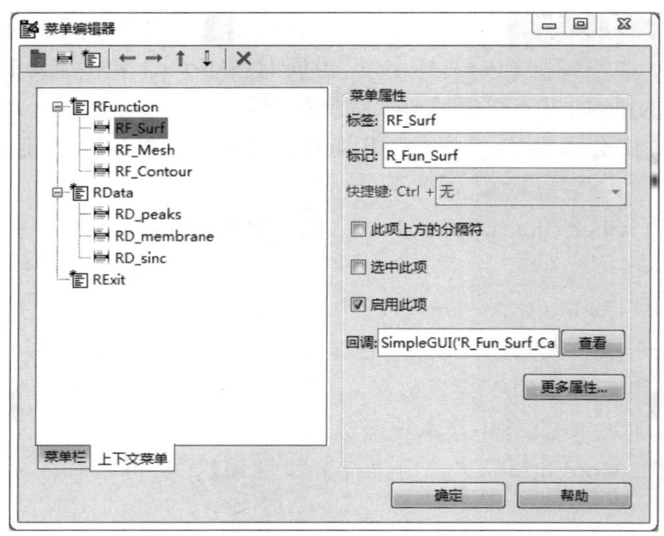

图 6-16 新建右键菜单

右键菜单设置完成后,再次运行该 GUI,结果如图 6-17 所示。可以看到,GUI 窗口的上方出现了新建的菜单栏,在 GUI 窗口的空白区域单击鼠标右键(根据关联对象不同,即若选择 Axes1 坐标系进行关联,则应在 Axes1 坐标系内单击鼠标右键),出现了相应的右键菜单。

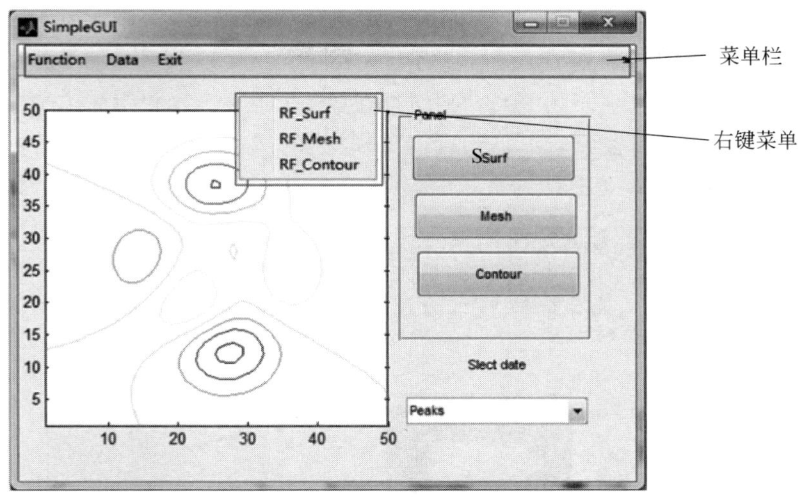

图 6-17 新建的菜单栏和右键菜单

5. 添加工具条

MATLAB 中可通过单击工具条上的“工具栏编辑器”图标或菜单栏中选择“工具”→“工具栏编辑器”选项打开如图 6-18 所示界面。该窗口上方为工具栏示意图，即所选的预定义工具或添加的自定义工具都会在此显示；窗口左侧区域为系统预定义的一些工具，包括新建、打开、保存等；窗口右侧区域用于工具栏属性和工具属性的设置。

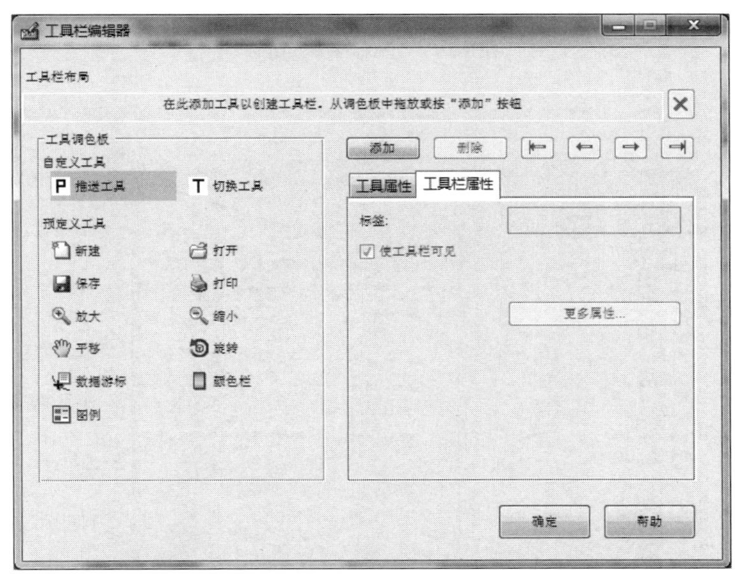

图 6-18 “工具栏编辑器”窗口

若需添加预定义工具，只需在“预定义工具”区域内选择相应图标，并拖曳到窗口上方的工具栏中，并在右侧区域修改其属性。若需添加自定义工具，则需在“自定义工具”区域选择“推送工具”图标 P 或“切换工具”图标 T，此时“工具栏编辑器”窗口左侧的“工具属性”标签处于激活状态。单击“编辑”按钮打开如图 6-19 所示的“图标编辑”窗口。在该窗口内，可选用“铅笔”“擦除颜色”“填充颜色”“选取颜色”等工具在中间的“图标编辑窗格”区域内绘制自定义的图形。“工具属性”标签中其他选项的说明如图 6-20 所示。

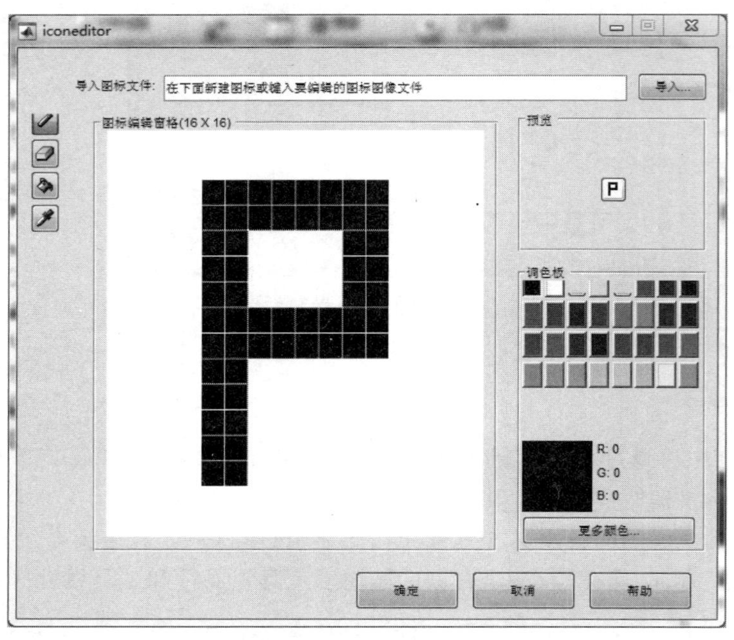

图 6-19 “图标编辑”窗口

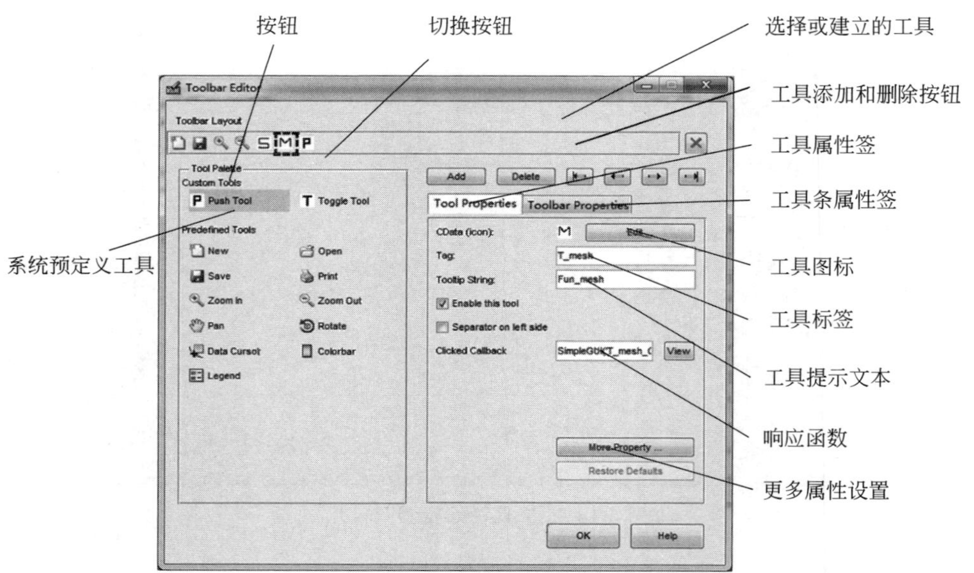

图 6-20 “工具属性”标签中各选项功能

按上述方法，分别将上面用到的 Surf 函数、Mesh 函数和 Contour 函数对应的工具按钮添加到工具条上。运行结果如图 6-21 所示，可以看出在 GUI 窗口界面的菜单栏下方出现了一组预定义工具按钮和用户自定义工具按钮。

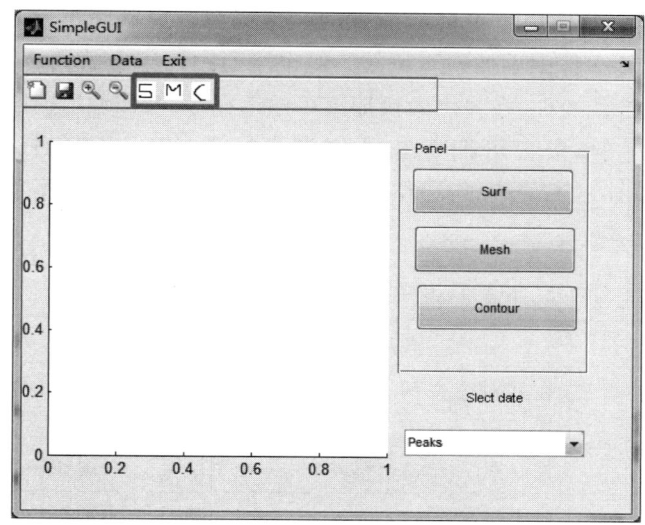

图 6-21　添加的工具按钮

6. 编写代码

前面部分详细介绍了创建 GUI 的过程。将创建的 GUI 保存后，MATLAB 会自动生成两个文件，一个 FIG 文件和一个 M 文件。

（1）FIG 文件的扩展名为.fig，是一种 MATLAB 文件，包含 GUI 的布局及其中所有控件的属性。FIG 为二进制文件，只能通过 GUI 向导进行修改。

（2）M 文件扩展名为.m，其中包含 GUI 的初始代码及相关响应函数；用户需在该文件中添加响应函数的具体内容。

M 文件通常会包含一个与文件名相同的主函数，以及其他控件对应的响应函数，这些响应函数均为该主函数的子函数，具体如表 6-4 所示。

表 6-4　GUI 中常用的函数

函　　数	描　　述
注释	注释程序，当在命令行调用 help 时会显示
初始化代码	GUI 向导的初始任务
opening 函数	在用户访问 GUI 之前进行初始化任务
output 函数	在控制权由 opening 函数向命令行转移过程中向命令行返回输出结果
响应函数	这些函数决定控件操作的结果。GUI 为事件驱动程序，当事件发生时，系统调用相应的函数执行任务

1）响应函数的定义与类型

响应函数与特定的GUI对象或GUI图形相关联，因此不同的对象可能有不同的响应函数。MATLAB中常用的响应函数、对应的触发事件及可用控件如表6-5所示。当事件发生时，MATLAB调用该事件所激发的响应函数。默认情况下，用户在保存GUI时，向导会自动向M文件中添加响应函数。但也可通过以下方式向M文件中添加响应函数：①选中并右击某控件，在弹出的快捷菜单中选择“查看回调”选项，选择需要添加的回调函数类型，如一个按钮可拥有5种响应函数：CallBack、CreateFun、DeleteFun、KeyPressFun和ButtonDownFun；②在菜单栏中选择“查看”→“查看回调”命令，从中选择需要添加的回调函数类型。

表6-5 MATLAB中常用控件的响应函数和触发事件

响应函数	触发事件描述	可用控件
ButtonDownFcn	在其对应空间5个像素范围内按下鼠标	坐标系、图形、按钮组、面板、用户接口控件
Callback	控制操作，单击按钮或选中一个菜单项	右键菜单、菜单、用户结构控件
CloseRequestFcn	关闭图形时执行	图形
CreateFcn	创建控件时初始化控件	坐标系、图形、按钮组、右键菜单、菜单、面板、用户接口控件
DeleteFcn	在控件图形关闭前清除该对象	坐标系、图形、按钮组、右键菜单、菜单、面板、用户接口控件
KeyPressFcn	按下控件或图形时对应的按键	图形、用户接口控件
ResizeFcn	改变面板、按钮组或图形大小，这些控件的resize属性需处于on状态	按钮组、面板、图形
SelectionChangeFcn	在一个按钮组内选择不同按钮，或改变开关按钮状态	按钮组
WindowButtonDownFcn	在图形窗口内部按下鼠标	图形
WindowButtonMotionFcn	在图形窗口内部移动鼠标	图形
WindowButtonUpFcn	松开鼠标按钮	图形

因一个GUI中通常包含多个控件，GUIDE中提供了一种方法用于指定每个控件所对应的响应函数。在默认情况下，GUIDE将每个控件最常用的响应属性设置为%automatic，如图6-22所示。例如每个按钮有5个响应函数，即ButtonDownFcn、Callback、CreateFcn、DeleteFcn和KeyPressFcn，GUIDE将其CallBack属性设置为%automatic，也可通过属性编辑器将其他响应属性设为%automatic。当再次保存时，GUIDE自动将%automatic替换为响应函数的名称，该函数名称是由该控件的Tag属性及响应函数的名称组成，如图6-23所示。

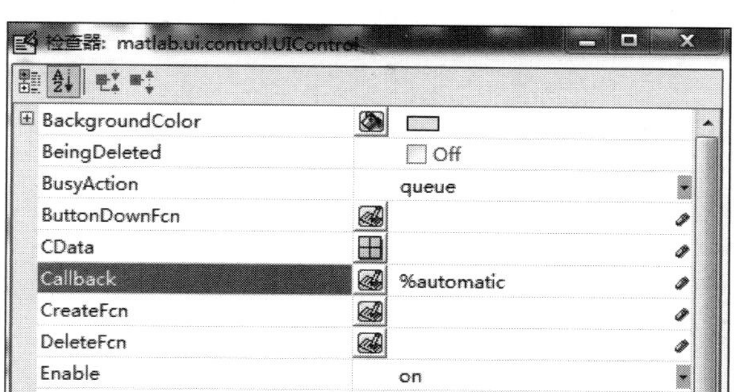

图 6-22　控件默认属性

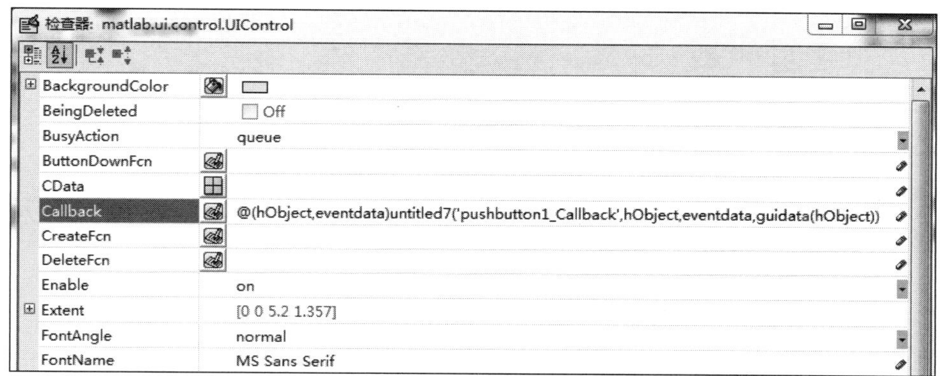

图 6-23　自动生成的响应函数名称

2）响应函数的语法与参数

MATLAB 中对响应函数的语法和参数有一些约定，在 GUI 向导创建响应函数并写入 M 文件时便遵守这些约定。在添加完控件后且第一次保存 GUI 时，GUIDE 向导会向 M 文件中添加相应的响应函数，函数名由当前控件的 Tag 属性确定。因此，如果需要修改 Tag 的属性值，则应在保存 GUI 前进行。例如，按钮模板如下。

```
% ---Executes on selection change in popupmenu1.
    function popupmenu1_Callback(hObject, eventdata, handles)
    % hObject     handle to popupmenu1 (see GCBO)
    % eventdata   reserved-to be defined in a future version of MATLAB
    % handles     structure with handles and user data (see GUIDATA)
```

该模板中第一行注释说明该函数的触发事件；第二行为函数定义行，可以看出函数名默认为“控件标签＋下画线＋函数属性”，如上面的模板中控件标签为 popupmenu1，响应函数的属性为 Callback；接下来的三行均用于对输入参数的注释，其中 hObject 为对象句柄，eventdata 为保留参数，handles 为一个结构数组，包含 GUI 中所有对象的句柄。例如，图 6-21 所示 GUI 中包括如下对象句柄。

```
K>> handles
```

```
handles=
        figure1: [1x1 Figure]
        Toolbar2: [1x1 Toolbar]
        RExit: [1x1 ContextMenu]
        RData: [1x1 ContextMenu]
        RFunction: [1x1 ContextMenu]
        Exit: [1x1 Menu]
        Data: [1x1 Menu]
        Function: [1x1 Menu]
        text1: [1x1 UIControl]
        popupmenu1: [1x1 UIControl]
        uipanel1: [1x1 Panel]
        axes1: [1x1 Axes]
        T_contour: [1x1 PushTool]
        T_mesh: [1x1 PushTool]
        T_surf: [1x1 PushTool]
        uitoggletool2: [1x1 ToggleTool]
        uitoggletool1: [1x1 ToggleTool]
        uipushtool6: [1x1 PushTool]
        uipushtool5: [1x1 PushTool]
        R_D_sinc: [1x1 Menu]
        R_D_membrane: [1x1 Menu]
        R_D_peaks: [1x1 Menu]
        R_Fun_contour: [1x1 Menu]
        R_Fun_Mesh: [1x1 Menu]
        R_Fun_Surf: [1x1 Menu]
        Data_sin: [1x1 Menu]
        Data_membrane: [1x1 Menu]
        Data_peaks: [1x1 Menu]
        Fun_counter: [1x1 Menu]
        Fun_mesh: [1x1 Menu]
        Fun_surf: [1x1 Menu]
        pushbutton3: [1x1 UIControl]
        pushbutton2: [1x1 UIControl]
        pushbutton1: [1x1 UIControl]
        peaks: [50x50 double]
```

其中包含了工具条、菜单栏、右键菜单、坐标系、按钮和面板等控件。可以在 handles 注释的下面输入具体的执行代码。

GUI 向导创建的 handles 结构数组在整个程序运行中始终保持各控件的值不变，且所有响应函数均可使用该 handles 结构数组作为输入参数。

3）初始化响应函数

GUI 初始化响应函数包括 opening 函数和 output 函数。在每个 GUI 的 M 文件中，opening 函数是第一个调用的函数，即该函数在所有控件创建完成之后、GUI 显示之前运行，可通过 opening 函数设置程序的初始任务，如创建数据、读取数据等。

通常 opening 函数的名称为“M 文件名＋OpeningFcn”，图 6-21 对应的 opening 函数

如下。

```
function SimpleGUI_OpeningFcn(hObject, eventdata, handles, varargin)
% This function has no output args, see OutputFcn.
% hObject    handle to figure
% eventdata  reserved-to be defined in a future version of MATLAB
% handles    structure with handles and user data (see GUIDATA)
% varargin   command line arguments to SimpleGUI (see VARARGIN)

%从此处开始,与图 6-21 中各控件所对应的执行程序均缩进显示
    handles.peaks=peaks(50);
    handles.membrane=membrane;
    [x,y]=meshgrid(-8:0.5:8);
    r=sqrt(x.^2+y.^2)+eps;
    sinc=sin(r)./r;
    handles.sinc=sinc;
    %set the current data value
    handles.current_data=handles.peaks;
    contour(handles.current_data)

% Choose default command line output for SimpleGUI
handles.output=hObject;

% Update handles structure
guidata(hObject, handles);

% UIWAIT makes SimpleGUI wait for user response (see UIRESUME)
% uiwait(handles.figure1);
```

其文件名为 SimpleGUI,对应函数名为 SimpleGUI _OpeningFcn,包括 4 个参数,其中参数 varargin 允许用户通过命令行向 opening 函数传递参数。opening 函数将这些参数添加到结构数组 handles 中,供响应函数调用。该函数中默认包括三行有效语句。

```
handles.output=hObject
```

向结构数组 handles 中添加新元素 output,并将其值赋为输入参数 hObject,即 GUI 句柄。

```
guidata(hObject, handles)
```

保存 handles,必须通过 guidata 保存结构数组 handles 的任何改变。

```
uiwait(handles.gui)
```

初始情况下,该语句并不执行。该语句用于中断 GUI 执行等待用户反应或 GUI 被删除;若需该语句执行,删除前面的%即可。

output 函数用于向命令行返回 GUI 运行过程中产生的结果。该函数在 opening 函数返回控制权和控制权返回值命令行之间进行运行。因此,输出参数必须在 opening 函

数中生成，或者在 opening 函数中调用 uiwait 函数中断 output 的执行过程中等待其他相应函数生成输出参数。

output 的函数名为“M 文件名＋OutputFcn”，如图 6-21 对应的 output 函数如下。

```
% ---Outputs from this function are returned to the command line.
function varargout=SimpleGUI_OutputFcn(hObject, eventdata, handles)
% varargout  cell array for returning output args (see VARARGOUT);
% hObject    handle to figure
% eventdata  reserved-to be defined in a future version of MATLAB
% handles    structure with handles and user data (see GUIDATA)

% Get default command line output from handles structure
varargout{1}=handles.output;
```

该函数名为 SimpleGUI_OutputFcn，其有一个输出参数 varargout。在默认情况下，output 函数将 handles.output 的值赋给 varargout，因此 output 的默认输出为 GUI 的句柄。用户可以通过改变 handles.output 的值改变函数的输出结果。

4）控件编程

在创建 GUI 时，系统已经为各个控件自动生成 Callback 函数。首先，在 GUI 窗口中选择“查看”→“编辑器”命令，打开 M 文件编辑器；然后，在编辑器中选择“转至”工具，打开如图 6-24 所示的函数选择界面。可单击选择相应函数，自动跳转到对应的响应函数位置。

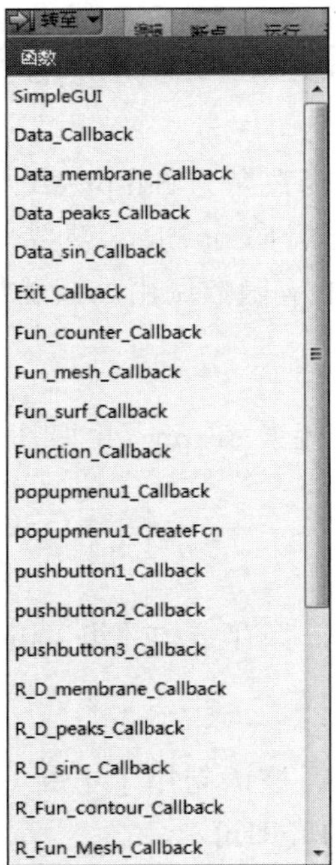

图 6-24　编辑器中的函数选择界面

下面将分别介绍图 6-21 中所示的按钮、菜单和工具等控件的响应函数。

(1) 按钮响应函数。

图 6-21 中所示的三个按钮将根据下拉列表框确定的数据分别进行 surf、mesh 和 contour 函数的绘图。三个按钮的响应函数代码为：

```
% ---Executes on button press in pushbutton1.
function pushbutton1_Callback(hObject, eventdata, handles)
% hObject     handle to pushbutton1 (see GCBO)
% eventdata   reserved-to be defined in a future version of MATLAB
% handles     structure with handles and user data (see GUIDATA)
    surf(handles.current_data)

% ---Executes on button press in pushbutton2.
function pushbutton2_Callback(hObject, eventdata, handles)
% hObject     handle to pushbutton2 (see GCBO)
% eventdata   reserved-to be defined in a future version of MATLAB
% handles     structure with handles and user data (see GUIDATA)
    mesh(handles.current_data)

% ---Executes on button press in pushbutton3.
function pushbutton3_Callback(hObject, eventdata, handles)
% hObject     handle to pushbutton3 (see GCBO)
% eventdata   reserved-to be defined in a future version of MATLAB
% handles     structure with handles and user data (see GUIDATA)
    contour(handles.current_data)
```

(2) 列表框响应函数。

GUI 空间中的列表框包括下拉式和弹出式，两种控件使用方式较为相似。案例中的下拉列表框主要用于为图 6-21 中所示的三个绘图按钮提供数据源。响应函数首先取得用户选择的弹出式菜单的 string 和 val 属性，然后通过分支语句选择对应数据，代码如下。

```
% ---Executes on selection change in popupmenu1.
function popupmenu1_Callback(hObject, eventdata, handles)
% hObject     handle to popupmenu1 (see GCBO)
% eventdata   reserved-to be defined in a future version of MATLAB
% handles     structure with handles and user data (see GUIDATA)

    % determine the selected dataset
    str=get(hObject,'String');
    val=get(hObject,'Value');
    % set the selected data to current data
    switch str{val};
        case 'Peak' %select peaks data
```

```
            handles.current_data=handles.peaks;
        case 'Membrane' %select membrane data
            handles.current_data=handles.membrane;
        case 'Sinc'
            handles.current_data=handles.sinc;
    end
% save the handle structure
guidata(hObject, handles)

% Hints: contents=cellstr(get(hObject,'String')) returns popupmenu1 contents
as cell array
% contents{get(hObject,'Value')} returns selected item from popupmenu1
```

(3) 菜单栏响应函数。

如图 6-21 所示,示例程序中的菜单栏包含 Function、Data 和 Exit 共三个一级菜单,其中 Function 还包括 Surf、Mesh 和 Counter 三个二级菜单项,其快捷键分别为 Ctrl+A、Ctrl+B 和 Ctrl+C,其 Tag 标签分别为 Fun_mesh、Fun_counter 和 Fun_surf。各菜单项对应的响应函数分别如下。

```
% ------------------------Surf---------------------------------
function Fun_mesh_Callback(hObject, eventdata, handles)
% hObject     handle to Fun_mesh (see GCBO)
% eventdata   reserved-to be defined in a future version of MATLAB
% handles     structure with handles and user data (see GUIDATA)
    mesh(handles.current_data)

% --------------------Mesh-------------------------------------
function Fun_counter_Callback(hObject, eventdata, handles)
% hObject     handle to Fun_counter (see GCBO)
% eventdata   reserved-to be defined in a future version of MATLAB
% handles     structure with handles and user data (see GUIDATA)
    contour(handles.current_data)

% ------------------Concour------------------------------------
function Fun_surf_Callback(hObject, eventdata, handles)
% hObject     handle to Fun_surf (see GCBO)
% eventdata   reserved-to be defined in a future version of MATLAB
% handles     structure with handles and user data (see GUIDATA)
    surf(handles.current_data)
```

Data 菜单中的三个二级菜单项 Peaks、Membrane 和 Sin 的 Tag 标签分别为 Data_peaks、Data_membrane 和 Data_sin,其对应的响应函数分别如下。

```
% --------------------Peaks-----------------------------------
function Data_peaks_Callback(hObject, eventdata, handles)
```

```
% hObject    handle to Data_peaks (see GCBO)
% eventdata  reserved-to be defined in a future version of MATLAB
% handles    structure with handles and user data (see GUIDATA)
   handles.current_data=handles.peaks;

% -------------------Membrane--------------------------
function Data_membrane_Callback(hObject, eventdata, handles)
% hObject    handle to Data_membrane (see GCBO)
% eventdata  reserved-to be defined in a future version of MATLAB
% handles    structure with handles and user data (see GUIDATA)
   handles.current_data=handles.membrane;

% ------------------Sin--------------------------------
function Data_sin_Callback(hObject, eventdata, handles)
% hObject    handle to Data_sin (see GCBO)
% eventdata  reserved-to be defined in a future version of MATLAB
% handles    structure with handles and user data (see GUIDATA)
   handles.current_data=handles.sinc;
```

Exit 菜单的 Tag 标签为 Exit,其对应的响应函数如下。

```
% -----------------------------------------------------
function Exit_Callback(hObject, eventdata, handles)
% hObject    handle to Exit (see GCBO)
% eventdata  reserved-to be defined in a future version of MATLAB
% handles    structure with handles and user data (see GUIDATA)
flag=questdlg('是否退出','退出提示','Yes','No','Yes');
if (flag=='Yes')
  close(gcf)
else
  return;
end
```

(4) 右键菜单响应函数。

右键菜单中包括 RFunction、RData 和 RExit 共三个一级菜单,其中 RFucntion 还包括 RF_Surf、RF_Mesh 和 RF_Contour 共三个二级菜单项;RData 菜单中包括 RF_Peaks、RF_Membrane 和 RF_Sin 共三个二级菜单项。需要说明的是,用户必须将所建立的右键菜单在属性编辑器中将 UIContextMenu 属性设置为待关联的右键菜单名。

RFunction 菜单中的三个二级菜单项 RF_Surf、RF_Mesh 和 RF_Contour 的 Tag 标签分别为 R_Fun_mesh、R_Fun_counter 和 R_Fun_surf,其响应函数分别如下。

```
% ---------------------RF_Surf-----------------------
function R_Fun_Surf_Callback(hObject, eventdata, handles)
% hObject    handle to R_Fun_Surf (see GCBO)
% eventdata  reserved-to be defined in a future version of MATLAB
```

```
% handles     structure with handles and user data (see GUIDATA)
   surf(handles.current_data)

% ----------------------RF_Mesh----------------------
function R_Fun_Mesh_Callback(hObject, eventdata, handles)
% hObject     handle to R_Fun_Mesh (see GCBO)
% eventdata   reserved-to be defined in a future version of MATLAB
% handles     structure with handles and user data (see GUIDATA)
   mesh(handles.current_data)

% ----------------------RF_Contour--------------------
function R_Fun_contour_Callback(hObject, eventdata, handles)
% hObject     handle to R_Fun_contour (see GCBO)
% eventdata   reserved-to be defined in a future version of MATLAB
% handles     structure with handles and user data (see GUIDATA)
   contour(handles.current_data)
```

RData菜单中的三个二级菜单项RD_Peaks、RD_Membrane和RD_Sin的Tag标签分别为R_Data_peaks、R_Data_membrane和R_Data_sin，其对应的响应函数分别如下。

```
% ---------------------RD_Peaks---------------------
function R_D_peaks_Callback(hObject, eventdata, handles)
% hObject     handle to R_D_peaks (see GCBO)
% eventdata   reserved-to be defined in a future version of MATLAB
% handles     structure with handles and user data (see GUIDATA)
   handles.current_data=handles.peaks;

% ---------------------RD_Membrane------------------
function R_D_membrane_Callback(hObject, eventdata, handles)
% hObject     handle to R_D_membrane (see GCBO)
% eventdata   reserved-to be defined in a future version of MATLAB
% handles     structure with handles and user data (see GUIDATA)
   handles.current_data=handles.membrane;

% ---------------------RD_Sin----------------------
function R_D_sinc_Callback(hObject, eventdata, handles)
% hObject     handle to R_D_sinc (see GCBO)
% eventdata   reserved-to be defined in a future version of MATLAB
% handles     structure with handles and user data (see GUIDATA)
   handles.current_data=handles.sinc;
```

(5) 工具按钮响应函数。

图6-21所示案例中的工具条中包括了新建、保存、放大和缩小共4个MATLAB预定义的按钮，类似的这些按钮均可直接调用，而不必额外添加响应函数和代码，除非另有需求。但对于自定义的按钮，则必须为其添加响应函数和执行代码。

本节案例中，用户自定义的工具按钮包括 Surf 函数 S、Mesh 函数 M 和 Contour 函数 C，其对应的 Tag 标签分别为 T_surf、T_mesh 和 T_contour，响应函数分别如下。

```
% ---------------------------------------------------------------
function T_mesh_ClickedCallback(hObject, eventdata, handles)
% hObject     handle to T_mesh (see GCBO)
% eventdata   reserved-to be defined in a future version of MATLAB
% handles     structure with handles and user data (see GUIDATA)
    mesh(handles.current_data)

% ---------------------------------------------------------------
function T_contour_ClickedCallback(hObject, eventdata, handles)
% hObject     handle to T_contour (see GCBO)
% eventdata   reserved-to be defined in a future version of MATLAB
% handles     structure with handles and user data (see GUIDATA)
    contour(handles.current_data)

% ---------------------------------------------------------------
function T_surf_ClickedCallback(hObject, eventdata, handles)
% hObject     handle to T_surf (see GCBO)
% eventdata   reserved-to be defined in a future version of MATLAB
% handles     structure with handles and user data (see GUIDATA)
    surf(handles.current_data)
```

按上述流程编写代码后进行保存，即可创建一个完整的 GUI。在 GUI 窗口的菜单栏中单击“工具”→“运行”按钮或 ▶ 图标，或者在编辑器窗口中单击“运行”按钮 ▶，或者在命令行中输入 GUI 的文件名（如 SimpleGUI），均可运行用户所创建的 GUI。案例 GUI 的运行结果如图 6-25 所示。

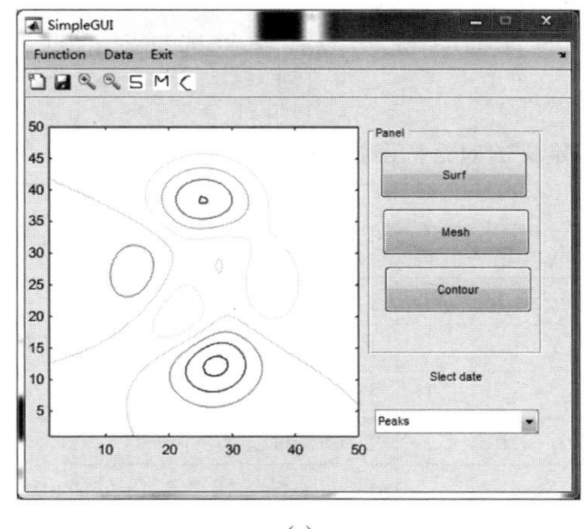

(a)

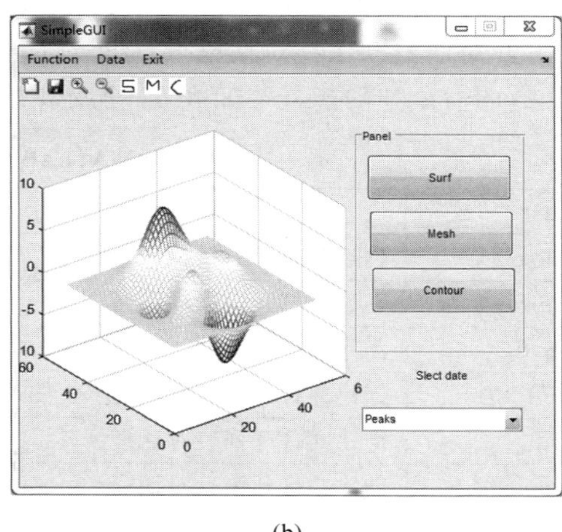

(b)

图 6-25 GUI 运行结果

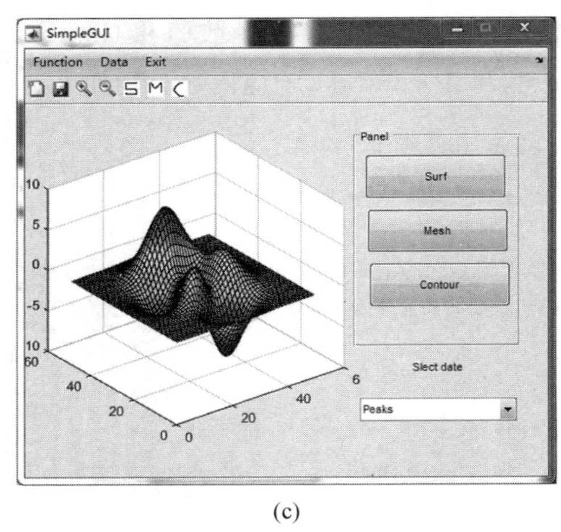

(c)

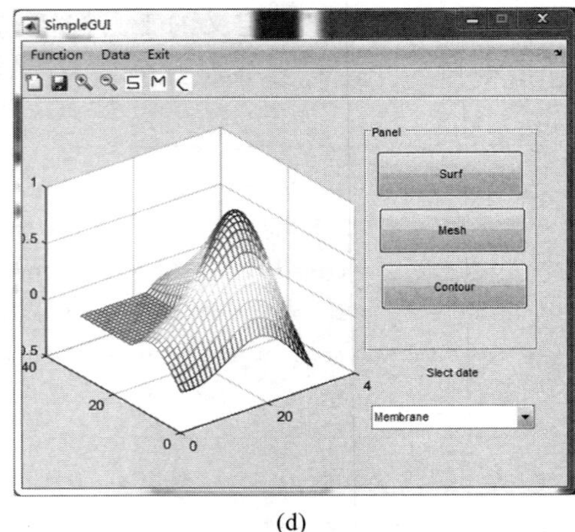

(d)

图 6-25 （续）

6.3.2 程序式创建 GUI

如上所述，向导式创建 GUI 的方法通常适用于图形窗口中控件较少的情况。当图形窗口复杂时，采用程序式创建 GUI 将更为简便。为此，MATLAB 提供了一系列用于创建 GUI 的函数，以帮助用户高效地完成 GUI 的创建和管理工作。

1. 创建 GUI 的函数

MATLAB 中提供的 GUI 创建函数可分为：预定义对话框函数、创建控件对象函数、创建 ActiveX 函数、获取程序数据对话框、用户接口函数、优先权控制函数和应用函数等。此处仅介绍创建 GUI 中最常用的预定义对话框函数和创建控件对象函数，其余函数介绍详见 MATLAB 帮助文档。

预定义对话框函数主要用于 Windows 系统中各种常见对话框的打开和创建工作，如“打开对话框”“保存对话框”“询问对话框”“打印对话框”以及“颜色选择对话框”等。各函数的命令和功能具体如表 6-6 所示。

表 6-6 MATLAB 中预定义的对话框函数

函　　数	功　　能	函　　数	功　　能
dialog	创建并打开对话框	uigetdir	打开查找目录对话框
errordlg	创建并打开错误提示对话框	uigetfile	打开查找文件对话框
helpdlg	创建并打开帮助对话框	uigetpref	打开支持优先级的提问对话框
inputdlg	创建并打开输入对话框	uiopen	打开选择文件对话框
listdlg	创建并打开列表对话框	uiputfile	打开文件保存对话框
msgbox	创建并打开消息对话框	uisave	打开保存工作区变量对话框
pagesetupdlg	打开页面设置对话框	uisetcolor	打开指定对象颜色标准对话框
printdlg	打开打印对话框	uisetfont	打开指定对象字体对话框
questdlg	打开询问对话框	waitbar	打开进度条对话框

与向导式创建 GUI 中用到的各种控件类似，MATLAB 也提供了一系列命令和函数以方便用户通过程序方式来创建这些控件，具体如表 6-7 所示。

表 6-7 MATLAB 中用于创建控件对象的函数

函数	功能	函数	功能
axes	创建坐标系	uipanel	创建面板
uibuttongroup	创建按钮组，用于管理单选按钮和复选按钮	uipushtool	创建工具栏按钮
uicontextmenu	创建右键菜单	uitoggletool	创建工具栏开关按钮
uicontrol	创建用户接口控制对象	uitoolbar	创建工具栏
uimenu	创建图形窗口中的菜单		

下面将以 dialog 函数为例来简要说明如何应用表 6-6 和表 6-7 中的函数来创建 GUI 界面。其中，dialog 函数的调用格式如下。

```
d=dialog
```

创建一个空对话框并返回 Figure 对象 d。使用 uicontrol 函数将用户界面控件添加到对话框中。

```
d=dialog(Name,Value)
```

指定一个或多个 Figure 属性名称及其对应值。使用该语法可覆盖默认属性。

例如，可运用 dialog 函数创建一个名为 mydialog.m 的程序文件，用来显示包含文本和按钮的对话。程序代码如下。

```
function mydialog
    d=dialog('Position',[300 300 250 150],'Name','My Dialog');

    txt=uicontrol('Parent',d,...             %添加静态文本控件
              'Style','text',...
              'Position',[20 80 210 40],...
              'String','Click the close button when you''re done.');

    btn=uicontrol('Parent',d,...             %添加按钮控件
              'Position',[85 20 70 25],...
              'String','Close',...
              'Callback','delete(gcf)');
end
```

接下来，从命令行窗口运行 mydialog 函数，运行结果如图 6-26 所示。

又例如，可创建一个名为 choosedialog.m 的程序文件以便返回用户在对话框中选择的内容，大致流程如下。

(1) 调用 dialog 函数可以创建具有特定大小和位置、标题为 Select One 的对话。

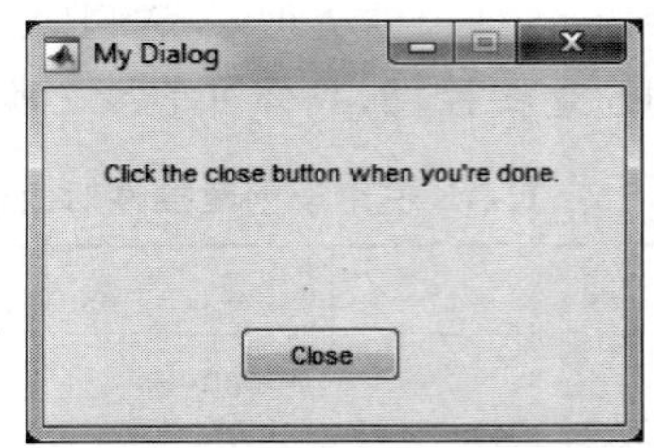

图 6-26　dialog 函数运行结果

(2) 调用 uicontrol 函数三次可以分别添加文本、弹出式菜单和按钮。
(3) 定义函数 popup_callback,将其用作该按钮的回调函数。
(4) 调用 uiwait 函数可待至用户关闭对话之后再将输出返回到命令行。
据此,编制 choosedialog.m 的程序代码如下。

```
function choice=choosedialog

    d=dialog('Position',[300 300 250 150],'Name','Select One');
    txt=uicontrol('Parent',d,...                        %创建静态文本控件
           'Style','text',...
           'Position',[20 80 210 40],...
           'String','Select a color');

    popup=uicontrol('Parent',d,...                      %创建弹出式列表框控件
           'Style','popup',...
           'Position',[75 70 100 25],...
           'String',{'Red';'Green';'Blue'},...
           'Callback',@popup_callback);

    btn=uicontrol('Parent',d,...                        %创建按钮控件
           'Position',[89 20 70 25],...
           'String','Close',...
           'Callback','delete(gcf)');

    choice='Red';

    %Wait for d to close before running to completion
    uiwait(d);                                          %等待用户操作

      function popup_callback(popup,event)              %弹出式菜单的响应函数
         idx=popup.Value;
         popup_items=popup.String;
         choice=char(popup_items(idx,:));
      end
end
```

从命令行窗口运行 choosedialog 函数,输入以下代码:

```
color=choosedialog
```

打开如图 6-27 所示的对话框。单击弹出式菜单,选择一个字符串(如 Blue),并关闭该对话框,此时 choosedialog 返回最后选择的颜色。

```
color=
    Blue
```

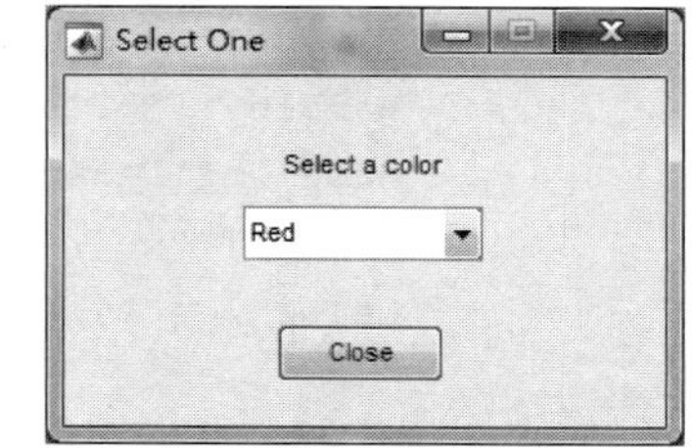

图 6-27 choosedialog 函数的使用

2. 创建案例 GUI

此处将应用上述函数创建一个 GUI,以帮助读者更好地掌握程序创建 GUI 的过程与方法。所要创建的 GUI 的功能为:打开 GUI 时,程序将在弹出式菜单中显示 5 组绘图函数及其对应的数据,可以通过单击鼠标左键选择需要的绘图函数,然后单击 Update 按钮更新图形,所包含的控件如下:

(1) 坐标系;
(2) 弹出式菜单,包含 5 个绘图选项;
(3) 按钮,更新坐标系中的内容;
(4) 菜单栏,包含 file 菜单,含三个选项 open、print 和 close;
(5) 工具栏,包含两个按钮 print 和 open。

上述功能对应的主函数定义语句为:

```
function varargout=axesMenuToolbar(varargin)
```

1) 初始化数据

首先,需定义两个变量: mOutputArgs 和 mPlotTypes。mOutputArgs 为单元数组,其内容为输出值。定义语句如下。

```
mOuputArgs={};        %Variable for storing output when GUI resurns
```

mPlotTypes 为一个 5×2 的单元数组,其元素为将要在坐标系中绘制的数据,第一列为字符串,显示在弹出式菜单中;第二列为匿名函数句柄,是待绘制函数,其定义语句如下。

```
mPlotTypes={...
            'plot(rand(5))',              @(a)plot(a,rand(5));
            'plot(sin(1:0.01:25))',       @(a)plot(a,sin(1:0.01:25));
            'bar(1:0.5:10)',              @(a)bar(a,1:.5:10);
            'mesh(membrane)',             @(a)mesh(a,membrane);
            'surf(peaks)',                @(a)surf(a,peaks);};
```

建议将 mOutputArgs 和 mPlotTypes 的初始化语句写在函数的开始部分,这样后边的所有响应函数都可以使用该变量的值。

2）创建主界面

在初始化数据后，开始创建 GUI 的主界面，程序代码如下。

```
hMainFigure=figure(...                              %the main GUI figure
        'MenuBar','none',...                        %隐藏该图形原有菜单栏
        'Toolbar','none',...                        %隐藏该图形原有工具栏
        'HandleVisibility','callback',...           %令该图形只能通过响应函数调用
        'Name',mfilename,...                        %图形窗口名称
        'NumberTitle','off',...                     %关闭图形编号
        'Color',get(0,'defaultuicontrolbackgroundcolor'));
                                                    %定义图形背景颜色
```

3）创建坐标系

坐标系应位于主界面的特定位置，因此在坐标系的创建代码中必须指定属性 Parent 的值为刚才创建的主窗口（即 hMainFigure）；此外，必须指定坐标系的位置属性 Position。创建坐标系的完整代码如下。

```
hPlotAxes=axes(...                    %the axes for ploting the selected plot
'Parent', hMainFigure,...             %设置坐标系为 hMainFigure 格式
    'Units','normalized',...          %改属性可实现改变 GUI 大小时,%坐标系同时变化
    'HandleVisibility','callback',...           %只能通过响应函数调用
   'Position',[0.11 0.13 0.80 0.67]);           %定义坐标系位置
```

4）创建弹出式菜单

与创建坐标系相同，必须指定弹出式菜单的 Parent、Position 以及 String 属性，代码如下。

```
hPlotsPopupmenu=uicontrol(...                   %创建弹出式菜单
        'Parent',hMainFigure,...
        'Unit','normalized',...
        'Position',[0.11 0.85 0.45 0.1],...
        'HandleVisibility','callback',...
        'String',mPlotTypes(:,1),...            %用于设置菜单中的显示内容
        'Style','popupmenu');                   %设置菜单样式
```

5）创建按钮

除了指定按钮的 Parent、Position 和 String 属性外，也必须指定该按钮的 Callback 属性，陈述代码如下。

```
hUpdateButton=uicontrol(...           %Button for updating selected plot
        'Parent', hMainFigure,...
        'Units','normalized',...
        'HandleVisibility','callback',...
        'Position',[0.6 0.85 0.3 0.1],...
        'String','Update',...         %设置按钮显示文本
    %设置按钮响应函数为 hUpdateButtonCallback
```

```
        'CallBack',@hUpdateButtonCallback);
```

6）创建菜单

创建 File 菜单时，需要先创建菜单，再依次创建菜单中的项目。通常情况下需要指定各菜单项的 Parent、Label 和 Callback 属性，具体如下。

```
hFileMenu=uimenu(...                          %创建菜单
            'Parent', hMainFigure,...         %父窗口为主界面
            'HandleVisibility','callback',...
            'Label','File');
hOpenMenuitem=uimenu(...                      %添加 open 菜单选项
            'Parent', hFileMenu,...           %父窗口为创建的菜单栏 hFileMenu
            'Label','Open',...                %label 属性用于设置菜单标题
            'HandleVisibility','callback',...
            'Callback',@hOpenMenuitemCallback);
hPrintMenuitem=uimenu(...                     %添加 Print 菜单选项
            'Parent', hFileMenu,...
            'Label','Print',...
            'HandleVisibility','callback',...
            'Callback',@hPrintMenuitemCallback);
hCloseMenuitem=uimenu(...                     %添加 Close 菜单选项
            'Parent', hFileMenu,...
            'Label','Close',...
            'Separator','on',...
            'HandleVisibility','callback',...
            'Callback',@hCloseMenuitemCallback);
```

7）创建工具栏

创建工具栏与创建菜单栏流程相同，都是先创建工具栏，然后依次创建其中的工具代码，示例如下。

```
hToolbar=uitoolbar(...                        %创建工具栏
            'Parent',hMainFigure,...
            'HandleVisibility','callback');
hOpenPushtool=uipushtool(...                  %创建工具栏中 Open 工具
               'Parent',hToolbar,...
               'Tooltipstring','Open File',...     %设置提示信息
               'HandleVisibility','callback',...
%设置执行函数
               'ClickedCallback',@hOpenMenuitemCallback);
hPrintPushtool=uipushtool(...                 %创建工具栏中 Print Figure 工具
               'Parent',hToolbar,...
               'Tooltipstring','Print Figure',...
               'HandleVisibility','callback',...
               'ClickedCallback',@hPrintMenuitemCallback);
```

8）初始化 GUI

初始化打开 GUI 时显示的图形，并且定义输出参数值。代码如下。

```
%Update the plot with the initial plot type
localUpdatePlot();
%define default output and return it if it is requested by users
mOutputArgs{1}=hMainFigure;
if nargout>0
    [varargout{1:nargout}]=mOutputArgs{:};
end
```

localUpdatePlot()函数用于在坐标系中绘制选定的数据，其函数定义如下。

```
function localUpdatePlot
    %Helper function for ploting the selected plot type
    mPlotTypes{get(hPlotsPopupmenu,'Value'),2}(hPlotAxes);
end
```

9）响应函数

上述程序中总共定义了 6 个控件的响应函数，但由于工具栏中 open 按钮和 file 菜单中的 open 选项共用一个响应函数，工具 print 和菜单项 print 共用一个响应函数。因此，还需要额外定义 4 个响应函数。

（1）update 按钮的响应函数。

update 按钮的响应函数为 hUpdateButtonCallback，代码如下。

```
function hUpdateButtonCallback(hObject,eventdata)
    %Callback funtion run when the update button is pressed
    localUpdatePlot();
    end
```

（2）open 项的响应函数。

open 项的响应函数为 hOpenMenuitemCallback，代码如下。

```
function hOpenMenuitemCallback(hObject,eventdata)
    %Callback function run when the Open menu item is selected
    file=uigetfile('*.fig');
    if ~isequal(file,0)
        open(file);
    end
end
```

该函数首先调用 uigetfile 打开文件查找标准对话框，如果 uigetfile 返回值为有效文件名，则调用 open 函数打开。

（3）print 项的响应函数。

print 项的响应函数为 hPrintMenuitemCallback，代码如下。

```
function hPrintMenuitemCallback(hObject, eventdata)
    %Callback function run when the Print menu is selected
```

```
    printdlg(hMainFigure);
end
```

该函数直接调用 printdlg 函数打开标准打印对话框。

(4) close 项的响应函数。

close 菜单项用于关闭 GUI 窗口,其响应函数为 hCloseMenuitemCallback,代码如下。

```
function hCloseMenuitemCallback(hObject, eventdata)
    %Callback function run when the close menu item is selected
    selection=questdlg(['Close'get(hMainFigure,'Name'),'? '],...
                       ['Close' get(hMainFigure, 'Name') '...'],...
                       'Yes','No','Yes');
    if strcmp(selection,'No')
        return;
    end
    delete(hMainFigure);
end
```

该函数首先调用 questdlg 函数打开询问对话框,如果用户选择 No,则取消操作;如果用户选择 Yes,则关闭该窗口。

经过上述 9 个步骤后,即可用程序方式创建一个完成的 GUI 窗口,运行结果如图 6-28 所示。

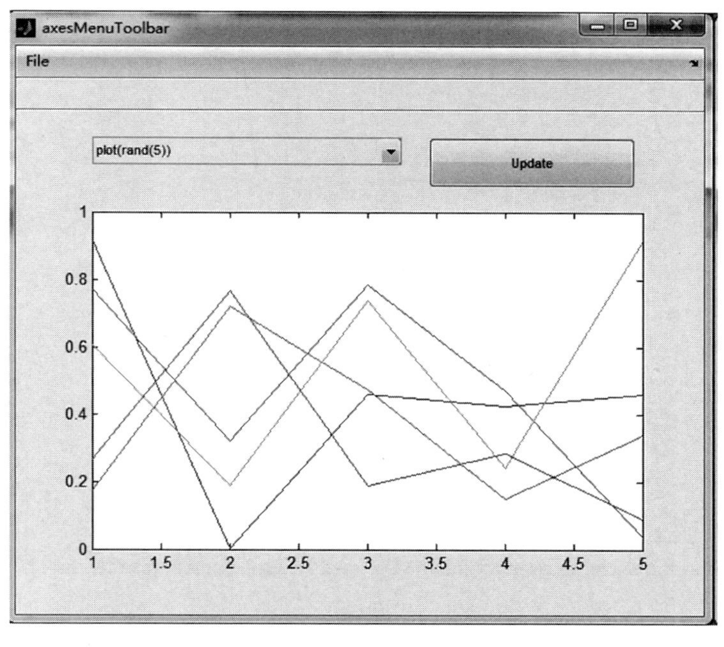

(a)

图 6-28　程序创建 GUI 示例运行结果

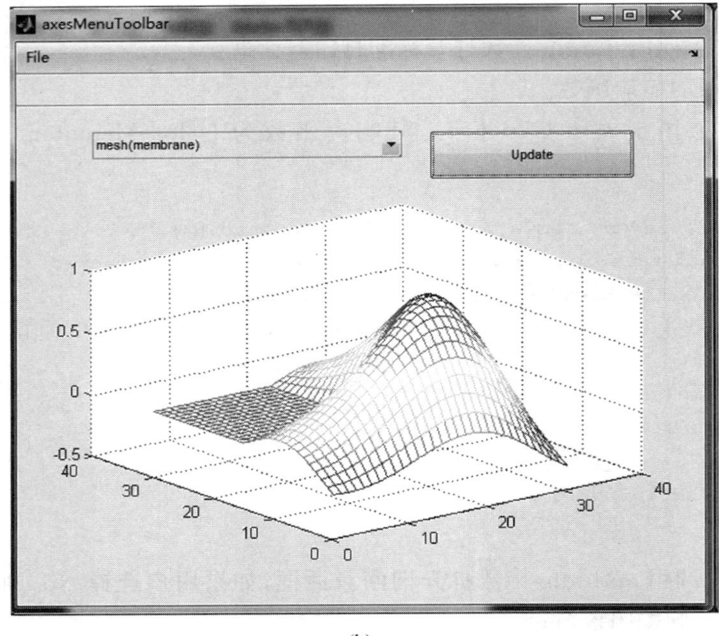
axesMenuToolbar
File
mesh(membrane)
Update
1
0.5
0
-0.5
40
30
20
10
0
0
10
20
30
40

(b)

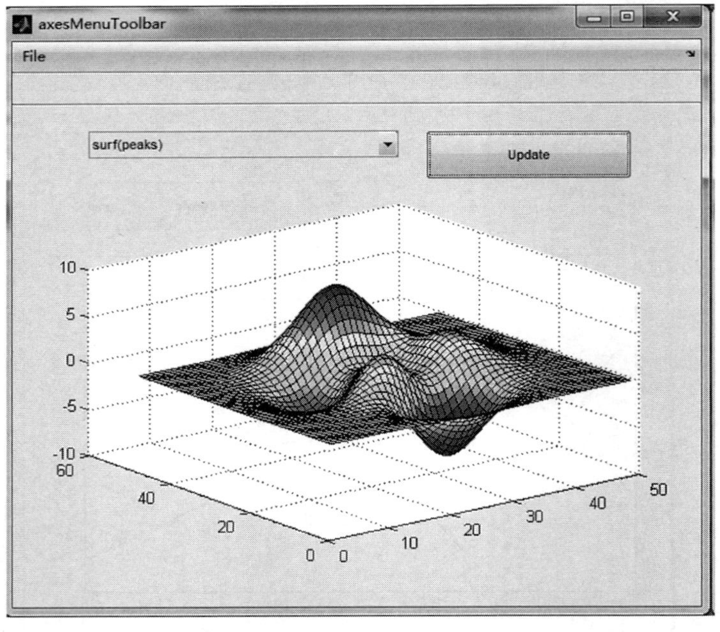
axesMenuToolbar
File
surf(peaks)
Update
10
5
0
-5
-10
60
40
20
0
0
10
20
30
40
50

(c)

图 6-28 （续）

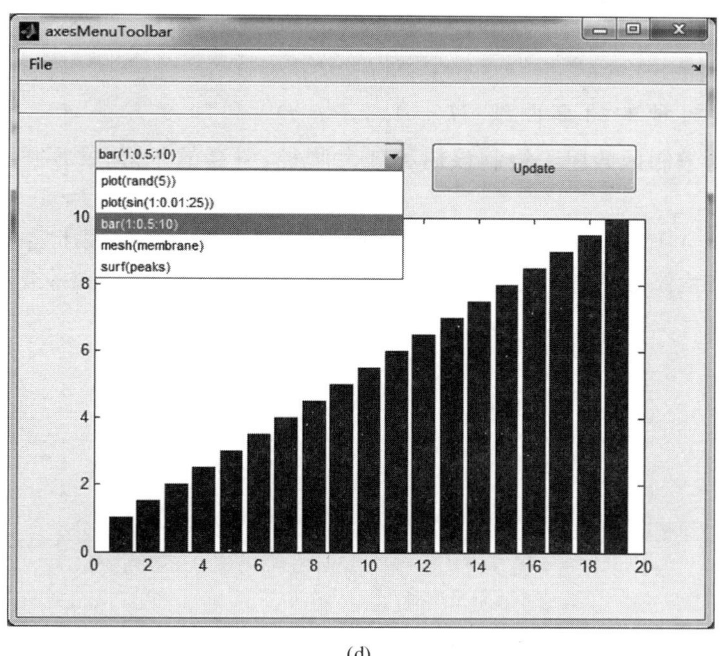

(d)

图 6-28 （续）

习　题　6

1. 当循环次数已知时，应采用________循环结构进行控制；当循环次数未知时，应采用________循环结构进行控制。

2. MATLAB 循环控制语句中，用于跳出整个 for 或 while 循环结构的命令为________，用于跳出单次 for 或 while 循环的命令为________。

3. 什么是脚本文件和函数文件？描述两者间的差异。

4. 简述 GUI 控件的种类、各自功能及其对应的响应函数。

5. 简述 M 文件所支持的函数类型以及不同函数类型中变量的作用范围。

6. 请编制林木径阶整化程序 dbh_class 函数，示例如下。

```
径阶        胸径范围
6           [5.0, 7.0)
8           [7.0, 9.0)
10          [9.0, 11.0)
12          [11.0, 13.0)
```

7. 请根据 RMSE 的数学公式编制函数文件，用于比较不同模型的拟合精度，式中 n 表示样本数量，$X_{\mathrm{obs},i}$ 表示观测值，$X_{\mathrm{model},i}$ 表示模型预测值。

$$\mathrm{RMSE}=\sqrt{\frac{\sum_{i=1}^{n}(X_{\mathrm{obs},i}-X_{\mathrm{model},i})^2}{n}}$$

8. 现有某树种的树高曲线 $H=1.3+b_0D^{b_1}$ 和削度方程 $d=a_0\mathrm{DBH}^{a_1}(1-h)^{a_2h^2+a_3h+a_4}$，请编制函数用于绘制该树种任意胸径、树高的干形，并用图片 bark.jpg 进行三维贴图。

9. 创建一个 GUI，其中包括静态文本、编辑框、列表框和按钮用于实现加、减、乘、除四则运算；并继续添加表格、按钮等控件，将每次结果保存到表格中，或者选择保存到 Excel 中。

第7章 chapter 7

MATLAB 数字图像处理

本章学习目标

- 掌握基本的 MATLAB 图像读写和运算函数；
- 掌握高级的 MATLAB 图像处理方法，如图像变换、增强、分割等；
- 能够针对具体图像制定有效的图像处理方案及编制处理程序。

在实际的生产、生活中，图像无处不在，如电视画面、照片等。据估计，人类所获得的外界信息约 70%是通过视觉系统获取的。数字图像起源于 20 世纪 20 年代，此后随着计算机以及信息技术的高速发展，数字图像以及处理技术已经成为计算机科学、医学、生物学、工程学、信息科学等领域学习和研究的重要对象。特别地，随着遥感技术的发展，人类获取对地观测数据的手段日趋丰富，逐渐形成了航空遥感（如卫星）、航天遥感（如飞机）、近地遥感（如观测塔、热气球、无人机）和地面遥感等手段，因此如何对获取的海量图像进行有效处理，并获得有价值的信息，不仅是遥感领域也是自然资源领域（如农业、林业、生态）的重要研究课题。

MATLAB 除了前述介绍的基本的数据计算、绘图、程序设计等功能外，还提供了一个强大的图像处理（Image acquisition）工具箱，能够实现图像的显示、运算、变换、增强、分割等各种操作。本章将详细介绍基于 MATLAB 的数字图像处理相关知识。

7.1 图像处理基础

数字图像处理是将图像信号转换成数字格式并利用计算机对其进行一系列的操作，以提高图像的实用性。随着对图像处理要求的不断提高、应用领域的不断扩大，图像处理的相关理论也处于不断发展中。目前，图像的处理已经从传统的可见光扩展到红外、紫外等非可见光范围，从静止图像发展到动态图像，从物体的外部延伸到物体的内部，并逐渐开启了人工智能化的图像处理。

7.1.1 图像处理基础知识

数字图像处理的目的一般包括以下 3 方面。

(1) 提高图像视觉质量,如去除图像中的噪声、改变图像亮度和颜色、增强图像中某些成分、对图像进行几何变化等,从而改善图像质量,以达到或提高图像的表达效果。

(2) 提取图像中的某些特殊信息,如用作模式识别、计算机视觉处理、信息提取等。这些信息可能包括频域特性、颜色特性、边界特性、纹理特性或者拓扑特性等。

(3) 对图像进行变换、编码和压缩,以便于图像的存储和传输。

针对上述目的,目前国内外图像处理领域主要研究以下 6 方面内容。

(1) 图像变换:由于图像阵列很大,因此直接在空间域中进行处理时涉及的计算量也会很大。因此,可采用各种图像变换的方法,如傅里叶变换、沃尔什变换、离散余弦变换等处理技术,将空间域的处理转换为变换域处理,这样不仅可减少计算量,而且还能获得更有效的处理。目前新兴的小波变换在时域和频域中都具有良好的局部化特性,它在图像处理中也有着广泛而有效的应用。

(2) 图像编码压缩:图像编码压缩可减少描述图像的数据量,以节省图像传输、处理时间和减少所占用的存储器容量。编码是压缩技术中最重要的方法,它在图像处理技术中是发展最早且比较成熟的技术。压缩可以在不失真的前提下获得,也可以在允许的失真条件下进行。

(3) 图像增强和复原:图像增强和复原的目的是为了提高图像的质量。图像增强通常以牺牲图像质量为前提来突出图像中感兴趣的信息,如强化图像高频分量,可使图像中物体轮廓清晰,而强化低频分量则可减少图像中的噪声。图像复原则要求研究者对图像降质的原因有一定的了解,再依据所建立的降质模型和特定滤波方法恢复或重建原来的图像。

(4) 图像分割:图像分割是将图像中有意义的特征部分提取出来,其有意义的特征有图像中的边缘、区域等,是进一步进行图像识别、分析和理解的基础。目前人们虽然已经提出很多边缘提取、区域分割的方法,但还没有一种普遍适用于各种图像的有效方法。

(5) 图像描述:图像描述是图像识别和理解的必要前提。对于最简单的二值图像,可采用其几何特性描述物体的特性,而对于一般的图像描述则采用二维形状描述,具体包括边界描述和区域描述两类方法。对于特殊的纹理图像,还可采用二维纹理特征描述。此外,随着图像处理研究的深入发展,三维物体描述的研究也受到广泛关注,如体积描述、表面描述、广义圆柱体描述等方法。

(6) 图像识别:图像识别属于模式识别的范畴,其主要内容是图像经过某些预处理(增强、复原、压缩)后,对其进行图像分割和特征提取,从而进行判决分类。图像分类常采用经典的模式识别方法,有统计模式分类和结构模式分类两种,近年来新发展起来的模糊模式识别和人工神经网络模式分类在图像识别中也越来越受到重视。

7.1.2 图像处理基本方法

数字图像处理的方法大致可分为两大类,即空域法和变换域法。

1. 空域法

该方法将图像看作平面中各个像素组成的集合,然后直接对这个二维平面进行相应的处理。空域法又可进一步分为以下两种。

(1) 邻域处理法：包括梯度运算、拉普拉斯算子、平滑算子和卷积运算等。

(2) 点处理法：主要为灰度处理，可进行面积、周长、体积、重心等运算。

2. 变换域法

这种方法首先将图像进行正交变换（如傅里叶变换等），得到变换系数阵列，然后对变换后的图像在频域中进行各种再处理，最后把处理完成的频域图像再逆变换到空域中，从而得到处理后的图像。实践表明，这种方法往往较空域法更便捷。

7.1.3 图像处理函数

对一幅图像进行处理时，通常涉及图像文件信息的查询、图像文件的读取、图像数据的类型转换、图像文件格式的转换以及图像文件的保存等内容。下面将分别介绍。

1. 图像信息查询

利用imfinfo函数可以获取图像处理工具箱所支持的任何格式的图像文件的信息，调用格式如下。

```
info=imfinfo(filename)
```

返回一个结构数组，该结构数组的字段包含有关图形文件filename中的图像的信息。如果filename为包含多个图像的TIFF、PGM、PBM、PPM、HDF、ICO、GIF或CUR文件，则info为一个结构数组，其中每个元素对应文件中的一个图像。例如，info(3)将包含文件中第三个图像的相关信息。

```
info=imfinfo(filename,fmt)
```

在MATLAB找不到名为filename的文件时另外查找名为filename.fmt的文件。

由该函数获取的信息依据不同的图像类型有所不同，但至少应包含以下几种。

(1) FileName：文件名。

(2) FileModDate：文件最后修改时间。

(3) FileSize：文件大小，单位为字节。

(4) Format：文件格式。

(5) FormatVersion：文件格式的版本号。

(6) Width：图像的宽度，单位为像素。

(7) Height：图像的高度，单位为像素。

(8) BitDepth：每个像素的位数。

(9) ColorType：图像类型，如RGB图像、灰度图像等。

例如，在命令窗口中查询Pic1.JPG的文件信息。

```
>> info=imfinfo('Pic1.JPG')
info=
```

```
Filename: 'C:\Users\dell\Desktop\MATLAB教学课件\Pic1.JPG'
FileModDate: '12-Oct-2018 10:35:55'
FileSize: 31410
Format: 'jpg'
FormatVersion: ''
Width: 453
Height: 307
BitDepth: 24
ColorType: 'truecolor'
FormatSignature: ''
NumberOfSamples: 3
CodingMethod: 'Huffman'
CodingProcess: 'Sequential'
Comment: {}
```

2. 图像文件的读取

imread 函数可以将图形文件读入 MATLAB 工作空间，且支持几乎所有标准格式的图形文件，如 TIFF、GIF、JPEG、PNG 等格式，调用格式如下。

```
A=imread(filename)
```

从 filename 指定的文件读取图像，并从文件内容推断出其格式。如果 filename 为多图像文件，则 imread 读取该文件中的第一个图像。

```
A=imread(filename,fmt)
```

指定具有 fmt 指示的标准文件扩展名的文件的格式。如果 imread 找不到具有 filename 指定的名称的文件，则会查找名为 filename.fmt 的文件。

```
A=imread(___,idx)
```

从多图像文件读取指定的图像。此语法仅适用于 GIF、PGM、PBM、PPM、CUR、ICO、TIF 和 HDF4 文件。用户必须指定 filename 输入，也可以指定 fmt。

```
A=imread(___,Name,Value)
```

使用一个或多个名称-值对组参数以及先前语法中的任何输入参数来指定格式特定的选项。

```
[A,map]=imread(___)
```

将 filename 中的索引图像读入 A，并将其关联的颜色图读入 map。图像文件中的颜色图值会自动重新调整到范围[0,1]中。

```
[A,map,transparency]=imread(___)
```

返回图像透明度。此语法仅适用于 PNG、CUR 和 ICO 文件。对于 PNG 文件，如果存在 alpha 通道，transparency 会返回该 alpha 通道。对于 CUR 和 ICO 文件，其为 AND

(不透明度)掩码。

3. 图像文件的写入

imread 函数可以将图形文件读入到 MATLAB 工作空间,且其支持几乎所有的标准格式的图形文件,如 TIFF、GIF、JPEG、PNG 等格式,具体格式如下。

```
imwrite(A,filename)
```

将图像数据 A 写入 filename 指定的文件,并从扩展名推断出文件格式。imwrite 在当前文件夹中创建新文件。输出图像的位深取决于 A 的数据类型和文件格式。对于大多数格式而言,有如下规则。

(1) 如果 A 属于数据类型 uint8,则 imwrite 输出 8 位值。

(2) 如果 A 属于数据类型 uint16 且输出文件格式支持 16 位数据(JPEG、PNG 和 TIFF),则 imwrite 将输出 16 位的值。如果输出文件格式不支持 16 位数据,则 imwrite 返回错误。

(3) 如果 A 是灰度图像或者属于数据类型 double 或 single 的 RGB 彩色图像,则 imwrite 假设动态范围是[0,1],并在将其作为 8 位值写入文件之前自动按 255 缩放数据。如果 A 中的数据是 single,则在将其写入 GIF 或 TIFF 文件之前将 A 转换为 double。

(4) 如果 A 属于 logical 数据类型,则 imwrite 会假定数据为二值图像并将数据写入位深为 1 的文件(如果格式允许)。BMP、PNG 或 TIFF 格式以输入数组形式接受二值图像。

(5) 如果 A 包含索引图像数据,则应另外指定 map 输入参数。

```
imwrite(A,map,filename)
```

将 A 中的索引图像及其关联的颜色图写入由 map,filename 指定的文件。如果 A 是属于数据类型 double 或 single 的索引图片,则 imwrite 通过从每个元素中减去 1 来将索引转换为从 0 开始的索引,然后以 uint8 形式写入数据。如果 A 中的数据是 single,则在将其写入 GIF 或 TIFF 文件之前将 A 转换为 double。

```
imwrite(___,fmt)
```

以 fmt 指定的格式写入图像,无论 filename 中的文件扩展名为何。可以在任何先前语法的输入参数之后指定 fmt。

```
imwrite(___,Name,Value)
```

使用一个或多个名称-值对组参数,以指定 GIF、HDF、JPEG、PBM、PGM、PNG、PPM 和 TIFF 文件输出的其他参数。可以在任何先前语法的输入参数之后指定 Name,Value。

【例 7-1】 图像文件的读写。

```
>> imRGB=imread('Pic1.JPG');                %读入彩色 JPG 图像
```

```
imGray=rgb2gray(imRGB);                  %转换为灰度图像
figure;imshow(imRGB);                    %图像文件显示,图 7-1(a)
figure;imshow(imGray);                   %图像文件显示,图 7-1(b)
imwrite(imGray,'Pic2.bmp')               %存储灰度图像
whos imRGB imGray
Name            Size                Bytes  Class    Attributes
    imGray      307x453             139071  uint8
    imRGB       307x453x3           417213  uint8
```

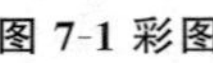

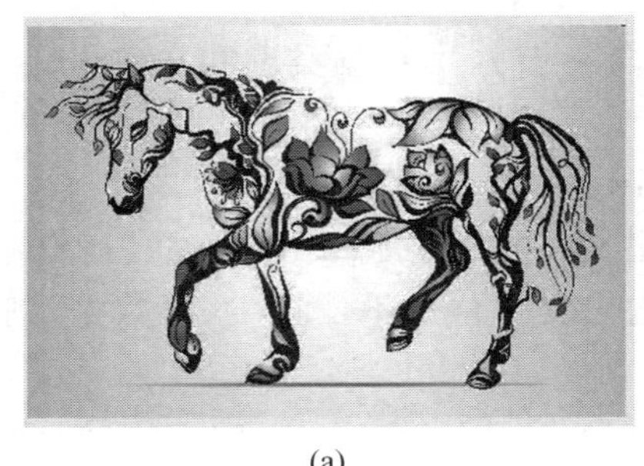

(a)

(b)

图 7-1　图像文件读写及简单处理

4. 图像文件的显示

在 MATLAB 的图像处理工具箱中,一幅图像可能包括一个数据矩阵,也可能包含一个色图矩阵。图像类型是指数组和像素颜色之间的关系。在 MATLAB 中通常使用 3 种格式来存储图像,即 unit8、unit16 和 double 类型。

1) 二值图像的显示

二值图像是以 0(黑色)和 1(白色)的逻辑矩阵存储的,在 MATLAB 中可调用 imshow 函数显示,其调用格式如下。

```
imshow(BW)
```

显示二值图像 BW,其中值为 0 的像素点显示为黑色,值为 1 的像素点显示为白色。数据的逻辑性决定了二值图像可以用"～"操作图进行色度的反转。

例如,下述程序可实现二值图像的显示和反转操作。

```
>> map=imread('Pic1.JPG');
bw=im2bw(map);
figure;imshow(bw)               %图 7-2(a)
figure;imshow(~ bw)             %图 7-2(b)
```

2) 灰度图像的显示

灰度图像中每个像素代表了一定范围内的颜色灰度值。MATLAB 将灰度图像存储为单一的数据矩阵,其中矩阵的元素可以为双精度型、8 位或 16 位无符号的整型数据。灰度图像也可通过 imshow 函数显示。

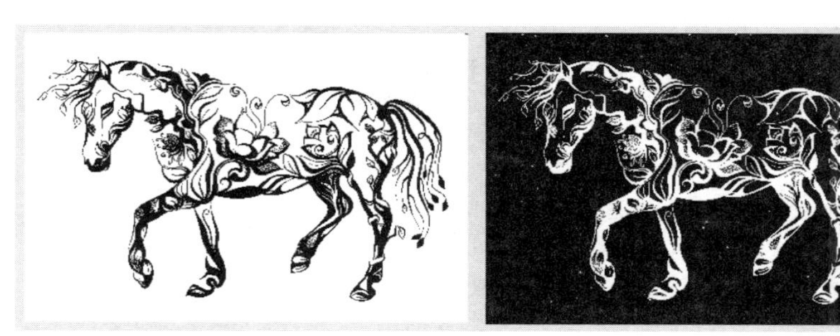

(a) (b)

图 7-2 二值图像显示

```
imshow(I)
```

显示灰度图像 I。

```
imshow(I, [low high])
```

在值域范围[low high]内显示灰度图像 I。

例如,下述程序能够实现灰度图像的显示和灰度值范围的调整。

```
>> imRGB=imread('Pic1.JPG');
imGray=rgb2gray(imRGB);                              %将 RGB 图像转为灰度图像
figure; imshow(imGray);                              %图 7-3(a)
mx=max(max(imGray));mn=min(min(imGray));
figure; imshow(imGray,[fix(1.2*mn) fix(0.9*mx)])     %调整灰度范围,图 7-3(b)
figure; imshow(imGray,[fix(1.5*mn) fix(0.5*mx)])     %调整灰度范围,图 7-3(c)
```

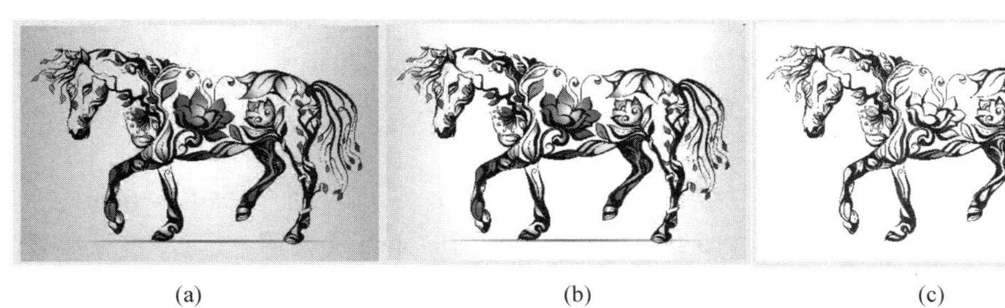

(a) (b) (c)

图 7-3 彩图

图 7-3 灰度图像显示

3) RGB 图像的显示

RGB 图像即真彩色图像,是一个 $m\times n\times 3$ 的矩阵,分别存储了图像中每个像素的红、绿、蓝颜色值。RGB 数据同样可以是双精度型、8 位或 16 位无符号整型;若为双精度型,每种颜色用 0～1 间的数值表示,如(0,0,0)表示黑色,(1,1,1)表示白色;若为 8 位无符号整型,则(0,0,0)为白色,(255,255,255)为黑色。

MATLAB 中同样可以采用 imshow 函数来显示 RGB 图像,调用格式如下。

```
imshow(RGB)
```

用于显示真彩色图像 RGB。

例如，下面程序可实现不同数据类型的 RGB 图像的显示。

```
>> imRGB=imread('Pic1.JPG');        %读入彩色 JPG 图像
imnew1=double(imRGB);
imnew2=double(imRGB)./255;
figure; imshow(imRGB);             %图 7-4(a)
figure; imshow(imnew1);            %图 7-4(b)
figure; imshow(imnew2);            %图 7-4(c)
whos imRGB imnew1 imnew2
运行结果为:
Name           Size                 Bytes    Class     Attributes
  imRGB        307x453x3            417213   uint8
  imnew1       307x453x3            3337704  double
  imnew2       307x453x3            3337704  double
```

(a)

(b)

(c)

图 7-4 RGB 图像显示

从上述程序中可以看出，jpg 格式的默认图像为 8 位无符号整型，若将其直接用 double 函数转换为双精度型时，如图 7-4(b)所示，图像是无法正常显示的；若将矩阵数值转换为 0～1 时，图像则能够正常显示，如图 7-4(c)所示。

4）索引图像的显示

索引图像即假彩色图像，包括一个数据矩阵 $\boldsymbol{X}(m\times n)$和一个色图矩阵 **map**($p\times 3$)，其是从像素值到颜色值的映射，即每个像素值 i 均指向 **map** 中的第 i 行；$\boldsymbol{X}$ 可以是双精度型、8 位或 16 位无符号整型；**map** 每一行分别表示红、绿、蓝的色值。图像显示方式如下。

```
imshow(X, map)
```

用于显示索引图像 $\boldsymbol{X}$，色图数据为 **map**。

例如，下面程序能够将 RGB 图像先转换为索引图像，并进行显示。

```
>> im=imread('Pic1.JPG');
[X1,map1]=rgb2ind(im,5);              %将 RGB 图像转换为索引图像，后面将详细说明
figure; imshow(X1,map1);              %索引图像显示，图 7-5(a)
[X2,map2]=rgb2ind(im,20);
figure; imshow(X2,map2)               %图 7-5(b)
[X3,map3]=rgb2ind(im,50);
```

```
figure; imshow(X3,map3)                    %图 7-5(c)
whos map1 map2 map3
```

运行结果为：

```
  Name        Size          Bytes   Class     Attributes
  X          307x453       139071  uint8
  map1         5x3            120  double
  map2        20x3            480  double
  map3        50x3           1200  double
```

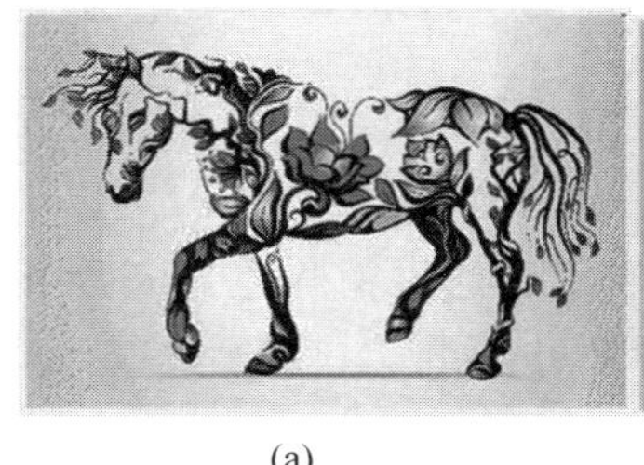

图 7-5 彩图

(a) (b) (c)

图 7-5　索引图像显示

5. 图像类型的转换

许多图像处理工作都对图像类型有着特定的要求。例如，要对一幅索引图像滤波，首先将其转换为真彩色图像，否则直接进行滤波是毫无意义的。

1）灰度/二值图像转索引图像

MATLAB 中提供了 gray2ind 函数用于将灰度图像或二值图像转换为索引图像，或者也可以采用 grayslice 函数按阈值将灰度图像转换成索引图像，其调用格式如下。

```
[x,map]=gray2ind(I,n)
```

用于按指定灰度级数 n 将灰度图像 I 转换为索引图像 X；其中参数 n 的取值范围为 1～65336，默认取值为 64。

```
[x,map]=gray2ind(BW,n)
```

用于按指定灰度级数 n 将二值图像 BW 转换为索引图像 X；其中参数 n 的取值范围为 1～65336，默认取值为 2。

```
x=grayslice(I, n)
```

用于将灰度图像 I 均匀量化为 n 个等级，然后转成索引图像。

```
x=grayslice(I,n)
```

用于按指定阈值向量 $\boldsymbol{v}$ 对图像 I 的值域进行划分，然后转成索引图像。

2）索引图像转其他类型

MATLAB 中提供了 ind2gray 函数和 ind2rgb 函数分别将索引图像转换为灰度图像和 RGB 图像，调用格式如下。

```
I=ind2gray(x,map)
```

用于把索引图像 X(色图 map)转换成灰度图像,即从输入图像中删除色彩和位置信息,只保留亮度。

```
RGB=ind2rgb(x,map)
```

用于将索引图像转换为真彩色图像;输入图像可以是 uint8、uint16 或 double 型。

3) RGB 图像转其他类型

MATLAB 中提供了 rgb2gray 函数和 rgb2ind 函数分别用于将 RGB 图像转换为灰度图像和索引图像,调用格式如下。

```
I=rgb2gray(RGB)
```

用于将真彩色图像 RGB 转换为灰度图像 I。rgb2gray 函数通过消除色调和饱和度信息,同时保留亮度,来将 RGB 图像转换为灰度图。如果已安装 Parallel Computing Toolbox™,则 rgb2gray 可以在 GPU 上执行此转换。

```
[X,cmap]=rgb2ind(RGB,Q)
```

使用具有 Q 种量化颜色的最小方差量化法并加入抖动,将 RGB 图像转换为索引图像 X,关联颜色图为 cmap。

```
[X,cmap]=rgb2ind(RGB,tol)
```

使用均匀量化法并加入抖动,将 RGB 图像转换为索引图像,容差为 tol。

```
X=rgb2ind(RGB,inmap)
```

使用逆颜色图算法并加入抖动,将 RGB 图像转换为索引图像,指定的颜色图为 inmap。

```
___=rgb2ind(___,dithering)
```

用于启用或禁用抖动。

4) 其他转换函数

除了上述转换函数外,MATLAB 还支持通过设定亮度阈值将灰度、真彩色、索引图像转换为二值图像,也支持将数据矩阵转换为一幅灰度图像,具体函数如下。

```
BW=im2bw(I, level)
```

将灰度图像转换为二值图像;level 为归一化阈值,范围为[0,1],可由 graythresh(I)得到。

```
BW=im2bw(x,map,level)
```

将索引图像转换为二值图像。

```
BW=im2bw(RGB,level)
```

将真彩色图像转换为二值图像。

```
I=mat2gray(A,[amin amax])
```

按指定区间[amin,amax]将矩阵 *A* 转换为灰度图像;其中 amin 为灰度最亮值(即0),amax 为灰度最暗值(即 1)。

【例 7-2】 编写程序实现不同图像类型间的转换。

```
% 灰度转二值
>> im=imread('coins.png');
level=graythresh(im);
BW=im2bw(im,level);
subplot(1,2,1);imshow(im);title('灰度图像');                    %图 7-6
subplot(1,2,2);imshow(BW);title('灰度图像');

% 索引转灰度和 RGB
load IndexImage
I=ind2gray(X2,map2);
RGB=ind2rgb(X2,map2);
subplot(1,3,1);imshow(X2,map2);title('索引图像');               %图 7-7
subplot(1,3,2);imshow(I);title('灰度图像');
subplot(1,3,3);imshow(RGB);title('RGB 图像');

% RGB 转其他类型
rgb=imread('nefu.jpg');
gray=rgb2gray(rgb);
[ind,map]=rgb2ind(rgb,10);
subplot(1,3,1);imshow(rgb);title('RGB 图像');                   %图 7-8
subplot(1,3,2);imshow(gray);title('灰度图像');
subplot(1,3,3);imshow(ind,map);title('索引图像');
```

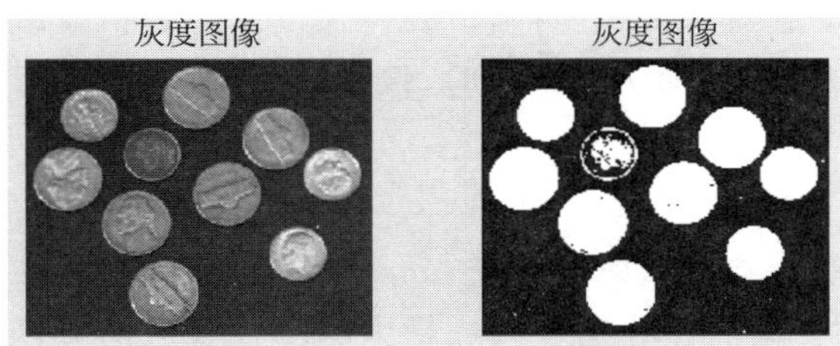

图 7-6 灰度图像转二值图像

图 7-7 索引图像转灰度图像和 RGB 图像

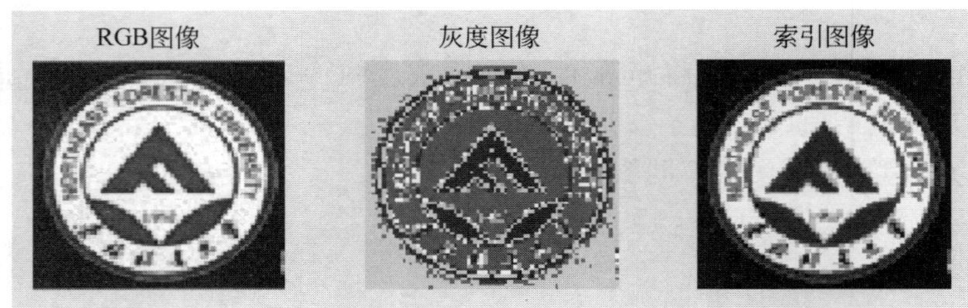

图 7-8　RGB 图像、灰度图像和索引图像间的转换

7.2　图像运算

在 MATLAB 中，数字图形数据是以矩阵形式存放的，即矩阵的每一个元素值对应着图像上一个像素点的像素值。因此，对图像进行各种运算时操作时，理论上均可通过代数运算来实现。本节将重点介绍 MATLAB 中的针对图像的代数运算和几何运算。

7.2.1　图像代数运算

读者需谨记，图像数据不同于一般的矩阵数据，因此在执行图像代数运算得到结果图像时，必须注意图像的物理意义，以保证计算结果的合理性。常见的异常情况主要有以下两种。

1）计算结果溢出问题

很多图像的像素值是有范围限制的，如灰度图像(0～255)、索引图像(0～N)、二值图像(0～1)、真彩色图像(0～255)等，因此在执行两幅或多幅图像的运算时，计算结果很可能会超出限定的有效范围。例如，两幅 256 色灰度图像在执行减法操作时，很可能会出现像素值为负的情况；执行加法和乘法时，像素值超过 255。这些都是异常的结果，必须进行修正。

2）计算结果类型无效

图像数据有多种存储类型，如 uint8 或 uint16 要求像素值是整数类型，然而在进行除法运算时，往往会得到分数的计算结果。这是因为图像代数运算函数在执行运算时，会把图像看作 double 类型。这种错误在进行图像运算时，也必须对其加以修正。

总体来说，MATLAB 中普通代数运算虽然也可以对图像数据执行加、减、乘、除运算，但它们对计算结果的有效性不予检查，直接以实数运算的结果表示。而图像代数运算函数则会自动对计算结果进行有效性检查，并予以自动修正，修正的原则如下。

(1)对超出整数类型有效范围的值直接截断，并限定到最大端点值。

(2) 对分数计算结果采取四舍五入原则进行处理。

下面将分别介绍 MATLAB 中针对图像的加、减、乘、除运算的函数及其使用方法。需要说明的是，这些运算均属于点位运算的范畴。

1. 加法运算

图像加法运算一般用于对同一场景的多幅图像求平均效果，可有效降低具有叠加性质的随机噪声。在MATLAB中，如果要进行两幅图像的加法，或者给一幅图像加上一个常数，可以调用imadd函数来实现，调用格式如下。

```
Z=imadd(X,Y)
```

用于对图像X和Y中对应元素进行加法运算，如果Y为标量，则X中每个像素均加上Y。

2. 减法运算

图像减法也称为差分方法，是一种常用于检测图像变化及运动物体的图像处理方法。图像减法可以作为许多图像处理过程的准备步骤，可以使用图像减法来检测一系列相同场景中图像的差异，但需要考虑背景的更新机制，即尽量补偿天气、光照等因素对图像显示效果的影响。在MATLAB中，可以用imsubtract函数将一幅图像从另一幅图像中减去，或者减去一个常数，调用格式如下。

```
Z=imsubtract(X,Y)
```

用于从图像X减去图像Y；当结果为负时，自动调整为0。

3. 乘法运算

图像乘法运算可以实现两幅图像的掩模操作，即屏蔽图像的某些部分。一幅图像乘以一个常数称为缩放，当乘以大于1的因子时，图像会变亮；当乘以小于1的因子，图像会变暗。缩放操作会产生比简单添加像素偏移量更自然的明暗效果。此外，由于时频的卷积或相关运算与频域的卷积运算对应，因此乘法运算可以看作卷积或相关运算的一种特殊处理技巧。MATLAB提供了immultipy函数实现两幅图像（或一个为常数）的乘法运算，调用格式如下。

```
Z=immultiply(X,Y)
```

用于实现图像X和Y之间对应像素的乘法。

4. 除法运算

图像除法运算可用来校正由于照明或传感器的非均匀性造成的图像灰度阴影。特别对多光谱图像，可利用不同时间段图像的除法得到比率图像，来进行图像变化检测。在MATLAB中，可用imdivide函数实现两幅图像的除法，调用格式如下。

```
Z=imdivide(X,Y)
```

用于实现图像X和Y之间对应像素的除法。

5. 绝对值运算

MATLAB 中提供了 imabsdiff 函数用于计算两幅图像的绝对差值，调用格式如下。

```
Z=imabsdiff(X,Y)
```

用于返回图像 X 和 Y 之间对应像素的差值的绝对值；如果 X、Y 为整数数组，则结果中超过整数类型范围的部分将被截去；如果 X、Y 为浮点数组，则其等价于 abs(X－Y)。

【例 7-3】 图像代数运算。

```
>> im1=imread('rice.png');
im2=imread('cameraman.tif');
figure; imshow(im1); title('大米图像');                    %图 7-9(a)
figure;imshow(im2);title('照相机图像');                     %图 7-9(b)
add1=imadd(im1,45);                                       %加法运算
add2=imadd(im1,im2);
figure; imshow(add1);   title('大米图像+45');               %图 7-9(c)
figure;imshow(add2);title('大米图像+照相机图像');             %图 7-9(d)

tract1=imsubtract(add2,im1);                              %减法运算
figure;imshow(tract1); title('add2 图像-大米图像');          %图 7-9(e)

mul1=immultiply(im2,im2);                                 %乘法运算
mul2=immultiply(im2,0.5);
mul3=immultiply(im2,1.5);
figure; imshow(mul1);title('照相机图像 * 照相机图像');         %图 7-9(f)
figure;imshow(mul2);title('照相机图像 * 0.5');                %图像变暗;图 7-9(g)
figure; imshow(mul3);title('照相机图像 * 1.5');               %图像变亮;图 7-9(h)

div1=imdivide(im2,imdivide(im1,20));                      %除法运算
figure; imshow(div1);title('照相机图像/大米图像');             %图 7-9(i)
```

(a) (b) (c)

图 7-9 图像代数运算结果

(d) (e) (f)

(g) (h) (i)

图 7-9 （续）

7.2.2 图像几何运算

在处理图像的过程中，经常需要对图像的大小和几何关系进行调整，例如对图像进行缩放及旋转，这时图像的坐标可能会由整数变为非整数，因此需要对变换之后的整数坐标位置的像素值进行估计。本节介绍图像缩放、图像旋转和图像剪切。

1. 图像缩放

MATLAB 中提供了 imresize 函数用于对图像进行缩放操作，调用格式如下。

```
B=imresize(A, scale)
```

按参数 scale 值对图像 A 进行缩放。

```
B=imresize(A, [numrows numcols])
```

指定图像大小为 numrows×numcols。

```
[Y newmap]=imresize(X, map, scale)
```

对索引图像 X(色图 map)按参数 scale 进行缩放，图像数据返回给 Y，色图返回给 newmap。

```
[...]=imresize(...,method)
```

指定图形缩放的方法，选项包括最近邻插值(nearest)、双线性插值(bilinear)、双三次插值(bicubic)、立方核(cubic)、三角核(triangle)等参数。

```
[...]= imresize(...,param,value)
```

参数对可配置抗锯齿(antialiasing)、色图优化(colormap)、颜色抖动(dither)、缩放比例(scale)、输出大小(outputsize)和插值方法(method)等。

【例 7-4】 对图像进行缩放操作。

```
>> im=imread('Fig.jpg');
im1=imresize(im,1.5); im2=imresize(im,0.5);
im3=imresize(im,0.5,'nearest'); im4=imresize(im,0.5,'bicubic');
im5=imresize(im,0.5,'dither',0);
subplot(3,2,1);imshow(im); title('A=0');        %图 7-10
subplot(3,2,2);imshow(im1); title('A=1.5');
subplot(3,2,3);imshow(im2); title('A=0.5');
subplot(3,2,4);imshow(im3); title('A=0.5+nearest');
subplot(3,2,5);imshow(im4); title('A=0.5+bicubic');
subplot(3,2,6);imshow(im5); title('A=0.5+dither');
whos im im1 im2 im3 im4 im5
```

输出结果为：

```
  Name         Size                 Bytes  Class    Attributes

  im          635x1200x3           2286000  uint8
  im1         953x1800x3           5146200  uint8
  im2         318x600x3             572400  uint8
  im3         318x600x3             572400  uint8
  im4         318x600x3             572400  uint8
  im5         318x600x3             572400  uint8
```

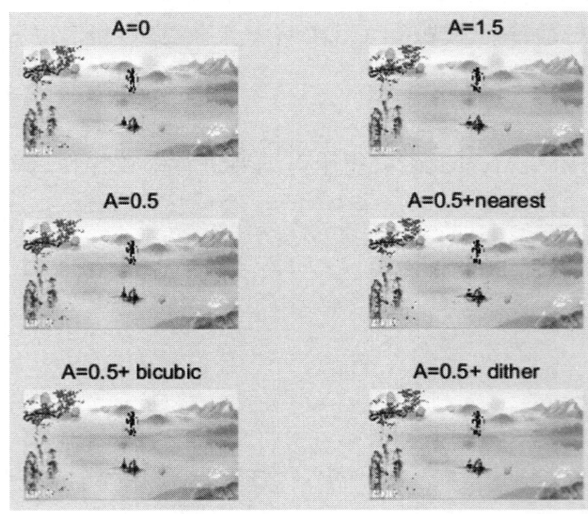

图 7-10　图像缩放结果

2. 图像旋转

MATLAB 中,可使用 imrotate 函数对图像进行旋转,调用格式如下。

```
B=imrotate(A, angle)
```

对图像 A 按角度 angle 进行旋转;如果 A 为正值,则逆时针旋转;若 A 为负值,则顺时针旋转。

```
B=imrotate(A, angle,method)
```

用 method 方法对指定旋转后的图像进行插值,包括最近邻插值(nearest)、双线性插值(bilinear)、双三次插值(bicubic)、立方核(cubic)、三角核(triangle)等参数。

```
B=imrotate(A, angle,method,bbox)
```

当 bbox=crop 时,若旋转后图像变大,则仅截取中间部位;当 bbox=loose 时(默认),返回旋转后完整大小的图像。

【例 7-5】 对图像旋转操作。

```
>> im=imread('Fig.jpg');
imnew=imrotate(im,90,'bicubic','crop');
figure;imshow(im)                    %图 7-11(a)
figure;imshow(imnew)                 %图 7-11(b)
```

(a)

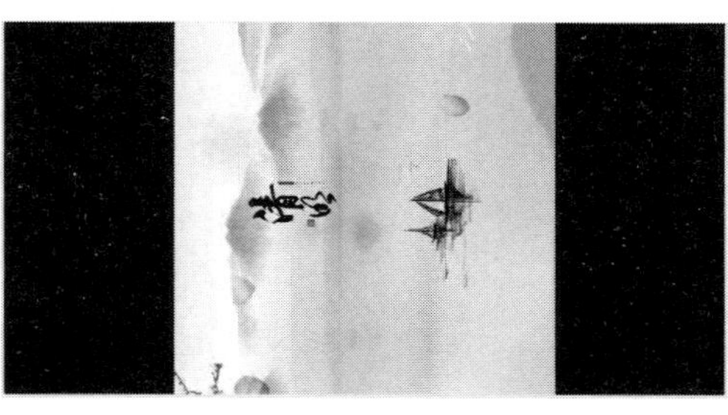

(b)

图 7-11 图像旋转结果

3. 图像剪切

对于一幅图像,用户关心的往往可能只是图像的某一部分而非全部。此外,出于节省计算时间和存储空间的要求,对图像进行裁剪也是必要的。在 MATLAB 中,可以使用 imcrop 函数来实现图像的裁剪功能,调用格式如下。

```
Y=imcrop
```

程序运行时,等待鼠标选定矩形区域进行裁切。

`Y=imcrop(X)` 或 `Y=imcrop(X,map)`

对灰度或索引图像进行裁切。

```
Y=imcrop(X,rect)  或  Y=imcrop(X,map,rect)
```

指定矩形区域(非交互方式)对图像进行裁切;rect 为四元素向量[xmin ymin width length],分别表示图像的左下角、长度和宽度,这些值需要在空间坐标系中指定。

```
[Y rect]=imcrop(...)
```

在裁切的同时返回剪切框参数 rect。

【例 7-6】 对图像进行剪切操作。

```
>> im=imread('Fig.jpg');
figure;imshow(im)                %图 7-12(a)
im1=imcrop(im,[100 100 600 600]);
figure;imshow(im1)               %图 7-12(b)
```

(a)

(b)

图 7-12　图像剪切结果

7.3 图像变换

图像变换指为达到某种目的,将原始图像从空间域变换映射到另一个域上,使得图像的某些特征得以突出,以便进行图像的处理和识别。经过变换后的图像大部分能量都分布于低频谱段,图像边缘信息则分布于高频谱段。离散图像经过变换后,可应用于图像特征提取、增强、复原、分割和描述等。需要指出的是,这种变换一般是线性的,其基本运算是严格可逆的,并满足一定的正交条件。

现阶段,国内外学者已经提出了多种图像变换方法,如傅里叶变换、离散余弦变换、沃尔什-阿达玛变换、正弦变换、哈尔变换和斜变换等,此处重点介绍傅里叶变换和 Wash-Hadamard 变换。

7.3.1 傅里叶变换

傅里叶变换将图像从空间域变换为频率域,有利于了解图像各空间频域成份,从而广泛应用于图像特征提取、空间频域滤波、图像恢复和纹理分析等。对于离散的二维图像，MATLAB中的二维离散傅里叶变换可由两个一维离散傅里叶变换来实现。FFT算法按照N的组成情况可分成N为2的整数幂算法、N为高复合数算法和N为素数算法3种。在MATLAB中提供了fft2函数用于实现快速二维傅里叶变换，调用格式如下。

```
Y=fft2(X)
```

使用快速傅里叶变换算法返回矩阵的二维傅里叶变换，这等同于计算fft(fft(X).').'。如果 **X** 是一个多维数组，fft2将采用高于2的每个维度的二维变换。输出 **Y** 的大小与 **X** 相同。

```
Y=fft2(X,m,n)
```

将截断 **X** 或用尾随零填充 **X**，以便在计算变换之前形成 $m \times n$ 矩阵。**Y** 是 $m \times n$ 矩阵。如果 **X** 是一个多维数组，fft2将根据 m 和 n 决定 **X** 的前两个维度的形状。

在MATLAB中，如果要把傅里叶变换的零频部分移到频谱中间，可使用fftshift函数来实现，调用格式如下。

```
Y=fftshift(X)
```

通过将零频分量移动到数组中心，重新排列傅里叶变换X。①如果 **X** 是向量，则fftshift会将 **X** 的左右两半部分进行交换。②如果 **X** 是矩阵，则fftshift会将 **X** 的第一象限与第三象限交换，将第二象限与第四象限交换。③如果 X 是多维数组，则fftshift会沿每个维度交换 **X** 的半空间。

```
Y=fftshift(X,dim)
```

沿X的维度dim执行运算。例如，如果 **X** 是矩阵，其行表示多个一维变换，则fftshift(X,2)会将 **X** 的每一行的左右两半部分进行交换。

如果要获取傅里叶变换及处理后的图像，可使用ifft2和ifftshift函数，调用格式与其正变换相同，此处不再赘述。

【例7-7】 对图像进行二维傅里叶变换。

```
>> im=imread('Pic1.jpg');figure;imshow(im); %图 7-13(a)
im=rgb2gray(im);
fft=fft2(im);                                %对图像进行傅里叶变换
figure;imshow(fft);                          %傅里叶频谱,图 7-13(b)
shift=fftshift(fft);                         %将零频部分移向频谱中间
figure; imshow(log(abs(shift)),[]);          %平移后的傅里叶频谱,图 7-13(c)
n=min(min(abs(shift)));
shift(abs(shift)<(n*800))=0;                 %滤波掉低频部分
figure;imshow(log(abs(shift)),[]);           %图 7-13(d)
im2=ifftshift(shift);                        %零频谱逆向移动
K=ifft2(im2);                                %傅里叶逆变换
figure;imshow(K);                            %图 7-13(e)
```

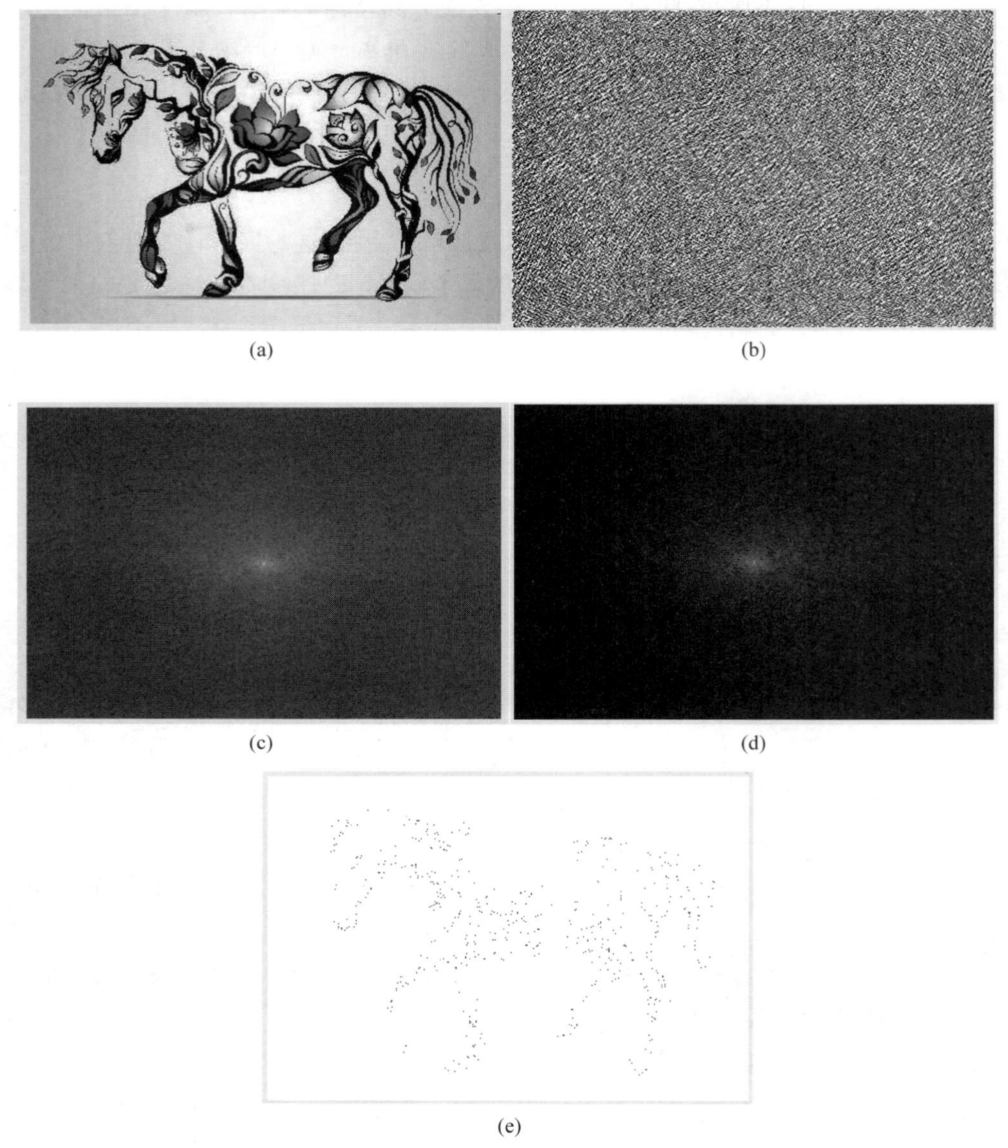

(a) (b)

(c) (d)

(e)

图 7-13 傅里叶变换图像处理

7.3.2 Wash-Hadamard 变换

傅里叶变换在运算过程中会用到复数乘法、三角函数乘法，这些运算占用的时间较多，而 Wash-Hadamard 变换核矩阵只有+1 和−1 两种元素，且运算过程中只有加减法而没有乘法和除法，从而可以大大提高运算的速度，这对于图像数据来说是至关重要的。严格意义上讲，Wash 和 Hadamard 变换是两种不同的方法，但实际上两者十分相似，因此这里主要以 Hadamard 变换为例来说明。MATLAB 中可以调用 hadamard 函数生成

Hadamard 矩阵，进而实现 Wash-Hadamard 变换。调用格式如下。

```
H=hadamard(n)
```

用于返回阶次为 n 的 Hadamard 矩阵，其中 n 必须为整数，并且 n、$n/12$ 或 $n/20$ 必须为 2 的幂，且满足 H′ * H=n * I，其中[n n]=size(H)且 I=eye(n,n)。

```
H=hadamard(n,classname)
```

用于返回 classname 类的矩阵，该类可以是 single 或 double。

例如，在命令窗口中输入如下语句，可生成对应阶数的 Hadamard 矩阵。

```
>> a1=hadamard(4)
a1=
     1     1     1     1
     1    -1     1    -1
     1     1    -1    -1
     1    -1    -1     1
>> a2=hadamard(16);
>> a3=hadamard(32);
>> subplot(1,2,1);imshow(a2);          %图 7-14(a)
>> subplot(1,2,2);imshow(a3);          %图 7-14(b)
```

(a) (b)

图 7-14 不同阶数的 Hadamard 矩阵

【例 7-8】 Hadamard 变换图像应用。

```
>> I=imread('Pic1.jpg');  sig=rgb2gray(I);
sig=double(sig)/255;                              %图像归一化
[m_sig,n_sig]=size(sig);                          %给出图像分厂尺寸和保留系数的个数
sizi=16;  Snum=128;
T=hadamard(sizi);                                 %Hadamard 矩阵
hdcoe=blkproc(sig,[sizi sizi],'P1 * x * P2',T,T);   %分块和进行 W-H 变换
coe=im2col(hdcoe,[sizi sizi],'distinct');           %重新排列系数
coe_temp=coe;
[Y,Ind]=sort(coe);
%舍去较小方差的系数
```

```
[m,n]=size(coe);  Snum=m-Snum;
for i=1:n
    coe_temp(Ind(1:Snum),i)=0;
end
%重建图像
re_hdcoe=col2im(coe_temp,[sizi sizi],[m_sig n_sig],'distinct');
re_sig=blkproc(re_hdcoe,[sizi sizi],'P1*x*P2',T,T);
%计算归一化图像的均方误差
error=sig.^2-re_sig.^2;
MSE=sum(error(:)/prod(size(re_sig)))
subplot(1,2,1),imshow(sig);                          %图 7-15(a)
subplot(1,2,2),imshow(uint8(re_sig));                %图 7-15(b)
```

(a)

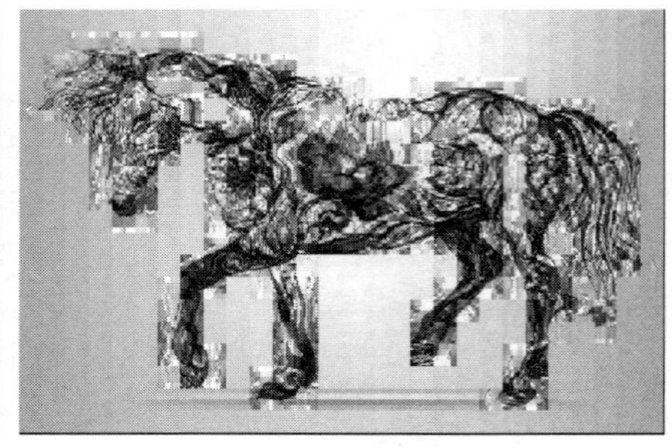

(b)

图 7-15　Hadamard 矩阵在图像变换中的应用

7.4 图像增强

图像增强是一种基本的图像处理技术，可以通过突出图像中的某些信息，同时抑制或去除某些不需要的信息，从而提高图像质量。根据增强处理的作用域不同，可将图像增强分为空间域增强和频率域增强。其中，空域增强是直接在像素域上进行处理，而频域增强是在图像的变换域内对图像进行处理，然后通过反变换的方式得到增强后的图像。此外，针对一些特殊的图像，还有灰度变换增强和彩色增强等。

7.4.1 灰度变换增强

灰度变换增强是根据某种目标条件，按一定变换关系逐点改变原图像中每一个像素点的灰度值的方法。这类方法主要包括线型变换、分段线型变换和非线性变换。灰度变化是图像增强的重要手段，可以使图像动态范围加大、对比度扩展，从而达到图像清晰、特征明显的目的。本节将主要介绍两种基于直方图的均衡化方法，即直方图均衡化和直方图规定化。

1. 直方图均衡化

直方图均衡化是数字图像处理中最常用的方法，它把原始图像的直方图变换成均匀分布，通过增加像素灰度值的动态范围，从而达到增强图像整体对比度的效果。需要注意的是，直方图均衡化不改变灰度出现的次数，而是力图使等长区间内出现的像素数近似相等，即改变的仅仅是出现次数所对应的灰度级，以避免改变图像的信息结构。MATLAB中，可使用histeq函数实现图像的均衡化处理，调用格式如下。

```
H=histeq(I,n)
```

用于指定均衡化后的灰度级数 n，默认为64。

```
[J,T]=histeq(I,n)
```

返回能将图像I的灰度直方图变换成图像J的直方图的变换矩阵 $\boldsymbol{T}$。

```
[newmap,T]=histeq(X,n)
```

返回索引图的变换矩阵 $\boldsymbol{T}$。

2. 直方图规定化

直方图规定化的优点是能自动增强整个图像的对比度，但其具体增强效果不易控制，处理的结果总是得到全局均衡化的直方图。因此，实际中有时需要变换直方图的形状，从而有选择地增强某个灰度级范围的对比度，这时可使用直方图规定化。MATLAB中提供的histeq函数也可用于直方图的规定化，具体格式如下。

```
J=histeq(I, hgram)
```

将图像I的直方图变换成用户指定的每一个元素为[0,1]的向量hgram直方图。

```
newmap=histeq(X, map, hgram)
```

用于实现索引图像的直方图规定化。

【例7-9】 用灰度变换方法增强图像。

```
>> I=imread('pout.tif');        %读自带的图像
imshow(I);                      %图 7-16(a)
figure,imhist(I);               %图 7-16(c)
[J,T]=histeq(I,64);             %图像灰度扩展到 0~ 255,但是只有 64 个灰度级
figure,imshow(J);               %图 7-16(b)
figure,imhist(J);               %图 7-16(d)
```

7.4.2 空间域增强

空间滤波是实现空间域增强的核心方法，其基本思想是在图像空间中借助模板进行邻域操作完成的。空域滤波原理如图7-17所示，即在待处理的图像中逐点移动模板

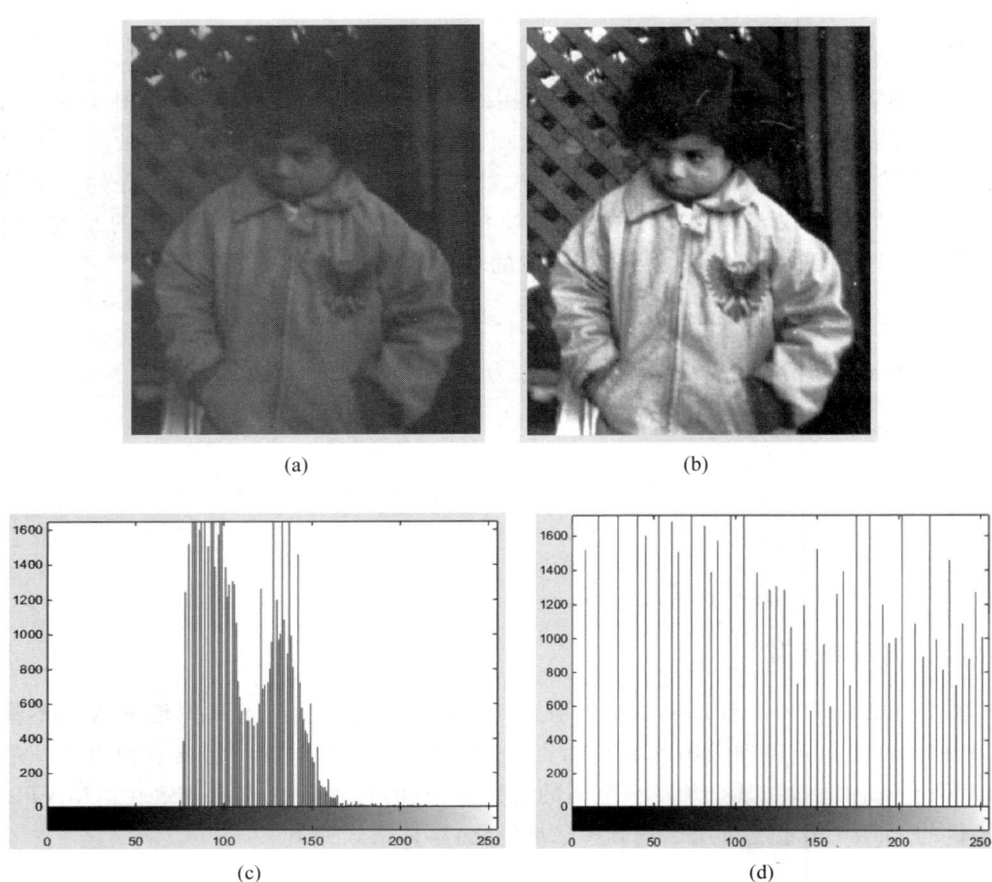

图 7-16 灰度变换图像增强

$w(m,n)$，针对每个像素点 $f(x,y)$，滤波器在该点的响应通过事先定义的关系来计算。

$f(x-1, y-1)$	$f(x-1, y)$	$f(x-1, y+1)$
$f(x, y-1)$	$f(x, y)$	$f(x, y+1)$
$f(x+1, y+1)$	$f(x+1, y)$	$f(x+1, y+1)$

$w(-1, -1)$	$w(-1, 0)$	$w(-1, 1)$
$w(0, -1)$	$w(0, 0)$	$w(0, 1)$
$w(1, -1)$	$w(1, 0)$	$w(1, 1)$

	R	

图 7-17 滤波原理示意图

根据滤波效果又可分为平滑滤波和锐化滤波，根据操作特点可分为线性和非线性滤波。一般来说，在 $M \times N$ 的图像上，用 $m \times n$ 的滤波器模板进行线性滤波可按下列公式计算。

$$R = \sum_{x=-a}^{a} \sum_{y=-b}^{b} w(s,t) f(x+s, y+t) \tag{7-1}$$

式中，$a=(m-1)/2$；$b=(n-1)/2$。

此外，也可以进行非线性滤波，也是基于邻域思想进行处理的，但不同的是滤波处理取决于所考虑的邻域像素点的值，而不是按式(7-1)进行计算。非线性滤波可以有效降低图像中的噪声。

1. 平滑滤波

平滑运算的目的是通过平均或加权平均方式消除或尽量减少噪声，以改善图像质量。其本质上属于一种低通滤波器，即通过低频部分阻截高频部分；但该方法在消除的噪声的同时，也会对图像的细节造成一定破坏。MATLAB 中可以采用 filter2 函数按指定滤波器对图像进行运算，调用格式如下。

```
Y=filter2(H,X)
```

根据矩阵 ***H*** 中的系数，对数据矩阵 ***X*** 应用有限脉冲响应滤波器。

```
Y=filter2(H,X,shape)
```

根据 shape 返回滤波数据的子区。例如，Y＝filter2(H,X,'valid')仅返回计算的没有补零边缘的滤波数据。

【例 7-10】 对三维矩阵进行滤波处理。

```
>> A=zeros(10);
A(3:7,3:7)=ones(5);
figure; mesh(A)                         %图 7-18(a)

H=[1 2 1; 0 0 0; -1 -2 -1];            %指定滤波模板
Y=filter2(H,A,'full');                  %对数据进行滤波处理
figure; mesh(Y)                         %图 7-18(b)
```

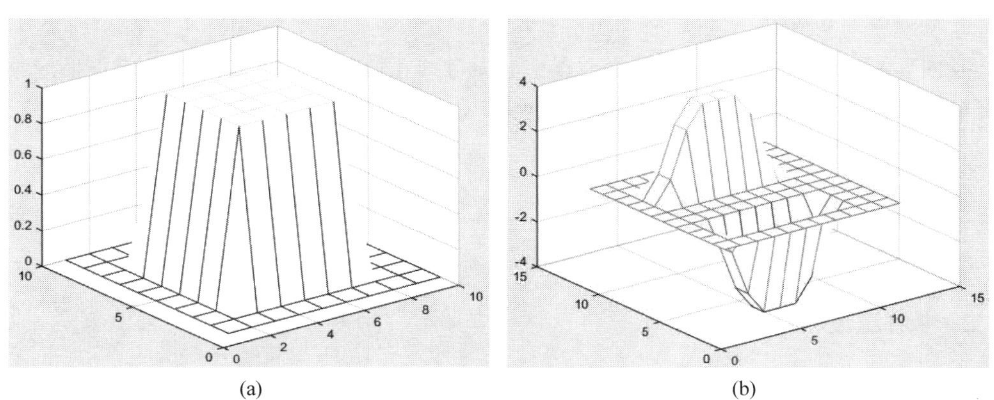

(a) (b)

图 7-18 filter2 函数滤波

对图像进行滤波时，可利用 MATLAB 提供的 fspecial 函数指定平滑滤波模板，格式如下。

```
h=fspecial(type)
```

创建具有指定 type 的二维滤波器 h。一些滤波器类型具有可选的附加参数，如以下语法所示。fspecial 以相关性核形式返回 h，该形式适用于 imfilter。

```
h=fspecial('average',hsize)
```

返回大小为 hsize 的平均值滤波器 h。

```
h=fspecial('disk',radius)
```

在大小为 2×radius＋1 的方阵中返回圆形平均值滤波器（pillbox）。

```
h=fspecial('gaussian',hsize,sigma)
```

返回大小为 hsize 的旋转对称高斯低通滤波器，标准差为 sigma。相较于 imgaussfilt 或 imgaussfilt3，该方法不建议使用。

```
h=fspecial('laplacian',alpha)
```

返回逼近二维拉普拉斯算子形状的 3×3 滤波器，alpha 控制拉普拉斯算子的形状。

```
h=fspecial('log',hsize,sigma)
```

返回大小为 hsize 的旋转对称高斯拉普拉斯滤波器，标准差为 sigma。

```
h=fspecial('motion',len,theta)
```

返回与图像卷积后逼近照相机线性运动的滤波器。len 指定运动的长度，theta 以逆时针方向度数指定运动的角度。滤波器成为一个水平和垂直运动的向量。默认 len 是 9，theta 是 0，对应于 9 个像素的水平运动。

```
h=fspecial('prewitt')
```

返回一个 3×3 滤波器[1 1 1; 0 0 0; −1 −1 −1]，该滤波器通过逼近垂直梯度来强调水平边缘。要强调垂直边缘，需转置滤波器 h'。

```
h=fspecial('sobel')
```

返回一个 3×3 滤波器[1 2 1; 0 0 0; −1 −2 −1]，该滤波器通过逼近垂直梯度来使用平滑效应强调水平边缘。要强调垂直边缘，需转置滤波器 h'。

2. 中值滤波

中值滤波器是一种处理噪声的非线性处理方法，其基本原理是把数字图像或数字序列中一点的值用该点邻域中各点的中值代替。对随机噪声的抑制能力，中值滤波要比平均值滤波差些。MATLAB 中可用 medfilt2 函数实现中值滤波，调用格式如下。

```
B=medfilt2(A, [m,n])
```

对图像A执行二维中值滤波，每个输出像素为 $m\times n$ 邻域的中值；图像边界用0填充，边缘的中值为 $[m,n]$ 的区域中值，可能失真。

```
B=medifilt2(A)
```

m 和 n 默认为3。

```
B=medfilt2(A,'indexed',...)
```

表明操作对象为索引对象。

3. 锐化滤波

图像锐化的目的是突出图像的边缘信息，加强图像的轮廓特征，以便于特征识别，根据滤波器的性质可分为线性滤波器和非线性滤波器。常用线性锐化滤波器为Laplace算子，即[−1 −1 −1; −1 −8 −1; −1 −1 −1]；常用非线性锐化滤波器包括sobel算子、prewitt算子、log算子等。MATLAB中没有专门针对锐化滤波的函数，可用filter2函数指定具体的锐化滤波器来实现。

【例7-11】 各种滤波函数、滤波器的使用。

```
>> I2=imread('cameraman.tif');
figure,imshow(I2);                            %图 7-19(a)

avgModel=fspecial('average',3);               %均值滤波
Iavg=filter2(avgModel,I2)/255;
figure,imshow(Iavg);                          %图 7-19(b)

Imid=medfilt2(I2,[3,3]);                      %中值滤波
figure,imshow(Imid);                          %图 7-19(c)

model=fspecial('prewitt');                    %prewitt 滤波
Iprewitt=filter2(model,I2);
figure,imshow(Iprewitt);                      %图 7-19(d)

model=fspecial('sobel');                      %sobel 滤波
Isobel=filter2(model,I2);
figure,imshow(Isobel);                        %图 7-19(e)

model=fspecial('laplacian');                  %Laplace 滤波
Ilaplacian=filter2(model,I2);
figure,imshow(Ilaplacian,[]);                 %图 7-19(f)
```

图 7-19 空间域滤波处理

7.4.3 频率域增强

频率域滤波的基础是傅里叶变换和卷积定理，即 $G(u,v)=H(u,v)F(u,v)$，其中 G 为增强后图像，H 为传递函数，F 为待增强图像。一般频率域滤波可分为低通滤波、高通滤波、带通滤波和同态滤波，本节仅重点介绍常用的低通滤波和高通滤波两种。

1. 低通滤波

通过滤波器函数衰减高频信息而使低频信息畅通无阻的过程称为低通滤波，能够起到平滑图像、去噪声的增强作用。常用的低通滤波器有理想低通滤波器、Butterworth 低通滤波器、指数低通滤波器和梯形滤波器等。假设有一个傅里叶平面的区域 D_0，$D(u,v)$ 为频率平面点 (u,v) 到频率平面原点的距离，则各种滤波器的传递函数和特性可汇总如表 7-1 所示。

表 7-1 常用低通滤波器的传递函数及其特性

滤波器	传递函数	原理	作用
理想低通滤波器	$H(u,v)=\begin{cases}1, & D(u,v)\in D_0\\ 0, & D(u,v)\notin D_0\end{cases}$	D_0 区域上的频段无损通过，D_0 区域外的频段被滤除	图像若含有大量边缘信息，会变得模糊

续表

滤波器	传递函数	原　理	作　用
Butterworth低通滤波器	$H(u,v)=\dfrac{1}{1+\left[\dfrac{D(u,v)}{D_0}\right]^{2n}}$	在通带与阻带间有一个平滑的过渡带存在，高频信号并没有被完全滤除	与理想低通滤波器相比，边缘模糊程度会大大降低
指数低通滤波器	$H(u,v)=\mathrm{e}^{-\left[\frac{D(u,v)}{D0}\right]^n}$	滤波效果取决于$D(u,v)$和D_0间的距离以及参数n	处理效果优于理想低通滤波器
梯形滤波器	$H(u,v)=\begin{cases}1, & D(u,v)<D_0\\ \dfrac{[D(u,v)-D_1]}{D_0-D_1}, & D_0\leqslant D(u,v)\leqslant D_1\\ 0, & D(u,v)>D_1\end{cases}$	是理想低通滤波器的一种折中	处理效果优于理想低通滤波器

2. 高通滤波

因图像中的边缘、线条等细节部分与图像频谱中的高频分量相对应，因此处理图像时可使高频部分顺利通过，而低频部分被抑制，从而使图像的边缘信息变得更清晰。常用滤波器有理想高通滤波器、Butterworth高通滤波器、指数高通滤波器和梯形高通滤波器等。各滤波器的传递函数与表7-1所介绍的低通滤波器恰好相反，例如Butterworth高通滤波器的传递函数为

$$H(u,v)=\frac{1}{1+\left[\dfrac{D_0}{D(u,v)}\right]^{2n}} \tag{7-2}$$

式中D_0为截频区域，n为阶数，$D(u,v)$为频率平面点(u,v)到频率平面原点的距离。

鉴于MATLAB中没有提供针对低通或高通频率域滤波的特用函数，需要根据各滤波器的传递函数的形式编制程序来实现。

【例7-12】 对图像分别进行低通和高通滤波。

```
>> m=imread('Girl.jpeg');
f=double(m); [m1,n1]=size(f);
a=10; b=20;
gaussian=a+b.* randn(m1, n1);      %为原始图像添加噪声
f=imadd(f, gaussian);
g=fft2(f); g=fftshift(g);
[M,N]=size(g); n1=fix(M/2); n2=fix(N/2);
n=2;du=10;dl=90;                   %高通截断半径 10,低通截断半径 90
for i=1:M
    for j=1:N
        d=sqrt((i-n1)^2+(j-n2)^2);
        h1=1/(1+(du/d)^(2*n));     %Butterworth 高通滤波
        result1(i,j)=h1*g(i,j);
        h2=1/(1+(d/dl)^(2*n));     %Butterworth 低通滤波
```

```
        result2(i,j)=h2 * g(i,j);
      end
  end
  r1=ifftshift(result1); X1=ifft2(r1); x1=uint8(real(X1));
  r2=ifftshift(result2); X2=ifft2(r2); x2=uint8(real(X2));
  figure;imshow(m);title('原图');                                      %图 7-20(a)
  figure;imshow(uint8(f));title('加噪原图');                            %图 7-20(b)
  figure;imshow(x1);title('Butterworth 高通滤波截至半径 10');            %图 7-20(c)
  figure;imshow(x2);title('Butterworth 低通滤波截至半径 90');            %图 7-20(d)
```

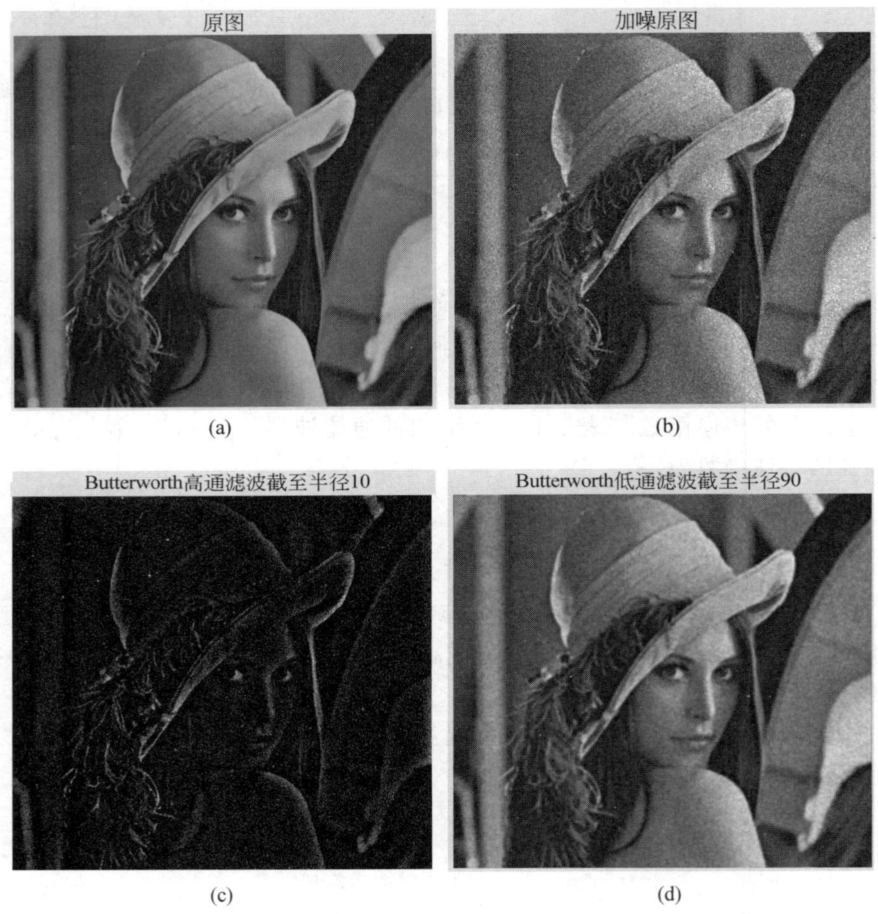

图 7-20　频率域滤波处理

7.5 图像分割

图像分割是从图像预处理到图像识别、分析和理解的关键步骤。好的图像分割应具备两个基本特征。

(1) 同一区域内部相似：分割出来的各区域对某种特性而言具有相似性，且内部没有过多小孔。

(2) 相邻区域差异明显：相邻区域对分割所依据的性质存在明显的差异。

总体来说，图像分割结果的区域边界应该是明确的。常用的分割方法包括阈值分割、区域分割和边缘检测等。本节将重点介绍阈值分割的应用。

阈值分割法是一种基于图像的分割技术。其基本原理是通过设定不同的特征阈值，进而把图像像素点分为若干类。常用的分割特征包括原始图像灰度、色彩特征以及灰度和色彩变换得到的特征。根据阈值的选择方法，可将阈值分割法分为人工阈值法和自适应阈值法两种。但很多情况下，分割目标与背景间的差异并不是那么明显，这时人工选择阈值的方法就显得无能为力了。

为了避免人为选择分割阈值的缺陷，可使用迭代方式确定阈值，基本步骤如下。

(1) 选择图像灰度中值作为初始阈值 T_0。

(2) 利用阈值 T_0 把图像分割成两个区域 R_1 和 R_2，计算两个区域灰度均值 u_1 和 u_2。

(3) 根据 u_1 和 u_2 计算新的分割阈值 $T_{i+1}=(u_1+u_2)/2$。

(4) 重复步骤(2)～(3)，直到 T_{i+1} 和 T_i 的差值小于某个给定值。

【例 7-13】 分别运用人工阈值法和迭代法进行图像分割处理。

```
>> I=imread('coins.png'); imshow(I);                %图 7-21(a)
%输出直方图
figure;imhist(I);                                   %图 7-21(b)
%根据直方图进行人工阈值选定,选择阈值为 120
[width,height]=size(I);
T1=100;
for i=1:width
    for j=1:height
        if(I(i,j)<T1)
            BW1(i,j)=0;
        else
            BW1(i,j)=1;
        end
    end
end
figure;imshow(BW1),title('人工阈值进行分割');          %图 7-21(c)

%自动选择阈值
B=I;
d=false;
while ~ d                                           %通过迭代求最佳阈值
    g=B>=T;
    Tn=0.5 * (mean(B(g))+mean(B(~ g)));
    d=abs(T-Tn)<0.5;
```

```
    T=Tn;
end
level=Tn/255;                                   %根据最佳阈值进行图像分割
BW2=im2bw(B,level);
%显示分割结果
figure;imshow(BW2);title('自动阈值进行分割');      %图 7-21(d)
```

(a)

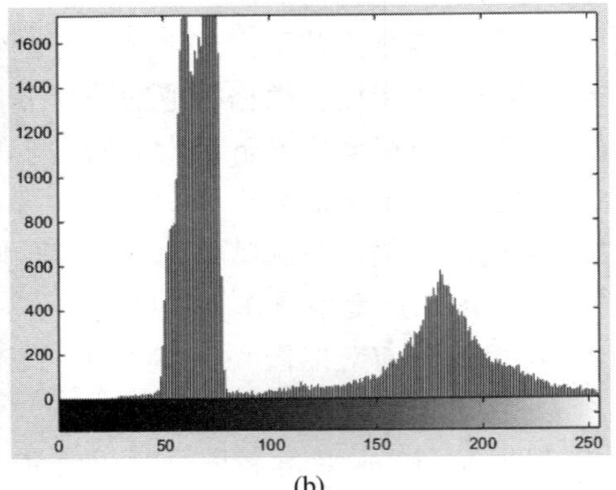

(b)

(c)

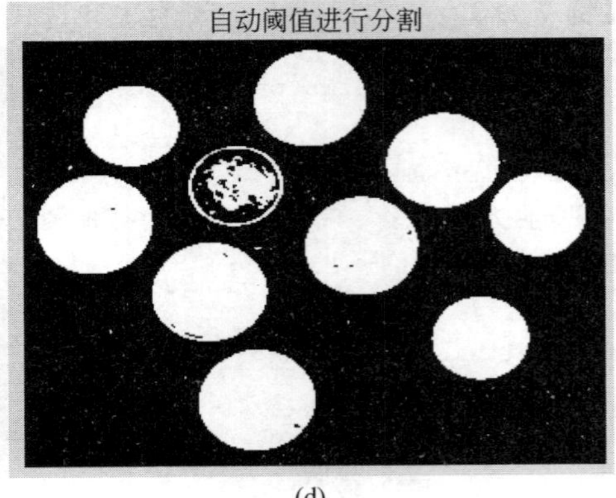

(d)

图 7-21　图像分割处理

习　题　7

1. MATLAB 中用于图像读取的函数为________，存储图像的函数为________，显示图像的命令为________，获取图像信息的函数为________。

2. 现有 RGB 图像 img，将其转换为灰度图像 A 的函数为________，将其转换为二值图像 B 的函数为________，将灰度图像 A 转换为索引图像的命令为________。

3. 简述图像代数运算和矩阵代数运算的差异。请用 MATLAB 结构控制方法在矩阵代数运算基础上编写函数，使其能够实现与图像代数运算函数相同的功能。

4. 对图像 eight.tif 采用理想低通滤波和理想高通滤波进行处理，分析不同滤波器得到的结果；采用不同阶段半径 $D_1=20$ 和 $D_1=80$ 进行处理，分析截断半径对结果的影响。

5. 对 cameraman.tif 图像添加椒盐噪声，并分别使用空域和频域增强技术实现噪声去除，恢复图像原貌。

6. 找一幅曝光不足的灰度或彩色图像，试采用直方图均衡化的方法进行处理，得到视觉效果较好的图像。

7. 找一幅具有明显边缘信息的图像，分别利用 Roberts 梯度法、Sobel 算子和拉普拉斯算子进行锐化，比较其处理效果。

8. 创建一个 GUI 窗口，其中包括两个坐标系、若干个按钮（或菜单、工具条），要求通过“打开”菜单（或按钮）打开一幅图像显示在左侧坐标系中，在右侧窗口内能够显示不同的图像处理结果。

第8章 chapter 8

综合应用

本章学习目标

- 理解本章提供的4个具体实际应用问题；
- 能够读懂各问题的程序代码，并能在此基础上丰富这些程序的功能；
- 能够灵活运用MATLAB编写程序来处理实际应用问题。

前面的章节详细介绍了MATLAB的发展历程及其在矩阵操作、图形绘制、科学计算、程序设计以及数字图像处理等领域的应用。但前述程序均较为分散且不成体系，读者难以掌握MATLAB在解决实际问题时的优势。为此，本章精心选择了树木可视化模拟、旅行商问题、汽车车牌识别和遥感图像处理共4个不同领域的实际应用问题，在详细介绍各问题背景及解决思路的前提下，提供详细的程序清单及文字说明，引导读者利用MATLAB编制程序来解决实际应用问题。

8.1 树木可视化模拟

自然界中种类繁多的植物大多具有自我相似的分形特征。近年来，随着分形理论的发展，分形理论在自然景观模拟领域（如城市规划、电子游戏）得到了广泛的应用。植物作为自然场景中必不可少的元素，是计算机模拟的重要对象。当前典型的分形植物模拟方法有两种：L系统和迭代函数系统。L系统需要先确定生成规则，简洁但不够灵活，且难于编程控制；迭代函数系统中仿射变换的确定较为复杂，且不能描绘细节。因此，本节在分形理论的支持下，将L系统和迭代函数算法相结合，以MATLAB为编程工具，并借助MATLAB的绘图功能实现随机分形树的模拟。

8.1.1 分形理论

分形理论（Fractal Theory）是当今十分流行和活跃的新理论、新学科。分形的概念是美籍数学家本华·曼德博（Benoit B. Mandelbrot）于1976年首先提出的。分形理论的数学基础是分形几何学，即由分形几何衍生出分形信息、分形设计、分形艺术等应用。分形理论最基本的特点是用分数维度的视角和数学方法描述和研究客观事物，也就是用分形分维的数学工具来描述研究客观事物。它跳出了一维的线、二维的面、三维的立体乃至四维时空的传统视角，更加趋近复杂系统的真实属性与状态的描述，更加符合客观事物的多样性与复杂性。

自相似和迭代生成是分形理论的重要原则。它们表征分形在通常的几何变换下具有不变性，即标度无关性。自相似性是从不同尺度的对称出发，也就意味着递归。分形形体中的自相似性可以是完全相同，也可以是统计意义上的相似。标准的自相似分形是数学上的抽象，迭代生成无限精细的结构，如科赫雪花(Koch snowflake)、谢尔宾斯基地毯(Sierpinski carpet)等，但这种有规则的分形毕竟只是少数，而现实世界中的绝大部分分形是统计意义上的无规分形，如曲折连绵的海岸线、漂浮的云朵等。

基于分形理论，在MATLAB中可编制程序模拟出简单的分形树，并且根据迭代次数的不同，得到的树木形状也不相同。主函数tree(n,a,b)中包括3个输入参数，其中 n 为分形树迭代次数，a 和 b 为分枝与竖直方向夹角。主函数程序代码如下。

```
function tree(n,a,b)
    %x1,y1,x2,y2 为初始线段两端点坐标,n 为迭代次数
    x1=0;y1=0;
    x2=0;y2=1;
    plot([x1,x2],[y1,y2])
    hold on
    [X,Y]=tree1(x1,y1,x2,y2,a,b);
    hold on
    W=tree2(X,Y);
    w1=W(:,1:4);
    w2=W(:,5:8);
    %w 为 2^k * 4 维矩阵, 存储第 k 次迭代产生的分枝两端点的坐标
    %w 的第 i(i=1,2, , ,2^k) 行数字对应第 i 个分枝两端点的坐标
    w=[w1;w2];
    for k=1:n
        for i=1:2^k
            [X,Y]=tree1(w(i,1),w(i,2),w(i,3),w(i,4),a,b);
            W(i,:)=tree2(X,Y);
        end
    w1=W(:,1:4);
    w2=W(:,5:8);
    w=[w1;w2];
    end
end
```

主函数tree(n,a,b)中包括两个子函数，分别为tree1(x1,y1,x2,y2,a,b)和tree2(X,Y)。其中tree1()的功能为由每个分枝两端点坐标 (x_1,y_1) 和 (x_2,y_2) 产生两个新点的

坐标(x_3,y_3),(x_4,y_4),然后画两分枝图形,最后把(x_2,y_2)连同新点的横、纵坐标分别存储在数组X,Y中。程序代码如下。

```
function [X,Y]=tree1(x1,y1,x2,y2,a,b)
    L=sqrt((x2-x1)^2+(y2-y1)^2);
        if (x2-x1)==0
            a=pi/2;
        else if (x2-x1)<0
            a=pi+atan((y2-y1)/(x2-x1));
        else
            a=atan((y2-y1)/(x2-x1));
        end
    end
    x3=x2+L*2/3*cos(a+b);
    y3=y2+L*2/3*sin(a+b);
    x4=x2+L*2/3*cos(a-b);
    y4=y2+L*2/3*sin(a-b);
    a=[x3,x2,x4];
    b=[y3,y2,y4];
    plot(a,b)
    axis equal
    hold on
    X=[x2,x3,x4];
    Y=[y2,y3,y4];
end
```

子函数tree2()的功能为,把由函数tree1生成的X,Y顺次划分为两组,分别对应两分枝两个端点的坐标,并存储在一维数组w中。程序代码如下。

```
function w=tree2(X,Y)
    a1=X(1);b1=Y(1);
    a2=X(2);b2=Y(2);
    a3=X(1);b3=Y(1);
    a4=X(3);b4=Y(3);
    w=[a1,b1,a2,b2,a3,b3,a4,b4];
end
```

在命令行中输入不同的模拟参数,得到的分形树结果如图8-1所示。可以看出,通过设置不同的参数,可模拟出不同的树木形状。

如何将具有分形特征树木分枝格局的形态和结构以可视化的形式描述出来,需要寻找一种数学方法来描述和理解树木枝条的几何模式和自相似性。目前常用的方法主要为L系统和迭代函数系统,本节将分别介绍。

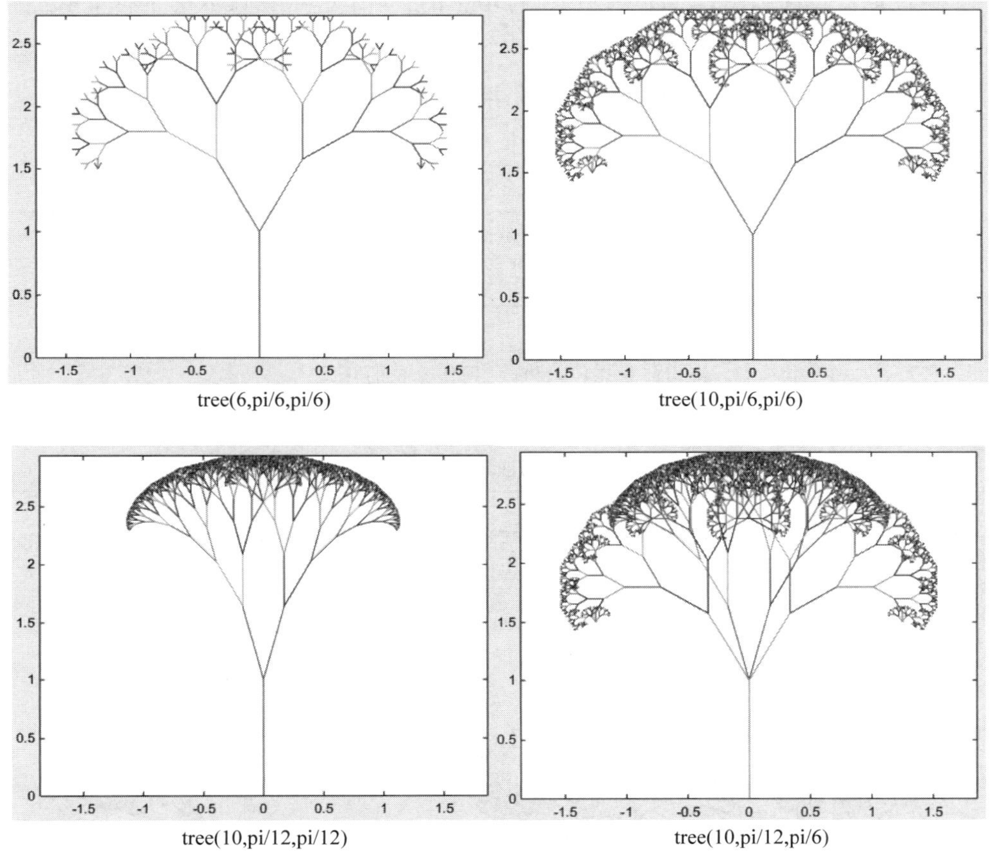

图 8-1 基于分形理论的树木模拟

8.1.2 L 系统

L 系统是美国生物学家 Aristid Lindenmayer 于 1968 年提出的一种文法描述方法。1984 年，A.R.Smith 首次将 L 系统引入计算机图形学领域。其主要目的是构造生物组织的增长模型，尤其是植物的分支模式。L 系统文法是一种独特的迭代过程，其核心概念是以字符串重写的方式对植物对象生长过程的经验式概括和抽象，构造公理与产生集，生成字符发展序列，以表现植物的拓扑结构。L 系统的基本规则可表示为 b→a→ab→aba→abaab→abaababa→abaababaabaab→…。字符串的增长符合斐波那契数列，即 $F(n+2)=F(n+1)+F(n)$。

L 系统应用于植物模拟时，首先根据其符号元和替换规则产生一系列字符串，然后读取字符，并按照不同字符表示的意义来执行不同的动作。规则可简单描述如下。

(1) 生成字符串：①声明并设置产生式规则；②声明并设置起始点、初始角、迭代步长以及迭代上限等控制参数；③循环用替换字符串替换种子。

(2) 读取字符并画图：①逐个读取字符串中的字符；②根据读取的字符采取不同的动作，各字符含义如表 8-1 所示。

表 8-1　L 系统各字符含义

符　号	意　　义
F(f)	按当前方向移动一定的步长 d，并绘制线段
G(g)	按当前方向移动一定的步长 d，不绘制线段
+	逆时针旋转角度 δ
−	顺时针旋转角度 δ
[	将当前状态压入堆栈，用作分枝的开始
]	将堆栈中弹出一个状态作为当前状态，用作分枝的结束
@nnn	用因子 nnn 乘以当前的步长

图 8-2 为在 MATLAB 平台上基于 L 系统思想产生的分形树，其产生式规则分别为：FF[−F+F+F]+[+F−F−F]、F[+F]F[−F]F 和 F[+F]F[−F[+F]]。

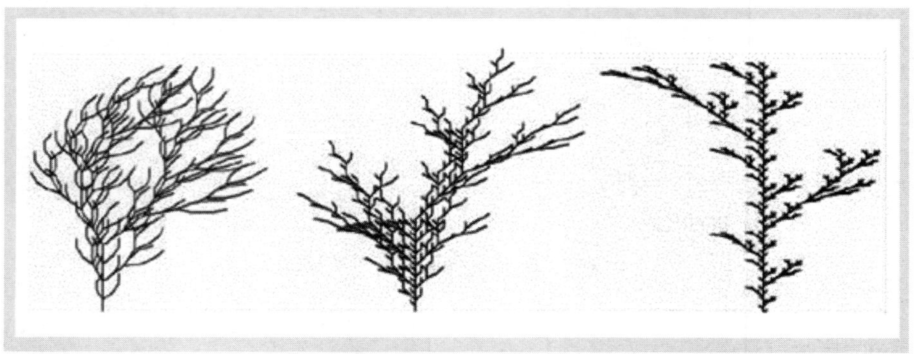

图 8-2　不同生成规则的分形树

随着植物模拟技术的发展，一些研究者提出在分形树的基础上加入随机因子，这样的生成树就不是完全按照某一确定的规则，体现了自然界由于外界条件造成的树木生长的偶然性，这样得到的分形树更自然、更逼真。因此，基于随机思想，整棵树的生成采用三种自相似规则，在树木分枝的部位采用哪一种规则生成新的枝干部分由随机数决定，如 function Sltree(n)程序中，使用 c=rand(1)函数随机生成一个 0～1 之间的数字，在分枝部位，如果生成的随机数在 0.7～1 间，则采用 p1='FF+[+F+F]−[+F]'规则生成新的枝干；若生成的随机数在 0.35～0.7 间，则采用 p2='F[+F]F[−F[+F]]'规则生成新的枝干；若生成的随机数在 0～0.35 间，则采用 p3='FF−[−F+F+F]+[+F−F−F]'规则生成新的枝干。这样生成的树木体现了自然界的外界条件对树木生长的影响，使树木的外观看起来更加逼真。

```
function Sltree(n)
```

```
    %定义生成规则
    S='F'; a=pi/10; A=pi/2; z=0; zA=[0,pi/2];
    p1='FF+[+F+F]-[+F]';
    p2='F[+F]F[-F[+F]]';
    p3='FF-[-F+F+F]+[+F-F-F]';
    for k=2:n
        c=rand(1);
        if c>=0.7
            S=strrep(S,'F',p1);
        elseif c>=0.35
            S=strrep(S,'F',p2);
        else
            S=strrep(S,'F',p3);
        end
    end

    %根据规则生成模拟树木形态
    figure;hold on;
    for k=1:length(S);
        switch S(k);
            case 'F'
                plot([z, z+2*exp(i*A)],'linewidth',2);
                z=z+2*exp(i*A);
            case '+'
                A=A+a;
            case '-'
                A=A-a;
            case '['
                zA=[zA;[z,A]];
            case ']'
                z=zA(end,1);
                A=zA(end,2);
                zA(end,:)=[];
            otherwise
        end
    end
end
```

在命令窗口中运行 Sltree 函数，结果如图 8-3 所示。可以看出，加入随机因子之后，生成的分形树更为逼真。但由于模拟程序具有随机性，因此每次执行程序所生成的分形树形态都各不相同。实际模拟中，用户还可以根据需求调整生成规则，如增加生成规则的数量、调整随机数的范围等，均可得到不同形态的树木。

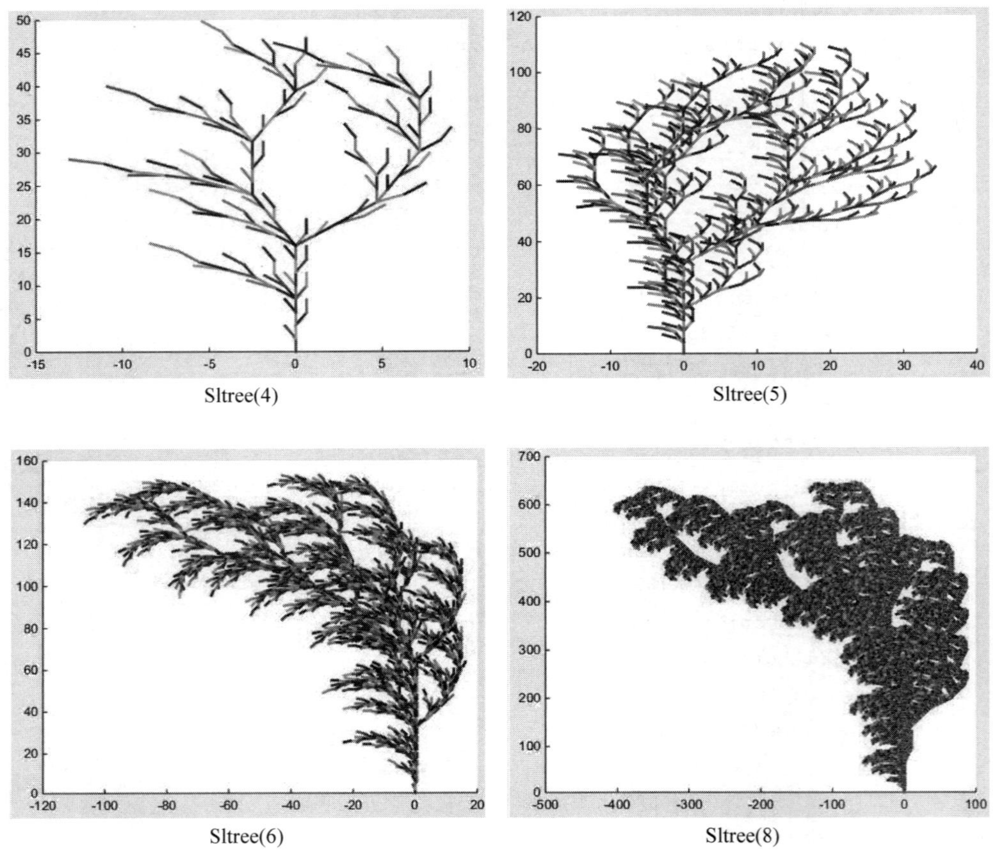

图 8-3　基于 L 系统的分形树模拟

8.1.3　迭代函数系统

迭代函数系统(Iterated Function System,IFS)是分形理论的重要分支,也是分形图形图像处理中最富有生命力并具有广阔应用前景的领域之一。这一工作最早可以追溯到 Hutchinson 于 1981 年对自相似集的研究。美国佐治亚理工学院的科学家 M.F. Barnsley 于 1985 年发展了这一分形构形系统,并将其命名为迭代函数系统,后来 Stephen Demko 等人将其公式化,并引入图像合成领域中。1991 年,Prusinkiewicz 与 Hamme 发展了语言约束式迭代函数系统方法,通过加入变换顺序的约束条件,可以通用地概括各类不同的 IFS 方法。目前迭代函数系统在计算机造型技术、图像压缩以及数据拟合等方面有着广泛的应用。

IFS 的基本思想认定,对象的全貌与局部在一定仿射变换的意义下具有自相似结构。迭代函数系统将待生成的图像看成由许多整体相似的(自相似)或经过一定变换与整体相似的(自仿射)小块拼贴而成。自相似性通过相似变换来实现,自仿射性通过仿射变换来实现。相似变换指在各个方向上变换的比率必须相同的一种比例变换,仿射变换是指在不同的方向上变化的比率可以不同的一种比例变换。从直觉上看，相似变换可放大或缩小甚至旋转，但不变形，而仿射变换可能会变形。仿射变换的数学表达式为：

$$\omega:\begin{cases} x' = ax + bx + e \\ y' = cx + dx + f \end{cases} \tag{8-1}$$

其中 ω 代表仿射变换，x 和 y 是变换前图形的坐标值，x'和 y'是变换后图形的坐标值；a，b，c，d，e，f 是仿射变换系数。

对于一个比较复杂的图形，可能需要多个不同的仿射变换来实现，仿射变换族控制着图形的结构和形状，由于仿射变换的形式是相同的，所以不同的形状取决于仿射变换的系数。另外，仿射变换族中，每一个仿射变换被调用的概率不一定是等同的，也就是说，落入图形各部分中点的数目不一定相同，这就要引进一个新的量，即仿射变换被调用的概率 p。从而，6 个仿射变换系数和一个概率便组成了 IFS 算法关键的部分 IFS 码。因此，虽然采用的仿射变换的规则是一样的，但不同的仿射变换系数将会产生不同的图形效果。

因此，利用 IFS 方法生成分形图的关键是找出相应的 IFS 码。确定 IFS 码的方法一般有两种，一种是交互式确定法，另一种是计算确定法。

交互式确定法是通过引入仿射变换产生若干子图，然后对目标图进行拼贴，交互式地在屏幕上调节每个子图的仿射变换参数 a_i，b_i，c_i，d_i，e_i，f_i，使得平移、旋转后基本覆盖目标图。子图与子图间可以有重叠，但为了减小重复计算量，应使重叠尽可能小，从而获得该图的 IFS 码。

计算确定法是分别在压缩前后的两张图上对应取三点解线性方程组的方法，来求取仿射变换系数 a_i，b_i，c_i，d_i，e_i，f_i。

表 8-2 列出了 IFS 码，其中规则 1 表示树干、规则 2 表示树冠的上部、规则 3 表示树冠的右部、规则 4 表示树冠的左部。

表 8-2 二维树的 IFS 码

i	a_i	b_i	c_i	d_i	e_i	f_i	p_i
1	−0.04	0	−0.19	−0.47	−0.12	0.3	0.25
2	0.65	0	0	0.56	0.06	1.56	0.25
3	0.41	0.46	−0.39	0.61	0.46	0.4	0.25
4	0.52	−0.35	0.25	0.74	−0.48	0.38	0.25

根据表 8-2 给出的二维树 IFS 码，并结合 8.1.2 节中讲述的随机思想，编制 IFS 树的程序代码如下。

```
function[xx,yy]=IFST(N)
    x=0;y=0;
    p=rand(1,N);
    AA=[-0.04,0,-0.19,-0.47,-0.12,0.3;0.65,0,0,0.56,0.06,1.56;0.41,0.46,
        -0.39,0.61,0.46,0.4;0.52,-0.35,0.25,0.74,-0.48,0.38];
```

```
    xx=zeros(N,1);yy=zeros(N,1);
    for ss=1:N;
        if p(1,ss)<=0.25;
            [x,y]=IFS(x,y,AA(1,1),AA(1,2),AA(1,3),AA(1,4),AA(1,5),AA(1,6));
        elseif p(1,ss)<=0.5;
            [x,y]=IFS(x,y,AA(2,1),AA(2,2),AA(2,3),AA(2,4),AA(2,5),AA(2,6));
        elseif p(1,ss)<=0.75;
            [x,y]=IFS(x,y,AA(3,1),AA(3,2),AA(3,3),AA(3,4),AA(3,5),AA(3,6));
        else
            [x,y]=IFS(x,y,AA(4,1),AA(4,2),AA(4,3),AA(4,4),AA(4,5),AA(4,6));
        end
        xx(ss)=x;yy(ss)=y;
    end
    plot(xx,yy,'.b','markersize',2);
    set(gcf,'color','w')
    axis square off;

function[xp,yp]=IFS(x,y,a1,b1,c1,d1,e1,f1)
    xp=a1*x+b1*y+e1;
    yp=c1*x+d1*y+f1;
    return
```

在命令窗口中运行IFST函数，结果如图8-4所示。可以看出，随着参数N值的不断增加，所模拟出的树木形态也越逼真。

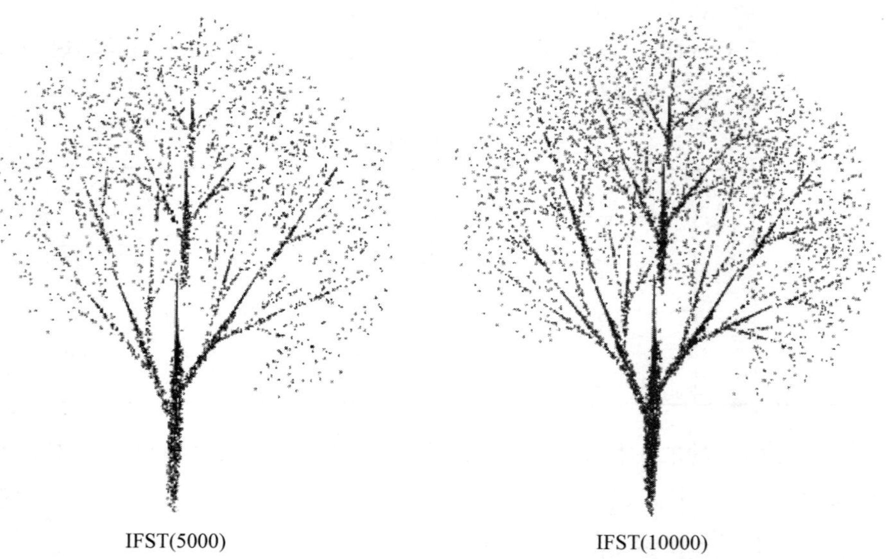

图8-4　基于迭代函数的分形树模拟

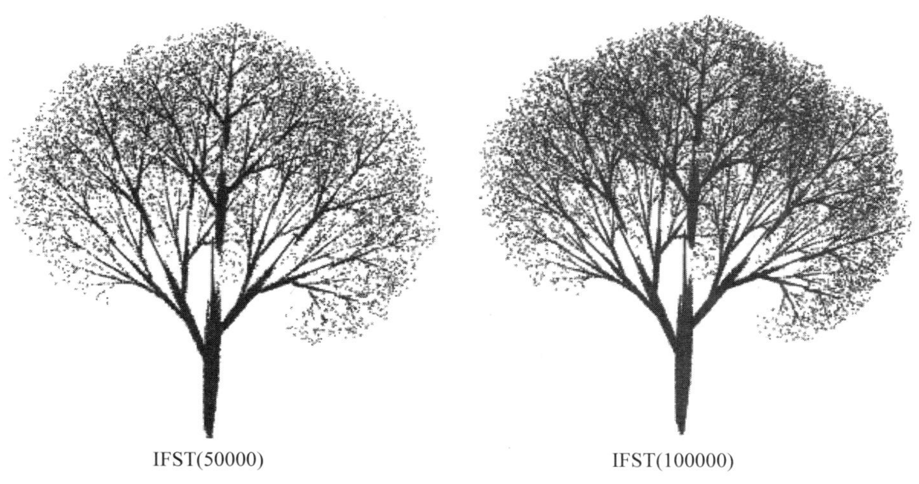

图 8-4 （续）

8.2 旅行商问题

旅行商问题(Traveling Salesman Problem,TSP)是一个经典的组合优化问题。经典的 TSP 可以描述为：已知 N 个城市相互之间的距离，某一旅行商从某个城市出发访问每个城市一次(且仅一次)，最后回到出发城市，如何安排才能使其所走的路线最短。简言之，就是寻找一条能够遍历 n 个城市的路径，或者说搜索自然子集 $X=\{1,2,\cdots,N\}$(X 的元素表示对 N 个城市的编号)的一个排列 $f(X)=\{V_1,V_2,\cdots,V_N\}$，使得

$$T_d=\sum_{i=1}^{n-1}d(V_i,V_{i+1})+d(V_n,V_1) \tag{8-2}$$

取最小值，其中 $d(V_i,V_{i+1})$表示城市 V_i 到城市 V_{i+1}的距离。

上述问题虽然表面上简单，但当旅行城市增多时，这类问题会变得极为复杂。若有 N 个需要拜访的城市，则该问题对应的解空间理论上应为$(N-1)!$ 个。下列程序模拟了城市数量 N 从 1 到 10 时的旅行商问题，其对应的潜在路线数量如图 8-5 所示，关系呈典型的非线性增长趋势。

```
>> a=1:1:10;
>> b=factorial(a-1);
>> plot(a-1,b)                    %图 8-5
```

TSP 问题不仅仅是旅行商问题，其他许多的 NP 完全问题(即多项式复杂程度的非确定性问题)均可归结为 TSP 问题，如邮路问题、装配线上的螺母问题和产品的生产安排问题等，因此国内外学者对 TSP 问题进行了大量研究，但到目前为止还未找到一个多项式时间的有效算法。早期的研究者使用精确算法求解该问题，常用的方法包括分支定界法、线性规划法、动态规划法等。但是，随着问题规模的增大，精确算法将变得无能为力。因此，在后来的研究中，国内外学者重点使用近似算法或启发式算法，主要为遗传算法、

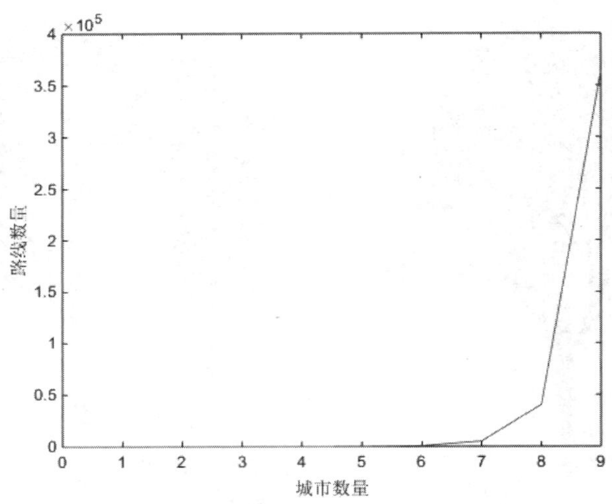

图 8-5 旅行商问题中城市数量与路线数量的关系

模拟退火法、蚁群算法、禁忌搜索算法、贪婪算法和神经网络等。

本节将以表 8-3、表 8-4 中的数据和模拟退火算法为例来说明如何应用 MATLAB 编制程序求解旅行商的最优路径问题。

表 8-3 14 个城市的坐标

序号	X 坐标	Y 坐标	序号	X 坐标	Y 坐标
1	16.47	96.1	8	17.20	96.29
2	16.47	94.44	9	15.30	97.38
3	20.09	92.54	10	14.05	98.12
4	22.39	93.37	11	16.53	97.38
5	25.23	97.24	12	21.52	95.59
6	22.00	96.05	13	19.41	97.13
7	20.47	97.02	14	21.09	92.50

表 8-4 31 个城市的坐标

序号	X 坐标	Y 坐标	序号	X 坐标	Y 坐标
1	1304	2312	7	3238	1229
2	3639	1315	8	4196	1044
3	4177	2244	9	4312	790
4	3712	1399	10	4386	570
5	3488	1535	11	3007	1970
6	3326	1556	12	2562	1756

续表

序号	X 坐标	Y 坐标	序号	X 坐标	Y 坐标
13	2788	1491	23	3429	1908
14	2381	1676	24	3507	2376
15	1332	695	25	3394	2643
16	3715	1678	26	3439	3201
17	3918	2179	27	2935	3240
18	4061	2370	28	3140	3550
19	3780	2212	29	2545	2357
20	3676	2578	30	2778	2826
21	4029	2838	31	2370	2975
22	4263	2931			

8.2.1 模拟退火算法理论

模拟退火(Simulated Annealing,SA)算法的思想最早是由 Kirkpatrick 等提出的。SA 算法的原理来源于固体降温过程,其基本思想是从一个给定的初始解开始 S_0,从邻域中随机产生另一个新解 S',根据目标函数值有选择地接受优化解或拒绝恶化解。通常接受目标函数值改进的解,而根据 Metripolis 准则有选择地接受恶化解。Metripolis 准则可表示为

$$P=\exp[(U_{\text{new}}-U_{\text{old}})/T_i] \tag{8-3}$$

式中 P 为接受恶化解的概率;T_i 相当于物理退火过程的温度 T;U_{old} 相当于固体此时的温度,即现在的目标函数值;U_{new} 相当于新产生的固体温度,即新解的目标函数值,此处要求 $U_{\text{new}}<U_{\text{old}}$。显然,当 T 值较大时接受恶化解的概率较大,但随着 T 值的减小接受恶化解的概率也减小,当 T 完全趋于 0 时不再接受任何恶化解。通过这样的设置,SA 算法允许接受一定的恶化解,从而避免算法陷入局部最优解。SA 算法的流程图见图 8-6。

SA 算法是一种通用的优化算法,理论上算法具有概率为 1 的全局优化性能,目前已在工程、电力、交通运输以及林业等领域中得到了广泛应用。实现过程的伪代码如下(以最大化问题为例)。

```
(1) 产生初始可行解 S
(2) 获得模拟退火算法的初始温度 T0,终止温度 t,每温度下交互次数 nrep,冷却速率 r(0<r<
1)等.
(3) 当温度未达到冷却时(即 T>=t),
  ① 执行以下过程 nrep 次:
    (a) 在初始解 S 基础上,采用随机方式生成新解 S';
    (b) 如果 S'为可行解,则计算当前解的改进程度,即 delta=f(S')-f(S);
    (c) 如果 delta>=0, 则设置 S=S', 同时设置最优解为 S*=S'; 否则, 以概率
```

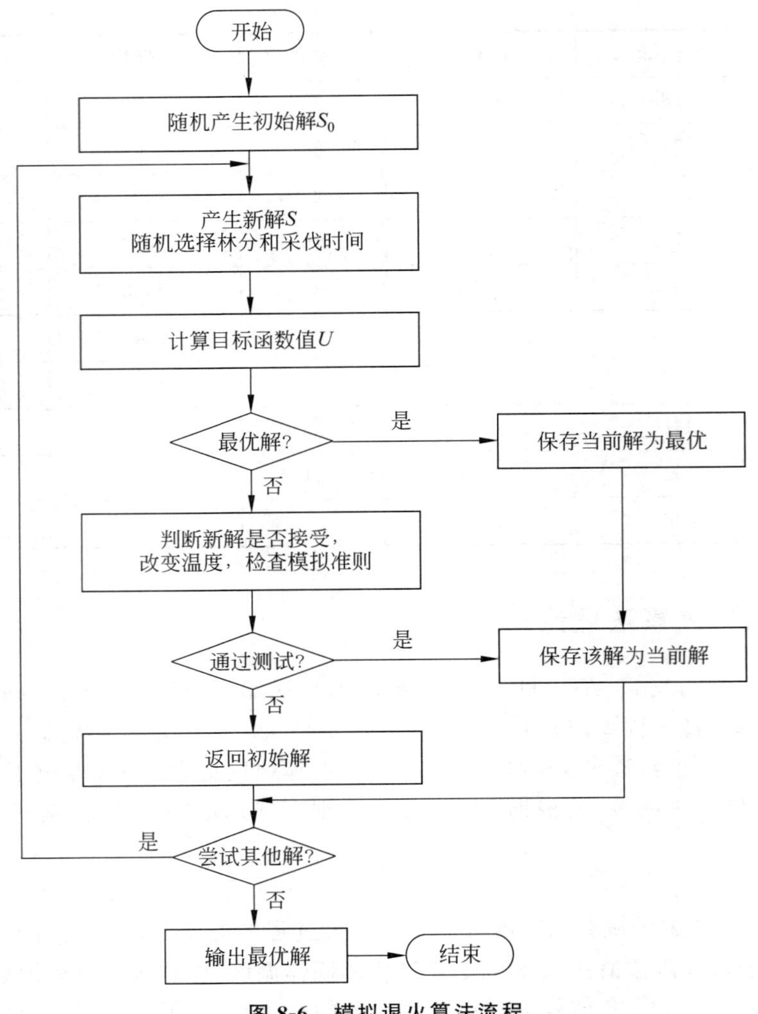

图 8-6　模拟退火算法流程

Exp(-delta/T)设置 set S=S';

②降低温度,即 T= r·T.

(4)输出算法获得的最优解 S*.

8.2.2　模拟退火算法实现

SA_TSP问题优化求解的实现主要涉及城市距离矩阵计算、产生初始解、生成新解、计算路径长度、Metripolis接受准则、最优路线图绘制和最优路径输出共7个函数,以及将整个程序用模拟退火算法串联起来的主函数,下面分别进行介绍。

1. 城市距离矩阵计算

利用给出的 N 个城市坐标,计算任意两个城市间的距离矩阵 $D(N,N)$,为后续程序计算旅行总路径长度提供基础。

```
function y=Distance(x)          %计算距离矩阵
    num=size(x,1);              %城市点个数
    y=zeros(num);               %初始化数值
    for i=1:num
        for j=i+1:num
    %计算任意两点距离
        y(i,j)=sqrt((x(i,1)-x(j,1))^2+(x(i,2)-x(j,2))^2);
            y(j,i)=y(i,j);
        end
    end
```

2. 产生初始解

对于 N 个城市的 TSP 问题，得到的解就是对 $1\sim N$ 的一个排序，其中每个数字为对应城市的编号（在整个程序中编号顺序保持不变），如对 5 个城市的 TSP 问题{1,2,3,4,5}，|2|4|5|3|1|就是一个合法的初始解。MATLAB 中可用 randperm 函数来生成一组数字的随机排列。

本案例中，假设城市个数为 N，则产生初始解的语句为：

```
S1=randperm(N);               %随机初始解
```

3. 生成新解

通过对当前解 S 进行变换，产生新的路径数组（即新解），此处采用的变换是采用生成随机数的方式来产生将要交换的两个城市，用二邻域变换法产生新的路径，即新的可行解 S'。例如，$N=5$ 时，产生两个[1,5]内的随机整数 r_1 和 r_2，确定交换的两个位置，如 $r_1=2,r_2=4$：

```
2  4  5  3  1
```

通过交换第 2 位和第 4 位的访问顺序来产生新解：

```
2  3  5  4  1
```

基于上述思想，编制的新解生成函数代码为：

```
function S2=newAnswer(S1)
    %S1 为当前解;S2 为新解
    N=length(S1);
    S2=S1;
    %产生两个随机位置用来交换产生新解
    a=round(rand(1,2) * (N-1)+1);
    w=S1(a(1));
    S2(a(1))=S2(a(2));
    S2(a(2))=w;       %得到新解
end
```

4. 计算路径长度

因本案例中对新解的产生无明确的约束，因此所有新解均为可行解。用于计算可行解路径长度的函数的代码为：

```
function len=PathLength(D,Chrom)
    %计算路径 Chrom 的目标函数值，即路线长度
    %D 为 Distance 函数计算的两两城市间距离矩阵
    [row,col]=size(D);
    NIND=size(Chrom,1);
    len=zeros(NIND,1);
    for i=1:NIND
        p=[Chrom(1,:) Chrom(1)];
        i1=p(1:end-1);
        i2=p(2:end);
        len(i,1)=sum(D((i1-1) * col+i2));
    end
end
```

5. Metripolis 接受准则

若新解 S'的路径长度为 $f(S')$，当前解的路径长度为 $f(S)$，路径差 $d=f(S')-f(S)$，则新解是否接受将按如下规则执行：

$$P=\begin{cases}1, & d<0\\ \exp\left(-\dfrac{d}{T}\right), & d\geqslant 0\end{cases} \tag{8-4}$$

式(8-4)表明，如果 $d<0$(即新解路径较短)，则始终接受新解；如果 $d\geqslant 0$(即新解路径较长)，则按概率 $\exp(-d/T)$接受新的路径。据此，编写的 Metripolis 接受函数代码如下。

```
function [S,R]=Metropolis(S1,S2,D,T)
    %S1,S2 当前路径和最新路径
    %D 城市间的距离矩阵
    %T 当前温度
    %S, R 下一个当前解及其距离
    R1=PathLength(D,S1);
    N=length(S1);

    R2=PathLength(D,S2);                    %计算新解路径长度
    dC=R2-R1;                               %计算路径长度的差值
    if dC<0                                 %如果路径变短，接受新解
        S=S2;
        R=R2;
    elseif exp(-dC/T)>=rand                 %如果路径变长，按概率接受新解
```

```
        S=S2;
        R=R2;
    else                                    %拒绝接受新解
        S=S1;
        R=R1;
    end
end
```

6. 最优路线图绘制

借助 MATLAB 的绘图函数和 pause 函数实现最优路径的动态绘制，程序代码如下。

```
function DrawPath(Chrom, X)
    R=[Chrom(1,:) Chrom(1,1)];
    figure;
    xlabel('X 坐标');
    ylabel('Y 坐标');
    hold on
    plot(X(:,1),X(:,2),'o','color',[1,0,0]);
    n=size(X,1);
    for i=1:n
        text(X(i,1)+0.1,X(i,2)+0.1,num2str(i));
    end

    m=length(Chrom);
    for i=1:m-1
        line([X(Chrom(i),1),X(Chrom(i+1),1)],[X(Chrom(i),2),X(Chrom(i+1),
2)],'color','r');
        x=X(Chrom(i),1);y=X(Chrom(i),2);
        text(x-0.1,y-0.1,['(',num2str(i),')'],'color',[0,1,0]);
        pause(0.5);
    end

    line([X(Chrom(m),1),X(Chrom(1),1)],[X(Chrom(m),2),X(Chrom(1),2)],'color
','r');
    x=X(Chrom(m),1);y=X(Chrom(m),2);
    text(x-0.1,y-0.1,['(',num2str(m),')'],'color',[0,1,0]);
    pause(0.5);
    hold off

end
```

7. 最优路径输出

将得到的初始解路径和最优路径的有关信息输出在命令行中，编制的程序代码如下。

```
function p=OutputPath(R)
    %输出路径 R
    R=[R,R(1)];
    N=length(R);
    p=num2str(R(1));
    for i=2:N
        p=[p,'->',num2str(R(i))];
    end
    disp(p)
end
```

8. SA_TSP 主函数

利用图 8-6 所示流程，将模拟退火算法和上述各函数串联起来，据此编制的主函数执行代码如下。

```
function SA_TSP()
    clc;
    clear;
    close all;
    tic                                         %算法起始时间
    T0=10000;                                   %初始温度
    Tend=0.0001;                                %终止温度
    L=100;                                      %每温度下重复次数
    q=0.99;                                     %降温速率
    load('City31.mat');
    CityPosition1=City31;

    %%
    D=Distance(CityPosition1);                  %计算距离矩阵
    N=size(D,1);                                %城市个数

    %%初始解
    S1=randperm(N);                             %随机初始解

    %%画出随机解的路径图
    DrawPath(S1, CityPosition1)
    pause(0.0001)

    %%输出随机解的路径和距离
    disp('初始种群中的随机值')
    OutputPath(S1);
    Rlength=PathLength(D,S1);
    disp(['总距离: ',num2str(Rlength)]);
```

```
%%计算迭代次数
%根据数学公式可知 T0 * (q^x)=0 时获得的 x 约为算法经历不同温度等级的最大次数
%x 的计算可用 solve 函数获得,即 solve('T0 * (q^x)=0','x'),
%获得 x=log(Tend/T0)/log(q),
%x 可进一步转化为: x=log(Tend/(T0 * q))
num=ceil(eval(['log(',num2str(Tend),'/',num2str(T0),…
    ')/log(',num2str(q),')']));
%Time=ceil(double(solve(['100 * (0.99)^CityPos=0',num2str(Tend)])));

count=0;                                        %迭代次数
Obj=zeros(num,1);                               %目标值矩阵初始化
track=zeros(num, N);                            %每代最优路线矩阵初始化

%%模拟退火算法的核心过程
while T0>Tend
    count=count+1;
    temp=zeros(L,N+1);
    for k=1:L
        %产生新解
        S2=newAnswer(S1);
        %Metropolis 判断接受新解
        [S1,R]=Metropolis(S1,S2,D,T0);
        temp(k,:)=[S1,R];                       %记录下一条路线及其路程
    end
    [d0,index]=min(temp(:,end));                %找出当前温度下最优路线
    if count==1||d0<Obj(count-1)
        Obj(count)=d0;         %如果当前温度下最优路程小于上一路程,则记录当前路程
    else
        %如果当前温度下最优路程大于上一路程,则保存上一路程
        Obj(count)=Obj(count-1);
    end
    track(count,:)=temp(index,1:end-1);         %记录当前温度最优路线
    T0=q * T0;                                  %降温
    %fprintf(1,'%d\n',count)                    %输出当前迭代次数
end

%%
figure(2)
plot(1:count,Obj)
xlabel('迭代次数')
ylabel('距离')
title('优化过程')

%%最优解的路径图
DrawPath(track(end,:),CityPosition1)
```

```
    %%输出最优解的路线和距离
    disp('最优解')
    S=track(end,:);
    %p=OutputPath(S);
    p=OutputPath(S);
    disp(['总距离: ',num2str(PathLength(D,S))]);
    disp('_______________________________________')
    toc
end
```

8.2.3 SA_TSP 优化结果

以包含 31 个城市的数据为例，在命令行中运行 SA_TSP。程序首先确定的一条随机路径为：15→16→29→28→20→17→8→13→19→11→24→21→1→26→6→2→14→23→25→30→9→22→10→12→18→5→27→31→4→7→3→15，随机路径的轨迹如图 8-7 所示。该条随机路径的总距离为 45231.4405。

图 8-7 彩图

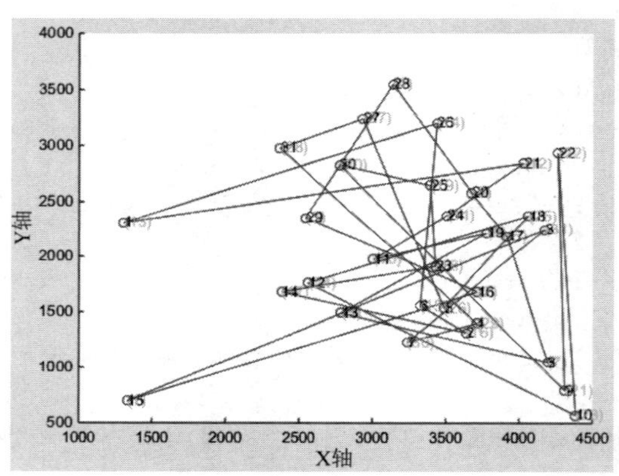

图 8-7　31 个城市的随机路线图

设置模拟退火算法的 4 个参数分别为：初始温度 $T_0=10000$、终止温度 $T_{end}=0.0001$、每单位温度下重复次数 $L=100$、降温速率 $q=0.99$，经过 1833 次运行后，算法结束。整个程序耗时约 37.96 秒。算法优化迭代过程如图 8-8 所示。可以看出，算法在经过大约 500 次迭代时，目标函数值降低到 15387.4549，比初始解的目标函数值减小约 65.98%。此后，随着迭代次数的增加，目标函数未发生明显变化。最终，程序获得的最优路径为：26→25→24→20→21→22→18→3→17→19→16→4→2→8→9→10→7→6→5→23→11→13→12→14→15→1→29→31→30→27→28→26，其对应的路线如图 8-9 所示。

模拟结果表明，随着 N 的不断增加，算法运行效率会显著降低，且所获得的结果有可能为满意解，而非最优解。如采用 rand(100,2) * 10 的方式生成具有 100 个城市的旅行商问题。优化算法产生的初始解、最优解及迭代过程分别如图 8-10～图 8-12 所示。

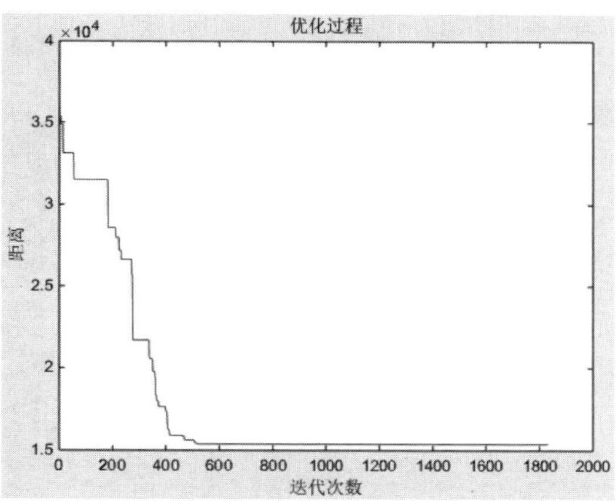

图 8-8 31 个城市的算法迭代过程图

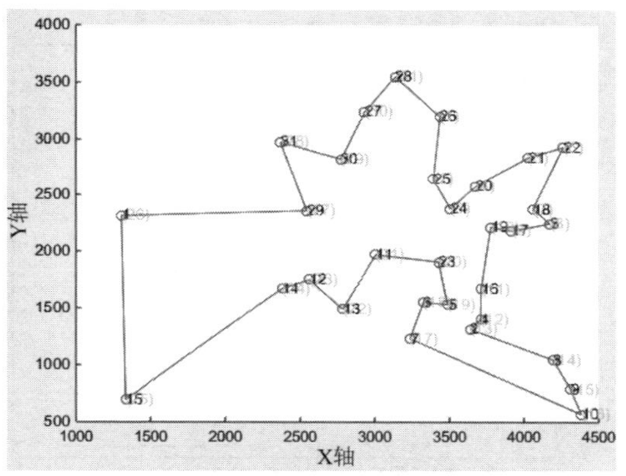

图 8-9 31 个城市的最优解路线图

图 8-9 彩图

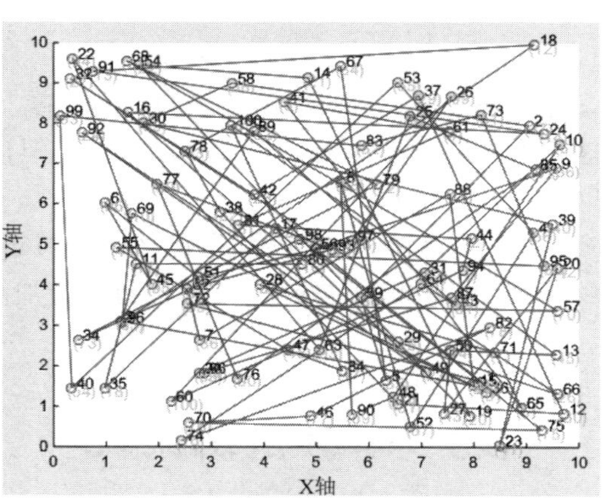

图 8-10 100 个城市的随机路线图

图 8-10 彩图

图 8-11 彩图

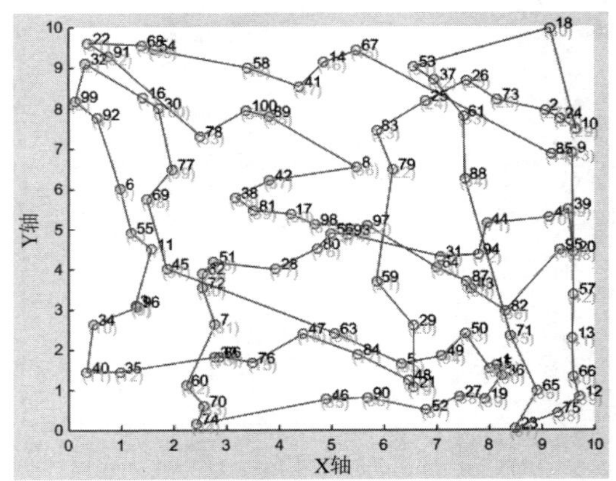

图 8-11　100 个城市的最优解路线图

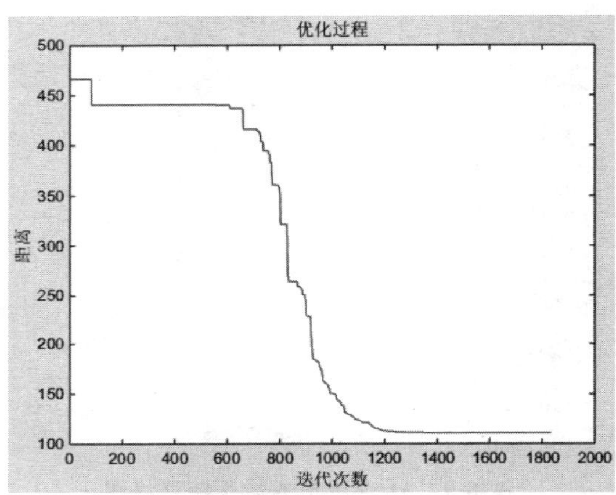

图 8-12　100 个城市的算法迭代过程图

针对上述两个问题，读者可尝试从以下两方面改进。

(1) 调整模拟退火算法的参数值，例如增加算法的最高温度、每温度下重复次数或者降低算法的降温速率，这些均能够显著增加算法的迭代次数，但读者必须在算法的运行效率(即运行时间)和目标解的质量间取得平衡。

(2) 使用逆转搜索策略，即选择两个城市后，逆转这两个城市间的所有城市，而不是仅仅逆转所选择的两个城市。理论上，新的逆转策略有利于增加算法获得优质邻域解的概率。

8.3 车牌识别系统

一个完整的车牌号识别系统理论上要完成从图像采集到字符识别输出，过程相当复杂，基本可以分成硬件和软件两部分。其中，硬件部分包括系统触发、图像采集，软件部分包括图像预处理、车牌定位、字符分割、字符识别四大部分。一个车牌识别系统运作的基本流程如图 8-13 所示。下面将分别介绍车牌识别过程中软件部分的相关原理和方法。

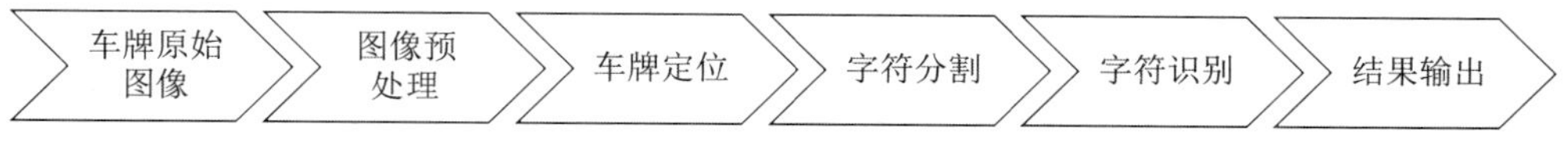

图 8-13 车牌识别流程

8.3.1 图像预处理

目前常用的车牌检测系统捕捉到的图像都是彩色图像，最常用的彩色图像模型即为 RGB 模型，由 3 个分量组成，分别为 R 通道(红色分量)，G 通道(绿色分量)和 B 通道(蓝色分量)，每个分量具有 8 比特的深度。为了在提高图像处理的效率的前提下将牌照字符和牌照区分出来，需要将彩色图像进行灰度化处理。所谓的灰度化处理，就是将含有色彩和亮度的图像转换为无色彩信息，使之只含有亮度(或强度)信息的过程。灰度图像某像素点的强度值越大，则该像素点越接近白色。

考虑到我国车牌的规格一般只有蓝底白字、黄底黑字、白底红字和黑底白字几种，利用不同的色彩通道就可以将牌照区域和背景区分出来。对于蓝底白字的车牌，在蓝色通道中，牌照字符和牌照区域的区分并不明显，但是在红色和绿色通道中，字符和牌照区域就有很明显的区分。同理，对白底黑字的牌照可用红色通道，绿底白字的牌照可以用蓝色或红色通道，这样就可以对比清晰地显示出牌照的位置。

一般灰度化处理有以下 4 种方法。

(1) 分量法：采用 R、G、B 中的一个分量值作为该点的灰度值，即

$$G(i,j)=R(i,j)\text{or }G(i,j)\text{or }B(i,j)$$

(2) 最大值法：用 R、G、B 分量的最大值作为该点的灰度值，即

$$G(i,j)=\max\{R(i,j),G(i,j),B(i,j)\}$$

(3) 平均值法：用 R、G、B 分量的平均值作为该点的灰度值，即

$$G(i,j)=(R(i,j),G(i,j),B(i,j))/3$$

(4) 加权平均值法：根据 RGB 分量的重要性不同，赋予分量不同的权重，将三者的加权平均值作为该点的灰度值。考虑到人眼对绿色敏感性最强、蓝色次之、红色最弱的特性，MATLAB 中采用下列权重来进行灰度转换：

$$G(i,j)=0.2989R(i,j)+0.5870G(i,j)+0.1140B(i,j)$$

根据上述权重公式，下列程序模拟了不同灰度转换方法的处理效果。

```
img=imread('car.jpg');
img_R=img(:,:,1);
img_G=img(:,:,2);
img_B=img(:,:,3);

[M,N,Z]=size(img);
for i=1:M
    for j=1:N
```

```
            img_max(i,j)=max([img(i,j,1),img(i,j,2),img(i,j,3)]);
            img_mean(i,j)=sum([img(i,j,1),img(i,j,2),img(i,j,3)])/3;
            img_weight(i,j)=0.2898*img(i,j,1)+0.5870*img(i,j,2)+…
                0.1140*img(i,j,3);
        end
    end

    figure;imshow(img);title('原始图像');
    figure;imshow(img_R);title('红波段灰度化');
    figure;imshow(img_G);title('绿波段灰度化');
    figure;imshow(img_B);title('蓝波段灰度化');
    figure;imshow(img_max);title('最大值法');
    figure;imshow(img_mean);title('平均值法');
    figure;imshow(img_weight);title('加权平均值法');
```

从图 8-14 可以看出，对于蓝底白字的车牌图像，基于红色波段和加权平均值法的处理效果相对较好，而平均值法的效果最差。因 MATLAB 中提供了 rgb2gray 函数用于直接实现基于加权平均值法的灰度图像处理，因此本章在后续车牌图像处理中将使用加权平均值法进行图像预处理。

图 8-14　不同灰度处理方法对比

图像的二值化有利于图像的进一步处理，使图像变得简单，而且数据量减小，能凸显出感兴趣的目标的轮廓。在MATLAB中，二值化图像常常为0和1数组表示，二值化的常用算法有两种，具体如表8-5所示。

表8-5 常用二值化图像处理方法

方法	方法论述
全局二值化方法	对每一幅图计算一个单一的阈值，灰度级大于阈值的像素被标记为背景色，否则为前景
局部自适应二值化	以像素的邻域的信息为基础来计算每一个像素的阈值。其中一些方法还会计算整个图像中的一个阈值面。如果图像中的一个像素(x,y)的灰度级高于在(x,y)点的阈值面的计算值，那么把像素(x,y)标记为背景，否则为前景字符

在图8-14所示的灰度图像上，采用MATLAB提供的im2bw函数对其进行全局二值化处理，以观察不同灰度图像的二值化处理效果，程序代码如下。

```
%结果如图 8-15 所示
figure;imshow(im2bw(img)); title('原始图像');
figure;imshow(im2bw(img_R));title('红波段二值化');
figure;imshow(im2bw(img_G));title('绿波段二值化');
figure;imshow(im2bw(img_B));title('蓝波段二值化');
figure;imshow(im2bw(img_max));title('最大值法二值化');
figure;imshow(im2bw(img_mean));title('平均值法二值化');
figure;imshow(im2bw(img_weight));title('加权平均值法二值化');
```

图8-15 对不同灰度图像的二值化处理效果

图 8-15 结果表明，在基于红色波段和加权平均值法得到的灰度图像上继续进行二值化处理，能够得到较好的效果。

8.3.2 车牌定位

车牌定位即从车辆图像中正确分割出拍照所在区域，是车牌识别中最为关键的部分。目前，国外学者已经提出了很多车牌定位算法，如边缘检测、神经网络、小波变换等。本节给出的是一种较为简单的方法，即基于颜色特征的定位算法。该算法不用对整幅图像进行边缘检测，而是直接寻找图片中颜色、形状及纹理等符合车牌特征的连通区域。通过对大量车牌图像的分析可以发现，对于具有某种目标色的像素，可以直接通过对 H、S、V 三分量设定一个范围来将它们过滤出，而不需要进行复杂的色彩距离计算，这样可以在色彩分割时节省大量的时间。H、S、V 三分量的定义如下。

(1) 色调 H：用角度度量，取值范围为 0°～360°，从红色开始按逆时针方向计算，红色为 0°，绿色为 120°，蓝色为 240°。它们的补色及取值分别是：黄色为 60°，青色为 180°，紫色为 300°。

(2) 饱和度 S：饱和度 S 表示颜色接近光谱色的程度。一种颜色可以看作某种光谱色与白色混合的结果。其中光谱色所占的比例越大，颜色接近光谱色的程度就越高，颜色的饱和度也就越高。饱和度高，颜色则深而艳。光谱色的白光成分为 0，饱和度达到最高。通常取值范围为 0%～100%，值越大，颜色越饱和。

(3) 明度 V：明度表示颜色明亮的程度，对于光源色，明度值与发光体的光亮度有关；对于物体色，此值和物体的透射比或反射比有关。通常取值范围为 0%(黑)～100%(白)。

MATLAB 为了计算方便，将 H、S、V 三分量的值全部转换为 0～1 之间。实践表明，这种过滤对蓝色和黄色车牌特别有效，但对于黑色和白色的过滤效果不是很理想。这是因为对于黑色和白色，它们的色调和饱和度没有意义，所以和其他颜色相比缺少了两个过滤指标。通过实验数据表明，汽车车牌的 HSV 值可由表 8-6 确定。

表 8-6 HSV 的取值范围

	蓝色	黄色	白色	黑色
色调 H	200°～255°	25°～55°	\	\
饱和度 S	0.4～1	0.4～1	0～0.1	\
亮度 V	0.3～1	0.3～1	0.9～1	0～0.35

注：“\”表示不予考虑的项目。

由于该算法的原理特殊，决定了其主要针对家庭小型车蓝底白字车牌进行识别。根据彩色图像的 RGB 比例定位出近似蓝色的候选区域。但是由于 RGB 三原色空间中两点间的欧氏距离与颜色距离不呈线性比例，在设定蓝色区域的定位范围时不能很好地控制，因此会造成定位出错的现象，特别是在图片中出现较多的蓝色背景情况下，识别率会下降，不能有效提取车牌区域。对此本节提出了自适应调节方案。对分割出来的区域进行识别调整。根据长宽比，蓝白色比对候选区域进行多次定位，最终找到车牌区域。

根据上述原理，编制的车牌定位程序如下。

```
function bw=image_segmentation(I)          %图像分割
    Image=I;                                %读取 RGB 图像
    Image=im2double(Image);                 %双精度类型便于运算
    I=rgb2hsv(Image);                       %RGB 模型转换 hsv 模型
    [y,x,z]=size(I);                        %%y,x,z 返回 RGB 彩色图像数据矩阵行列等
    Blue_y=zeros(y, 1);
    %蓝色车牌的 HSVB 值,其中 0.56=200/360, 0.71=255/360
    p=[0.56 0.71 0.4 1 0.3 1 0];
    for i=1 : y
        for j=1 : x
            hij=I(i, j, 1);
            sij=I(i, j, 2);
            vij=I(i, j, 3);
            if (hij>=p(1) && hij<=p(2)) &&(sij >=p(3)&& sij<=p(4))&&...
                    (vij>=p(5)&&vij<=p(6))
                Blue_y(i, 1)=Blue_y(i, 1)+1;        %蓝色像素点统计
            end
        end
    end
    [~, MaxY]=max(Blue_y);                          %最大值
    Th=p(7);
    PY1=MaxY;
    while ((Blue_y(PY1,1)>Th) && (PY1>0))           %获取 Y 方向上坐标的最小值
        PY1=PY1-1;
    end
    PY2=MaxY;
    while ((Blue_y(PY2,1)>Th) && (PY2<y))           %获取 Y 方向上坐标的最大值
        PY2=PY2+1;
    end
    PY1=PY1-2;
    PY2=PY2+2;
    if PY1<1
        PY1=1;
    end
    if PY2>y
        PY2=y;
    end
    bw=Image(PY1:PY2,:,:);
    IY=I(PY1:PY2, :, :);
    I2=im2bw(IY,0.5);
```

```
[y1,x1,z1]=size(IY);
Blue_x=zeros(1,x1);
for j=1 : x1
    for i=1 : y1
        hij=IY(i, j, 1);
        sij=IY(i, j, 2);
        vij=IY(i, j, 3);
        if (hij>=p(1) && hij<=p(2)) &&(sij >=p(3)&& sij<=p(4))&&...
                (vij>=p(5)&&vij<=p(6))
            Blue_x(1, j)=Blue_x(1, j)+1;
%               bw1(i, j)=1;
        end
    end
end
PY1;PY2;

[~, MaxX]=max(Blue_x);
Th=p(7);
PX1=MaxX;

while ((Blue_x(1,PX1)>Th) && (PX1>0))          %获取 X 方向上坐标的最小值
    PX1=PX1-1;
end
PX2=MaxX;
while ((Blue_x(1,PX2)>Th) && (PX2<x1))         %获取 X 方向上坐标的最大值
    PX2=PX2+1;
end
Picture=Image(PY1:PY2,PX1:PX2,:);
bw=Picture;
figure('NumberTitle','off','Name','图像分割');
imshow(bw);title('车牌图像');
```

8.3.3 车牌倾斜校正

在车牌识别系统中,车牌字符能够正确分割的前提是车牌图像能够水平,以使水平投影和垂直投影能够正常进行。如果车牌倾斜没有矫正,那么水平投影和垂直投影,甚至铆钉都无法正常处理。车牌倾斜校正是车牌定位和字符分割的一个重要处理过程。经过车牌定位后所获取的车牌图像不可避免地存在某种程度的倾斜,这种倾斜不仅会给下一步字符分割带来困难,最终也将对车牌识别的正确率造成直接的影响。所以从车辆信息中获取车牌的第一步应该是检查倾斜角度并做倾斜矫正。

目前,国内外学者已经提出了许多车牌矫正算法,如 Hough 变换法、Radon 变换法、最小二乘法和两点法等。本节将系统介绍 Radon 变换法,其核心思想是将数字图像矩阵在某一指定角度射线方向上做投影变换。Radon 变换的定义为二元函数 $f(x,y)$的投影

在某一方向上的线积分，例如，$f(x,y)$在垂直方向的线积分是$f(x,y)$在x方向上的投影，在水平方向上的线积分是y方向上的投影，沿y方向的线积分是沿x方向上的投影。投影可沿任意角度进行，通常$f(x,y)$的Radon变换是$f(x,y)$平行于y轴的线积分，其格式如下。

$$R_\theta(x')=\int_{-\infty}^{+\infty} f(x'\cos\theta - y'\sin\theta, x'\sin\theta + y'\cos\theta)\mathrm{d}y' \tag{8-5}$$

其中：$\begin{bmatrix} x' \\ y' \end{bmatrix}=\begin{bmatrix} \cos\theta & \sin\theta \\ -\sin\theta & \cos\theta \end{bmatrix}\begin{bmatrix} x \\ y \end{bmatrix}$。

MATLAB中，用户可采用radon函数来实现此功能，调用格式如下。

```
R=radon(I)
```

返回二维灰度图像I的Radon变换R，角度范围为0°～179°。Radon变换是图像强度沿特定角度的径向线的投影。

```
R=radon(I,theta)
```

返回基于theta所指定角度的Radon变换。

```
[R,xp]=radon(___)
```

返回向量xp，其中包含与图像的每行对应的径向坐标。

根据上述原理，首先对采用sobel水平方向算子对车牌图像进行水平边缘直线进行检测，然后用radon函数车牌图像的倾斜角度，最后采用imrotate函数对车牌图像进行倾斜校正。据此编制的车牌倾斜校正函数代码如下。

```
function [picture,angle]=rando_bianhuan(bw)        %倾斜校正
%picture 返回校正后图片
%angle 倾斜角度
    I=rgb2gray(bw);
    figure('NumberTitle','off','Name','车牌灰度图像');
    imshow(bw);title('车牌灰度图像');
    I=edge(I, 'sobel','horizontal');
    theta=1:180;
    [R,xp]=radon(I,theta);
    [I,J]=find(R>=max(max(R)));                     %J 记录了倾斜角
    angle=90-J;
    %返回旋转后的图像矩阵。正数表示逆时针旋转,负数表示顺时针旋转。
    picture=imrotate(bw,angle,'bilinear','crop');
    figure('NumberTitle','off','Name','倾斜校正图像');
    imshow(picture);title('倾斜校正');
    imwrite(picture,'倾斜校正车牌.jpg');
```

8.3.4 车牌字符分割

在汽车牌照自动识别过程中，字符分割有承前启后的作用。字符分割必须建立在车

牌定位和车牌倾斜校正的基础上，同时为了提高后续字符识别精度还必须使用到图像投影、图像形态学运算、图像字符切割和字符归一化等技术和方法。

1. 图像投影

图像投影的定义是将图像在某一方向上做线性积分(或理解为累加求和)。如果将图像看作二维函数 $f(x,y)$，则其投影就是在特定方向上的线性积分，例如 $f(x,y)$ 在垂直方向上的线性积分就是其在 x 轴上的投影；$f(x,y)$ 在水平方向上的线性积分就是其在 y 轴上的投影。通过这些投影，可以获取图像在指定方向上的突出特性，在图像模式识别等处理中可以应用。

字符分割一般仅采用垂直投影法。由于字符在垂直方向上的投影必然在字符间或字符内的间隙处取得局部最小值，并且这个位置应满足牌照的字符书写格式、字符、尺寸限制和一些其他条件。利用垂直投影法对复杂环境下的汽车图像中的字符分割有较好的效果。据此，编制的图像投影处理函数代码为：

```
function bw_fir=touying(imane_bw)
    X_yuzhi=1;
    [y,x]=size(imane_bw);
    Y_touying=(sum((~imane_bw)'))';                          %往左边投影统计黑点
    X_touying=sum((~imane_bw));                              %往下面投影
    %找到黑体边缘
    Y_up=fix(y/2);
    Y_yuzhi=mean(Y_touying((fix(y/2)-10):(fix(y/2)+10),1))/1.6;
    while ((Y_touying(Y_up,1)>=Y_yuzhi)&&(Y_up>1))           %找到图片上边界
          Y_up=Y_up-1;
    end
    Y_down=fix(y/2);
    while ((Y_touying(Y_down,1)>=Y_yuzhi)&&(Y_down<y))  %找到图片上边界
          Y_down=Y_down+1;
    end
    %去除左边边框干扰
    X_right=1;

    if (X_touying(1,fix(x/14)))<=X_yuzhi
       X_right=fix(x/14)
    end
    %找到黑体边缘
    bw_fir=imane_bw(Y_up:Y_down,X_right:x);
```

2. 图像形态学运算

数学形态学(Mathematical morphology)是一门建立在格论和拓扑学基础之上的图像分析学科，是数学形态学图像处理的基本理论。其基本的运算包括腐蚀和膨胀、开运算和闭运算、骨架抽取、极限腐蚀、击中击不中变换、形态学梯度、Top-hat 变换、颗粒分

析、流域变换等。MATLAB 提供的 bwmorph 函数可用于实现图像形态学的各种运算，调用格式为：

```
BW2=bwmorph(BW,operation)
```

对二值图像 BW 应用特定的形态学运算。

```
BW2=bwmorph(BW,operation,n)
```

对二值图像 BW 执行某种形态学运算 n 次。n 可以是 Inf，在这种情况下会一直重复运算，直到图像不再变化。

根据车牌图像特征，首先将识别到的且经过倾斜校正的图片转换为二值图像，然后分别对图像执行删除具有 H 连通的区域、删除杂散像素、形态学开运算等操作，获得车牌图像中车牌号码字符的骨架(即实际的字符)，再对图像进行裁剪和投影变换，以进一步获取图像中字符的精确位置。据此，编写的图像形态学运算函数的程序代码为：

```
function picture_6=xingtaixue(picture_1)
    threshold=50;
    %最大类间方差法图像二值化
    picture_2=im2bw(picture_1,graythresh(picture_1));
    figure('NumberTitle','off','Name','车牌二值化');
    imshow(picture_2);title('二值化');
    %对二值图像的形态学操作,移除 H 连通的像素
    picture_3=bwmorph(picture_2,'hbreak',inf);
    picture_4=bwmorph(picture_3,'spur',inf);
    picture_5=bwmorph(picture_4,'open',inf);
    picture_6=bwareaopen(picture_5,threshold);
    picture_6=~picture_6;
    figure('NumberTitle','off','Name','形态学操作')
    imshow(picture_6);title('形态学操作');

    function bw=caijian(picture_6)
    threshold=50 ;
    picture_7=touying(picture_6);
    picture_8=~picture_7;
    picture_9=bwareaopen(picture_8, threshold);
    picture_10=~picture_9;
    [y,x]=size(picture_10);
    bw=picture_10;
    [y,x]=size(bw);
    dd=fix(x/40);
    ddd=fix(x/30);
    dd=x-dd;
    bw=bw(:,ddd:dd);
```

```
    figure('NumberTitle','off','Name','边框去除')
    imshow(bw),title('边框去除');
```

在 xingtaixue()函数中使用到了自定义的 caijian 函数，该函数功能是对图像进一步执行剪切操作，以保证边框贴近字体。据此，编制的图像裁剪函数的代码如下。

```
function bw=caijian(picture_6)
    threshold=50 ;
    picture_7=touying(picture_6);
    picture_8=~picture_7;
    picture_9=bwareaopen(picture_8, threshold);
    picture_10=~picture_9;
    [y,x]=size(picture_10);
    bw=picture_10;
    [y,x]=size(bw);
    dd=fix(x/40);
    ddd=fix(x/30);
    dd=x-dd;
    bw=bw(:,ddd:dd);
    figure('NumberTitle','off','Name','边框去除');
    imshow(bw),title('边框去除');
```

3. 字符分割

字符分割是把车牌照片中单独的一个个字符分别独立切割出来的过程。字符分割的主要思路是对车牌照片中每个字符的颜色、形状、骨架、结构、灰度等各种信息进行研究，找到合适的区分不同字符的有效特征信息，再根据这些特征确定字符边界，最后根据字符边界对车牌图像进行切分，把一个个字符从车牌照片中剪切出来，每个字符形成一个单独的图片文件，这些图片文件就是下一步的输入。字符分割出来的一个一个字符的图像质量将对字符识别的速度和准确度产生极大的影响。

分割车牌字符左右边界时，通过垂直扫描过程，由于数字和字母具有连通性，所以分割数字和字母比较容易。通过垂直扫描过程，统计黑色像素点的个数，由于两个字符之间没有黑像素，所以可以作为字符分割的界限。具体步骤如下。

(1) 确定图像中字符的大致高度范围。先自下而上对图像进行逐行扫描，直到遇到第一个黑色像素，记下行号，然后自上而下对图像进行逐行扫描，直到遇到第一个黑色像素，记下行号。这两个行号就标识出了字符大致的高度范围。

(2) 确定每个字符的左起始和右终止位置。在第一步得到的高度范围内进行自左向右逐列扫描，遇到第一个黑色像素时，认为是字符分割的起始位，然后继续扫描，直到遇到有一列中没有黑色像素，认为是这个字符的右终止位置，准备开始进行下一个字符的分割。按照上述方法继续扫描，直到扫描到图像的最右端。这样就得到了每个字符比较精确的宽度范围。

(3) 在已知的每个字符比较精确的宽度范围内，再按照第 1 步的方法，分别自下而上和自上而下逐行扫描，来获取每个字符精确的高度范围。

4. 字符归一化

采集获取车辆图像时，因车辆停靠位置及拍摄的位置不同，车辆图像的大小不一，车牌图像也大小不一；在经过切分后，字符大小也是不同的，字符的中心点也因切分时采用的方法不同而发生了不同的变化。对这样的字符进行识别时，这些字符的细微差别可能导致识别不准确。对字符进行归一化，使其大小和位置一致，以便于下一步的识别。MATLAB 提供一个改变图像大小的函数 imresize，其调用格式如下。

```
B=imresize(A, m)
```

返回的图像 B 的长宽是图像 A 的长宽的 m 倍，即缩放图像。m 大于 1，则放大图像；m 小于 1，缩小图像。

```
B=imresize(A, [numrows numcols])
```

numrows 和 numcols 分别指定目标图像的高度和宽度。显而易见，由于这种格式允许图像缩放后长宽比例和源图像长宽比例相同，因此所产生的图像有可能发生畸变。

```
[...]=imresize(..., method)
```

method 参数用于指定在改变图像尺寸时所使用的算法，可以为以下几种。①nearest：为默认值，改变图像尺寸时采用最近邻插值算法。②bilinear：采用双线性插值算法。③bicubic：采用双三次插值算法。

根据上述原理，将字符分割和字符归一化编制为一个统一的函数，即 qiege(bw)，程序代码如下。

```
function image=qiege(bw)
    [y,x]=size(bw);
    bw(:,x)=1;
    bw(:,1)=1;
    a=sum(~bw);figure('NumberTitle','off','Name','投影');
    bar(a),title('投影');
    j=1;
    jj=1;
    m=0;for i=1:x-1
        if a(i)==0&&a(i+1)~=0
            j=i;
        end
        if a(i)~=0&&a(i+1)==0
            kk=i;
        else
            kk=0;
        end
        if kk~=0
```

```
            m=m+1;
            p(m)=j;
            q(m)=kk;
        end
    end
    for i=1:m
        if p(i)<fix(x/8)
        p(i)=p(1);
        end
    end
    k=1;
    for i=1:m
        if (q(i)-p(i))>(fix(x/10))
            gg(k)=q(i);
            ggg(k)=p(i);
            k=k+1;
        end
    end

    figure('NumberTitle','off','Name','字符分割'),
    k=1;
    p=zeros(110,55);
    image={p p p p p p p};
    for ii=1:7
        p=imresize(bw(:,ggg(ii):gg(ii)),[110 55],'bilinear');
        image{ii}=mat2cell(p,[110 0],[55 0]);
        obj=subplot(1,7,ii); imshow(p),title(obj,ii);pause(0.5);
        k=k+1;
    end
```

8.3.5 车牌字符识别

现阶段字符识别的方法主要有神经网络算法和模板匹配算法。为了方便，本系统采用模板匹配算法进行字符识别。其核心原理为将从待识别的图像或图像区域中提取的若干特征量与模板相应的特征量逐个进行比较，计算它们之间规格化的互相关量，互相关量最大则表示期间相似程度最高，可将图像归于相应的类。匹配时相似度函数定义为：

$$d=\sqrt{\sum_{i=1,j=1}^{N,M}(x_{ij}-y_{ij})^2} \tag{8-6}$$

其中 x_{ij} 为待识别车牌字符图像中像素点的灰度值，其取值为 0 或 1；y_{ij} 为模板字符图像中像素点的灰度值，其取值为 0 或 1；M 和 N 为模板字符点阵横向和纵向包含的像素个数。据此，匹配的步骤可概括如下。

(1) 依次取出模板字符,将模板字符按照上、下、左、右方向,在周围5个像素的范围内滑动,每次分别计算出相似度 S 值,取其中 S 的最大值作为字符与模板字符之间的相似度函数。

(2) 依次从待识别的字符与模板字符的相似度中找出最大相似度所对应的模板字符,判断是否大于该字符的阈值 T,如果 S 大于 T,那么待识别的字符的匹配结果就是该模板字符;否则,表示不匹配,则需要重新检测。

根据上述原理,编写的字符识别函数代码为:

```
function bb=zifu_shibie(image)
    %建立自动识别字符代码表
    liccode=char(['0':'9' 'A':'Z' '贵桂京鲁陕苏渝豫粤']);
    for ii=1:7
        tu=double(cell2mat(image{ii}));
        if ii==1                        %第一位汉字识别
            kmin=37;
            kmax=45;
        elseif ii==2                    %第二位 A~Z 字母识别
            kmin=11;
            kmax=36;
        elseif ii>=3
            kmin=1;
            kmax=36;
        end
        k=1;
        for k1=kmin:kmax
            k2=k1-kmin+1;
            fname=strcat('字符模板\',liccode(k1),'.bmp');    %生成字符模板路径
            picture=imread(fname);                           %读取字符模板
            bw(:,:,k2)=imresize(im2bw(picture,...
                        graythresh(rgb2gray(picture))),...
                        [110 55],'bilinear');
            [y,x,z]=size(tu);
            sum=0;
            for i=1:y
                for j=1:x
                    if  tu(i,j)==bw(i,j,k2)                  %统计黑白
                        sum=sum+1;
                    end
                end
            end
            baifenbi(1,k)=sum/(160 * 55);
            k=k+1;
        end
```

```
        chepai=find(baifenbi>=max(baifenbi));
        jj=kmin+chepai-1;
        bb(ii)=' ';
        bb(ii)  =liccode(jj);
    end
    figure('NumberTitle','off','Name','车牌号码');
    title (['识别车牌号码:', bb],'Color','r');
```

8.3.6 辅助功能

考虑到车牌图像的分辨率相对较高，在打开和显示图像时可能需要一定时间，因此该系统在打开图像时还提供了进度条和语音播报功能，程序代码如下。

```
function waitbar_  %进度条
    sound(audioread('声音模板\程序运行中.wav'),22000);
    steps=50;
    hwait=waitbar(0,'请等待>> >> >> >> ');
    step=steps/100;
    for k=1:steps
        if steps-k<=5
            waitbar(k/steps,hwait,'即将完成');
            pause(0.05);
        else
            PerStr=fix(k/step);
            str=['正在运行中',num2str(PerStr),'%'];
            waitbar(k/steps,hwait,str);
            pause(0.05);
        end
    end
    close(hwait);
```

自定义的duchushengyin函数能够调用语音文件，将识别到的车牌结果播报出来，具体代码如下。

```
function duchushengyin(shibiejieguo)
    sound(audioread('声音模板\检测结果.wav'),22000);pause(3);
    for i=1:7
        if shibiejieguo(1,i)=='桂'
          sound(audioread('声音模板\桂.wav'),22000);pause(1);
        elseif shibiejieguo(1,i)=='贵'
          sound(audioread('声音模板\贵州.wav'),22000);pause(1);
        elseif shibiejieguo(1,i)=='京'
          sound(audioread('声音模板\京.wav'),22000);pause(1);
        elseif shibiejieguo(1,i)=='粤'
          sound(audioread('声音模板\粤.wav'),22000);pause(1);
```

```
 elseif shibiejieguo(1,i)=='苏'
   sound(audioread('声音模板\苏.wav'),22000);pause(1);
 elseif shibiejieguo(1,i)=='渝'
   sound(audioread('声音模板\渝.wav'),22000);pause(1);
 elseif shibiejieguo(1,i)=='A'
sound(audioread('声音模板\A.wav'),22000);pause(1);
 elseif shibiejieguo(1,i)=='B'
sound(audioread('声音模板\B.wav'),22000);pause(1);
 elseif shibiejieguo(1,i)=='C'
sound(audioread('声音模板\C.wav'),22000);pause(1);
 elseif shibiejieguo(1,i)=='D'
sound(audioread('声音模板\D.wav'),22000);pause(1);
 elseif shibiejieguo(1,i)=='E'
sound(audioread('声音模板\E.wav'),22000);pause(1);
 elseif shibiejieguo(1,i)=='F'
sound(audioread('声音模板\F.wav'),22000);pause(1);
 elseif shibiejieguo(1,i)=='G'
sound(audioread('声音模板\G.wav'),22000);pause(1);
 elseif shibiejieguo(1,i)=='H'
sound(audioread('声音模板\H.wav'),22000);pause(1);
 elseif shibiejieguo(1,i)=='J'
sound(audioread('声音模板\J.wav'),22000);pause(1);
 elseif shibiejieguo(1,i)=='K'
sound(audioread('声音模板\K.wav'),22000);pause(1);
 elseif shibiejieguo(1,i)=='L'
sound(audioread('声音模板\L.wav'),22000);pause(1);
 elseif shibiejieguo(1,i)=='M'
sound(audioread('声音模板\M.wav'),22000);pause(1);
 elseif shibiejieguo(1,i)=='N'
sound(audioread('声音模板\N.wav'),22000);pause(1);
 elseif shibiejieguo(1,i)=='P'
sound(audioread('声音模板\P.wav'),22000);pause(1);
 elseif shibiejieguo(1,i)=='Q'
sound(audioread('声音模板\Q.wav'),22000);pause(1);
 elseif shibiejieguo(1,i)=='R'
sound(audioread('声音模板\R.wav'),22000);pause(1);
 elseif shibiejieguo(1,i)=='S'
sound(audioread('声音模板\S.wav'),22000);pause(1);
 elseif shibiejieguo(1,i)=='T'
sound(audioread('声音模板\T.wav'),22000);pause(1);
 elseif shibiejieguo(1,i)=='U'
sound(audioread('声音模板\U.wav'),22000);pause(1);
 elseif shibiejieguo(1,i)=='V'
sound(audioread('声音模板\V.wav'),22000);pause(1);
```

```
        elseif shibiejieguo(1,i)=='W'
       sound(audioread('声音模板\W.wav'),22000);pause(1);
        elseif shibiejieguo(1,i)=='X'
       sound(audioread('声音模板\X.wav'),22000);pause(1);
        elseif shibiejieguo(1,i)=='Y'
       sound(audioread('声音模板\Y.wav'),22000);pause(1);
        elseif shibiejieguo(1,i)=='Z'
       sound(audioread('声音模板\Z.wav'),22000);pause(1);
        elseif shibiejieguo(1,i)=='0'
       sound(audioread('声音模板\0.wav'),22000);pause(1);
        elseif shibiejieguo(1,i)=='1'
       sound(audioread('声音模板\1.wav'),22000);pause(1);
        elseif shibiejieguo(1,i)=='2'
       sound(audioread('声音模板\2.wav'),22000);pause(1);
        elseif shibiejieguo(1,i)=='3'
       sound(audioread('声音模板\3.wav'),22000);pause(1);
        elseif shibiejieguo(1,i)=='4'
       sound(audioread('声音模板\4.wav'),22000);pause(1);
        elseif shibiejieguo(1,i)=='5'
       sound(audioread('声音模板\5.wav'),22000);pause(1);
        elseif shibiejieguo(1,i)=='6'
       sound(audioread('声音模板\6.wav'),22000);pause(1);
        elseif shibiejieguo(1,i)=='7'
       sound(audioread('声音模板\7.wav'),22000);pause(1);
        elseif shibiejieguo(1,i)=='8'
       sound(audioread('声音模板\8.wav'),22000);pause(1);
        elseif shibiejieguo(1,i)=='9'
       sound(audioread('声音模板\9.wav'),22000);pause(1);
        end
    end
    sound(audioread('声音模板\车牌检测.wav'),22000);
```

8.3.7 主函数

根据图 8-12 所示流程,编写 car_licence 函数将上述各函数串联起来,实现车牌识别系统的开发。具体代码如下。

```
function car_licence()
    clc;            %清空命令行
    clear all;      %清除工作空间所有变量
    close all;      %关闭所有图形窗口

    %------------------开始计时---------------------------
    tic
```

```
%---------------------读入图片---------------------------
%显示检索文件的对话框 fn 返回的文件名 pn 返回的文件的路径名 fi 返回选择的文件类型
[fn,pn,fi]=uigetfile('汽车图片\*.jpg','选择图片');
I=imread([pn fn]);                                  %读入彩色图像
figure('NumberTitle','off','Name','原始图像');
imshow(I);title('原始图像');                         %显示原始图像

%---------------------加入进度条--------------------------
waitbar_;

%----------------图像分割区域(车牌定位)---------------------
picture=image_segmentation(I);
threshold=50;

%-------------------倾斜校正-----------------------------
%倾斜校正 picture 返回校正后的图片 angle 返回倾斜角度
[picture_1,angle]=rando_bianhuan(picture);

%--------------------形态学操作---------------------------
picture_6=xingtaixue(picture_1);                    %主要对图像

%-------------对图像进一步裁剪,保证边框贴近字体-------------
bw=caijian(picture_6);

%--------------------文字分割 ---------------------------
image=qiege(bw);

%------------------显示分割图像结果------------------------
bb=zifu_shibie(image);
imshow(picture_1),title (['识别车牌号码:', bb],'Color','r');

%---------------------导出文本----------------------------
fid=fopen('Data.txt','a+');
fprintf(fid,'%s\r\n',bb,datestr(now));
fclose(fid);

%---------------------读出声音----------------------------
duchushengyin(bb);

%---------------------读取计时--------------------------
t=toc;
```

8.3.8 系统应用

以车辆渝 F·87P20 的车牌照为例进行应用说明。在命令窗口中输入函数 car_

licence，车牌原始图像如图 8-16(a)所示。使用车牌颜色特征的定位方法处理车牌图像，得到的车牌牌照提取结果如图 8-16(b)所示。使用 Radon 变换法处理车牌照得到的车牌倾斜校正结果如图 8-16(c)所示。使用最大类间方法进行车辆图像二值化，得到的结果如图 8-16(d)所示。经过一系列的形态学操作运算后，将二值图像中的黑色背景消除，结果如图 8-16(e)所示。对图像进一步处理，得到的去除边框后的结果如图 8-16(f)所示。采用垂直投影法进行车牌图像分割，效果如图 8-16(g)所示。经过模板匹配算法，最终识别到的车牌号如图 8-16(h)所示。

图 8-16 汽车牌照识别结果

8.4 遥感图像处理系统

遥感(remote sensing)是指非接触的、远距离的探测技术,其通过传感器/遥感器对物体的电磁波的辐射、反射特性的探测和记录,进而形成遥感影像(Remote Sensing Image,RSI),这是现阶段进行大范围、长周期对地观测和生态环境监测的一种重要手段。遥感影像是数字图像处理理论和方法的重要应用领域之一。根据工作平台,遥感可分为地面遥感、航空遥感(气球、飞机)和航天遥感(人造卫星、飞船、空间站、火箭)三类。现阶段,国内外已经发展和形成了多种多样的遥感平台和技术,但美国 NASA 发射的陆地系列卫星(Landsat)无疑是应用最为广泛的。各 Landsat 卫星的基本参数如表 8-7 所示,其累计在轨时间长 40 余年,特别是 Landsat 5 卫星在轨运行 29 年。因此,本节将以 Landsat 系列卫星数据为例,来说明如何应用 MATLAB 进行遥感图形处理。

表 8-7 Landsat 系列卫星基本参数

参数	Landsat1	Landsat2	Landsat3	Landsat4	Landsat5	Landsat6	Landsat7	Landsat8
发射时间	1972.7.23	1975.1.22	1978.3.5	1982.7.16	1984.3.1	1993.10.5	1999.4.15	2013.2.11
卫星高度/km	920	920	920	705	705	失败	705	705
半主轴/km	7285	7285	7285	7083	7285	7285	705	705
倾角/°	99.125	99.125	99.125	98.22	98.22	98.2	98.2	98.2
赤道时间/am	8:50	9:03	6:31	9:45	9:30	10:00	10:00	10:00
覆盖周期/天	18	18	18	16	16	16	16	16
扫幅宽度/km	185	185	185	185	185	185	185	185
波段数	4	4	4	7	7	8	8	11
机载传感器	MSS	MSS	MSS	MSS/TM	MSS/TM	ETM	ETM+	OLI/TIRS
运行情况	1978 退役	1982 退役	1983 退役	2001 退役	2013 退役	发射失败	正常运行(有条带)	正常运行

8.4.1 Landsat 5 卫星简介

Landsat 5 是美国陆地卫星系列(Landsat)的第五颗卫星,于 1984 年 3 月 1 日从加利福尼亚范登堡空军基地发射。Landsat 5 携带了多光谱扫描仪(MSS)和专题制图仪(TM),

并提供了近29年的地球成像数据。Landsat 5卫星主要轨道特性参数如表8-7所示，其空间分辨率(B1～B5,B7为30m;B6为120m)、时间分辨率(16天)和光谱分辨率(7个波段)均相对较高，因此是陆地资源监测的重要数据源之一。

Landsat 5的成像传感器TM获取的数据属于光学类遥感数据。目前中国科学院中国遥感卫星地面站所生产的Landsat 5数据产品一共有4个级别，即0级、1级、系统级纠正(Systematic geocorrection)和精纠正(Precision geocorrection)。其中，0级产品是指像素值没有经过处理的图像数据，1级产品是指对0级产品进行辐射纠正后的产品，系统级纠正产品是在1级产品的基础上进行系统几何纠正后的产品，精纠正产品是引入了控制点信息进行几何精纠正后的产品。

Landsat TM-5数据中各波段的光谱范围、特性及应用潜力如下。

(1) TM1：0.45μm～0.52μm(蓝光B)该波段对水体的穿透能力较强，可以支持土地利用、土壤和植被特征的分析。该波段的下界正好在清洁水体峰值透射率以下，波段上界是健康绿色植被在蓝光处的叶绿素吸收的界限，当波长<0.45μm时，受大气散射和吸收的影响显著。

(2) TM2：0.52μm～0.60μm(绿光G)该波段跨越蓝光和红光这两个叶绿素吸收波段之间的区域。对健康植物的绿光反射有影响。

(3) TM3：0.63μm～0.69μm(红光R)是健康绿色植被叶绿素吸收波段，可以用于区分植被，也可以用来提取边界和地质界限的信息。由于该波段的大气衰减效应降低，因此这一波段与第一、二波段相比，表现出更强的反差。该波段的高端值0.69μm很重要，因为它代表光谱区0.68μm～0.75μm的起始，而在这个光谱区，植被反射有交叉效应，这种效应会降低植被的调查精度。

(4) TM4：0.76μm～0.90μm(近红外NIR)该波段的低端在0.75μm以上。该波段对植被的生物量有很好的响应。它对于识别农作物以及突出土壤/农作物、陆地/水体的对比度很有作用。

(5) TM5：1.55μm～1.75μm(中红外MIR1)该波段对植物中水分的含量很敏感，这些信息在农作物干旱研究和植被生长状况调查中很有用。该波段是少数能区分云、雪和冰的波段之一。

(6) TM6：10.4μm～12.5μm(热红外TIR)这个波段测度来自表面发射的红外辐射能。表观温度是表面发射率及其真实温度的函数，它对于确定地热活动、地质调查中的热惯量制图、植被分类、植被胁迫分析和土壤水分研究都很有作用。该波段常常能获得独特的山区坡向的差异信息。

(7) TM7：2.08μm～2.35μm(中红外MIR2)这个波段是区分地质岩层的重要波段，对鉴别岩石中的水热蚀变带亦很有效。

8.4.2 遥感数据存储方式

遥感图像通常包括多个波段，其数据存储格式也多种多样，但最常用的主要有三种，即BSQ、BIL和BIP格式。

(1) BSQ(Band Sequential Format)是按波段保存，也就是一个波段保存后接着保存第二个波段。该格式最适于对单个波谱波段中任何部分的空间(X,Y)存取。

(2) BIL(band interleaved by line format)是按行保存,就是保存第一个波段的第一行后接着保存第二个波段的第一行,以此类推。该格式提供了空间和波谱处理之间的一种折中方式。

(3) BIP(band interleaved by pixel format)是按像元保存,即先保存第一个波段的第一个像元,之后保存第二波段的第一个像元,依次保存。该格式为图像数据波谱(Z)的存取提供最佳性能。

BSQ、BIL 和 BIP 本身并不是影像格式,而是三种用来为多波段数据组织影像数据、将图像的实际像素值存储在文件中的方法,是原始二进制数据文件。且以这三种形式存取起来的数据还必须具有关联的 ASCII 文件的头文件(.hdr)来指示行、列、位深等信息,此外还有可能伴随其他文件,如统计文件(.stx)、分辨率文件(.blw)、颜色文件(.clr)等。从应用上来说,这三种文件各具优势,其中 BSQ 方式在图像显示速度上更快,而 BIL、BIP 则在图像处理上具有显著优势。另外,很多图像处理过程,如 FLAASH 大气校正、图像融合、图像分类等都是基于像元处理的,而 BSQ 不能满足这些要求。

8.4.3 常用植被指数

针对 Landsat TM-5 影响中各波段的特性,国内外学者提出了一些非常实用的植被指数,如差值植被指数、归一化植被指数等,这些指数在土地利用变化、植被生长、自然干扰等方面得到广泛应用。本节介绍 5 种常用的植被指数。

1. 差值植被指数

差值植被指数(DVI)的计算公式为 DVI＝NIR－R,或两个波段反射率的计算。该指数对土壤背景的变化极为敏感。

2. 比值植被指数

比值植被指数(RVI)计算公式为 RVI＝NIR/R,或两个波段反射率的比值。研究表明以下几点。

(1) 绿色健康植被覆盖地区的 RVI 远大于 1,而无植被覆盖的地面(裸土、人工建筑、水体、植被枯死或严重虫害)的 RVI 在 1 附近。植被的 RVI 通常大于 2。

(2) RVI 是绿色植物的灵敏指示参数,与 LAI、叶干生物量(DM)、叶绿素含量相关性高,可用于检测和估算植物生物量。

(3) 植被覆盖度影响 RVI,当植被覆盖度较高时,RVI 对植被十分敏感;当植被覆盖度＜50％时,这种敏感性显著降低。

(4) RVI 受大气条件影响,大气效应大幅降低对植被检测的灵敏度,所以在计算前需要进行大气校正,或用反射率计算 RVI。

3. 归一化植被指数

归一化植被指数(NDVI)的计算公式为 NDVI＝(NIR－R)/(NIR＋R),或两个波段反射率的计算。研究结果表明以下几点。

(1) NDVI 的应用领域包括检测植被生长状态、植被覆盖度和消除部分辐射误差等。

(2) $-1 \leqslant NDVI \leqslant 1$,负值表示地面覆盖为云、水、雪等,对可见光高反射;0 表示有岩石或裸土等,NIR 和 R 近似相等;正值,表示有植被覆盖,且随覆盖度增大而增大。

(3) NDVI 的局限性表现在,用非线性拉伸的方式增强了 NIR 和 R 的反射率的对比度。对于同一幅图像分别求 RVI 和 NDVI 会发现,RVI 值增加的速度高于 NDVI 增加速度,即 NDVI 对高植被区具有较低的灵敏度。

(4) NDVI 能反映出植物冠层的背景影响,如土壤、潮湿地面、枯叶、粗糙度等,且与植被覆盖有关。

4. 增强型植被指数

增强型植被指数(EVI)的计算公式为 $EVI=2.5(NIR-R)/(NIR+6R-7.5B+1)$,或三个波段反射率的计算。实践表明,EVI 值的范围是 $-1\sim1$,一般绿色植被区的范围是 $0.2\sim0.8$,所以 EVI 常用于植被茂密区域。增强植被指数(EVI)算法是遥感专题数据产品中生物物理参数产品中的一个主要算法,可以同时减少来自大气和土壤噪音的影响,稳定地反应了所测地区植被的情况。红光和近红外探测波段的范围设置更窄,不仅提高了对稀疏植被探测的能力,而且减少了水汽的影响,同时,引入了蓝光波段对大气气溶胶的散射和土壤背景进行了校正。

5. 绿度植被指数

绿度植被指数是经过缨帽变换(K-T transform,也称 K-T 变换)后表示绿度的分量。通过 K-T 变换使植被与土壤的光谱特性分离,植被生长过程的光谱图形呈所谓的"穗帽"状,而土壤光谱构成一条土壤亮度线,土壤的含水量、有机质含量、粒度大小、矿物成分、表面粗糙度等特征的光谱沿土壤亮度线方向变化。K-T 变换后会产生三个分量,其中第一个分量表示土壤亮度,第二个分量表示绿度,第三个分量随传感器不同而表达不同的含义(如 MSS 的第三个分量表示黄度;TM 的第三个分量表示湿度)。第一、二分量集中了>95%的信息,这两个分量构成的二位图可以很好地反映出植被和土壤光谱特征的差异。由于 GVI 是各波段辐射亮度值的加权和,而辐射亮度是大气辐射、太阳辐射、环境辐射的综合结果,所以 GVI 受外界条件影响大。

8.4.4 遥感图像处理系统实现

遥感图像处理(processing of remote sensing image data)的一般流程包括辐射校正、几何纠正、投影变换、图像镶嵌等,这些处理过程通常涉及复杂的数学公式和专业背景知识,且现在也有很多专业化的处理软件(如 ENVI、ERDAS、PCI)能够实现这些功能。因此,针对这些过程的 MATLAB 实现不在本节的考虑范畴内。本节将在正常的遥感图像处理结果上进行应用性质的程序开发。

基于上述原理,本节将采用程序创建 GUI 方法创建一个基于遥感数据的归一化植被指数计算系统。该系统能够支持分波段和按 BSQ 两种方式打开遥感数据,之后均能够实现归一化植被指数的计算和保存。此外,也可以输入符合 MATLAB 语法的计算公式,用于研究区域生物量的计算和显示。该系统包括三个函数,其中 matlabndvi 为主函数,而 singlendvi 和 allbandndvi 均为子函数,分别对应分波段和按 BSQ 两种方式执行遥感数据的打开和计算功能。

matlabndvi 主函数的执行代码如下。

```
function []=matlabndvi()
    %====================================================
    %计算 NDVI 的主函数
    %程序功能是用 TM3 和 TM4 波段计算的 NDVI 并显示该 NDVI 图像
    %首先选择打开图像的方法
    %如果选择'分波段打开',则分别选择 TM3 和 TM4 波段图像进行计算
    %如果选择'BSQ 综合图像打开',则选择一个包含 TM2、TM3 和 TM4 综合文件进行计算
    %选择'Cancel'则退出程序
    %==================程序首先确定打开图像的方式================
    button=questdlg('请选择打开图像方式: ','打开图像方式','分别波段打开',…
    '按 BSQ 综合图像打开','cancel','cancel');
    if strcmp(button,'分别波段打开')
        singlendvi;
    elseif strcmp(button,'按 BSQ 综合图像打开')
        allbandndvi;
    else
        return;
    end
```

分波段打开遥感图像,并进行归一化植被指数、比值植被指数和生物量计算的 singlendvi 函数的执行代码为:

```
%====================================================
%分波段打开图像文件计算 NDVI 的子函数
function []=singlendvi()

[filename, pathname]=uigetfile({
        '*.*',  'All Files (*.*)'},...
        '请选择 TM3 波段图像文件:');
if isequal(filename,0)
   return;
end
imagefile=strcat(pathname,filename);
prompt={'输入图像的行数:','输入图像的列数:'};
dlg_title='选择图像的信息:';
num_lines=1;
def    ={'0','0'};
answer  =inputdlg(prompt,dlg_title,num_lines,def);
```

```
lines=str2num(answer{1,1});
columns=str2num(answer{2,1});
fid1=fopen(imagefile,'rb');
band3=fread(fid1,[lines,columns],'uint8');
fclose(fid1);
[filename, pathname]=uigetfile(...
    {'*.m;*.fig;*.mat;*.mdl', 'All MATLAB Files (*.m, *.fig, *.mat, *.
mdl)';
        '*.m',  'M-files (*.m)';
        '*.fig','Figures (*.fig)'; ...
        '*.mat','MAT-files (*.mat)'; ...
        '*.mdl','Models (*.mdl)'; ...
        '*.*',  'All Files (*.*)'}, ...
        '请选择 TM4 波段图像文件:');
    %disp(filename)
    %disp(pathname)
if isequal(filename,0)
   return;
end
imagefile=strcat(pathname,filename);
fid2=fopen(imagefile,'rb');
band4=fread(fid2,[lines,columns],'uint8');
fclose(fid2);
%band2=fread(fid,[lines,columns],'uint8');
%band2=fread(fid,[lines,columns],'uint8');

ndvi=(band4-band3)./(band4+band3);
subplot(2,2,1);
imshow(band3,[]);
xlabel('TM3 图像');
subplot(2,2,2);
imshow(band4,[]);
xlabel('TM4 图像');
subplot(2,2,3);
imshow(ndvi,[]);
xlabel('NDVI 图像');
text(300,400,'按任意键继续......');
pause;
close;
%[pathstr,name,ext]=fileparts(imagefile);
%ndvi_data=fullfile(pathstr,'singleband_ndvi.bsq');
reply=input('你想存图像? Y/N [Y]: ','s');
if isempty(reply)
    reply='Y';
```

```
    end
    if(strcmp(reply,'Y') || strcmp(reply,'y'))
        [ff,pp]=uiputfile({'*.bsq','RS File(*.bsq)';...
            '*.*','All file(*.*)'},...
            '请选择路径并给定文件名,不用指定扩展名! ');
        ndvi_data=strcat(pp,ff);
        fid=fopen(ndvi_data,'wb');
        fwrite(fid,ndvi,'double');
        fclose(fid);
    end
    reply=input('你还想进行其他计算吗? Y/N [Y]: ','s');
    if isempty(reply)
        reply='Y';
    end
    if(strcmp(reply,'Y') | strcmp(reply,'y'))
        prompt={'用Matlab规定的操作符号输入计算表达式:'};
        dlg_title='输入表达式:';
        num_lines=1;
        def    ={''};
        answer  =inputdlg(prompt,dlg_title,num_lines,def);
        tm4=band4;
        tm3=band3;
        rvi=tm4./tm3;
        x=lower(answer{1,1});
        fen=findstr(x,';');
        if isempty(fen)
            x=strcat(x,';');
        end
        k=findstr(x,'=');
        if ~isempty(k)
            biox=x(k+1:end);
            biomass=eval(biox);
        else
          biomass=eval(x);
        end
      imshow(biomass,[]);
    else
          return;
    end
```

按BSQ方式打开遥感图像,并进行归一化植被指数、比值植被指数和生物量计算。allbandndvi函数的执行代码为:

```
%按BSQ综合波段打开图像计算NDVI的子函数
function []=allbandndvi()
```

```
[filename, pathname]=uigetfile(...
  {'*.m;*.fig;*.mat;*.mdl', 'All MATLAB Files (*.m, *.fig, *.mat, *.
mdl)';
        '*.m',  'M-files (*.m)'; ...
        '*.fig','Figures (*.fig)'; ...
        '*.mat','MAT-files (*.mat)'; ...
        '*.mdl','Models (*.mdl)'; ...
        '*.*',  'All Files (*.*)'}, ...
        '请选择包含 TM2、TM3 和 TM4 波段的 BSQ 合成图像文件:');
    %disp(filename)
    %disp(pathname)
if isequal(filename,0)
   return;
end
prompt={'输入图像的行数:','输入图像的列数:','输入图像的波段数: '};
dlg_title='选择图像的信息:';
num_lines=1;
def    ={'0','0','0'};
answer  =inputdlg(prompt,dlg_title,num_lines,def);
lines=str2num(answer{1,1});
columns=str2num(answer{2,1});
bands=str2num(answer{3,1});
imagefile=strcat(pathname,filename);
imagedata=multibandread(imagefile,
[lines,columns,bands],'uint8',0,'bsq','ieee-le');
ndvi=(imagedata(:,:,3)-imagedata(:,:,2))./(imagedata(:,:,3)+…
      imagedata(:,:,2));
imshow(ndvi,[]);
xlabel('NDVI 图像');
text(300,400,'按任意键继续......');
pause;
close;
reply=input('你想存图像? Y/N [Y]: ','s');
if isempty(reply)
    reply='Y';
end
if(strcmp(reply,'Y') | strcmp(reply,'y'))
    [ff,pp]=uiputfile({'*.bsq','RS File(*.bsq)';...
        '*.*','All file(*.*)'},...
        '请选择路径并给定文件名,不用指定扩展名! ');
    ndvi_data=strcat(pp,ff);
    multibandwrite(ndvi,ndvi_data,'bsq');
end
reply=input('你还想进行其他计算吗? Y/N [Y]: ','s');
```

```
if isempty(reply)
    reply='Y';
end
if(strcmp(reply,'Y') | strcmp(reply,'y'))
    prompt={'用 Matlab 规定的操作符号输入计算表达式:'};
    dlg_title='输入表达式:';
    num_lines=1;
    def    ={''};
    answer  =inputdlg(prompt,dlg_title,num_lines,def);
    tm4=imagedata(:,:,3);
    tm3=imagedata(:,:,2);
    rvi=tm4./tm3;
    x=lower(answer{1,1});
    fen=findstr(x,';');
    if isempty(fen)
        x=strcat(x,';');
    end
    k=findstr(x,'=');
    if ~isempty(k)
        biox=x(k+1:end);
        biomass=eval(biox);
    else
      biomass=eval(x);
    end
  imshow(biomass,[]);
else
        return;
end
```

8.4.5 系统应用

在命令行中执行 matlabndvi 函数，程序首先打开如图 8-17(a)所示窗口，用于选择打开图像的方式。选择“分波段打开”命令，弹出如图 8-17(b)所示窗口，用户需要输入数据的行数和列数，单击“确定”按钮，系统将自动进行归一化植被指数的计算，并将计算结果显示在图 8-17(c)所示窗口。根据图 8-17(c)的提示，按任意键，跳转到“命令”窗口中，程序提示“你想存图像？Y/N [Y]:”，输入 Y，则打开系统自带的保存对话框，如图 8-17(d)所示，用户按要求输入存储的文件名即可。存储完毕后，程序会再提示“你还想进行其他计算吗？Y/N [Y]:”，输入 Y，系统打开如图 8-17(e)所示窗口。输入符合 MATLAB 表达式要求的语句后(如 20+1.5.* RVI)，用户自动进行生物量的计算，并返回如图 8-17(f)所示的结果。

对于“按 BSQ 综合图像打开”命令，如图 8-18 所示，用户需要输入数据的行号、列号和波段号。其余界面和工作流程与“分波段打开”命令相似，这里不再赘述。

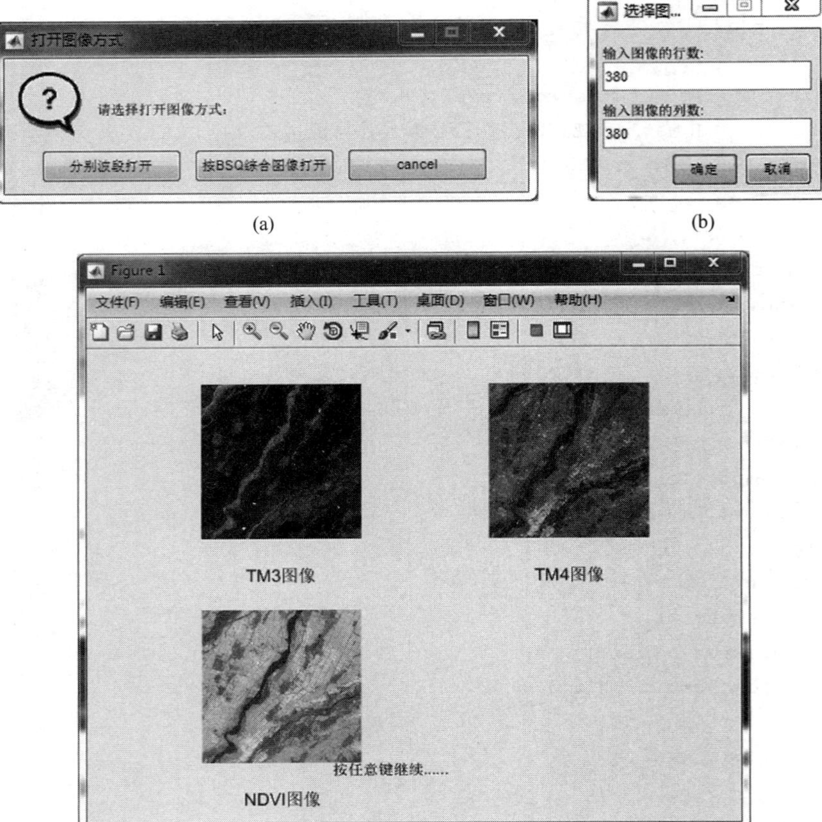

(a) (b)

(c)

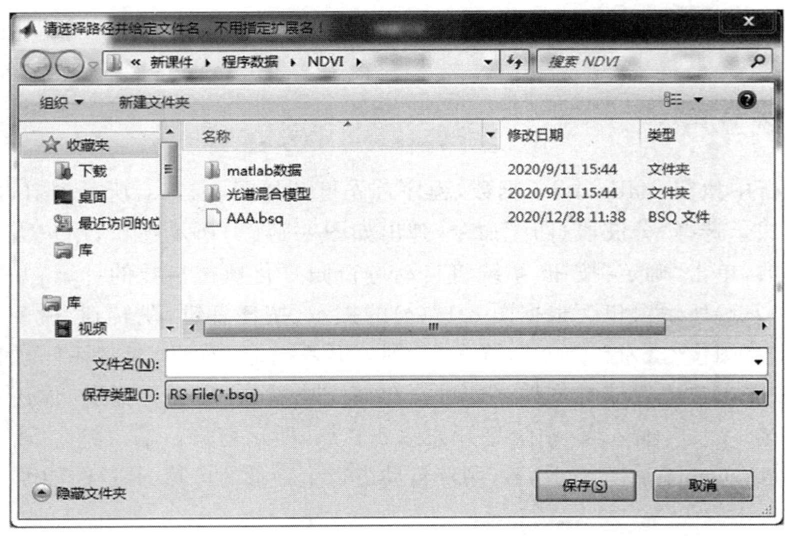

(d)

图 8-17　基于 MATLAB 的遥感图像处理系统

(e)

(f)

图 8-17 （续）

图 8-18 “按 BSQ 综合图像打开”命令打开的窗口

习 题 8

1. 请在 8.1 节所提供的 Sltree 和 IFST 自定义函数基础上，进一步调整随机分形树的规则，观察不同规则对树木模拟形态的影响。

2. 请根据本书参考文献中 Prusinkiewicz 和 Lindenmayer(1990)和刘兆刚(2007) 提供的三维分形理论，在 IFST 函数的基础上，尝试进行树木形态的三维可视化模拟。

3. 请在 8.2 节各函数的基础上，开发出能够进行 SA_TSP 优化求解的 GUI 界面软件,要求包括数据读取、SA算法参数设置、路径图形化显示、迭代过程显示、路径输出保存等功能。

4. 请在8.3节各函数的基础上,并结合参考文献陈鼎(2017),尝试和比较不同的字符分割和字符识别方法对车牌图像处理精度的影响。

5. 请在8.4节提供的matlabndvi函数基础上,进一步补充8.4.3节中介绍的各种植被指数的计算。

6. 请根据所学专业的某门课程,用MATLAB编制一个学生考试模拟系统。

参考文献

[1] BETTINGER P, BOSTON K, SIRY J, et al. Forest Management and Planning[M]. 2nd ed. Elsevier Inc.,2017.

[2] DONG L, Tian D, Lu W, et al. Estimating the Efficient Parameter Values of Different Neighborhood Search Techniques of Simulated Annealing in Forest Spatial Planning Problems[J]. IEEE Access,2020,8,115905.

[3] MOORE H. MATLAB for Engineers 2nd ed. Pearson Eduction Inc,2009.

[4] YUNG K T,ROSENFELD A. Topological Algorithms for Digital Image Processing[M]. Elsevier Science,Inc.,1996.

[5] MathWorks.MATLAB 帮助中心. 网址：https://ww2.mathworks.cn/help/matlab/index.html

[6] PRUSINKIEWICZ P, LINDENMAYER A. The algorithmic beauty of plants[M]. New York: Springer-Verlag,1990.

[7] 陈鼎. 基于 MATLAB 的车牌识别系统研究[D]. 南昌：南昌大学,2017.

[8] 邓书斌. ENVI 遥感图像处理方法[M]. 北京：科学出版社,2010.

[9] 董灵波,刘兆刚. MATLAB 软件在“遥感数字图像处理”课程教学中的应用——基于成果导向教育理念[J]. 中国林业教育,2018(2)：44-48.

[10] 刘兆刚. 樟子松人工林树冠动态三维图形模拟技术的研究[D]. 哈尔滨：东北林业大学,2007.

[11] 潘霞,高永,汪季,等. 植被指数遥感演化研究进展简[J]. 北方园艺,2018,42(20)：162-169.

[12] 师义民,徐伟,秦超英,等. 数理统计[M]. 4 版. 北京：科学出版社,2015.

[13] 史峰,王辉,郁磊,等. MATLAB 智能算法：30 个案例分析[M]. 北京：北京航空航天大学出版社,2011.

[14] 汤国安. 遥感数字图像处理[M]. 北京：科学出版社,2004.

[15] 唐守正,李勇,符利勇. 生物数学模型的统计学基础[M]. 2 版. 北京：高等教育出版社,2015.

[16] 王小川,史峰,郁磊,等. MATLAB 神经网络：43 个案例分析[M]. 北京：北京航空航天大学出版社,2013.

[17] 薛山. MATLAB 基础教程[M]. 北京：清华大学出版社,2011.

[18] 尤鸿霞. 使用 MATLAB 实现随机分形树模拟[J]. 江苏工程职业技术学院学报,2010,10(4)：18-20.

[19] 张德丰,丁伟雄,雷晓平. MATLAB 程序设计与综合应用[M]. 北京：清华大学出版社,2012.

[20] 周品,李晓东. MATLAB 数字图像处理[M]. 北京：清华大学出版社,2012.

图书资源支持

感谢您一直以来对清华版图书的支持和爱护。为了配合本书的使用，本书提供配套的资源，有需求的读者请扫描下方的"书圈"微信公众号二维码，在图书专区下载，也可以拨打电话或发送电子邮件咨询。

如果您在使用本书的过程中遇到了什么问题，或者有相关图书出版计划，也请您发邮件告诉我们，以便我们更好地为您服务。

我们的联系方式：

地　　址：北京市海淀区双清路学研大厦 A 座 714

邮　　编：100084

电　　话：010-83470236　010-83470237

客服邮箱：2301891038@qq.com

QQ：2301891038（请写明您的单位和姓名）

资源下载：关注公众号"书圈"下载配套资源。

资源下载、样书申请

书圈

获取最新书目

观看课程直播